LEÇONS

DE

PHYSIQUE

A L'USAGE DES DEMOISELLES

Coulommiers. — Imp. PAUL BRODARD. — 568-95.

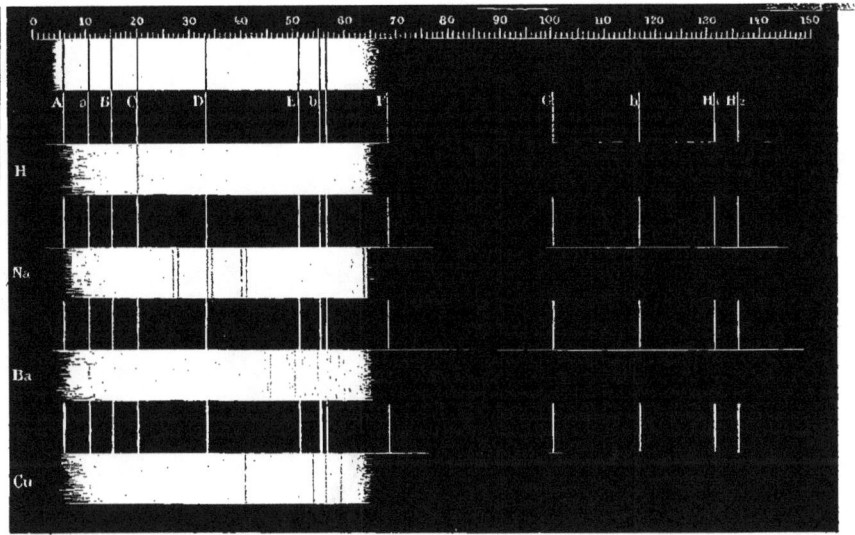

LEÇONS

DE

PHYSIQUE

A L'USAGE DES DEMOISELLES

PAR

PAUL POIRÉ

Ancien élève de l'École normale
Agrégé des sciences physiques et naturelles
Professeur au lycée Condorcet et à l'École normale
d'enseignement primaire

Ouvrage orné de 422 figures intercalées dans le texte

NOUVELLE ÉDITION

PARIS
LIBRAIRIE CH. DELAGRAVE
15, RUE SOUFFLOT, 15

1896

Tout exemplaire de cet ouvrage non revêtu de ma griffe sera réputé contrefait.

PRÉFACE

Les sciences physiques ont pris, depuis le commencement de ce siècle, un tel essor, elles ont servi de point de départ à tant d'applications fécondes, à tant d'industries utiles, que leur étude ne peut plus rester le privilège de quelques-uns : elles doivent être vulgarisées et connues de tous.

Les femmes elles-mêmes, qu'on a eu le tort jusqu'ici de ne pas initier assez à la connaissance des grandes lois de la nature, doivent avoir leur part dans cet enseignement des sciences physiques. Là, comme ailleurs, il est nécessaire qu'elles acquièrent des connaissances qui leur permettent de participer davantage à l'éducation de leurs enfants et de mieux seconder ceux qui se vouent à l'enseignement de la jeunesse.

Combien de mères, à notre époque, et je parle des plus instruites et des plus intelligentes, qui sont obligées de rester muettes devant les questions d'un enfant, devant ces questions qui révèlent tant de grâces naïves et mettent souvent en évidence un talent d'observation qui étonne! La réponse serait souvent bien facile pour celles qui auraient étudié les éléments des sciences.

Combien de femmes aussi pour lesquelles les lois les plus simples de l'hygiène et de l'économie domestique restent incomprises, parce qu'elles ignorent les principes qui leur servent de base!

Notre but, en rédigeant le double ouvrage que nous publions, a été de concourir pour notre faible part à cette œuvre de vulgarisation, qui est une nécessité de notre époque.

Pour atteindre ce but, il faut enlever à la science ce qu'elle a de rude et d'austère, se rappeler souvent que, si les formes du langage scientifique sont nécessaires aux progrès, elles nuisent à la vulgarisation. Nous avons écarté de ces leçons tous les faits d'importance secondaire, restés jusqu'ici sans application, pour ne porter l'attention que sur les principaux, et mieux faire ressortir de leur examen les grandes lois qui les résument et qui président avec tant d'harmonie au jeu des forces de la nature.

Nous avons toujours essayé de parler un langage que tous puissent facilement comprendre, sans rien perdre cependant de la rigueur et de la précision qui doivent être les premières qualités de tout ouvrage scientifique.

La plupart des applications pratiques ont été étudiées avec détail. Nous citerons :

En physique : le chauffage et la ventilation des appartements, les machines à vapeur, la galvanoplastie, la télégraphique électrique, la photographie, les instruments de musique;

En chimie : les propriétés de l'air, de l'eau et leurs applications; les procédés de blanchiment de la laine, de la soie, du lin et du coton; l'étude du diamant et des principales variétés du charbon; le gaz de l'éclairage; le blanchissage du linge; la fabrication des poteries, des porcelaines et du verre; les propriétés des métaux utiles; la fabrication du vinaigre, de l'amidon, du papier, du vin, de la bière, du cidre, des bougies, des savons, etc.; l'étude du lait, du beurre et des conserves alimentaires.

P. POIRÉ.

LEÇONS

DE PHYSIQUE

NOTIONS PRÉLIMINAIRES

1. Constitution des corps. — Atomes. — Molécules. — Tous les corps sont divisibles en un nombre plus ou moins grand de parties. La nature nous offre de nombreux exemples de cette division de la matière. On a peine à se figurer la ténuité des particules qui se détachent à chaque instant de certaines substances odorantes : un grain de musc, par exemple, abandonné dans un appartement, où l'air se renouvelle constamment, répand ses particules odorantes de toutes parts, et, au bout de plusieurs mois, la diminution de poids qu'il a subie est à peine sensible.

Quelques milligrammes de cette substance colorante si riche que les teinturiers emploient sous le nom de *fuchsine*, suffisent à colorer en rouge plusieurs litres d'eau. A quel degré de divisibilité faut-il que cette matière parvienne pour que la coloration qu'elle communique à l'eau se répande dans un aussi grand volume !

Sans pouvoir atteindre, par des opérations mécaniques, au degré de divisibilité dont ces exemples donnent l'idée, l'homme peut néanmoins arriver à des résultats dont nous signalerons les plus frappants.

Les feuilles d'or dont se servent les doreurs, sont tellement minces qu'il faudrait en superposer vingt mille
pour atteindre l'épaisseur d'un millimètre.

Wollaston est parvenu à fabriquer un fil de platine
dont le diamètre était inférieur à $\frac{1}{1200}$ de millimètre ; il aurait fallu plus de 144 morceaux de ce fil juxtaposés pour
constituer un faisceau qui eût la grosseur d'un fil de soie
de cocon.

2. Bien que la divisibilité de la matière puisse être poussée très loin, les lois de la chimie ne nous permettent
pas d'admettre qu'elle aille à l'infini, et nous appellerons
atomes, (à privatif et τέμνω, je coupe) les parties insécables
des corps, vis-à-vis desquelles s'arrête la divisibilité de
la matière. On a été conduit à admettre que les corps sont
formés de groupes d'atomes, que l'on appelle *molécules*
(petites masses : *moles*, masse). Ces molécules sont encore
infiniment petites et le physicien anglais William
Thomson a démontré que, si l'on parvenait à l'aide de
microscopes puissants à grossir une goutte d'eau de manière à lui donner en apparence le diamètre de la terre,
ses molécules ne paraîtraient pas encore plus grosses que
des grains de sable. L'expérience nous apprend que le volume des corps est variable. Nous pouvons le diminuer
par la compression ou par le refroidissement, l'augmenter
par une élévation de température. Ce fait ne peut se con-
cilier avec l'idée de la continuité de la matière ; on ne saurait l'expliquer qu'en admettant que les molécules des
corps sont séparées par des intervalles vides, qu'elles sont
situées les unes par rapport aux autres à des distances variables ; ces distances peuvent diminuer sous l'influence de
la compression ou du refroidissement, augmenter par suite
d'une élévation de température. Ces intervalles vides sont
appelés *pores intermoléculaires*. Ils ne sont pas accessibles
à l'observation.

3. **Corps simples. — Corps composés.** — Il est
des corps, comme le fer, le soufre, etc., dont on n'a jamais
pu extraire qu'une seule substance ; ils sont formés par
l'agglomération d'atomes de même nature. Dans le fer, il
n'y a que des atomes de fer, dans le soufre que des ato-

mes de soufre, etc. Ces corps sont désignés sous le nom de *corps simples*. Il en est d'autres, au contraire, dont on peut extraire plusieurs substances différentes : si l'on chauffe une poudre rouge que l'on appelle bioxyde de mercure, on en extrait du mercure et de l'oxygène, substances simples et tout à fait différentes l'une de l'autre. Ces corps sont appelés des *corps composés*. Ils sont formés par la réunion d'atomes simples et dissemblables, unis entre eux et constituant des *molécules composées*. On peut dire qu'un corps composé est formé par l'agglomération de molécules composées.

4. Phénomènes physiques et chimiques. — Quels qu'ils soient, les corps peuvent éprouver des changements, des modifications de propriétés : ces changements s'appellent *phénomènes*. Quand ils ne modifient pas la nature même du corps, le phénomène est dit *physique*. Un morceau de fer s'allonge quand on le chauffe : c'est une modification d'une propriété extérieure. La dilatation de ce morceau de fer est un phénomène *physique*, qui ne change pas la nature du fer. Mais si l'on abandonne un morceau de fer à l'air humide, il ne tarde pas à s'altérer ; il se recouvre d'une couche jaunâtre, qu'on appelle *rouille* ou *oxyde de fer*, et qui provient de l'union intime du fer avec un corps qui se trouve dans l'air et qu'on appelle *oxygène*. La nature intime des parties qui constituaient le morceau de fer, a été changée ; elles ont subi un phénomène qu'on appelle *phénomène chimique*.

5. But des sciences physiques. — Les sciences physiques, qui comprennent la physique et la chimie, ont pour objet l'étude des phénomènes dont nous venons de définir la nature : la première s'occupe des phénomènes physiques, la seconde étudie les phénomènes chimiques. Ces sciences ne comportent pas seulement l'observation des faits qui se passent sous nos yeux, mais aussi l'étude des circonstances variées dans lesquelles ils se produisent, des causes qui leur donnent lieu, des règles ou *lois* auxquelles ils sont assujettis.

6. Divers états de la matière. — La matière, qui forme tous les corps, peut affecter des états différents, que

l'on désigne sous le nom d'états *solide, liquide* et *gazeux*.
L'eau à l'état de glace est un corps solide, elle coule dans
nos fleuves à l'état liquide et se trouve dans l'atmosphère
à l'état de gaz ou de vapeur. Ces différents états de la
matière se distinguent par des propriétés caractéristiques
que nous allons étudier.

7. **État solide.** — Un corps solide est un corps qui a
une forme *propre* et demeurant invariable si des actions
extérieures ne viennent agir sur lui. On peut dire que
les molécules d'un corps solide sont maintenues dans une
position invariable, les unes par rapport aux autres, grâce
à une force attractive qui s'exerce entre elles et qu'on
appelle *cohésion*. Dans les solides, cette force est souvent
considérable. On peut s'en rendre compte par la grandeur
de l'effort qu'il faut faire pour séparer leurs parties. Ainsi,
par exemple, lorsqu'on suspend par l'une de ses extrémités un fil d'acier, d'un millimètre carré de section, et
qu'on attache des poids à l'autre extrémité, on constate
que, pour qu'il se rompe, il faut que les poids suspendus
atteignent une valeur de 92 kilogrammes. On peut conclure de là qu'au moment de la rupture, 92 kilogrammes
mesurent la résultante des actions attractives qui s'exercent entre deux tranches prismatiques d'acier ayant un
millimètre carré de base et une hauteur égale à la distance
à laquelle deviennent insensibles les actions dont il
s'agit.

Cette distance est excessivement petite. Il suffit, pour
s'en convaincre, de remarquer que constamment on place
l'une contre l'autre deux surfaces solides de grandeur
quelconque sans observer entre elles aucun effet d'attraction sensible. Ainsi, par exemple, plaçons un tube de
cristal sur une table de marbre, et nous n'observerons
aucune attraction entre ces deux corps. Cependant ils sont
tous les deux assez polis pour que le contact soit intime.
Quoi qu'il en soit, ce degré de poli n'est pas suffisant
encore, et les petites rugosités que présentent les deux
corps, maintiennent encore une partie des molécules de
leurs surfaces à des distances suffisantes pour que l'attraction ne s'exerce pas d'une manière sensible.

Toutefois, en se plaçant dans des conditions particulières et en prenant les précautions suffisantes, on peut faire naître une adhérence très notable entre deux corps. Prenons, par exemple, deux lames de glace assez épaisses et bien polies, *ab* et *cd* (fig. 1); faisons-les glisser l'une sur l'autre en appuyant sur elles, et nous constaterons que, par cette seule pression, les deux lames adhèrent; la force qui les maintient unies est assez grande pour que l'on puisse suspendre le système à un crochet *e*, soutenu lui-même par les colonnes A et B. L'adhérence qui s'établit, est suffisante pour triompher non seulement du poids de la lame *cd*, qui ne se sépare pas de *ab*, mais aussi pour supporter un poids P, que l'on attache au-dessous de *cd*.

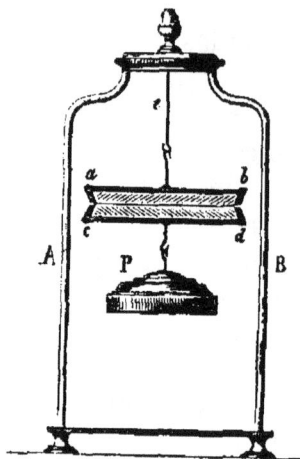

Fig. 1. — Cohésion de corps

Les glaces une fois unies ne se séparent pas, même lorsqu'on les transporte sous un récipient dont on extrait l'air; ce qui prouve que l'influence de la pression atmosphérique, dont nous parlerons plus tard, ne suffirait pas à expliquer le phénomène.

On peut faire l'expérience d'une autre manière. Avec un instrument bien tranchant on enlève à deux balles de fusil deux segments de petites dimensions et à peu près égaux; et, tandis que les surfaces de section sont encore fraîches et brillantes, on accole les deux balles, en appuyant ces surfaces l'une contre l'autre. La pression que l'on exerce suffit pour que les deux balles adhèrent, et pour que, l'une étant tenue à la main, l'autre, malgré son poids, y reste suspendue.

Puisque les molécules des corps solides, quoique attirées par la cohésion, restent à distance l'une de l'autre et laissent entre elles des vides appelés *pores*, il faut admettre aussi l'existence d'une force répulsive; et lorsque le volume d'un corps solide reste constant, on peut dire qu'il y a équilibre entre les forces de cohésion et les forces répulsives qui existent entre ses molécules.

C'est aussi par l'existence de cette force répulsive que l'on explique l'élasticité des corps solides. Si, lorsque nous tendons à rapprocher par la pression les molécules d'un corps solide, l'expérience nous apprend qu'elles tendent à revenir à leurs positions, c'est que, par ce rapprochement, la force répulsive augmente plus vite que la cohésion et devient prédominante.

8. **Liquides**. — Dans les liquides la cohésion est beaucoup plus faible que dans les solides. Assez forte encore dans les liquides visqueux, comme l'huile, le goudron, etc., elle devient très faible dans ceux qui ont une plus grande fluidité, tels que l'eau, l'alcool, etc. Cependant, dans ces liquides eux-mêmes, elle n'est pas nulle. En effet, lorsqu'on plonge une baguette de verre dans l'eau et qu'on l'en retire ensuite, on constate qu'une goutte d'eau reste suspendue à l'extrémité de la baguette. L'attraction du solide pour le liquide ne fait ici que maintenir l'adhérence entre la baguette et la partie supérieure de la goutte, mais c'est la cohésion des molécules liquides qui les maintient unies entre elles.

La faiblesse de la cohésion dans les liquides a pour conséquence la mobilité de leurs molécules : on les sépare l'une de l'autre avec d'autant plus de facilité que le liquide est moins visqueux. Abandonnées à elles-mêmes, les molécules des liquides glissent facilement l'une sur l'autre ; c'est ce qui fait qu'ils n'ont pas de forme à eux et qu'ils prennent celle du vase qui les renferme. Quand on fait passer successivement une même masse liquide dans des vases de formes différentes, elle se moule en quelque sorte sur eux en conservant toujours le même volume.

Les liquides sont doués d'élasticité comme les solides. Quand on les enferme dans un vase résistant et qu'on cherche à enfoncer un piston dans leur intérieur, les molécules se rapprochent, et, comme nous l'avons vu à propos des solides, il se développe entre elles des forces répulsives qui ramènent ces molécules à leurs distances primitives, dès que l'effort extérieur cesse d'agir.

De là résulte un double phénomène : d'abord la compression du liquide ; ensuite une tension, qui en est la conséquence, se développe dans toute la masse et fait équilibre à l'effort exercé. C'est la *pression* du liquide.

La compressibilité des liquides, qui est plus grande que celle des solides, a été longtemps considérée comme nulle, et ce sont les expériences de John Canton (1761), de Jacob Perkins (1819), et d'Œrsted (1824), qui ont établi l'existence de cette compressibilité. Nous ne parlerons que de celles d'Œrsted et passerons aussi sous silence celles des physiciens qui, comme Regnault, ont déterminé la valeur de la compressibilité des liquides.

Œrsted[1] se servit d'un appareil qu'il appela *piézomètre*. Il se compose d'un réservoir en verre *a* (fig. 2), surmonté d'un tube capillaire terminé en entonnoir à la partie supérieure. Ce tube, fixé contre une planchette en cuivre, est bien cylindrique, et l'on a tracé à l'avance dans toute sa longueur des divisions équidistantes. Le piézomètre était rempli d'eau et on plaçait dans le petit entonnoir une goutte de mercure. En *d* était un tube rempli d'air et fai-

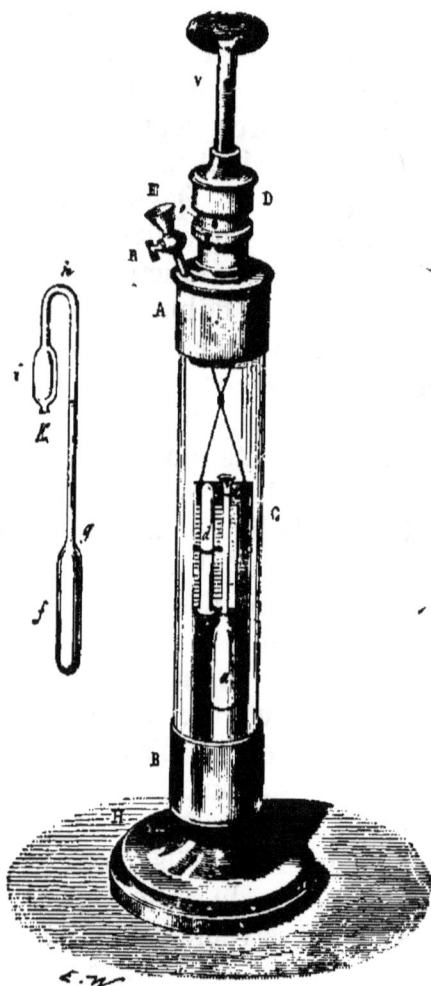

Fig. 2. — Compressibilité des liquides.

1. Œrsted physicien, né a Rudkiœbing en 1751, mort en 1851.

sant fonction de manomètre (instrument que nous étudierons plus tard et qui sert à mesurer les pressions). L'appareil était ensuite descendu dans une éprouvette de
cristal C, qui était montée sur un pied en cuivre H, et qui
se terminait à sa partie supérieure par une armature en
cuivre portant un petit corps de pompe, dans lequel on
pouvait faire descendre un piston à
l'aide d'une vis de pression V. L'appareil étant rempli d'eau par l'entonnoir E, on fermait le robinet R et
l'on faisait descendre le piston. La
pression qu'il exerçait se transmettait au liquide du piézomètre, et l'on
voyait la goutte de mercure descendre dans le tube capillaire, ce qui
prouvait que le liquide se compri-
mait dans le piézomètre. On recourbe
quelquefois la partie supérieure du
piézomètre de manière à empêcher
le liquide intérieur de s'échapper en
glissant entre la paroi du tube et la
goutte de mercure.

9. **Gaz.** — Les corps gazeux se
rapprochent des liquides par ce caractère que leur forme est essentiellement variable, que leurs molécules
sont très mobiles les unes par rapport aux autres. Mais leur compressibilité est beaucoup plus grande ;
l'expérience du briquet à air nous
montre la facilité avec laquelle les
gaz se compriment.

Soit (fig. 3) un tube en verre très
épais mastiqué dans une douille en
cuivre qui le ferme à sa partie inférieure. Introduisons dans ce cy-
lindre, par l'extrémité supérieure, un piston qui s'adapte parfaitement à l'ouverture. Nous enfermons ainsi un volume
d'air égal au volume intérieur du tube. En appuyant sur la

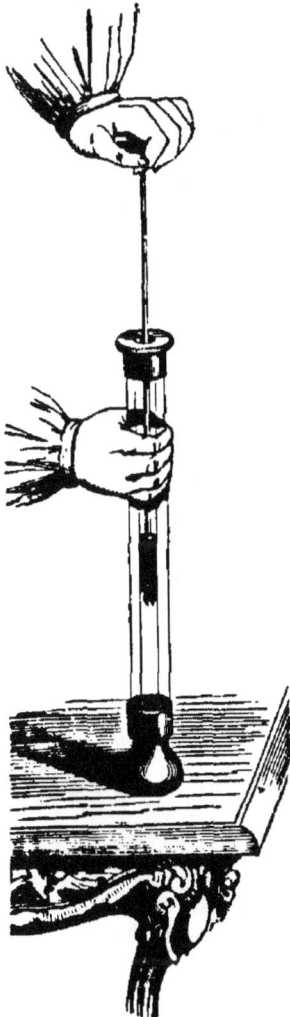

Fig. 3. — Briquet à air.

tige du piston, nous parviendrons à le faire descendre
jusqu'à ce qu'il aille toucher la base inférieure du tube, le
volume de l'air se trouvant presque réduit à zéro. Si l'expérience a été faite brusquement, la chaleur dégagée par
cette compression suffira pour enflammer un morceau
d'amadou placé à la partie inférieure du piston, et c'est
de là que l'appareil tire son nom de *briquet à air*.

Mais ce qui distingue surtout les liquides des gaz, c'est
que ces derniers sont dénués de cohésion, et que les
choses se passent comme si leurs molécules étaient dans
un état de répulsion permanente. Dans les liquides cette
répulsion n'existe pas, de sorte qu'un liquide, tout en prenant la forme du vase qui le renferme, n'en occupe pas
nécessairement la totalité.

Que l'on verse un demi-litre d'eau dans un vase vide
dont la capacité est un litre, il ne sera rempli qu'à moitié ;
tandis que si l'on y fait passer un demi-litre d'air, ce gaz
remplira le vase tout entier. Il y a plus : non seulement il
le remplira entièrement, mais il tendra sans cesse à augmenter de volume, et cette tendance se traduira par une
force exercée sur les parois du vase, force que l'on
désigne en physique sous le nom de *pression* ou de *force
élastique* des gaz. Pour la mettre en
évidence, prenons une vessie fermée
par un robinet (fig. 4) et contenant
une petite quantité d'air ou d'un gaz
quelconque. Mettons-la sous une
cloche à robinet *r* placée sur un
plateau communiquant par le tube qui
la supporte avec une machine, que
nous étudierons plus tard sous le nom
de machine pneumatique, et qu'actuellement nous regarderons comme
capable d'extraire l'air qui se trouve
dans la cloche et qui environne la
vessie. Faisons fonctionner la machine ; la vessie qui était aplatie, dont

Fig. 4. — Force élastique
des gaz.

les parois se touchaient presque, se gonfle. Laissons rentrer l'air extérieur en ouvrant le robinet *r*, et la vessie

1.

reprend son volume primitif. Il est très facile d'expliquer cette expérience. Avant qu'on ait fait le vide dans la cloche, la force élastique de l'air contenu dans la vessie ne se manifestait pas, parce qu'elle était contre-balancée par la force élastique de l'air extérieur ; mais dès que ce dernier a été enlevé, l'air contenu dans la vessie a pressé contre ses parois et l'a gonflée. Lorsqu'on a laissé rentrer l'air dans la cloche, il est venu contre-balancer de nouveau par sa pression celle de l'air contenu dans la vessie, et elle s'est affaissée.

Les caractères de ressemblance qui existent entre les liquides et les gaz, les font désigner sous le nom de *fluides*.

10. Mobilité et inertie. — La mobilité est la propriété qu'ont les corps de pouvoir être transportés d'un lieu dans un autre.

Un corps ne se met jamais en mouvement de lui-même ; s'il passe de l'état de repos à l'état de mouvement, c'est qu'une cause extérieure a agi sur lui. Cette cause est appelée *force*. Lorsqu'un corps est en mouvement, il ne peut non plus modifier ce mouvement de lui-même. Tout ralentissement, toute accélération dans sa marche est l'effet d'une force extérieure. Cette incapacité dans laquelle se trouvent les corps de ne pouvoir modifier en rien leur état de repos ou de mouvement a été désignée sous le nom d'*inertie*.

Bien des faits semblent tout d'abord en opposition avec cette définition ; mais cependant ils rentrent dans la loi générale.

Nous n'en citerons que deux : une bille est lancée sur le tapis d'un billard ; si elle jouit de la propriété que nous venons d'appeler *inertie*, il semble qu'elle doive se mouvoir indéfiniment ; et cependant, à mesure qu'elle s'avance, nous la voyons marcher plus lentement et finir par s'arrêter. En effet, une double cause a agi sur elle pour diminuer d'abord et annuler ensuite sa vitesse : c'est la résistance de l'air et le frottement du tapis. L'air ne peut être pénétré par la bille en mouvement ; pour que celle-ci s'avance, il faut qu'elle déplace les molécules gazeuses, qu'elle les refoule les unes sur les autres, qu'elle partage sa vitesse avec elles. Si polie qu'elle soit, elle présente néanmoins des aspérités qui s'engagent dans celles que forment les filaments du tapis. Pour avancer sur la table du billard, il lui faut successivement courber devant elle tous ces filaments, leur communiquer par suite une partie de sa vitesse. Au bout d'un certain temps, cette double résistance a absorbé toute la vitesse du mobile, et il s'arrête. Pour prouver l'influence du frottement, on peut, du reste, lancer la bille sur un plan de marbre bien poli, et la durée du mouvement deviendra incomparablement plus grande.

Si un corps abandonné à lui-même tombe, ce n'est pas qu'il ait été capable de passer, par sa propre spontanéité, de l'état de repos à celui de mouvement; c'est qu'il a été soumis à la force attractive qui dirige tous les corps vers le centre de la terre, force que nous étudierons plus tard sous le nom de *pesanteur*.

C'est encore la pesanteur qui modifie la vitesse d'un projectile lancé horizontalement. S'il n'était pas soumis à l'action de cette force et à la résistance de l'air, il continuerait indéfiniment sa course, horizontalement et avec la même vitesse, tandis que, soumis à cette double action, il décrit une ligne courbe appelée *parabole*, et finit par s'arrêter.

11. L'inertie de la matière sert à expliquer un certain nombre de faits.

Lorsqu'un cheval lancé avec une vitesse un peu grande s'arrête brusquement, son cavalier est souvent projeté en avant. C'est qu'en effet, participant au mouvement du cheval, il n'a pu modifier la vitesse qu'il partageait avec lui et qui a suffi pour l'emporter par-dessus la tête de l'animal. C'est de la même manière que s'expliquent les accidents dont sont victimes les personnes placées dans une voiture qui, lancée avec une grande vitesse, vient à heurter un obstacle qui l'arrête instantanément.

Lorsqu'on saute en bas d'une voiture en mouvement, on est presque toujours précipité par terre dans le sens de la marche. C'est qu'en effet, lorsqu'on arrive sur le sol, la vitesse des pieds se trouve brusquement annulée, tandis qu'au contraire les parties supérieures du corps, conservant toujours la vitesse de la voiture, sont emportées par elle en avant. Lorsqu'on veut éviter ces accidents, il faut, en sautant, se pencher dans un sens inverse de celui de la marche, car la vitesse acquise n'a alors pour effet que de rétablir le corps dans la verticale.

Lorsqu'une locomotive, traînant à sa suite un certain nombre de wagons, vient à choquer un obstacle qui l'arrête, les voitures qui la suivent continuent leur marche en vertu de la vitesse acquise, montent les unes sur les autres, et c'est là ce qui rend si terribles les accidents de chemins de fer.

12. Mouvement absolu et relatif. — Le *mouvement absolu* d'un corps est le déplacement réel de ce corps dans l'espace, ce déplacement étant considéré par rapport à des points absolument fixes. Quand on considère, au contraire, le mouvement du mobile par rapport à des points qui sont eux-mêmes en mouvement, on dit que le mouvement est *relatif*. Ainsi lorsqu'une personne se déplace sur le pont d'un bateau à vapeur, elle est en mouvement absolu par rapport à des repères fixes pris en dehors du bateau, mais elle est en mouvement relatif par rapport à tous les points du bateau qui sont eux-mêmes entraînés dans un mouvement commun.

13. Mouvement uniforme. — Lorsque le mobile parcourt des espaces égaux en temps égaux, le mouvement est dit *uniforme*, et l'espace parcouru pendant une seconde est appelé la *vitesse* du mouvement.

14. Mouvement varié. — Lorsqu'on fait agir une force sur un corps pendant un temps infiniment court, ce corps se met en mouvement sous l'action de cette force, et si on la suspend immédiatement, il continue, en vertu de son inertie, à se mouvoir d'un mouvement rectiligne et uniforme [1] ; mais si l'on vient à faire agir sur lui une nouvelle force, son mouvement se modifie ; la vitesse n'est pas la même et change à chaque instant sous l'action permanente et modificatrice de la force. On dit alors que le mouvement est *varié*

---

1. Nous ne tenons compte ici ni de l'action de la pesanteur, ni de résistance de l'air

La définition de la vitesse, en pareil cas, n'est plus aussi simple que dans le mouvement uniforme; et, sans entrer, à ce sujet, dans des détails qui sont du domaine de la mécanique, nous dirons que, dans un mouvement varié, la vitesse, à un moment donné, est celle du mouvement uniforme qui succéderait au mouvement varié, si à ce moment on suspendait l'action de la force qui agit sur le mobile.

15. Mouvement uniformément varié. — Le plus simple des mouvements variés est celui dans lequel les variations de la vitesse sont égales en temps égaux; il est appelé *mouvement uniformément varié*. La variation que subit la vitesse pendant une seconde est appelée *accélération*, que cette variation soit une augmentation ou une diminution. Dans le premier cas, le mouvement est *uniformément accéléré* ; dans le second, il est *uniformément retardé*.

16. Division de la physique. — Les phénomènes physiques pouvant se grouper en cinq classes principales, nous diviserons la physique en cinq parties : 1° Pesanteur; 2° Chaleur; 3° Optique; 4° Acoustique; 5° Électricité et Magnétisme.

LIVRE PREMIER

PESANTEUR — HYDROSTATIQUE — STATIQUE DES GAZ

CHAPITRE PREMIER

LOIS DE LA PESANTEUR. — CENTRE DE GRAVITÉ. — PENDULE.
MESURE DES POIDS. — BALANCES.

17. Un corps qu'on tient à la main et qu'on abandonne
ensuite, tombe jusqu'à ce qu'il ait rencontré un obstacle
qui s'oppose à la continuation de son mouvement. La force
qui a déterminé ce mouvement est appelée *pesanteur*. Elle
est exercée par la terre elle-même sur tous les corps que
nous connaissons, et l'on a l'habitude en physique de considérer cette force comme centralisée au centre de la terre.
Ainsi nous supposerons toujours que ce centre résume en
lui toutes les forces attractives exercées sur les corps par
les différentes parties du globe, que c'est lui qui, par son
attraction, détermine leur chute.

18. Il est important de nous rendre compte du mode
d'action de la pesanteur. Agit-elle en un point unique des
corps ou sur toutes les molécules à la fois? Telle est la
première question à résoudre.

Les forces n'agissent ordinairement que sur un point des
corps auxquels elles sont appliquées : si nous voulons traî-
ner un fardeau sur le sol, nous appliquons en un de ses
points la force qui est destinée à le faire mouvoir. Lorsque nous poussons une bille sur un tapis de billard, nous
la frappons seulement en un point. La pesanteur, au con-

traire, exerce son action sur toutes les molécules du corps. En effet, prenons un morceau de sucre et abandonnons-le à lui-même, il tombe vers le centre de la terre. Ramassons-le ensuite pour le mettre dans un mortier et le réduire en poudre très fine par l'action du pilon, puis abandonnons ces grains de poudre à eux-mêmes : ils tomberont tous vers le centre de la terre, et cependant, si la pesanteur n'avait agi qu'en un seul point du morceau de sucre, le grain, qui après la pulvérisation aurait représenté ou contenu ce point, se serait mis seul en mouvement, les autres restant en repos.

19. Direction de la pesanteur. Verticale. Horizontale. — Pour déterminer la direction de la pesanteur, on se sert d'un fil suspendu à un point fixe par une de ses extrémités, portant à l'autre un corps pesant, comme un morceau de plomb (fig. 5), et libre de prendre la direction que lui imprime la pesanteur. Ce fil est connu sous le nom de *fil à plomb*. Il est évident que, lorsqu'il est en équilibre, tendu par le corps pesant situé à son extrémité, l'effet de la pesanteur sur le corps est détruit, quoique son action subsiste, par la résistance du fil qui soutient le corps et l'empêche de tomber ; mais pour qu'il en soit ainsi, il faut néces-

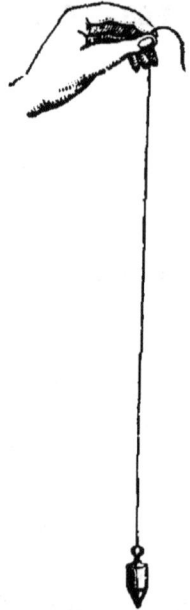

Fig. 5. — Fil à plomb.

sairement que la pesanteur agisse suivant le prolongement du fil.

La direction du fil à plomb en repos est désignée sous le nom de *verticale*. Elle est perpendiculaire à la direction des eaux tranquilles ou, en général, des liquides en repos. On sait par expérience que, lorsqu'on présente devant une glace un crayon, en lui donnant une direction perpendiculaire à la glace, l'image fournie par le miroir est dans le prolongement du crayon lui-même, tandis que, si l'on incline ce dernier, son image est inclinée aussi. Prenons pour miroir un bain de mercure (fig. 6) ; lorsqu'il sera bien en repos, suspendons au-dessus de lui un fil à plomb dont le corps pesant se termine en pointe, de manière que cette pointe affleure la surface du liquide, et nous constaterons que l'image du fil à plomb fournie par le bain de mercure est dans le prolongement du fil lui-même, ce qui nous prouve que la verticale est perpendiculaire à la surface des liquides en repos.

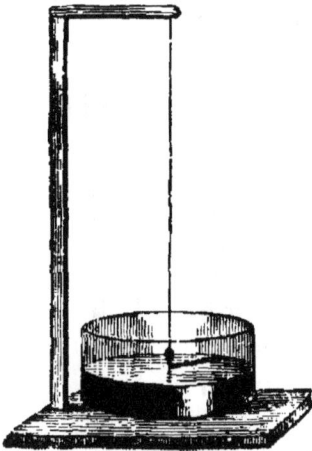

On donne le nom de plan *horizontal* à la surface plane formée par un liquide en repos, et d'*horizontale* à toute ligne située dans ce plan ou parallèle à ce plan.

L'action de la pesanteur étant concentrée au centre de la terre, toutes les verticales vont se couper à ce point et cependant, vu la distance très con-

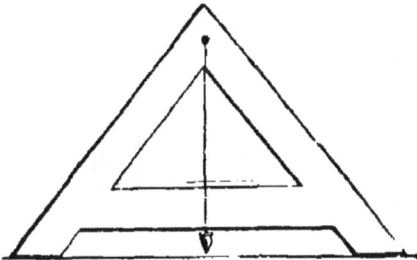

Fig. 6. — Fil à plomb.

Fig. 7. — Niveau.

sidérable à laquelle a lieu cette intersection, on considère comme parallèles les verticales de lieux peu éloignés l'un de l'autre. C'est ainsi que dans une église les directions des fils ou des chaînes qui suspendent les lustres à la voûte, peuvent être considérées comme parallèles. Si la distance devient considérable, il n'en est plus de même: les verticales de Paris et

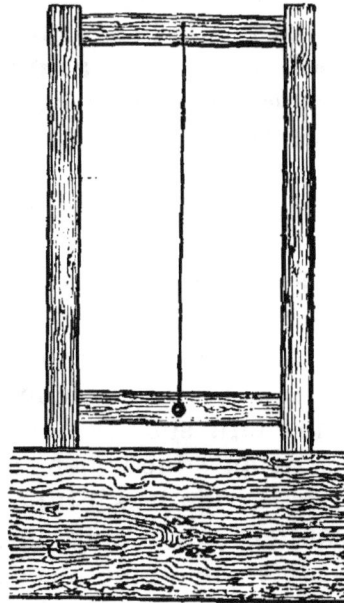

Fig. 8. — Niveau.

de Dunkerque font entre elles un angle de 2° 11′ 56″.

20. Niveau. — Le niveau, dont se servent si souvent les menuisiers, les maçons, etc., pour dresser les surfaces, est fondé sur l'emploi du fil à plomb, qui en un même lieu prend toujours la même direction. Il se compose d'un triangle (fig. 7), ou d'un quadrilatère (fig. 8) fait avec des traverses en bois et muni de prolongements dont les bases sont exactement dans le même plan. Ce sont ces bases qui doivent reposer sur le corps dont on veut assurer l'horizontalité, les tablettes d'une bibliothèque, par exemple. Un fil à plomb suspendu au sommet du triangle tombe verticalement, et lorsque le niveau repose sur un plan parfaitement horizontal, le fil doit couvrir un trait tracé verticalement sur la traverse horizontale. Pour établir l'horizontalité d'une tablette, on pose le niveau sur elle, successivement dans deux directions perpendiculaires, et dans ces deux positions on fait varier la tablette jusqu'à ce que le fil à plomb recouvre le trait.

21. Lois de la chute des corps. — *Tous les corps tombent également vite dans le vide.* Nous avons vu (18) que la pesanteur agissait également sur toutes les molécules d'un même corps, et l'expérience va nous prouver que des corps de différentes natures tombent également vite dans le vide. Prenons un grand tube en verre (fig. 9), fermé aux deux extrémités par deux viroles de cuivre, dont l'une est garnie d'un robinet que l'on visse sur une machine, que nous étudierons plus tard sous le nom de *machine pneumatique*, et qu'actuellement nous regardons comme capable de faire le vide dans le tube, c'est-à-dire d'en extraire l'air qu'il contient. On a introduit dans le tube des corps différents, tels que du plomb, de l'or en feuilles, des barbes de plumes, des morceaux de liège. Si nous faisons le vide et que nous renversions rapidement le tube, nous constaterons que tous les corps tombent également vite, qu'ils

Fig. 9. — Tube de Newton.

mettent exactement le même temps à parcourir la longueur
de l'appareil. Mais si nous laissons rentrer de l'air en ouvrant le robinet, les différents corps tombent avec des vitesses inégales, et la différence entre leur vitesse est d'autant
plus grande qu'on a laissé entrer une quantité d'air plus
considérable. Les corps les plus lourds sont ceux qui tombent le plus vite. Cette expérience nous prouve donc :
1° *Que dans le vide tous les corps tombent également vite ;*
2° *Que dans l'air les vitesses de chutes sont inégales.* Nous
expliquerons ce dernier fait en admettant qu'il est dû à la
résistance de l'air.

La résistance de l'air est la même sur des corps ayant
la même surface, mais on peut admettre que sous une
même surface les corps les plus lourds renferment un
nombre de molécules plus considérable et la résistance
se répartissant chez eux entre un plus grand nombre de
molécules que chez les corps légers, la perte de vitesse
qu'elle occasionne à chaque molécule est plus petite, et
par suite les corps lourds tombent dans l'air avec une
plus grande rapidité que les corps légers.

22. Loi des espaces. — Les phénomènes les plus ordinaires nous montrent que la vitesse d'un corps qui
tombe sous l'action de la pesanteur n'est pas la même en
tous les points de sa course. Lorsqu'on laisse tomber
d'une petite hauteur un morceau de verre, il ne se brise
point en arrivant à terre, tandis que, si on l'abandonne à
une distance un peu considérable du sol, il se brise lorsqu'il vient le toucher. Cette différence dans le résultat tient
évidemment à l'inégalité des chocs que subit le corps
dans l'un et dans l'autre cas ; et cette inégalité tient elle-
même à ce que, dans la seconde expérience, la vitesse du
morceau de verre, en arrivant à terre, est plus grande que
dans la première. On démontre, à l'aide d'appareils que
nous ne décrirons pas, qu'un corps qui tombe librement
dans le vide parcourt, dans la première seconde de sa
chute, $4^m,9$; que dans les deux premières secondes
il parcourt 4 fois $4^m,9$, c'est-à-dire $19^m,6$; dans les trois
premières secondes, 9 fois $4^m,9$, c'est-à-dire $44^m,1$; dans
les quatre premières secondes, 16 fois $4^m,9$, c'est-à-dire

70^m,4 : or, 4, 9, 16 sont les carrés de 2, 3, 4 ou les produits de ces nombres par eux-mêmes. Nous dirons donc *que les espaces parcourus par un corps qui tombe sont proportionnels aux carrés des temps employés à les parcourir.*

23. Loi des vitesses. — On démontre aussi que la *vitesse*, définie comme nous l'avons vu plus haut (14), *est proportionnelle au temps*, c'est-à-dire que, si elle est au bout d'une seconde de 9^m,8, au bout de 2 secondes elle sera de 2 fois 9^m,8 ou 19^m,6; au bout de 3 secondes, de 3 fois 9^m,8, ou 29^m,4, etc.

Le mouvement des corps tombant sous l'action de la pesanteur nous fournit l'exemple d'un mouvement uniformément accéléré.

24. Application. — Un corps parcourt, dans la première seconde de sa chute, 4^m,9 : quel espace aura-t-il parcouru au bout d'une minute?

Une minute contenant 60 secondes, il faut, pour répondre à la question, multiplier 60 par lui-même, en d'autres termes, l'élever au carré, ce qui donne 3600, puis multiplier 4^m,9 par 3600, ce qui donne 17640.

Dans le vide, un corps parcourt donc 17^{k}640^m dans la première minute de sa chute.

25. Intensité de la pesanteur. — Le nombre 4^m,9 que nous venons d'admettre comme représentant l'espace parcouru dans le vide, pendant la première seconde de sa chute, par un corps qui tombe librement, n'est pas le même en tous les points de la terre; il est exact pour les corps tombant à Paris, mais il augmente quand on s'approche des pôles de la terre, et diminue quand on s'approche de l'équateur. Cela s'explique de la manière suivante.

Comme la terre n'est pas une sphère, qu'elle est renflée à l'équateur et aplatie aux pôles, à mesure que nous nous approchons de l'équateur, nous sommes plus éloignés du centre de la terre; par suite, la force attractive, que nous considérons comme centralisée au centre (17), s'exerçant à une distance plus considérable, devra être moindre et les corps devront tomber avec une moins grande rapidité. Au contraire, à mesure que l'on s'approche du pôle, la distance au centre de la terre devenant plus petite, l'attraction a plus d'effet et la vitesse de chute augmente.

On peut, du reste, démontrer facilement la variation d'intensité de la pesanteur en différents lieux. On se sert pour cela d'un appareil appelé *peson*. Il se compose (fig. 10) d'une lame d'acier flexible recourbée en son milieu. De chacune de ses extrémités part un arc métallique qui va traverser une ouverture pratiquée près de l'autre extrémité. L'un des arcs se termine par un crochet, l'autre par un anneau.

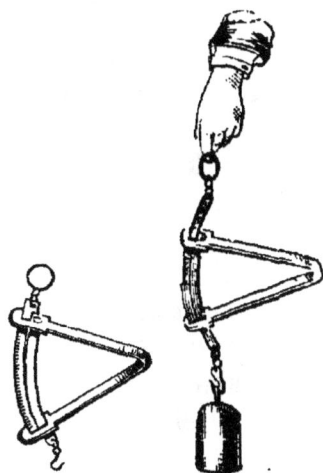

Lorsque l'appareil n'est soumis à aucune force, la lame flexible est dans la position que nous présente la figure 10 ; mais lorsque, tenant l'anneau à la main, on suspend des poids au crochet, cette lame s'infléchit, comme le représente la figure 11. Les deux arcs glissent l'un sur l'autre, et leur course est d'autant plus étendue que le poids est plus considérable. En se transportant avec cet appareil en différents lieux de la terre, en y accrochant à chaque station le même corps on constaterait que l'effet n'est pas le même sur le peson ; que plus on approche de l'équateur, moins la lame s'infléchit, que l'effet est inverse à mesure qu'on approche du pôle. Donc l'intensité de la pesanteur croît lorsqu'on s'approche du pôle et décroît lorsqu'on s'en éloigne.

26. Masse d'un corps. Force vive. — On appelle *masse* d'un corps, le quotient constant de son poids par l'accélération due à la pesanteur, c'est-à-dire par l'augmentation de vitesse que subit par seconde un corps tombant dans le vide.

On appelle *force vive* d'un corps en mouvement, à un moment donné, le produit de sa masse par le carré de la vitesse qu'il possède à cet instant. Ces deux définitions nous serviront dans la suite.

27. Centre de gravité. — Nous avons vu (18) que la

Fig. 10 et 11. — Peson.

pesanteur agissait également sur toutes les molécules d'un corps.

Un corps pesant peut donc être considéré comme soumis à une série de forces dirigées suivant des verticales et par suite parallèles.

On conçoit très bien que toutes ces forces appliquées en des points différents pourraient être remplacées par une force unique appelée *poids* du corps, qui serait appliquée à un point spécial que l'on désigne sous le nom de *centre de gravité* du corps. Cette hypothèse étant faite (et des raisonnements qui ne peuvent trouver place ici pourraient en démontrer l'exactitude), nous considérerons le plus souvent *la masse des corps comme concentrée à leur centre de gravité*, et, au lieu de raisonner sur les molécules pesantes des corps, nous en ferons abstraction pour ne raisonner que sur la molécule pesante les résumant toutes et située au centre de gravité.

Lorsque le centre de gravité d'un corps lui est invariablement lié, il suffit de soutenir ce centre pour que le corps entier soit en équilibre. (Nous avons dit invariablement lié, parce qu'il est des cas où le centre de gravité n'est pas situé dans le corps lui-même. Ainsi, le centre de gravité d'un anneau circulaire est au centre de la circonférence de cet anneau, et si le centre n'est pas invariablement lié à l'anneau, comme il l'est dans une roue par les rayons, on aura beau soutenir ce centre, l'anneau ne sera pas soutenu pour cela.)

28. Lorsqu'un corps est soutenu par un point situé sur la verticale passant par son centre de gravité, l'équilibre peut être *indifférent*, *stable* ou *instable*. Expliquons la signification de ces différents termes.

Considérons une sphère solide : son centre de gravité est à son centre géométrique. Supposons que nous fassions passer un axe fixe suivant un diamètre, le centre de gravité sera situé sur lui ; le poids du corps sera détruit par la résistance de l'axe, quelle que soit la position de la sphère. Si nous la faisons tourner autour de cet axe, elle restera en équilibre dans toutes les positions que nous lui donnerons; c'est *le cas d'un équilibre indifférent.* On peut réaliser

cette expérience en faisant passer par le centre d'une
pomme bien ronde une aiguille à tricoter et fixant l'aiguille.
Il est évident que, l'aiguille étant fixe, on pourra faire
tourner la pomme sur elle-même, et que dans chaque position elle sera en équilibre.

Il en serait autrement si l'axe ne passait pas par le centre.
Ainsi, supposons un corps solide M (fig. 12), dont le centre
de gravité G n'est pas situé sur l'axe AA' qui le soutient.
Ce solide ne restera en repos que si la verticale GV du
centre de gravité rencontre AA', auquel cas la résistance
de l'axe détruira l'effet du poids du solide.

Mais cette condition peut être réalisée de deux manières :

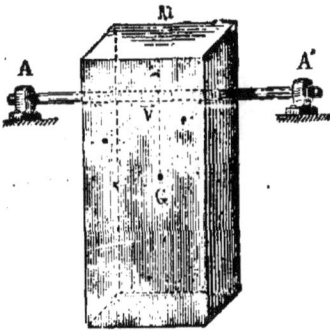

Fig. 12.

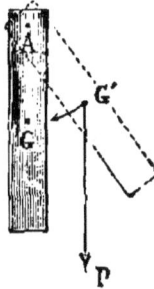

Fig. 13.

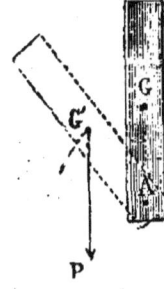

Fig. 14.

dans le premier cas, le centre de gravité G (fig. 13) sera situé au-dessous de l'axe A : alors l'équilibre sera *stable*, c'est-
à-dire que, si l'on éloigne le corps de sa position d'équilibre, il tendra à y revenir. Dans la figure, le corps étant
amené à la position représentée par les lignes ponctuées,
le poids P agit au centre de gravité qui est transporté en
G', et tend à ramener le corps à sa position primitive,
comme l'indique la petite flèche courbe.

Dans le second cas, le centre de gravité G (fig. 14) est
au-dessus de l'axe A : alors l'équilibre est *instable*, c'est-
à-dire que si l'on éloigne tant soit peu le corps de sa position d'équilibre, il s'en écarte lui-même davantage sans
pouvoir y revenir. Dans la figure 14, on voit que le corps
est entraîné dans le sens indiqué par la flèche courbe.

29. Équilibre d'un corps pesant reposant sur un

plan horizontal. — Quand un corps pesant repose sur un plan horizontal, les points de contact forment un polygone que l'on appelle le *polygone de sustentation* du corps.

 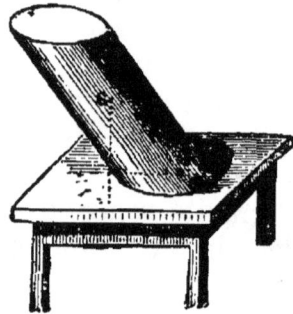

Fig. 15.   Fig. 16.

Lorsqu'une boîte carrée est placée sur une table, son polygone de sustentation est le carré qui forme le fond de cette boîte : une chaise reposant sur ses quatre pieds a pour po-

 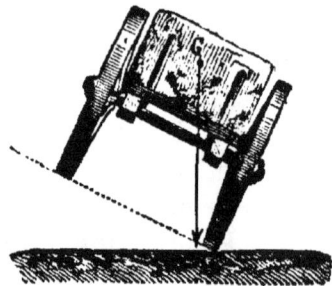

Fig. 17.   Fig. 18.

lygone de sustentation un quadrilatère. Un cylindre circulaire oblique s'appuyant sur une table a pour polygone son cercle de base. Soit G son centre de gravité (fig. 15). Le poids de ce cylindre peut être considéré comme une force verticale agissant au point G. Si la verticale du point

G tombe dans l'intérieur de la base, il y aura équilibre, car l'effet du poids sera détruit par la résistance de cette base. Si, au contraire (fig. 16), la verticale du point G tombe au dehors, le poids aura tout son effet, entraînera le point G, et par suite le corps tout entier qui se couchera sur la table.

La stabilité est d'autant plus grande que le polygone de sustentation offre plus de surface et que, dans les petits déplacements que le corps peut subir, la verticale du centre de gravité a moins de chances de tomber en dehors de ce polygone. C'est ainsi que, lorsqu'on charge une voiture, on doit, autant que possible, ne pas porter le charge trop haut, car, à mesure qu'elle s'élève, la centre de gravité du système s'élève aussi. Pour que la voiture ne verse pas, il faut que la verticale passant par son centre de gravité G (fig. 17 et 18) rencontre toujours le sol entre les points par lesquels les roues se touchent (fig. 18). Elle versera dans le cas de la figure 17.

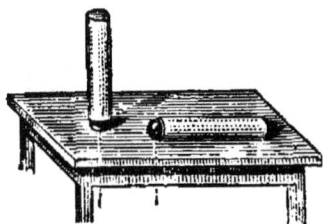

Fig. 19.

Tout le monde connaît ces jouets qui sont formés d'un cylindre de moelle de sureau, sur l'une des bases desquels on a collé la moitié d'une balle de plomb (fig. 19). Si on les couche sur une table, ils se redressent immédiatement pour se placer verticalement : car le centre de gravité du système étant dans la balle de plomb, qui à elle seule est plus lourde que tout le cylindre en sureau, la verticale de ce centre, lorsque le corps est couché sur le côté, tombe en dehors des points d'appui ; le poids peut alors produire tout son effet, entraîner le centre de gravité, et par suite redresser le cylindre.

Si l'on place le cylindre verticalement, la balle de plomb en haut, l'équilibre sera instable ; au moindre dérangement la petite masse métallique entraînera le tout, le cylindre se couchera sur le côté, et se redressera immédiatement sur la balle de plomb.

30. Du pendule. — Lorsqu'un corps pesant, une boule A par exemple (fig. 20), est suspendue à l'extrémité d'un fil BA fixé en B, le système est en équilibre lorsque le fil est vertical, car alors l'effet de la pesanteur est détruit par la résistance du fil. Si l'on vient à écarter celui-ci de sa position d'équilibre, pour l'amener en BA', et qu'on l'abandonne à lui-même, la boule A se met en mouvement et décrit un arc de cercle dont le centre est le point B. Arrivée en A, la boule, en vertu de la vitesse acquise de A' en

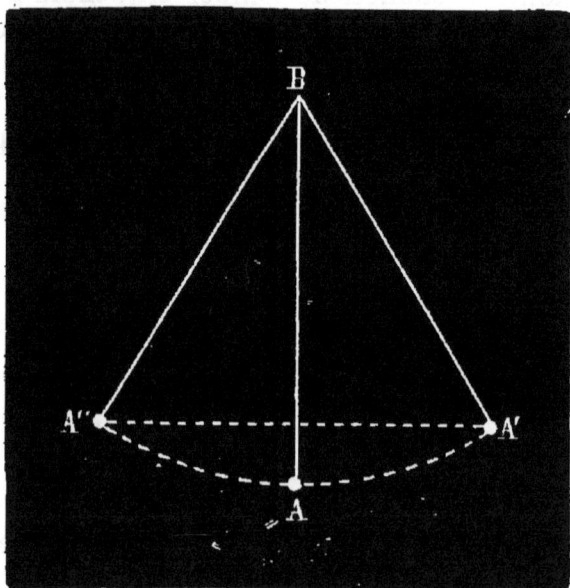

Fig. 20. — Pendule.

A, dépasse la position d'équilibre pour remonter, suivant A'A″, jusqu'à ce que la vitesse soit annulée, ce qui arrive lorsque le corps a atteint la position A″ symétrique de A'. Mais en A″ le corps pesant se trouve dans des conditions identiques à celles où il se trouvait lorsqu'on l'a abandonné en A'; il doit donc redescendre pour remonter ensuite en A', et ainsi de suite. Du moins c'est ainsi que les choses se passeraient dans le vide. Dans l'air, la résistance de ce milieu agit pour diminuer de plus en plus l'espace parcouru par le mobile, et, au bout d'un certain temps, il revient au repos. Lorsque le corps pesant est arrivé en A″, il a accompli ce qu'on appelle une oscillation, et l'angle A′BA″ est désigné sous le nom d'*amplitude* de l'oscillation.

On donne le nom de *pendule* à tout corps pesant exécutant autour d'un point de suspension le mouvement d'oscillation que nous venons de décrire. Ce mouvement est soumis à des lois que nous allons vérifier par l'expérience :

1° Loi DE L'ISOCHRONISME. — *Pour de petites amplitudes ne dépassant pas 4° à 5°, et dans le même lieu, la durée des oscillations d'un pendule est constante, malgré les variations de l'amplitude, ou, en d'autres termes, les oscillations sont isochrones.*

Pour vérifier cette loi trouvée par Galilée [1], prenons un fil très délié de 1 mètre, à l'extrémité duquel nous suspendrons une bille d'ivoire. Fixons ce fil par l'extrémité opposée à la bille, écartons-le de sa position d'équilibre d'un angle de 5° et abandonnons-le ; il va décrire ses oscillations, et son mouvement pourra durer une heure environ. Comptons le nombre d'oscillations exécutées pendant les cinq premières minutes du mouvement ; puis, au bout d'un quart d'heure, comptons encore le nombre d'oscillations effectuées pendant cinq autres minutes ; répétons cette observation un certain nombre de fois pendant que le pendule oscille. D'après ce que nous avons dit plus haut, l'amplitude des oscillations du pendule devient de plus en plus petite ; mais, malgré cette variation, le nombre d'oscillations exécutées pendant cinq minutes reste constant, ce qui prouve que la durée d'une oscillation reste aussi constante.

2° Loi DES LONGUEURS. — *La durée des oscillations d'un pendule varie avec la longueur du pendule et augmente avec elle.*

Si nous écartons de la verticale deux pendules, le premier ayant une longueur quadruple de celle du second, et que nous les abandonnions en même temps, le plus court oscillera plus vite que l'autre, et le temps employé par lui

1. Galilée, né à Pise en 1564, mort en 1642.

pour effectuer une oscillation sera deux fois plus petit ; si les longueurs étaient entre elles comme les nombres 9 et 1, les temps de l'oscillation seraient entre eux comme 3 et 1 ; si elles étaient comme 16 et 1, les temps seraient comme 4 et 1 ; or les nombre 1, 2, 3, 4, sont appelés en arithmétique les racines carrées des nombres 1, 4, 9, 16. Nous formulerons donc la loi des longueurs comme il suit : *les durées des oscillations de pendules de longueurs différentes sont entre elles comme les racines carrées des nombres qui expriment ces longueurs.*

REMARQUE. — Nous ferons enfin remarquer que le mouvement pendulaire étant dû à l'action de la pesanteur, il doit dépendre de l'intensité de cette force et varier avec elle ; c'est ce que l'expérience a constaté, et on a même employé le pendule à la mesure de l'intensité de la pesanteur en différents lieux. Cette méthode confirme de tous points les résultats que nous avons exposés plus haut (25).

31. Application du pendule aux horloges. — Les horloges sont des appareils destinés à mesurer le temps par la marche sur un cadran d'aiguilles animées d'un mouvement uniforme, c'est-à-dire parcourant des espaces égaux en temps égaux. Le moteur dans une horloge est tantôt un poids suspendu à une chaîne enroulée sur un axe qu'elle met en mouvement, en se déroulant sous l'action du poids qu'elle soutient, tantôt un ressort qui, en se détendant, communique le mouvement aux pièces de l'appareil. Quel que soit le moteur employé, son action a besoin d'être régularisée pour que le mouvement soit uniforme. Ainsi, dans le cas d'une horloge à poids, le mouvement du poids tombant sous l'action de la pesanteur serait uniformément accéléré ; par suite, il en serait de même de celui des aiguilles.

Huyghens[1] a eu l'heureuse idée, en 1657, d'employer le pendule comme régulateur des horloges. Voici le principe sur lequel est basé cet emploi. Puisque le pendule nous présente par l'isochronisme de ses oscillations une série de phénomènes identiques, se reproduisant en temps

1. Huyghens, savant hollandais, né à la Haye en 1629, mort en 1695

égaux, il peut servir, lorsqu'on fera dépendre de son mouvement le mouvement d'une horloge, à régulariser celle-ci.

Pour relier le pendule à l'horloge, on se sert de l'échappement à ancre. Une pièce ABC (fig. 21), en forme d'ancre, est suspendue à un axe horizontal D et peut tourner autour

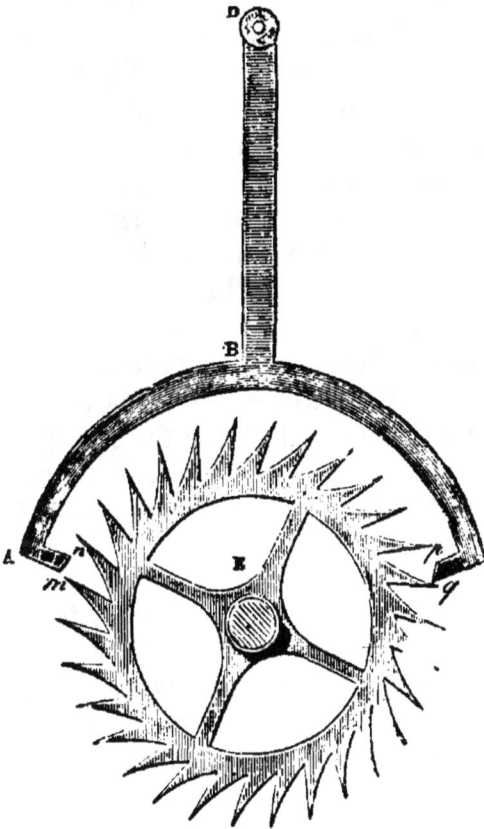

Fig. 21. — Échappement à ancre.   Fig. 22. — Pendule.

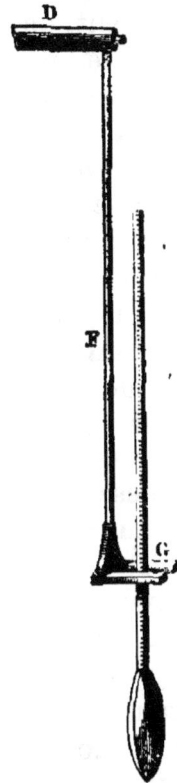

de lui. L'axe D (fig. 22) porte une tige F qui se termine intérieurement par une fourchette G, dans les branches de laquelle passe la tige du pendule. Par cette disposition, le pendule ne peut osciller sans faire osciller l'ancre en même temps. Dans ces oscillations, l'ancre vient alternativement engager ses extrémités A et C entre les dents d'une roue dentée E, qui est fixée au dernier arbre du mécanisme de l'horloge. Pendant qu'une des parties A ou C est engagée, la roue reste immobile, et par suite le mouvement de l'horloge se trouve décomposé en une série de mouvements séparés par des intervalles de repos se reproduisant d'une manière parfaitement régulière, vu l'isochronisme des oscillations du pendule.

Mais le pendule ne tarderait pas à s'arrêter, en vertu de la résistance de l'air et des frottements. Pour éviter cet inconvénient, on s'est arrangé de manière que l'horloge, en même temps qu'elle est réglée par le pendule, entretienne la vitesse de ce dernier. Pour cela, les deux extrémités A et C de l'ancre présentent du côté de la roue deux parties *mn, pq*, inclinées en sens contraires, sur lesquelles les dents de la roue doivent glisser avant de s'échapper. Pendant ce glissement, la dent exerce sur l'ancre une pression qui lui restitue à chaque moment la vitesse que les frottements et la résistance de l'air lui font perdre.

32. Mesure des poids. Balances. — Nous avons dit (27) que le *poids* d'un corps était la force unique qui, appliquée à son centre de gravité, pouvait être considérée comme remplaçant les forces égales et parallèles exercées par la pesanteur sur toutes ses molécules. Nous allons maintenant indiquer les moyens employés pour mesurer les poids, pour les comparer entre eux. Mais, avant tout, nous devons fixer l'unité choisie pour cette mesure. Elle varie suivant les pays. En France, c'est le *gramme*, qui est le *poids d'un centimètre cube d'eau distillée*, prise à la température de 4° au-dessus de zéro. Nous verrons plus tard pourquoi il est nécessaire de définir les conditions dans lesquelles doit se trouver cette eau.

Les multiples du gramme sont :

Le décagramme qui vaut........	10 grammes.
L'hectogramme..................	100 —
Le kilogramme.................. ..	1000 —

Pour les poids très considérables, on fait usage, dans le chargement des wagons, des navires, etc., d'une unité qui est la tonne, ou tonneau métrique, équivalant à 1000 kilogrammes.

Les sous-multiples du gramme sont :

Le décigramme, qui vaut la 10e partie du gramme.
Le centigramme   —   100e   —
Le milligramme   —   1000e   —

On fait usage dans la mesure des poids de masses métalliques en cuivre, fonte, platine ou aluminium, qui ont
été taillées de manière à représenter exactement par leur
poids, le gramme, ses multiples ou ses sous-multiples.

Les appareils à l'aide desquels on effectue la mesure des
poids sont appelés *balances*.

33. Balance ordinaire. — L'emploi de la balance
ordinaire est fondé sur le principe suivant :

Soit une barre inflexible AB appelée *fléau* (fig. 23), que

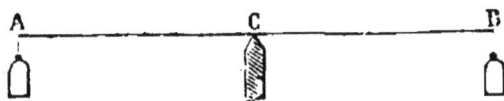

Fig. 23.

nous supposerons réduite à une ligne droite. Au point C,
qui la divise exactement en deux parties égales appelées
bras du fléau, faisons-la reposer sur une pièce à arête vive
appelée *couteau*. Mettons la dans une position horizontale.
Si aux extrémités A et B nous plaçons des poids absolument égaux, l'horizontalité ne sera pas détruite : car, la
tige étant également sollicitée par ces deux poids, il n'y a
pas de raison pour qu'elle s'incline dans un sens plutôt
que dans l'autre. Mais, si l'un de ces poids était plus grand
que l'autre, il ferait incliner la ligne AB de son côté. Donc
si nous parvenons à établir l horizontalité en mettant en
A un morceau de bois, en B un poids marqué de 2 grammes, nous pourrons en conclure que ces deux corps ont
le même poids, c'est-à-dire que le morceau de bois pèse
2 grammes.

Mais pour que cette conclusion soit exacte, il faut être
absolument dans les conditions où nous nous sommes
placés, c'est-à-dire que les deux bras AC, CB, soient par-

faitement égaux en longueur; car si CB était double de AC (fig. 24), l'horizontalité ne pourrait exister avec des poids égaux suspendus en A et B, et l'expérience montre que, pour l'obtenir, il faudrait en A suspendre deux poids identiques à celui qui serait suspendu en B. Si CB était

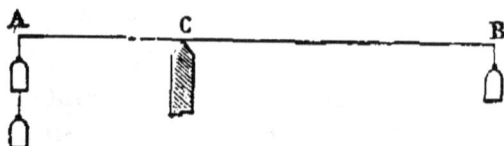

Fig. 24.

triple de AB (fig. 25), il faudrait en A suspendre trois poids égaux à celui qui serait en B, et ainsi de suite.

34. Remarquons maintenant que les conditions dans lesquelles nous nous sommes placés sont tout à fait idéales. La barre inflexible sur laquelle nous avons rai-

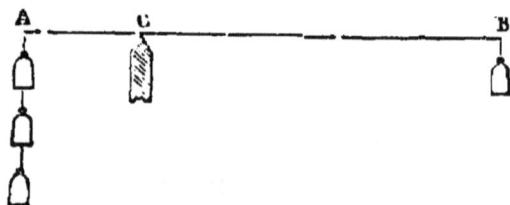

Fig. 25.

sonné ne peut être réduite à une ligne mathématique. Il faut, dans la pratique, qu'elle ait dans tous les sens des dimensions finies capables d'assurer sa solidité. Par suite elle aura un certain poids : ce poids appliqué au centre de gravité, qui ne sera plus nécessairement placé au point de suspension, agira sur l'appareil. Examinons quelle doit être la position de ce centre de gravité. Il doit, *lorsque le fléau est horizontal*, être dans la verticale du point de suspension, parce qu'alors le poids du fléau n'agit que pour appuyer celui-ci sur le point de suspension et n'intervient pas dans l équilibre; sans quoi le fléau serait horizontal et en équilibre, alors que les poids suspendus à ses extrémités ne seraient pas égaux. Il faut donc pour que la ba-

lance soit exacte : 1° *que les bras du fléau so:ent égaux*;
2° *que lorsque le fléau est horizontal, la verticale du centre
de gravité passe par le point de suspension.*

Voyons maintenant quelle doit être la position du
centre de gravité sur cette verticale. Il pourrait se trouver
au-dessus ou *au-dessous* du point de suspension, ou *coïncider*
avec ce point.

1° Si le centre de gravité était au point de suspension
lui-même, le poids du fléau n'aurait pas d'effet sur le jeu
de l'appareil, car cet effet serait toujours détruit par la
résistance du point de suspension : la balance serait *indiffé-
rente*, c'est-à-dire que des poids égaux la tiendraient en

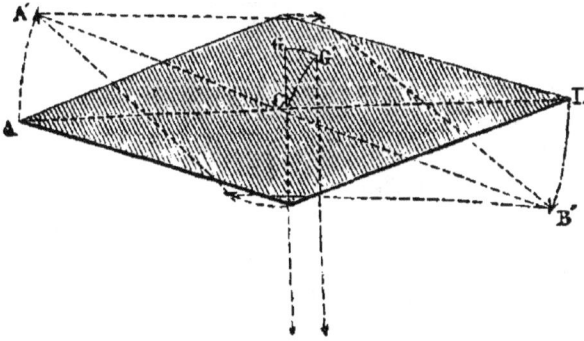

Fig. 26.

équilibre dans toutes les positions inclinées ou non, et
l'horizontalité du fléau ne serait plus le signe exclusif de
l'égalité des poids suspendus aux extrémités.

2° Soit G (fig. 26) le centre de gravité du fléau situé au-
dessus du point de suspension C. Dès que les poids mis à
l'extrémité B surpasseront, même d'une quantité très
faible, les poids suspendus en A, le fléau s'inclinera et
prendra la position A'B'; mais alors le centre de gravité
viendra de G en G', du côté de B, et le poids du fléau,
dont l'effet était détruit par la résistance du point de suspension, lorsqu'il y avait horizontalité, agissant librement
en G', ajoutera son effet à celui des poids suspendus en B
et fera basculer complètement l'appareil. Dans ce cas,
la balance est dite *folle.*

3° Enfin supposons le centre de gravité G (fig. 27) *au-dessous* du point de suspension. Dès qu'on mettra un excès de poids du côté B, le fléau s'inclinera encore, mais alors

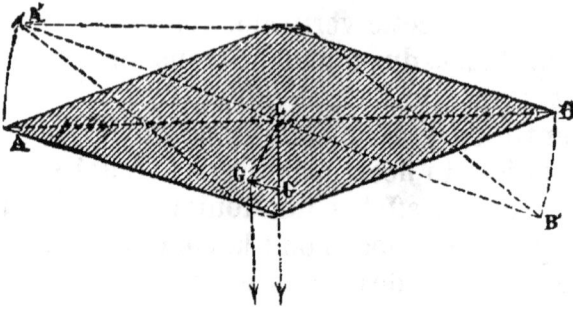

Fig. 27.

le centre de gravité se relèvera de G en G′, du côté de A, et le poids du fléau agissant librement en G′ tendra à ramener le fléau à l'horizontalité et l'empêchera de basculer.

Il est certain que ce dernier cas est le seul possible dans la pratique.

35. Sensibilité de la balance. — Il est évident d'ailleurs que cette action du poids du fléau, que nous voulons ici utiliser, ne doit pas être exagérée : car il faudrait alors un trop grand excès de poids sur l'une des extrémités pour faire incliner la balance ; on n'apprécierait alors que des différences par trop grandes et la balance ne serait pas *sensible*. Pour éviter cet inconvénient, on diminue le poids de la barre, autant qu'on peut le faire sans en altérer la solidité, et on la construit de telle sorte que le centre de gravité soit *aussi près que possible* du point de suspension C, sans cependant coïncider avec lui. Cette dernière précaution repose sur un principe que nous avons établi expérimentalement au paragraphe 33, et qui consiste en ce qu'une force agissant sur une masse solide a d'autant moins d'effet qu'elle agit à une plus petite distance du point fixe à la force. Or, la ligne G′C peut être considérée comme une barre solide dont le point fixe est en C ; plus le centre de gravité sera près de ce point C de suspension du fléau, plus cette ligne sera courte, moins grand

sera l'effet du poids du fléau agissant au centre de gravité,
et, dans ces conditions, de faibles poids auront plus
d'efficacité et la balance sera plus sensible.

36. Après avoir indiqué les conditions dans lesquelles
doit être construite une balance pour qu'elle soit exacte
et sensible, nous allons maintenant décrire ses différentes
parties.

La balance ordinaire se compose essentiellement d'une
barre rigide ou fléau FF' (fig. 28), qui est traversée perpendiculairement en son milieu par un prisme d'acier appelé
couteau. L'arête inférieure de ce couteau repose sur deux

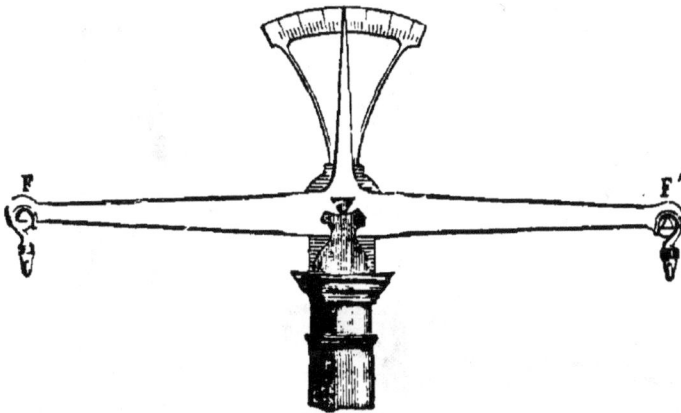

Fig. 28. — Balance

petits plans d'agate ou d'acier trempé, dont l'un est en
avant du fléau, l'autre en arrière ; mais tous deux à la même
hauteur. Ces plans sont portés par la colonne qui soutient
tout l'appareil ; l'arête du couteau sert d'axe de suspension, et c'est autour d'elle que le fléau peut osciller. Aux
extrémités F et F' se trouvent suspendus des plateaux
destinés à porter les poids. Ces plateaux doivent être doués
d'une grande mobilité autour de leur point de suspension ;
aussi les chaînes ou tiges qui les soutiennent se termin-
ent-elles par des crochets qui reposent aussi sur des
couteaux à arêtes vives. Une aiguille, fixée au milieu du
fléau perpendiculairement à la tige FF', peut se mouvoir
sur un cadran divisé. Lorsque le fléau est horizontal, cette

aiguille est verticale et s'arrête au zéro de la division. Elle permet à l'observateur de saisir plus facilement le moment où l'horizontalité du fléau est rétablie.

37. La figure 29 représente une balance de précision qui peut peser jusqu'à 2 kilogrammes, et qui, avec cette charge, trébuche, lorsqu'elle est bien construite, pour un excès de poids de $0^{gr},001$.

Nous n'entrerons pas dans la description détaillée de

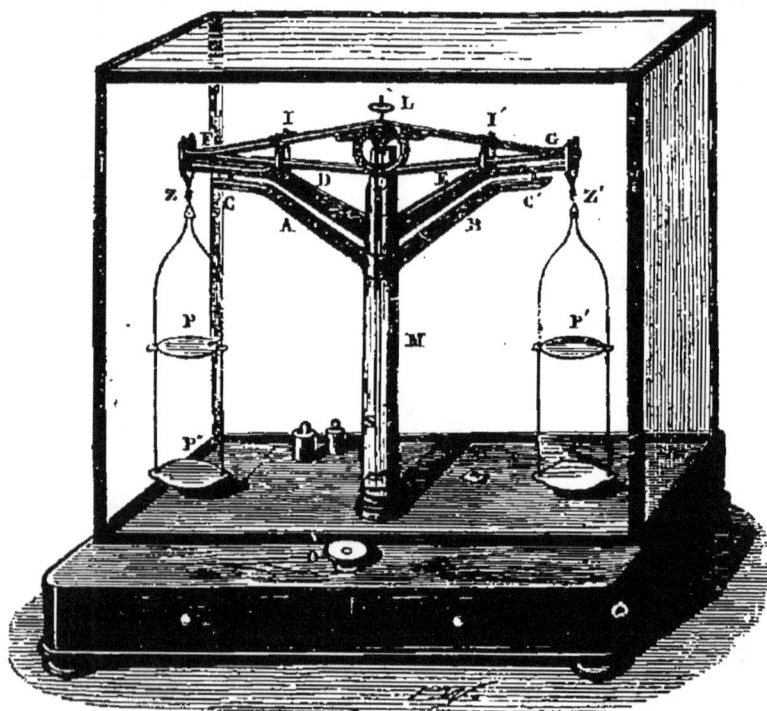

Fig. 29. — Balance de précision.

cet appareil; nous ferons seulement remarquer que le fléau FILG est évidé, afin d'être plus léger, sans que sa solidité soit altérée. Pour éviter que l'arête vive du couteau ne s'émousse, en portant continuellement sur le plan d'acier, on adopte une disposition qui permet, lorsque la balance n'est pas en activité, de soutenir le fléau par d'autres points. Pour cela, à l'aide d'une manivelle dont le bouton est en O, on soulève une fourchette DE qui,

soulevant elle-même le fléau, empêche le couteau de se
fatiguer sur le plan d'acier. L'aiguille indicatrice S, au lieu
d'être au-dessus du fléau, est au-dessous; on peut ainsi
lui donner une plus grande longueur, ce qui rend ses
écarts plus sensibles.

Les figures 30 et 31 représentent des balances moins

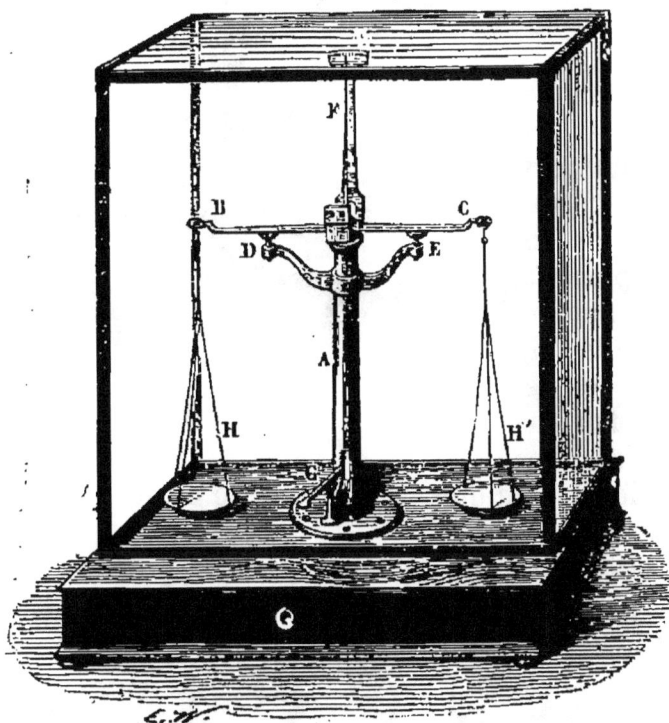

Fig. 30. — Balance de précision.

coûteuses, et qui, par leur sensibilité, rendent chaque jour
les plus grands services dans les laboratoires.

38. Pesées. — Pour faire une pesée, on met le corps
dans l'un des plateaux, dans l'autre on place des poids
gradués jusqu'à ce que l'horizontalité du fléau soit établie; le nombre des poids gradués employés représente le
poids du corps. Mais cette méthode suppose que la balance
est *parfaitement* exacte, ce qui arrive rarement.

Pour se mettre à l'abri des défauts de construction, on
emploie la méthode de la *double pesée*. L'objet dont on

veut déterminer le poids est placé dans l'un des plateaux; dans l'autre on met de la grenaille de plomb ou du sable jusqu'à ce que l'horizontalité du fléau soit établie. Puis on retire le corps à peser; *à sa place, dans le même plateau,* on met des poids marqués, jusqu'à ce que le fléau revienne dans la position horizontale. Il est évident que ces poids représentent rigoureusement le poids du corps, puisque, agissant comme lui à l'extrémité du même bras de levier, ils ont fait eux aussi équilibre, dans

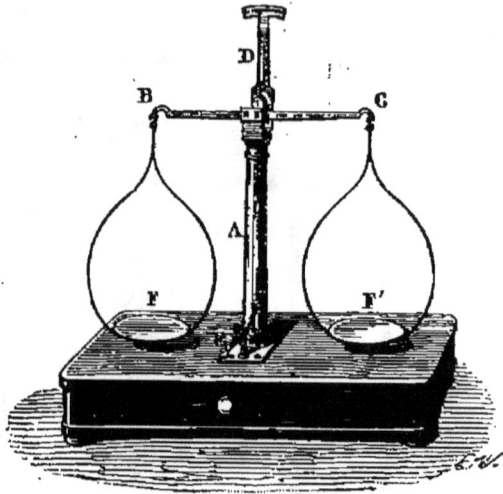

Fig. 31. — Trébuchet.

des conditions identiques, à la grenaille de plomb qui se trouve dans l'autre plateau.

Avec cette méthode, pourvu qu'on opère avec une

Fig. 32. — Balance de Roberval.

balance sensible, on fera toujours une pesée exacte.

39. Balance Roberval. — On doit à Roberval une

balance dont l'emploi s'est considérablement étendu dans
le commerce. L'avantage qu'elle présente sur la balance
ordinaire consiste en ce que ses plateaux ne sont pas suspendus par des chaînes souvent gênantes dans la pratique,
et, par suite, reçoivent plus facilement les corps à peser,
flacons, poudres, etc.

Elle est représentée par la figure 32.

Le fléau AB (fig. 33) peut osciller autour du point C.

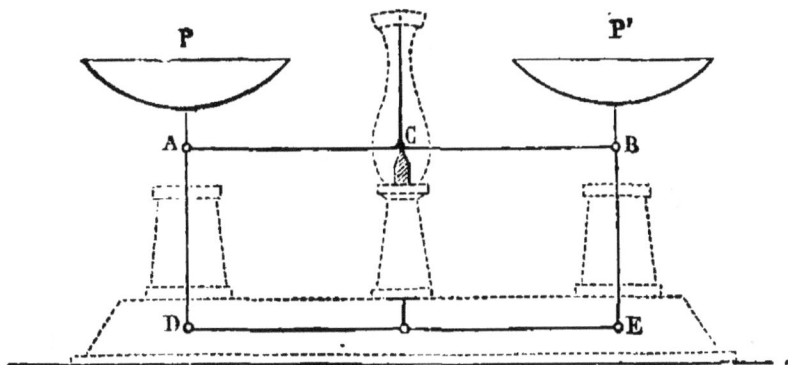

Fig. 33. — Balance de Roberval.

A ses extrémités A et B sont suspendues des tiges AD et BE
supportant les plateaux P et P' et s'articulant en D et E
avec une barre DE logée dans le pied de l'instrument et
mobile sur un axe placé en son milieu. Lorsque le fléau AB
s'incline, DE s'incline aussi; mais, grâce aux articulations
D et E, le parallélogramme ABDE se déforme, tandis que
les tiges AD et BE, restant verticales, maintiennent les
plateaux horizontaux.

CHAPITRE II

HYDROSTATIQUE

SURFACE LIBRE DES LIQUIDES EN ÉQUILIBRE. — TRANSMIS-
MISSION DES PRESSIONS. — ÉGALITÉ DE PRESSION DANS
TOUS LES SENS. — PRESSIONS SUR LES PAROIS DES VASES.
— VASES COMMUNICANTS.

40. L'hydrostatique a pour objet l'étude des conditions
d'équilibre des fluides (liquides et gaz). Il est préférable
de réserver ce mot à l'étude des conditions d'équilibre des
liquides et d'appeler *statique des gaz* cette même étude
rapportée aux gaz.

**41. Surface libre des liquides pesants en équi-
libre.** — *Quand un liquide pesant, non soumis à d'autres
forces que la pesanteur, est en équilibre dans un vase qu'il ne
remplit pas, sa surface libre est
horizontale,* c'est-à-dire qu'elle
est perpendiculaire au fil à
plomb. Nous avons eu occasion
de vérifier cela expérimentalement (19), à propos de la définition de la verticale. Il est
d'ailleurs facile de se rendre
compte qu'il doit en être ainsi.

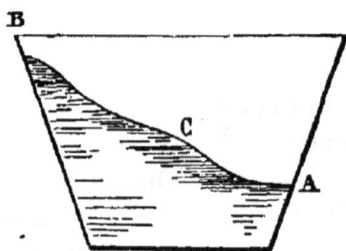

Fig. 34. — La surface libre d'un
liquide pesant en équilibre ne peut
être qu'horizontale.

En effet, supposons un instant qu'il puisse en être au-
trement et que la surface en équilibre soit inclinée suivant
ACB (fig. 34). Les molécules liquides qui sont à la surface,
pourront être considérées comme autant de billes placées
sur une surface inclinée : elles rouleront de B vers A,
c'est-à-dire qu'il n'y aura pas équilibre.

**42. Principe de l'égale transmission des pres-
sions dans tous les sens.** — Le principe suivant, posé
par Pascal, sert de base à l'hydrostatique.

Si sur une portion plane de la surface d'un liquide on

exerce une pression, cette pression se transmet dans tous les sens et également.

On peut d'abord prouver que la pression se transmet dans tous les sens à l'aide d'une sphère creuse (fig. 35) qui est percée de plusieurs trous et qui porte un ajutage cylindrique dans lequel peut glisser un piston; si l'on emplit d'eau l'appareil et qu'on exerce une pression en appuyant sur le piston, on voit le liquide jaillir par toutes les ouvertures et dans une direction perpendiculaire à la paroi, ce qui prouve que *la pression s'est transmise dans tous les sens et perpendiculairement à chaque élément de la paroi.*

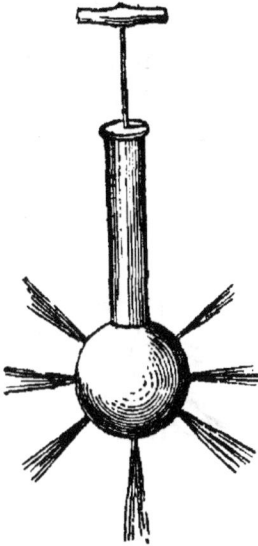

Fig. 35. — Les liquides transmettent les pressions dans tous les sens.

Nous avons dit que cette pression se transmet *également.* Voici ce que cela signifie. Si, sur un centimètre carré de la surface du liquide, on exerce une pression d'un kilogramme, sur chaque centimètre carré de la paroi se transmettra une pression de 1 kilogramme, par conséquent sur une surface de 2 centimètres carrés la pression transmise sera de 2 kilogrammes, sur une surface de 3 centimètres carrés elle sera de 3 kilogrammes et ainsi de suite.

Fig. 36. — Égale transmission des pressions.

Pascal a admis ce principe comme évident et les effets de la presse hydraulique, que nous étudierons plus tard, lui ont servi pour le vérifier. L'appareil suivant, qui est d'ailleurs la partie essentielle d'une presse hydraulique, peut servir à vérifier d'une manière approchée le principe en question. Soient deux cylindres A et B (fig. 36) communiquant par leur partie inférieure et de sections inégales : la section de A sera supposée 25 fois plus grande que celle de B. Emplissons d'eau l'appareil et plaçons un piston dans chaque cylindre à la surface du liquide. Si l'on place sur le petit piston un poids de 1 kilogramme, il faudra, pour maintenir le grand en équilibre et l'empêcher de monter sous l'influence de la pression qui lui est transmise, placer sur lui un poids de 25 kilogrammes.

Cette vérification ne peut être qu'approchée, parce qu'on ne peut pas tenir compte des frottements qui s'exercent entre la surface latérale des pistons et la surface intérieure des cylindres.

43. Pressions à l'intérieur des liquides pesants en équilibre. — Si l'on considère dans l'intérieur d'un liquide pesant en équilibre une tranche horizontale, il est certain que cette tranche supporte le poids des couches liquides qui lui sont superposées : elle est donc soumise à une pression. Cette pression doit se transmettre dans tous les sens, parce que le principe de la transmission des pressions (42) doit s'appliquer à toute espèce de pression, à celles qui proviennent de la pesanteur du liquide comme à celles qui sont dues à une action extérieure. Une expérience simple peut d'ailleurs nous montrer l'existence de ces pressions au moins dans le sens vertical et de bas en haut. On applique contre les bords rodés d'un large tube un obturateur ou disque *mn*

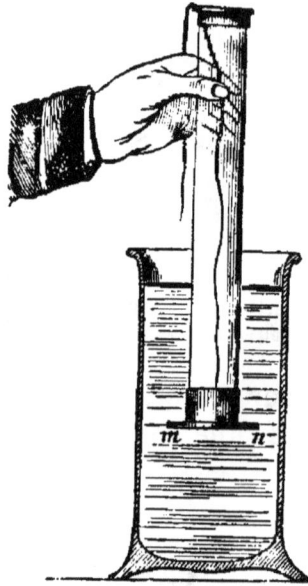

Fig. 37. — Pression à l'intérieur d'un liquide.

(fig. 37), puis, soutenant l'obturateur à l'aide d'un fil, on plonge l'appareil dans l'eau. Dès que le tube est immergé, on constate qu'on peut lâcher le fil, abandonner l'obturateur à lui-même sans qu'il tombe. Il est donc maintenu contre les bords par une pression de bas en haut.

44. Égalité de pression en tous sens. — Si l'on considère un point M dans un liquide pesant en équilibre

et une tranche infiniment petite passant par ce point,
cette tranche supporte une pression, que nous appellerons la pression en ce point M. On peut, à l'aide de
raisonnements, qui ne peuvent trouver place ici, démontrer que ce point supporte des pressions égales et
contraires dans tous les sens, quelle que soit l'orientation
donnée à la petite tranche. C'est en cela que consiste le
principe de l'égalité de pression en tous sens.

**45. Égalité de pression en tous les points d'un
même plan horizontal.** — Si l'on considère dans un
liquide pesant en équilibre un plan horizontal MN, tous
les points de ce plan supportent la même pression. On
pourrait démontrer ce principe par le raisonnement. Il est
facile d'ailleurs de se rendre compte de son exactitude,
dans le cas d'un vase cylindrique, en remarquant que la
surface libre d'un liquide en équilibre étant un plan horizontal (41), chacune des petites surfaces qui composent le
plan MN a au-dessus d'elle une colonne de liquide de même
hauteur et reçoit d'elle la même pression. Nous verrons (48)
que ce principe peut être vérifié expérimentalement.

**46. Pressions sur les parois des vases renfer-
mant des liquides pesants.** — L'existence des pressions dans l'intérieur d'un liquide nous montre que les
parois des vases doivent subir des pressions égales à celles
que subit la couche liquide en contact avec la paroi. C'est
en vertu de ces pressions que s'écoulera le liquide si l'on
perce un trou dans la paroi d'un vase ouvert.

47. Pressions sur le fond des vases. — En hydrostatique on appelle *fond* d'un vase la portion de sa paroi qui
est horizontale. *La pression exercée par un liquide pesant sur
le fond du vase qui le renferme est égale, quelle que soit la
forme du vase, au poids d'une colonne liquide cylindrique ayant
pour base le fond du vase et pour hauteur la distance verticale de ce fond au niveau du liquide.* Cette vérité, qui peut
être démontrée par le raisonnement, est établie expérimentalement à l'aide des appareils de Masson et de de Haldat.

Appareil de Masson. — Un anneau A (fig. 38), taraudé
à sa partie supérieure, est supporté par un trépied vertical : on peut visser successivement sur cet anneau les

vases sans fond V, V', V". Supposons qu'on visse d'abord
le vase parfaitement cylindrique V' : on applique contre sa
base inférieure un disque en verre bien dressé. Ce disque
porte en son centre un crochet qui permet d'y fixer un fil,
dont on accroche
l'autre extrémité
à la partie infé-
rieure du plateau
gauche d'une ba-
lance : en plaçant
des poids dans le
plateau de droite,
on équilibre le
poids du disque;
puis on ajoute
des poids dans
le plateau droit,
100 grammes par
exemple : il est
certain que ces
poids ont pour
effet d'appliquer
le disque de haut
en bas contre la
base du vase V'.
On verse alors de
l'eau dans le vase :
à mesure que le

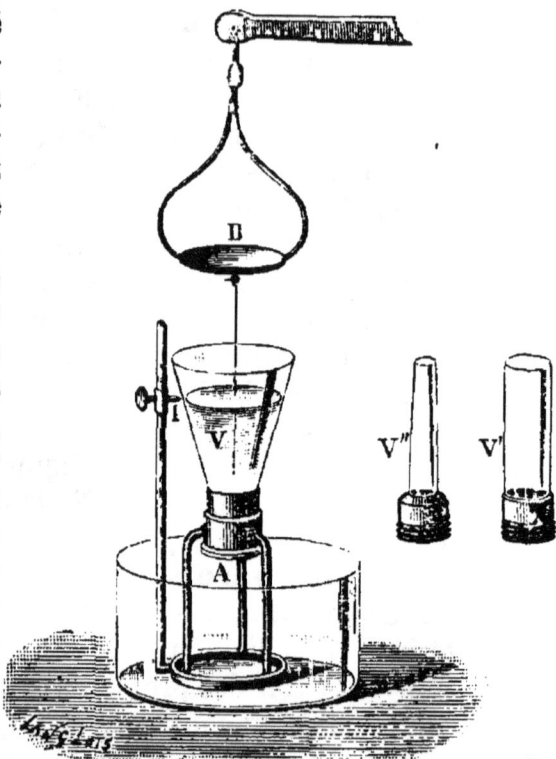

Fig. 38. — Appareil de Masson.

niveau s'élève, la pression exercée sur le disque augmente; lorsque cette pression est égale à 100 grammes,
le disque est en équilibre. Quelques gouttes de liquide
versées en plus suffiront pour faire détacher ce disque.
A l'aide d'une aiguille r située extérieurement, on marque
le niveau auquel était arrivé le liquide. Notons que, si
l'on pesait le liquide qui se trouvait dans le vase V' au
moment de la rupture de l'équilibre, on trouverait qu'il
pèse 100 grammes : donc la pression exercée sur le fond
du vase cylindrique est égale au poids de la colonne
liquide cylindrique ayant pour base le fond du vase et

pour hauteur la distance verticale au niveau de ce fond.

Dévissons maintenant le vase V′ et vissons successivement sur l'anneau les vases V et V″, nous verrons, en recommençant chaque fois l'expérience, qu'il faudra verser le liquide jusqu'en I pour que le disque se détache, ce qui démontre que dans tous les cas la pression est la même que dans la première expérience et égale au poids de la colonne liquide cylindrique ayant pour base le fond du vase et pour hauteur la distance de ce fond au niveau.

Appareil de de Haldat. — Un tube de verre CNB (fig. 39)

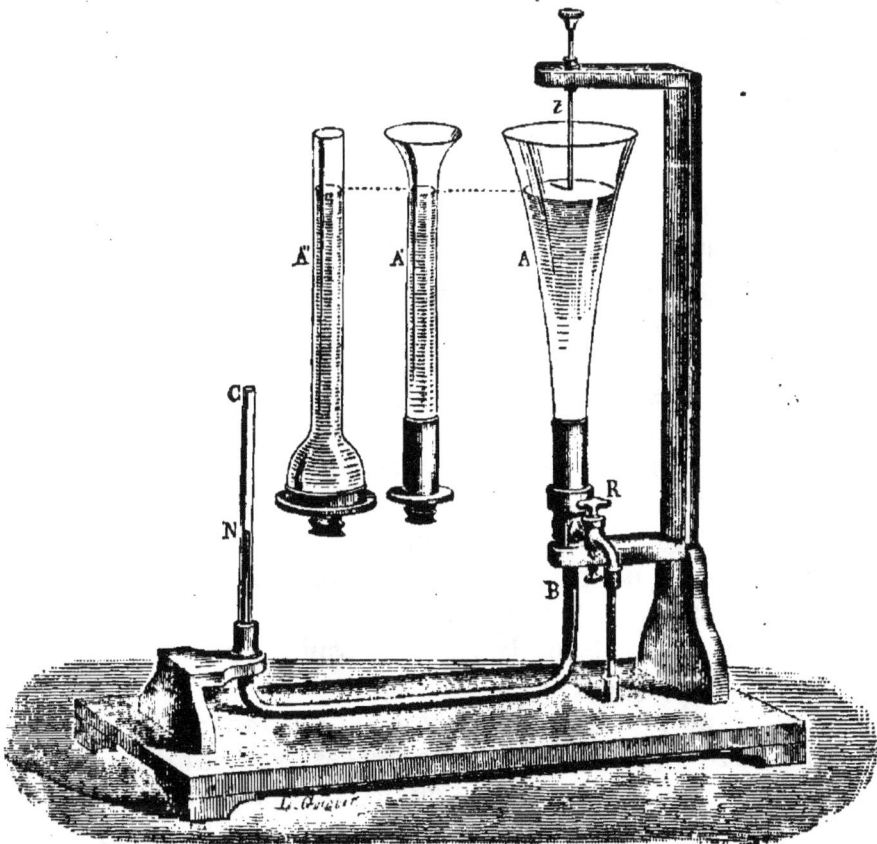

Fig. 39. — Appareil de de Haldat.

deux fois recourbé à angle droit est monté sur une tablette de bois. La partie B porte une garniture en cuivre munie d'un pas de vis, qui permet de visser sur elle des vases

sans fond A,A'A''. On introduit dans le tube recourbé du
mercure, qui s'élève de part et d'autre au même niveau ;
puis on visse le vase A et on y verse de l'eau jusqu'au
niveau marqué par une tige t. Le vase A a évidemment
pour fond la couche de mercure sur laquelle repose l'eau.
Cette eau, exerçant sa pression sur le fond mobile, le
pousse devant elle et fait monter le mercure jusqu'à un
niveau N, que l'on marque à l'aide d'une bague qui peut
glisser le long du tube. En ouvrant ensuite le robinet de
décharge R, on fait écouler l'eau : le mercure revient à
son niveau primitif et on substitue au vase A le vase A' ou
le vase A''. On le remplit jusqu'au niveau marqué par la
pointe de la tige et l'on constate que le mercure s'élève
encore jusqu'à la bague.

48. Nous pouvons maintenant établir la valeur des pressions intérieures supportées par une tranche horizontale.
Reprenons l'appareil représenté par la figure 37 et l'expérience décrite au paragraphe 43. Versons de l'eau dans le
tube : ce liquide va exercer sur le fond mobile une pression
qui croîtra à mesure que le liquide montera. Quand cette
pression sera devenue égale à celle qui s'exerce de bas en
haut, l'obturateur se détachera en vertu de son poids. Or
nous constaterons que cela arrive lorsque le liquide intérieur est arrivé au niveau du liquide extérieur. En ce moment
la pression exercée verticalement de haut en bas est égale
au poids d'une colonne liquide cylindrique ayant pour base
le fond du vase et pour hauteur sa distance verticale au
niveau. C'est par conséquent la valeur de la pression
exercée de bas en haut sur la tranche liquide, qui est en
contact avec l'obturateur.

Nous ferons de plus remarquer que si l'on transporte le
tube de manière que le fond occupe successivement différentes positions dans un même plan horizontal, l'expérience répétée pour ces différentes positions donnera le même
résultat. Donc en tous les points d'un même plan horizontal
la pression est la même, comme nous l'avons dit (45).

49. **Pressions latérales.** — Les liquides exercent
aussi, comme nous l'avons dit (46), des pressions sur les
parois latérales des vases qui les renferment. L'existence

de ces pressions est mise en évidence par l'expérience suivante. Si l'on perce un trou dans la paroi d'un tonneau dont la bonde est ouverte, le liquide contenu dans le tonneau s'écoule parce que la tranche liquide, qui se trouve en contact avec le trou, est poussée par la pression latérale qui s'exerce sur elle.

50. Chariot à réaction. — La connaissance des pressions latérales sert à expliquer les mouvements de recul que l'on obtient par l'écoulement des liquides. Le chariot à réaction et le tourniquet hydraulique nous en fournissent des exemples. Soit (fig. 40) un vase rectangulaire A en cuivre, très mince, porté sur des roulettes mobiles et présentant sur sa face postérieure une ouverture o que nous

Fig. 40 — Chariot à réaction.

supposerons d'abord fermée par un bouchon. Considérons les tranches liquides qui sont au niveau de l'ouverture ; elles transmettent dans tous les sens les pressions venant des parties supérieures du liquide. Parmi ces pressions, il en est que nous devons spécialement considérer : ce sont celles qui sont exercées sur la base du bouchon, et celles qui, égales et directement opposées aux premières, s'exercent sur la surface correspondante de la paroi antérieure du chariot. Lorsque l'ouverture o est fermée, ces pressions se détruisent, parce qu'elles tendent à pousser *également* le chariot en sens contraire, et le chariot reste immobile. Mais dès qu'on enlève le bouchon, le liquide jaillit suivant oo', et le chariot se met en mouvement de la gauche à la droite de la figure. En effet, dès que l'ouverture o a été débouchée, la pression, qui s'exerçait sur la face postérieure, ne peut plus avoir d'autre effet que de faire jaillir le liquide ; mais l'autre, continuant à s'exercer sur la partie antérieure, met l'appareil en mouvement.

51. Tourniquet hydraulique. — Le tourniquet hydraulique se compose d'un réservoir de verre AB (fig. 41), entièrement rempli d'eau et qui peut tourner autour d'un

axe vertical. A sa partie inférieure, il communique avec un
tube de cuivre *tt'* deux fois recourbé, comme l'indique la
figure. Les ouvertures *t* et *t'* étant bouchées, l'appareil
reste immobile; dès qu'on les débouche et qu'on ouvre le
robinet *r* qui donne accès à l'air, il se met en mouvement
dans le sens contraire à celui suivant lequel jaillit le liquide.
Il est évident qu'en appliquant aux portions du tube opposées aux ouvertures le raisonnement appliqué aux parois

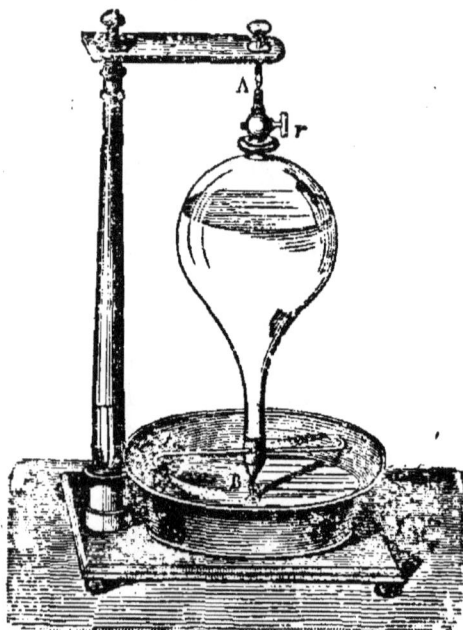

Fig. 41. — Tourniquet hydraulique.

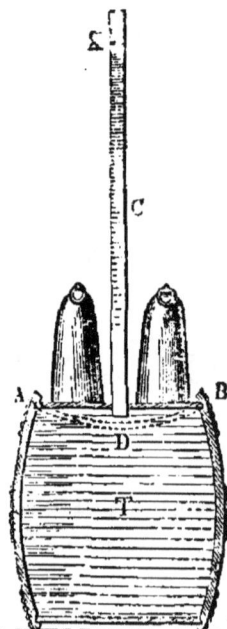

Fig. 42. — Expérience du
crève-tonneau.

du chariot à réaction, on expliquera le mouvement du
tourniquet hydraulique.

52. Nous citerons encore comme application des pressions
exercées sur les parois latérales des vases l'expérience du
crève-tonneau. Mariotte, dans son *Traité du mouvement des
eaux*, s'exprime ainsi :

« Ayez un tonneau de bois T large de 2 ou 3 pieds
« (fig. 42), faites une ouverture au fond d'en haut, pour
« ajuster très exactement un tuyau C de 1 pouce de large
« et de 15 pieds de hauteur, mettez sur le fond 700 ou

« 800 livres de poids qui le feront courber en concavité,
« comme ADB, puis versez de l'eau de façon à remplir le
« tonneau et ce tuyau étroit jusqu'en haut. Quand il sera
« plein, le fond ADB se sera élevé avec ses 700 livres,
« non seulement à son premier état AB, mais même il
« aura pris une figure convexe, » etc.

Cette déformation tient à ce que la paroi supporte de bas
en haut une pression égale au poids d'une colonne liquide
cylindrique dont elle serait la base et dont la hauteur serait
de 15 pieds. En augmentant la longueur du tuyau, on par-
viendrait à exercer une pression assez considérable pour
faire crever le tonneau.

VASES COMMUNICANTS.

53. Vases communicants. — *Lorsque deux vases
communicants contiennent un même liquide, ce liquide
s'élève dans les deux vases à la même hauteur, ce qui revient*

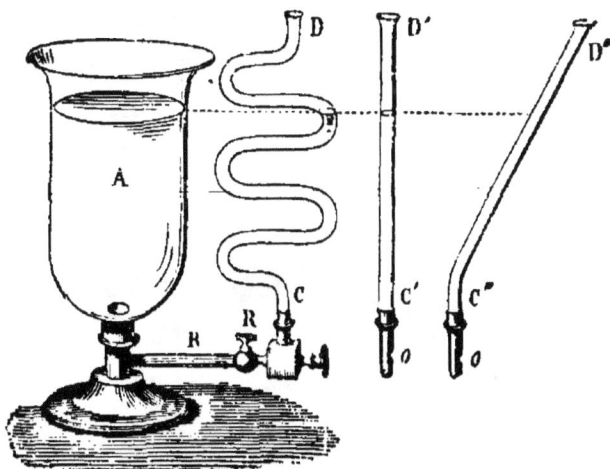

Fig. 43. — Vases communicants.

*à dire que les surfaces libres sont dans un même plan hori-
zontal.*

Pour le démontrer expérimentalement, on prend un vase
de verre A (fig. 43), mastiqué dans un pied de cuivre sur
lequel s'embranche un tube horizontal B. A l'extrémité du

tube est pratiquée une ouverture dans laquelle on peut
fixer un des tubes CD, C'D', C"D". Un robinet R sert à
établir la communication. Le robinet étant fermé, on
emplit le vase A d'un liquide coloré, on ouvre le robinet R,
le liquide descend en A, et monte dans le vase fixé sur
le tube B, jusqu'à ce que les niveaux soient tous deux
dans le même plan horizontal. L'expérience est la même,
quel que soit celui des trois vases CD, C'D', C"D" qui ait
été employé.

APPLICATIONS.

La théorie des vases communicants donne lieu à un
assez grand nombre d'applications.

54. Jets d'eau. — Reprenons l'appareil qui nous a
servi dans l'expérience précédente, et, au lieu de fixer sur
le tube B (fig. 44), des tubes d'une longueur assez grande,

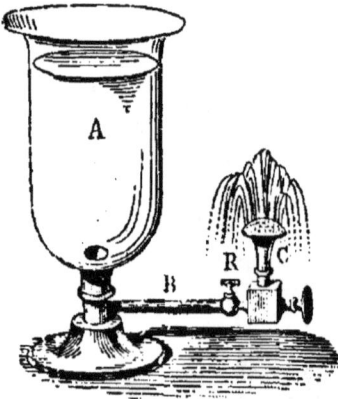

Fig. 44. — Jets d'eau.

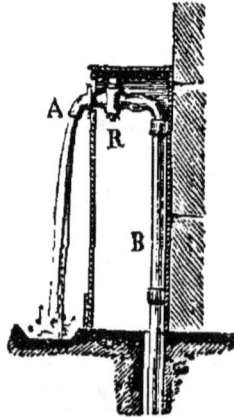

Fig. 45. — Alimentation des fontaines
publiques.

fixons-y un tube court C. Dès que le robinet R sera ouvert,
le liquide ne pouvant arriver, dans le tube trop court C,
au niveau qu'il doit atteindre, s'écoulera par son extrémité
ouverte en jaillissant avec d'autant plus de force que la
distance entre l'orifice de C et le niveau de A sera plus
grande.

Lorsqu'on veut établir un jet d'eau dans un jardin ou sur

une place publique, on fait arriver dans le fond d'un bassin un tuyau qui communique avec un réservoir élevé, plein d'eau, et l'expérience, que nous venons de décrire, se reproduit en grand.

55. Les grandes villes sont le plus souvent alimentées d'eau par des systèmes reposant sur le même principe.

L'eau prise à sa source est lancée par des machines hydrauliques dans des réservoirs très élevés. Du fond de ces réservoirs partent des tuyaux de conduite, qui circulent sous le sol et rayonnent dans tous les quartiers. Sur les tuyaux qui parcourent chaque rue, sont greffés d'autres tuyaux, qui vont aboutir dans les fontaines publiques ou privées (fig. 45). L'eau tendant à atteindre le niveau du réservoir s'élève dans le tuyau B de la fontaine et jaillit en A.

56. Dans les établissements de bains, les robinets qui desservent chaque baignoire, sont ordinairement alimentés de la même manière. Ils sont fixés à des tuyaux qui communiquent avec des réservoirs, où l'eau a été envoyée à l'aide de pompes.

57. **Puits artésiens.** — On nomme *puits artésiens* des trous de sonde pratiqués verticalement dans le sol et par lesquels l'eau vient jaillir à une hauteur plus ou moins considérable. Le principe de l'équilibre des liquides dans les vases communicants va nous permettre d'expliquer ce phénomène. Remarquons pour cela que l'écorce du globe se trouve composée de couches différentes, superposées dans le même ordre et rarement horizontales. Elles se relèvent et s'appuient sur le flanc des montagnes, où elles viennent apparaître. Parmi elles, les unes sont perméables à l'eau, les autres ne le sont pas. Supposons qu'une couche perméable C (fig. 46) se trouve comprise entre deux couches d'argile imperméables A et B. Si la couche C se trouve mise en communication, par des fissures du sol, avec une masse d'eau située sur un lieu élevé, cette eau s'infiltrera, formera une nappe souterraine, et, si l'on vient, en un point *a* plus bas que la masse d'eau, qui alimente la nappe, à percer un trou de sonde qui aille rejoindre celle-ci, l'eau jaillira en *a* en vertu du principe de l'équilibre des liquides dans les vases communicants.

Les puits artésiens sont parfois très profonds, et les eaux qu'ils fournissent ont alors une température élevée qui est la même en été qu'en hiver. Le puits de Grenelle, à Paris, a 547 mètres de profondeur, et l'eau qui en jaillit a constamment une température de 28°. Le puits de Passy a une profondeur de 586 mètres et fournit aussi de l'eau à 28°.

58. Sources et rivières. — Ce qui précède nous permettra d'expliquer l'origine des sources et des rivières. Supposons qu'un plateau élevé soit en communication, par des couches perméables, avec une couche imperméable. L'eau des pluies qui tomberont sur le plateau, s'infiltrera. à travers les couches perméables jusqu'à ce qu'elle arrive à la couche imperméable : elle glissera sur elle, et si celle-ci finit par déboucher à l'air libre, il en résultera une source ou une rivière, suivant l'abondance de la nappe liquide.

Les sources jaillissantes ne sont autres que des puits artésiens naturels. Telle est la source de Cléron dans le Doubs.

59. Niveau d'eau. — Le niveau d'eau, dont on fait un usage si fréquent dans les opérations de nivellement,

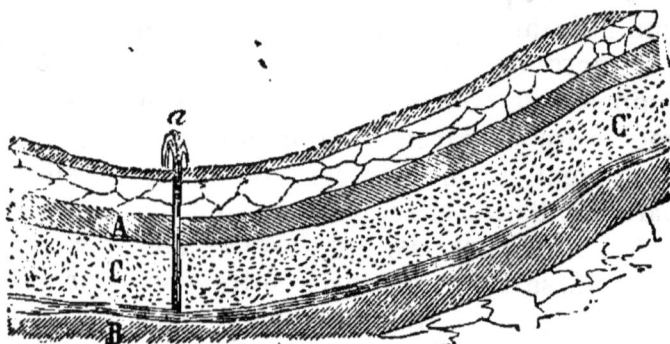

Fig. 46. — Puits artésiens.

est aussi fondé sur le principe des vases communicants : Il se compose ordinairement (fig. 47) d'un tube de fer-blanc AB recourbé, à angle droit, à ses deux extrémités dans lesquelles sont fixées de petites fioles en verre C et D sans fond. On place ce tube sur un trépied, dont les branches peuvent s'écarter à volonté et permettent d'installer facilement l'appareil.

Supposons que l'on ait à déterminer la différence de

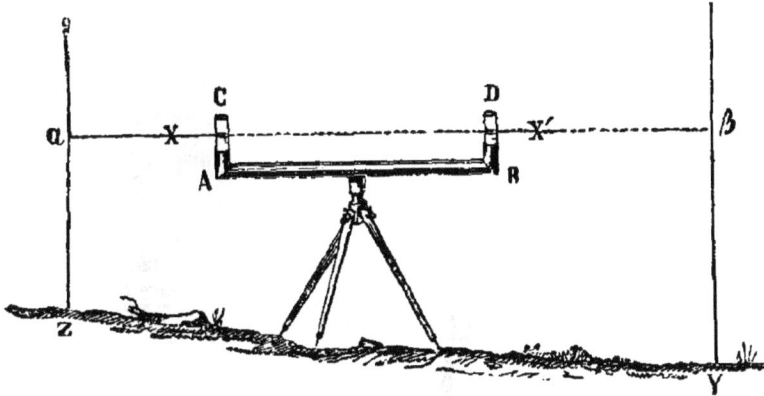

Fig. 47. — Niveau d'eau.

niveau de deux points Z et Y. L'opérateur, après avoir établi le niveau en un point d'où il puisse apercevoir des règles verticales divisées, placées en Z et Y, verse dans l'appareil de l'eau, qui s'élève dans les deux fioles jusqu'à un même plan horizontal XX′, et c'est à ce plan qu'il va rapporter ses observations. Il met d'abord l'œil du côté de X à une certaine distance de l'instrument et, s'alignant sur XX′, fait signe à l'aide, qui tient en Y la règle divisée, d'élever ou d'abaisser une plaque mobile appelée *mire*, qui glisse le long de cette règle (fig. 48). Lorsqu'un trait tracé sur cette plaque est arrivé dans le plan XX′, l'opérateur fait un signe d'arrêt,

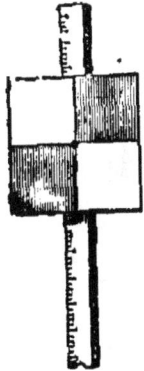

Fig. 48.—Mire.

et l'aide lit sur la règle la distance βY qui marque l'élévation du plan XX′ au-dessus de Y. Plaçant ensuite l'œil du côté de X′, il répète la même opération pour une règle placée en Z; soit αZ la longueur lue : elle représente l'élévation de XX′ au-dessus de Z; la différence entre βY et αZ représente évidemment la différence de niveau des deux points Y et Z.

60. Lampes. — Le fonctionnement de certaines lampes, que l'on employait autrefois et que la mode a remises en usage, repose sur le principe de l'équilibre des liquides dans les vases communicants.

Le réservoir *bb* (fig. 49) qui fournit l'huile au bec, est ouvert à sa partie supérieure et contient un second réservoir *a* renversé la tubulure de ce vase *a* vient affleurer au niveau *bb* du liquide dans le réservoir. L'équilibre s'établit par le tube *d*, et l'huile arrive dans la mèche. Dès que la combustion en a absorbé une certaine quantité, le niveau baisse en *bb*, mais immédiatement la tubulure se trouve à découvert, une bulle d'air rentre dans *a*, fait écouler de l'huile et rétablit le niveau en *bb*.

61. Écluses. — Lorsqu'on veut effectuer des transports par eau et que le pays n'a pas de rivières navigables, on creuse ordinairement des canaux. Ces canaux ont, en général, une pente faible, de manière que l'eau s'y écoule avec une vitesse à peu près égale à celle que l'on observe dans les rivières. Pour qu'il puisse en être ainsi dans un pays accidenté, où l'eau se trouverait souvent à une trop grande distance au-dessous du sol voisin, on divise le canal en plusieurs parties, qui sont à la suite l'une de l'autre et dans lesquelles l'eau est à des niveaux différents. Ces parties sont réunies par des éclusès qui

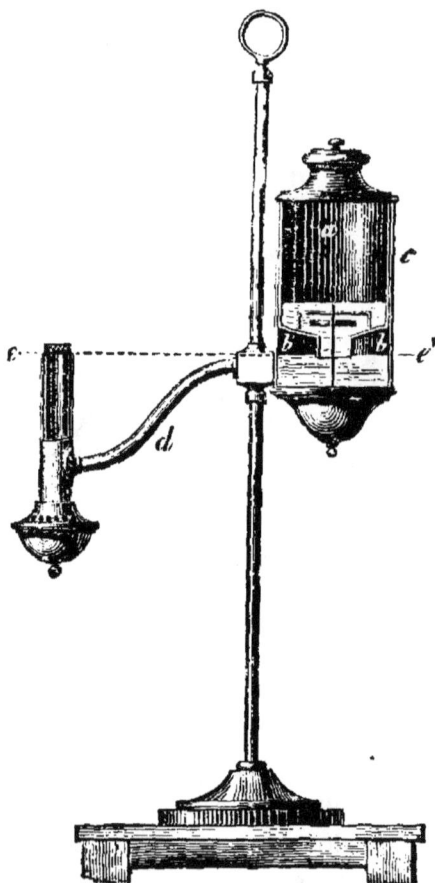

Fig. 49. — Lampe.

servent à faire passer les bateaux d'un niveau à l'autre.
Soient A et B (fig. 50), les parties du canal situées à des
niveaux différents; soit A la partie supérieure appelée *bief*

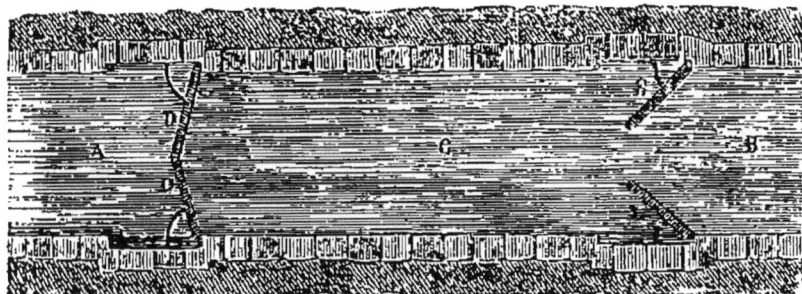

Fig. 50. — Écluses.

supérieur; soit B le *bief inférieur*. On les sépare l'un de
l'autre par un bout de canal C appelé *écluse*, dont les parois

Fig. 51. — Écluses.

sont en maçonnerie et qui est séparé de A et de B par des
portes D et E.

Pour faire passer un bateau du bief inférieur B dans le
bief supérieur A, on ferme les portes D et on ouvre les

portes E. Le niveau s'établit alors à la même hauteur en B et en C; le bateau est amené en C; lorsqu'il est dans l'écluse, on ferme E et on ouvre D; le niveau s'élève alors en C, devient le même qu'en A, et le bateau peut continuer sa route.

Nous remarquerons qu'au lieu d'ouvrir la porte D, on commence, pour établir l'égalité de niveau entre A et C, par soulever une vanne qui se manœuvre à l'aide d'une manivelle et d'une crémaillère verticale (fig. 51). Ce n'est que lorsque l'égalité du niveau est établie qu'on ouvre la porte. On évite ainsi la pression énorme qu'il faudrait vaincre, pour ouvrir cette porte, lorsque le niveau est plus élevé en A qu'en C.

Le lecteur comprendra facilement la manœuvre à exécuter pour faire au contraire passer un bateau du bief supérieur A dans le bief inférieur B.

CHAPITRE III

HYDROSTATIQUE (Suite). — PRINCIPE D'ARCHIMÈDE. APPLICATIONS.

PRINCIPE D'ARCHIMÈDE.

62. *Tout corps plongé dans un liquide subit une poussée verticale de bas en haut égale au poids du volume liquide déplacé.*

Ce principe, dont la découverte est due à Archimède[1], savant géomètre de l'antiquité, peut se démontrer expérimentalement de la manière suivante :

On se sert de deux cylindres de cuivre A et B (fig. 52).

---

1. Archimède, né à Syracuse, vers l'an 287 avant J.-C., mort en défendant sa ville natale, 212 ans avant J.-C.

A est creux et B est plein, et le volume extérieur de B est justement égal au volume intérieur de A. On suspend le cylindre plein au-dessous de l'un des plateaux E d'une balance hydrostatique. Cette balance a ceci de particulier que la colonne creuse E renferme une crémaillère F, qui

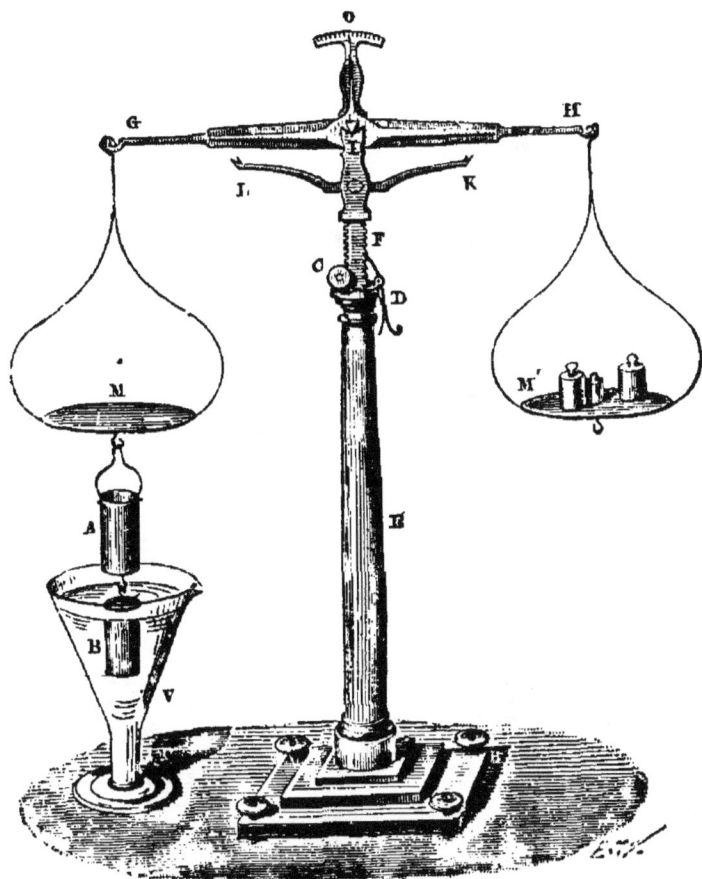

Fig. 52. — Démonstration du principe d'Archimède.

soutient le fléau GH. Cette crémaillère peut être mise en mouvement par un pignon C, qui engrène avec elle. On voit que, par cette disposition, le fléau et les plateaux peuvent être élevés ou abaissés à volonté. On met les poids dans le plateau M' pour faire équilibre aux cylindres A et B; puis on descend le fléau de manière que le cylindre B plonge tout entier dans un vase V rempli d'eau. L'équilibre est rompu et le fléau s'incline du côté de M'. Ce premier fait nous montre l'existence d'une poussée exercée de bas en haut sur le cylindre immergé B. Pour rétablir l'horizontalité du fléau, c'est-à-dire pour compenser l'effet de la poussée, il suffit de remplir d'eau le cylindre A. Or, son volume intérieur étant égal au volume extérieur de

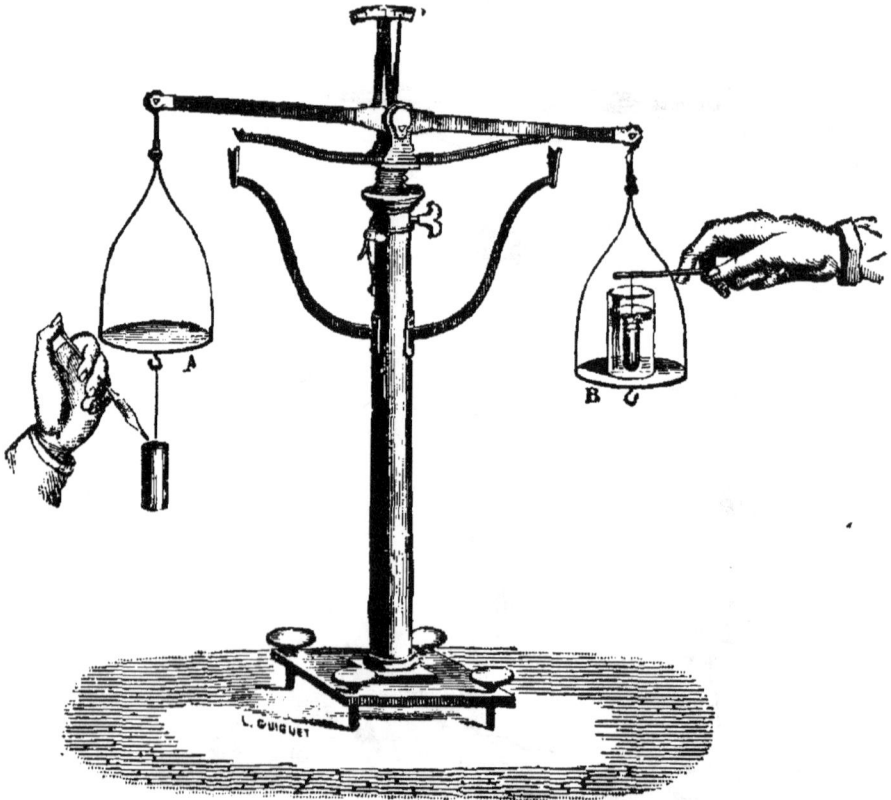

Fig. 53. — Le corps immergé réagit sur le liquide avec une force égale à la poussée.

B, et, par suite, au volume d'eau déplacé par ce dernier, il en résulte que la poussée est égale au poids du volume liquide déplacé par le corps immergé.

On énonce souvent, comme il suit, le principe d'Archimède :

Tout corps plongé dans un liquide *perd une partie de son poids* égale au poids du volume liquide déplacé. C'est là un énoncé dont la forme est vicieuse ; car le poids du corps

ne varie pas dans l'expérience ; seulement une force nouvelle, la poussée, vient détruire *l'effet d'une partie de ce
poids.*

63. Il est intéressant d'examiner si, un corps étant
placé dans l'un des plateaux d'une balance à côté d'un
vase contenant de l'eau et l'équilibre étant établi à l'aide
de poids placés dans l'autre plateau, cet équilibre sera
rompu par le fait qu'on aura mis le corps dans l'eau. En
interprétant à la lettre l'énoncé du principe d'Archimède,
on pourrait croire à la rupture de l'équilibre, puisque la
poussée agissant sur le corps détruit l'effet d'une partie de
son poids. Cependant l'expérience montre que l'équilibre
n'est pas rompu lorsque le corps a été introduit dans le
vase. Pour nous rendre compte de cette anomalie apparente, nous allons faire l'expérience suivante, qui nous
prouvera qu'en même temps que le corps immergé subit
une poussée verticale il réagit sur le liquide avec une
force justement égale et contraire.

Plaçons dans le plateau B d'une balance (fig. 53) un vase
contenant de l'eau : faisons-lui équilibre en mettant de la
tare dans l'autre plateau A et en suspendant au-dessous de
lui le cylindre creux qui a servi à la démonstration du
principe d'Archimède. Puis descendons dans le liquide
le cylindre plein, en le *soutenant avec un fil de manière que
son poids ne s'exerce pas sur la balance.* L'horizontalité du
fléau est immédiatement détruite : il s'incline du côté du
plateau B.

Or, pour expliquer ce fait, comme le cylindre plein ne
pèse pas sur la balance, il faut admettre qu'en même temps
qu'il subit de la part du liquide une poussée verticale, il
réagit à son tour sur ce dernier. On aura la mesure de la
réaction en déterminant le poids d'eau qu'il faut ajouter du
côté du plateau A pour rétablir l'équilibre : or l'expérience
prouve qu'il suffit de remplir d'eau le cylindre creux, c'est-
à-dire de verser un poids d'eau égal à celui du volume
liquide déplacé par le cylindre. La réaction exercée par le
corps immergé est donc égale à la poussée qu'il subit.

APPLICATIONS.

64. Le principe d'Archimède donne lieu à de nombreuses applications.

Lorsqu'un corps est plongé dans un liquide, il peut arriver trois choses : ou bien il se rend au fond du vase qui contient le liquide, ou bien il reste où on le place au milieu de la masse, ou enfin il flotte à la surface. Le premier cas arrive lorsque le corps, à égalité de volume, pèse plus que le liquide, ou, comme nous le dirons plus tard, lorsque sa densité est plus grande que celle du liquide; le second cas se présente lorsque la densité du cops im-

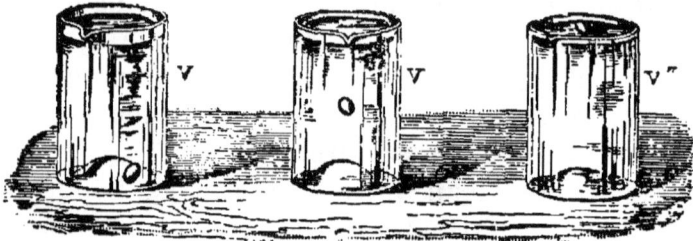

Fig. 54. — Équilibre des corps flottants.

mergé et du liquide sont égales, le troisième lorsque celle du liquide est supérieure à celle du corps.

Dans les cours, on réalise souvent ces trois cas de la manière suivante. On prend trois vases V, V' V'' (fig. 54).

Dans le premier V on met de l'eau ordinaire et on y abandonne un œuf qui va au fond du vase, parce que, la densité de l'eau étant moins grande que celle de l'œuf, la poussée subie par ce dernier est inférieure à son poids, et qu'il tombe en vertu de la différence des deux forces. Dans le vase V' on met de l'eau dans laquelle on a fait dissoudre du sel en quantité telle que la densité du liquide soit égale à celle de l'œuf. L'œuf, abandonné au milieu de la solution reste où on le place, parce que le poids et la poussée se font équilibre. Enfin dans le vase V'' on introduit de l'eau dans laquelle la proportion de sel a été augmentée de manière à rendre la densité plus grande que celle de l'œuf. Un œuf abandonné au milieu du liquide remonte à la surface, parce que la poussée qu'il subit est supérieure a son poids. Lorsqu'il est en équilibre, il est évident que la partie qui reste immergée, déplace un volume liquide dont le poids est justement égal au poids de l'œuf tout entier.

65. Le corps de l'homme étant plus dense que l'eau ne peut flotter au milieu d'elle sans faire de mouvements. Mais lorsqu'on augmente le volume d'eau déplacé sans changer sensiblement le poids du corps, on peut flotter sans faire de mouvements. C'est ce qui arrive lorsqu'on s'attache sous les bras des vessies pleines d'air ou des morceaux de liège, ou encore lorsqu'on se sert de ces ceintures de natation qui ne sont autres que des sacs de caoutchouc gonflés d'air.

Les cadavres des noyés remontent à la surface de l'eau au bout d'un certain temps, parce que la putréfaction produit des gaz, qui gonflent les tissus et augmentent le volume du corps sans en changer sensiblement le poids.

66. On explique encore, au moyen du principe d'Archimède, le mécanisme à l'aide duquel les poissons peuvent descendre ou s'élever à volonté dans l'eau. Ces animaux possèdent presque tous une poche remplie d'air, placée dans l'abdomen, sous l'épine dorsale, et appelée *vessie natatoire*. Cette vessie peut être plus ou moins comprimée par le mouvement des côtes, et suivant le volume qu'elle occupe, le volume d'eau déplacé a un poids supérieur, égal ou inférieur à celui du poisson : ce qui fait que ce dernier monte, reste en équilibre ou descend au milieu du liquide.

67. **Ludion**. — Un appareil de physique appelé *ludion* peut servir à réaliser les divers cas du flottage des corps. Il se compose (fig. 55) d'un vase en verre presque rempli d'eau et fermé par une peau de vessie. Dans l'intérieur du liquide se trouve une petite figurine en émail suspendue au bout d'une boule de verre *b*, qui est creuse et présente un petit trou *a*. La quantité d'air laissée dans la boule est telle que le petit flotteur se soutienne au sommet du liquide. Mais dès qu'on presse avec le pouce sur la membrane qui

ferme l'éprouvette, l'air situé entre elle et le liquide est comprimé, cet excès de pression se transmet par le liquide à l'orifice *a*, et une nouvelle quantité d'eau entre dans la boule *b*, en com-
primant l'air situé à sa partie supérieure. Le flotteur devient alors plus lourd que le liquide dé-
placé et descend. Dès qu'on cesse d'appuyer sur la membrane, l'air de la boule réagit en vertu de sa force élastique, qui, comme nous le verrons plus loin, a augmenté au moment de la compres-

Fig. 55. — Ludion.

sion qu'il a subie, chasse l'excès d'eau, et la figurine remonte. On peut, par une compression ménagée, faire entrer ce qu'il faut de liquide pour maintenir la figurine en équilibre au milieu de l'eau.

68. Navires. — Bateaux. — Les navires et les bateaux, dont on se sert pour effectuer des transports par eau, sont des corps flottants que soutient la poussée du liquide. Un navire s'enfonce dans l'eau jusqu'à ce qu'il déplace un poids d'eau égal à son propre poids. Aussi s'enfonce-t-il d'autant plus que son chargement est plus considérable.

Lorsque nos marins ont à porter au delà des mers des chargements de marchandises, s'ils ne trouvent pas, après avoir déchargé ces marchandises, de nouvelles matières à rapporter en France, ils sont obligés de lester leur navire, c'est-à-dire d'emplir la cale avec une quantité plus ou moins grande de corps lourds, sable, cailloux, galets, etc.

Lorsqu'un navire doit effectuer son voyage, partie sur mer, partie sur un fleuve, il doit être chargé de manière à ne pas trop s'enfoncer dans l'eau douce. Si on le chargeait seulement en vue de son parcours dans la mer, comme l'eau de mer est plus dense que l'eau douce, le navire pourrait sombrer en arrivant dans le fleuve.

69. On a souvent appliqué le principe d'Archimède pour opérer le sauvetage de vaisseaux ou d'objets submergés comme les débris d'un vaisseau. Parmi les moyens employés, nous citerons le suivant, qui consiste à attacher au corps submergé des tonneaux pleins d'eau dont l'ouverture est en dessous; puis, avec des pompes et des tuyaux flexibles, on refoule de l'air dans l'intérieur des tonneaux. Cet air chasse l'eau, et les tonneaux devenant moins lourds que le volume d'eau qu'ils déplacent, la poussée les soulève et les amène à la surface, ainsi que les objets auxquels ils ont été attachés.

70. Lorsqu'un navire ne peut pas pénétrer dans un port faute d'eau, on se sert pour le soulever de bateaux plats, nommés *chameaux*. Des câbles passant sous la quille du

Fig. 56. — Transport des obélisques par les Égyptiens.

navire vont s'attacher sur les bateaux plats à des machines appelées *cabestans*. A l'aide de ces machines on peut soulever le navire, dont le poids porte maintenant en partie sur les chameaux. Lorsqu'il est suffisamment soulevé, on le fait entrer dans le port en même temps que les chameaux.

71. Nous trouvons encore une application du principe d'Archimède dans le moyen employé autrefois par les Égyptiens pour le transport de leurs obélisques. Lorsqu'un obélisque avait été taillé dans la carrière, on creusait un canal au-dessous de lui (fig. 56), de manière qu'il ne touchât plus le sol que par ses extrémités. Ce canal se remplissait d'eau pendant la crue du Nil. On faisait alors arriver, sous l'obélisque, des bateaux portant une charge de briques suffisante pour les maintenir enfoncés jusque près de leurs bords. On enlevait les briques, les bateaux

diminuant de poids s'élevaient peu à peu sous l'influence de la poussée et soulevaient l'obélisque que l'on transportait ensuite à destination, où on le déposait en faisant enfoncer les bateaux par un nouveau chargement de briques.

72. Détermination du volume d'un corps. — Lorsqu'on ne peut déterminer facilement par la géométrie le volume d'un corps, on peut le faire en s'appuyant sur le principe d'Archimède, pourvu que ce corps ne soit pas soluble dans l'eau. On le suspend au-dessous de l'un des plateaux d'une balance, et on lui fait équilibre en mettant des poids ou des corps quelconques dans l'autre plateau. Cela fait, on approche au-dessous de lui un vase contenant de l'eau au milieu de laquelle on le fait plonger. L'équilibre est rompu par la poussée, et, pour le rétablir, il faut ajouter dans le plateau situé au-dessus du corps des poids qui représentent le poids du volume d'eau déplacé, et par suite le volume cherché. Si l'on a dû ajouter $1^k,468$, le volume du corps est de 1 décimètre cube 468 centimètres cubes, puisque le kilogramme est le poids de 1 décimètre cube du même liquide et le gramme le poids d'un centimètre cube.

73. Conditions d'équilibre des fluides superposés. — Lorsqu'on mélange dans un vase des fluides de densités différentes, ces fluides se superposent par ordre de densité, le plus dense, c'est-à-dire le plus lourd à égalité de volume, allant au fond du vase. La surface de séparation des fluides est un plan horizontal. Pour démontrer cette proposition par l'expérience, on se sert de la fiole des quatre éléments (fig. 57).

On met dans un flacon du mercure, de l'eau, de l'huile et de l'air; on agite alors le mélange, et, au bout d'un certain

Fig. 57. — Fiole des quatre éléments.

temps, on constate que les fluides se sont séparés et se sont superposés dans l'ordre où nous venons de les énumérer, le mercure, qui est le plus dense, se trouvant au fond du vase. Les surfaces de séparation des quatre fluides sont horizontales.

74. Applications du principe précédent. — A l'embouchure des fleuves, l'eau de mer, en vertu de sa plus grande densité, s'étend souvent sous l'eau douce à une certaine distance. C'est ce qui a été constaté par Stevenson sur la rivière de Dee dans le port d'Aberdeen et à l'embouchure de la Tamise. Franklin avait déjà signalé ce résultat à propos des rivières de l'Amérique.

75. Certaines personnes mettent une couche d'eau et une couche d'huile dans le godet des veilleuses, qui les éclairent pendant la nuit. L'huile reste à la surface en vertu de sa densité plus faible et alimente la mèche.

Fig. 58. — Liquides superposés.

76. On peut faire brûler l'alcool à la surface de l'eau. Qu'on prenne un verre presque entièrement rempli d'eau (fig. 58), qu'on verse à la surface de l'eau une couche d'alcool, elle y reste en vertu de sa densité qui est plus faible, et on pourra faire brûler le liquide inflammable.

Lorsqu'on verse un sirop dans l'eau, il faut, pour avoir un liquide homogène, agiter le mélange; sans quoi le sirop va au fond du vase et y reste. Il en est de même lorsqu'on sucre un liquide, eau, café, etc. Les morceaux de sucre gagnent la partie inférieure du vase, s'y dissolvent, et le liquide acquérant en ces points une densité plus grande, le mélange ne s'effectue pas; si l'on ne prend soin d'agiter, la partie supérieure ne présente qu'une saveur à peine sucrée.

77. Niveau à bulle d'air. — Le niveau à bulle d'air, dont on se sert pour vérifier l'horizontalité d'un plan, est encore une application du principe précédent. Il consiste en un tube de verre légèrement bombé, suivant l'arête AB (fig. 59). Sa courbure doit être circulaire. Le long de l'arête AB sont tracées des divisions équidistantes. On l'emplit d'eau ou d'alcool en laissant une bulle d'air et on le ferme à ses deux extrémités. Le tube de verre est contenu dans

une gaine de cuivre (fig. 60) fixée sur une planchette plane
de même métal. La bulle d'air, en vertu de sa légèreté,
tend toujours à occuper la partie la plus élevée du tube.
L'instrument est réglé de manière que lorsqu'il repose sur

Fig. 59. — Niveau à bulle d'air.   Fig. 60. — Niveau à bulle d'air.

un plan horizontal, la bulle s'arrête exactement au zéro
de la graduation. Pour vérifier l'horizontalité d'un plan,
il suffit d'y placer l'instrument dans deux positions, non
parallèles, et de s'assurer que, dans cha-
cune de ces positions, le milieu de la
bulle s'arrête au zéro.

**78. Équilibre dans les vases com-
municants des liquides de densités
différentes.** — Lorsque dans deux vases
communicants A et B (fig. 61) on verse
deux liquides de densités différentes, le
plus dense va au fond, en vertu du principe précédent, la surface de séparation B
est horizontale, les surfaces libres sont

Fig. 61. — Vases
communicants.

horizontales et les hauteurs verticales des surfaces libres
A et C au-dessus de la surface de séparation B sont en
raison inverse des densités. Ce résultat, qui peut être
démontré par le raisonnement, se vérifie par l'expérience.

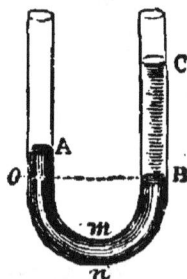

CHAPITRE IV

DENSITÉS OU POIDS SPÉCIFIQUES.

**79. Tout le monde sait que les différents corps pris sous le
même volume ne pèsent pas le même poids, que le plomb

est plus lourd que le liège, que l'huile est plus légère que l'eau, et les physiciens ont cherché depuis longtemps à déterminer les rapports qui existent entre les poids des différentes substances prises sous le même volume.

On appelle densité relative ou poids spécifique relatif d'un corps *le rapport qui existe entre le poids d'un certain volume de ce corps et le poids du même volume d'eau.*

Comme le poids que présente un corps sous un volume déterminé est susceptible de varier suivant qu'on l'échauffe ou qu'on le refroidit, on est convenu de fixer les circonstances dans lesquelles sera prise la densité. On prendra le corps à la température de zéro, et l'eau à la températade 4° du thermomètre centigrade. Nous remarquerons que le nombre qui exprime le poids d'un certain volume d'eau à 4° est aussi celui qui exprime son volume, puisqu'en France le gramme, *unité de poids,* est le poids du centimètre cube d'eau, *unité de volume.* Il résulte de ce qui précède que l'on dit quelquefois que la densité d'un corps est le rapport de son poids à son volume.

80. Détermination des densités. — On emploie trois méthodes principales pour déterminer les densités des corps solides et liquides : 1° la méthode de la balance hydrostatique; 2° la méthode du flacon; 3° la méthode des aréomètres.

Ces trois méthodes reviennent toutes à la détermination successive des deux termes du rapport qui exprime la densité : *poids d'un certain volume du corps soumis à l'expérience, poids d'un même volume d'eau.*

Dans toutes les opérations que nous allons décrire, nous supposerons que le corps et l'eau sont pris à la même température, et nous laisserons de côté les corrections que l'on doit faire lorsqu'on veut les ramener aux températures que nous avons indiquées plus haut. Ces corrections, quand il s'agit des solides et des liquides, ne portent du reste que sur des chiffres décimaux d'un ordre plus élevé que les centièmes.

1° MÉTHODE DU FLACON.

Cette méthode est due à Klaproth, qui vivait à la fin du siècle dernier.

81. Solides. — On pèse d'abord par la double pesée le corps dont on veut déterminer la densité, un morceau d'aluminium, par exemple. Supposons qu'il pèse 26^{gr},312. On le place ensuite dans un des plateaux d'une balance à côté d'un flacon plein d'eau (fig. 62), et fermé par un bouchon à l'émeri. Ce bouchon est percé d'un petit trou capillaire, jusqu'au sommet

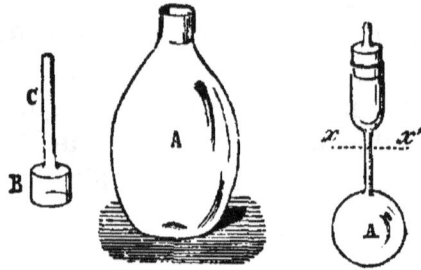

Fig. 62. — Flacons à densités.

duquel s'élève le liquide intérieur. L'équilibre étant établi par de la tare mise dans l'autre plateau, on enlève le flacon, on y introduit le corps qui en fait sortir un volume d'eau justement égal au sien. On essuie bien le flacon et on le remet en place; l'équilibre est rompu, puisqu'une certaine quantité d'eau est sortie du flacon. Pour rétablir l'horizontalité du fléau, il faut ajouter des poids gradués qui représentent le poids d'un volume d'eau égal au volume du morceau d'aluminum, soit 10^{gr},525. En divisant 26^{gr},312 par 10^{gr},525 on a la densité de l'aluminium qui est égale à 2,49.

82. Liquides. — On se sert ordinairement pour les liquides de petits flacons dont l'usage a été introduit par M. V. Regnault. Ils se composent d'un réservoir sphérique ou cylindrique A (fig. 62) surmonté d'un tube capillaire et d'une autre partie plus large qui sert d'entonnoir. On met sur l'un des plateaux de la balance le flacon plein du liquide sur lequel on veut opérer, d'acide sulfurique par exemple. On en fait la tare, puis on vide le flacon et on le sèche avec soin; on le replace sur la balance, et les poids qu'il faut ajouter à côté de lui pour rétablir l'équilibre représentent le poids d'un volume d'acide sulfurique égal à celui du flacon, soit par exemple 36^{gr},8. On répète la même opération avec l'eau, soit 20^{gr} le résultat de la nouvelle pesée. Il est évident qu'en divisant 36^{gr},8 par 20^{gr}, on aura la densité 1,84 de l'acide sulfurique, puisque ces poids représentent les poids de volumes égaux d'acide sulfurique et d'eau. Pour être sûr d'opérer dans les deux phases de l'expérience sur le même volume de liquide on ne remplit le flacon que jusqu'à un trait xx' tracé sur le col.

2° MÉTHODE DE LA BALANCE HYDROSTATIQUE.

83. Solides. — On suspend le corps solide, un morceau de fer, par exemple, au-dessous de l'un des plateaux de la balance hydrostatique, à l'aide d'un fil assez fin pour que son poids soit négligeable, et on détermine le poids du corps par la double pesée. Supposons qu'il pèse 38^{gr},61. On place au-dessous de lui un vase plein d'eau dans lequel on le fait plonger; l'équilibre est rompu par la poussée, et, pour le rétablir, il faut ajouter des poids dans le plateau au-dessous duquel est suspendu le morceau de fer, soit 4^{gr},95. Ces poids représentant la poussée représentent par suite le poids du volume d'eau égal au volume du morceau de fer. Donc en divisant 38,61 par 4,95 on aura la densité du fer, qui est 7,8.

84. Liquides. — On suspend au-dessous de l'un des plateaux de la balance une boule de verre, et on fait équilibre par de la tare mise dans l'autre plateau. Puis on la plonge dans le liquide dont on veut déterminer la densité, soit l'alcool. L'équilibre est rompu, et on est obligé, pour le rétablir, de mettre dans le plateau au-dessous duquel est suspendue la boule de verre des poids qui représentent le poids d'un volume d'alcool égal au volume de la boule, soit 39^{gr},7. Après avoir essuyé le morceau de verre, on répète la même opération avec de l'eau, et les poids gradués ajoutés dans ce cas pour rétablir l'équilibre rompu par l'immersion donnent le poids d'un volume d'eau égal au volume de la boule, soit 50^{gr}. La densité de l'alcool s'obtient en divisant 39,7 par 50 ; elle est égale à 0,794.

3° MÉTHODE DES ARÉOMÈTRES.

85. Dans le cas où l'on n'a pas de balance à sa disposition, les méthodes précises que nous venons d'indiquer, ne sont pas applicables. On peut alors se servir de petits instruments appelés *aréomètres*, dont la théorie est l'application du principe de l'équilibre des corps flottants.

Parmi ces aréomètres, les uns portent un trait de repère appelé *trait d'affleurement*, jusqu'auquel on fait enfoncer l'instrument en lui donnant une surcharge suffisante : ce sont les aréomètres à *volume constant et à poids variable*. Les autres, spécialement destinés à la comparaison des densités, conservent toujours le même poids et s'enfoncent d'autant moins que le liquide dans lequel on les plonge est plus dense. Pour permettre de juger facilement de la quantité dont ils s'enfoncent, ils portent ordinairement une graduation. Ces instruments s'appellent *aréomètres à volume variable et à poids constant*.

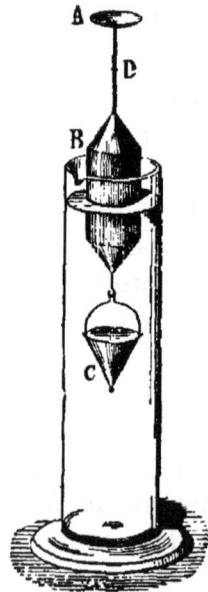

Fig. 63. — Aréomètre de Nicholson.

86. Aréomètre ou balance de Nicholson[1]. — L'aréomètre ou balance de Nicholson est spécialement employé pour prendre des densités de corps solides.

Il se compose d'un cylindre en cuivre ou en fer-blanc vernissé (fig. 63) terminé par des cônes. Le cône supérieur porte une tige surmontée par un plateau A. En D est le *trait d'affleurement*. Le cône inférieur soutient, à l'aide

1. Nicholson, physicien anglais, né à Londres en 1753, mort en 1815.

d'un crochet, une corbeille C qui renferme sous un double fond des grains de plomb destinés à lester l'appareil, de manière qu'il se tienne vertical dans l'eau, mais qu'il n'enfonce pas jusqu'au trait d'affleurement. Soit à déterminer la densité d'un morceau de marbre. On le place sur le plateau A avec de la grenaille de plomb, jusqu'à ce que l'instrument affleure en D; puis on le retire, l'affleurement cesse, et pour le rétablir on met en A des poids gradués qui représentent évidemment le poids du corps, soit $11^{gr},70$. Puis, après avoir retiré les poids gradués du plateau A, on soulève l'aréomètre et on met le morceau de marbre dans la corbeille C, on replonge l'aréomètre dans l'eau : l'affleurement n'existe plus, puisque l'instrument subit en plus la poussée de l'eau sur le morceau de marbre. Pour détruire l'effet de cette poussée, on ajoute des poids en A jusqu'à ce que l'affleurement soit rétabli, soit 5^{gr}. Ils représentent évidemment le poids du volume d'eau déplacé par le morceau de marbre. En divisant $11^{gr},70$ par 5^{gr}, on aura la densité du marbre qui est égale à 2,34.

87. Aréomètre de Fahrenheit. — Fahrenheit[1] a imaginé un aréomètre qui sert à mesurer la densité des corps liquides. Comme il est destiné à être plongé dans des liquides dont quelques-uns pourraient attaquer les métaux, on le fait ordinairement en verre. Il se compose d'une partie renflée B (fig. 64), terminée par une boule C remplie de mercure ou de grenaille de plomb destinée à lester l'appareil. La partie supérieure présente une tige portant un plateau A. En D se trouve le point d'affleurement.

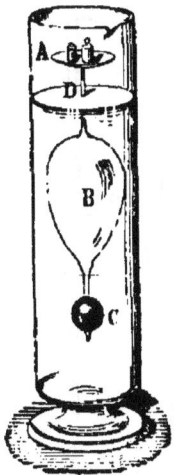

Fig. 64. — Aréomètre de Fahrenheit.

Le poids de l'instrument étant connu à l'avance, soit 200^{gr}, on le plonge dans le liquide dont on veut déterminer la densité, l'acide nitrique par exemple. Supposons que, pour le faire affleurer, il faille ajouter 48^{gr} sur le

---

1. Fahrenheit, physicien, né à Dantzig en 1690, mort en 1740.

plateau A ; 200^{gr} plus 48^{gr} ou 248^{gr} représentant le poids de l'aréomètre et des poids qu'il supporte, représentent évidemment le poids d'un volume d'acide nitrique égal au volume de l'aréomètre depuis son extrémité inférieure jusqu'au trait d'affleurement, car l'instrument n'est en équilibre que lorsque la poussée qu'il subit est égale à son poids. Après avoir essuyé l'instrument, on le plonge dans l'eau et on le fait affleurer en ajoutant des poids dans le plateau, soit 3^{gr}. Le poids de l'aréomètre est alors 200^{gr} plus 3^{gr} ou 203^{gr} qui représentent le poids d'un volume d'eau égal à celui de tout à l'heure. En divisant 248^{gr}, par 203^{gr}, on aura la densité de l'acide nitrique qui est égale à 1,22.

88. Aréomètres à poids constant et à volume variable. — Les méthodes que nous venons d'indiquer exigent toujours au moins deux pesées, ce qui est un inconvénient pour les industriels qui veulent opérer rapidement. De plus, ils n'ont pas le plus souvent besoin de connaître exactement la densité des corps, mais désirent seulement apprécier le degré de concentration plus ou moins grande de certains liquides, alcools, acides, etc. Du reste, l'addition de l'eau dans ces liquides n'en faisant varier la densité que d'après une loi qui nous est inconnue, on a adopté pour chaque liquide un degré de concentration qui correspond à une densité déterminée, et à l'aide des aréomètres à poids constant et à volume variable, on

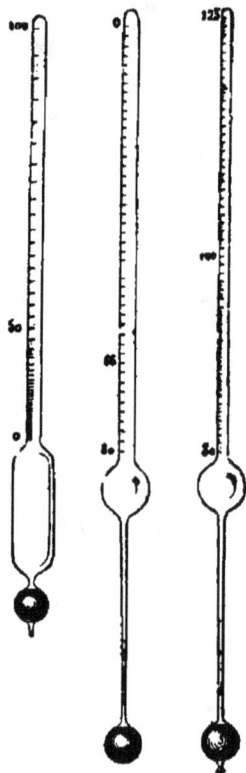

Fig. 65, 66 et 67. — Aréomètres à poids constant.

reconnaît si le volume a la densité voulue ou s'il s'en éloigne plus ou moins. Ces instruments sont des instruments de vérification plutôt que de recherches scientifiques.

Leur principe est toujours celui des corps flottants. L'aréomètre s'enfoncera d'autant moins que le liquide sera plus dense, puisqu'il doit s'enfoncer jusqu'à ce qu'il ait déplacé un volume liquide dont le poids soit égal au sien. Ils se composent d'un tube cylindrique en verre soudé par sa partie inférieure à un autre cylindre de plus fort calibre ou à un renflement sphérique lesté par une boule contenant de la grenaille de plomb ou de mercure (fig. 65, 66 et 67).

La graduation de ces instruments est différente, suivant qu'ils sont destinés à des liquides plus denses ou moins denses que l'eau.

Pour les liquides plus denses que l'eau (pèse-sirop, pèse-acide, pèse-sel), voici la méthode employée par Beaumé : il lestait l'instrument de telle sorte que dans l'eau pure il s'enfonçât presque jusqu'au haut de la tige. Au point d'affleurement, il marquait 0, puis préparait une dissolution de 85 parties d'eau et de 15 parties de sel marin. Il y plongeait l'appareil. La densité 1,115 de cette dissolution étant plus grande que celle de l'eau, l'aréomètre s'y enfonçait moins. Au nouveau trait d'affleurement il marquait 15, divisait l'intervalle entre 0 et 15 en quinze parties égales et prolongeait les divisions. Pour que cette graduation se fasse plus facilement, on marque seulement sur le tube non encore fermé les deux points d'affleurement, on relève leur distance au compas et on la reporte sur une feuille de papier. On divise cette distance en quinze parties égales, on prolonge les divisions et on introduit ensuite la feuille dans le tube cylindrique, en ayant soin que les deux points 0 et 15 soient bien à la hauteur des deux traits tracés sur le tube. Après avoir fixé la feuille avec un peu de cire, on ferme le tube à la lampe d'émailleur. L'aréomètre de Beaumé doit marquer 66° dans l'acide sulfurique concentré.

Pour les liquides moins denses que l'eau (pèse-esprit, pèse-liqueur), l'appareil est lesté de manière que dans une dissolution de 10 parties de sel et de 90 parties d'eau il s'enfonce jusqu'au bas de la tige. On marque 0 au point d'affleurement. L'aréomètre est ensuite plongé dans l'eau pure, on marque 10 au nouveau trait d'affleurement, on divise l'intervalle en dix parties égales et on opère comme précédemment.

89. Alcoomètre centésimal de Gay-Lussac. — Pour mesurer le degré de concentration d'un liquide alcoolique, c'est-à-dire la quantité d'alcool qu'il contient, Gay-Lussac a construit l'alcoomètre centésimal. Nous extrayons de l'instruction qu'il a publiée sur cet instrument les lignes suivantes : « L'alcoomètre centésimal » est, quant à la forme, un aréomètre ordinaire. Il est gradué à la température de 15°. Son échelle est divisée en » cent parties ou degrés dont chacun représente $\frac{1}{100}$ d'alcool en volume. La division 0 correspond à l'eau pure, » et la division 100 à l'alcool absolu. Plongé dans les liquides spiritueux à 15°, il en fait connaître immédiatement la force ou richesse en alcool. Par exemple, si dans » une eau-de-vie supposée à la température de 15°, il s'enfonce jusqu'à la division 50, il avertit par cela même » qu'elle contient $\frac{50}{100}$ de son volume en alcool pur. »

Pour graduer l'instrument, on le leste, de manière que, plongé dans l'eau pure, il affleure à la partie inférieure de sa tige. On prépare une série de liquides en mettant dans des vases gradués 10, 20, 30, etc., volumes d'alcool, et *complétant*, dans chaque vase, le volume 100 avec de l'eau. On plonge l'aréomètre dans chacun de ces liquides, et on marque 10 au premier point d'affleurement, 20 au second, 30 au troisième, et ainsi de suite. Chaque intervalle est divisé en dix parties égales. Les degrés de l'aréomètre ne sont pas égaux dans toute la longueur de la tige. Quand on possède un bon alcoomètre gradué comme nous venons de l'indiquer, on construit les autres par comparaison.

90. Densités des gaz. — La densité des gaz se détermine par des méthodes que nous ne décrirons pas. Cette densité est ordinairement prise par rapport à celle de l'air considéré dans les mêmes conditions de température et de pression que les gaz.

91. Application des densités. — Nous avons vu (79) que la densité d'un corps pouvait être regardée comme le rapport de son poids à son volume. De là résulte que le poids d'un corps est égal au produit du nombre qui représente son volume par celui qui représente sa densité.

On peut donc obtenir le poids d'un corps sans pesée directe, en multipliant sa densité par le nombre qui exprime son volume. Nous remarquerons que le poids est alors exprimé au moyen d'une unité correspondant à l'unité qui sert à évaluer le volume. Si le volume est évalué en centimètres cubes, le poids est évalué en grammes ; si le volume est évalué en décimètres cubes, le poids est évalué en kilogrammes.

Quand il s'agit des gaz, comme leur densité est prise par rapport à l'air, il faut, pour avoir le poids d'un certain volume de gaz, multiplier ce volume exprimé en litres par la densité du gaz et multiplier le produit par $1^{gr},293$, poids d'un litre d'air dans les conditions de température et de pression où la densité a été déterminée.

DENSITÉS DE QUELQUES CORPS SOLIDES A LA TEMPÉRATURE DE ZÉRO.

Platine laminé........	22,669	Or fondu.............	19,5
Platine purifié........	19,50	Argent fondu..........	10,5
Cuivre en fil..........	8,87	Cristal de roche........	2,653
Laiton	8,393	Verre de Saint-Gobain.	2,488
Acier	7,8	Bois de hêtre..........	0,852
Fer en barre..........	7.8	Frêne	0,745
Étain fondu...........	7,291	Orme.................	0,800
Zinc	6,861	Cèdre.................	0,561
Diamant............ {	3,531	Peuplier ordinaire.....	0,383
	3,501	Liège	0,240
Aluminium...........	2,68	Glace (eau glacée)......	0,930
Marbre...............	2,84		

DENSITÉS DE QUELQUES CORPS LIQUIDES A ZÉRO.

Eau distillée..........	0,9998	Éther sulfurique.......	0,715
Eau de mer...........	1,0268	Essence de térébenthine.	0,869
Acide sulfurique concentré.................	1,843	Esprit-de-bois	0,820
		Sulfure de carbone.....	1,293
Alcool absolu..........	0,815	Mercure...............	13,596

CHAPITRE V

PRESSION ATMOSPHÉRIQUE. — BAROMÈTRES.

92. Les principes fondamentaux de l'hydrostatique s'appliquent aux gaz : 1° Les gaz transmettent les pressions dans tous les sens et également; 2° Dans un gaz en équilibre la pression est la même dans tous les sens; 3° Dans un gaz en équilibre la pression est la même en tous les points d'un même plan horizontal.

93. **Transmission des pressions par les gaz.** — On peut par l'expérience suivante faire voir que les gaz transmettent les pressions dans tous les sens. On se sert à cet effet d'un appareil qui se compose d'un vase sphérique communiquant avec des tubes recourbés B, C, D (fig. 68) et avec un corps de pompe A :muni d'un piston versons dans les tubes un liquide qui sera au

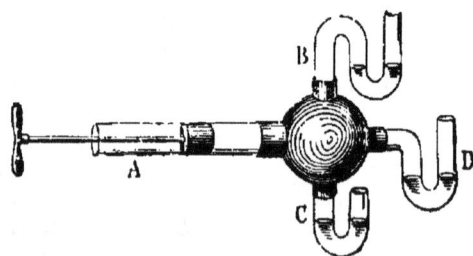

Fig. 68. — Transmission des pressions par les gaz.

même niveau dans les deux branches, et enfonçons le piston en exerçant une pression sur sa tige; cette pression va se transmettre dans tous les sens et fera monter les liquides dans les tubes B, C, D, de la même quantité.

Il y a lieu de remarquer ici que par suite de la diminution de volume de la masse gazeuse sa pression a augmenté, mais elle est la même dans tous les sens.

L'expérience suivante est une application du principe de l'égale transmission des pressions dans tous les sens, principe que nous avons vérifié pour les liquides. Prenons un sac en caoutchouc (fig. 69) que nous réunissons à un soufflet par un tube en caoutchouc; le sac ne renfermant d'abord qu'une petite quantité d'air est affaissé sur lui-même. Injectons-y de l'air avec le soufflet, et nous le le verrons se gonfler immédiatement en soulevant une planche et un poids placés sur lui. On voit qu'ici une pres-

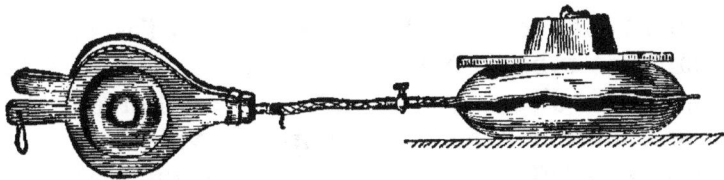

Fig. 69. — Transmission des pressions par les gaz.

sion relativement faible a été exercée sur une surface égale à la section du tube, et que cette pression, se transmettant sur une surface beaucoup plus grande, s'est trouvée multipliée et a pu soulever le poids.

94. Pesanteur des gaz. — L'air et les gaz sont pesants. Cette propriété entrevue par Aristote fut démontrée par Galilée[1], qui pesa successivement un ballon rempli d'air ordinaire et d'air comprimé, et trouva que dans le second cas le poids était plus grand que dans le premier. Plus tard Otto de Guéricke[2], après avoir inventé la machine pneumatique, donna à cette expérience la forme qu'on lui donne encore aujourd'hui dans les cours. Il fit le vide dans un ballon muni d'une douille à robinet (fig. 70) et le suspendit audessous de l'un des plateaux d'une balance, après avoir fermé le robinet. L'équilibre étant établi par des poids mis dans l'autre plateau, il ouvrit le robinet et, en même temps qu'il entendit le sifflement produit par la rentrée de l'air, il vit le fléau s'incliner du côté du ballon. La même expérience pourrait être faite avec tout autre gaz que l'air.

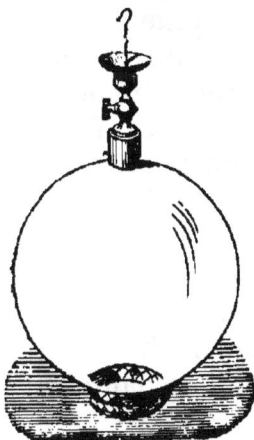

Fig. 70. — L'air est pesant.

1. Galilée, né à Pise en 1564, mort en 1642.
2. Otto de Guéricke, physicien, né à Magdebourg en 1602, mort à Hambourg en 1686.

PRESSION ATMOSPHÉRIQUE.

95. Jusqu'à l'époque de Galilée, on expliquait l'ascension de l'eau dans les tubes, où l'on avait fait le vide à l'aide d'une pompe, en disant que la nature avait horreur du vide et faisait monter l'eau pour remplir le vide du tube : des fontainiers de Florence s'étant aperçus que l'eau ne pouvait monter dans des tubes à une hauteur supérieure à 10^m,33, cette explication dut être abandonnée, et ce fut un élève de Galilée, Torricelli, qui démontra que l'ascension de l'eau était due à la pression que l'atmosphère exerce par son poids sur le liquide dans lequel plonge le tube.

96. **Expérience de Torricelli.** — Torricelli[1] fit le raisonnement suivant : si la pesanteur de l'air est capable de faire monter l'eau dans les pompes jusqu'à trente-deux pieds ou 10^m,33, un liquide 13,5 fois plus dense que l'eau, comme le mercure, ne devra évidemment monter, sous l'influence de l'air, qu'à une hauteur 13,5 fois plus petite, c'est-à-dire à 0^m,76 environ. Pour vérifier cette induction, il fit l'expérience suivante, qui est devenue célèbre. Prenant un tube de 0^m,80 environ, fermé par un bout, il le remplit de mercure, puis le retourna en posant le doigt sur l'extrémité ouverte, afin d'empêcher le liquide de s'échapper. Il plongea alors cette extrémité dans une cuvette pleine de mercure, et, retirant le doigt, il cessa de soutenir la colonne de mercure contenue dans le tube. On vit aussitôt le liquide descendre et se fixer à une hauteur de 0^m,76 au-dessus du niveau du mercure dans la cuvette, laissant au-dessus de lui un espace AC (fig. 71) complètement vide, et que l'on appelle maintenant *chambre barométrique*.

L'expérience de Torricelli ne fut connue en France que quelques années plus tard. En 1646, Pascal[2] la répéta

1. Torricelli, physicien célèbre, né en 1608 à Faenza, mort en 1647.
2. Pascal (Blaise), célèbre écrivain et savant français, né à Clermont-Ferrand en 1623, mort en 1663.

en variant sa forme de plusieurs manières. On cite surtout une expérience qu'il fit à Rouen. Ayant pris un tube de verre d'environ 15 mètres, il l'emplit de vin rouge et le retourna sur une cuvette qui en contenait aussi. Il vit la colonne descendre et se maintenir à une hauteur d'environ 10 mètres.

Il fit encore exécuter par Périer, son beau-frère, sur le Puy de Dôme, une expérience qui vint achever de prouver que l'ascension des liquides dans les tubes vides n'a d'autre cause que la pesanteur de l'air. Voici en quels termes il s'exprime dans la lettre où il indiquait l'expérience à faire :

« J'ai imaginé une expérience qui pourra lever tous les doutes, si elle est exécutée avec justesse. Que l'on fasse l'expérience du vide plusieurs fois en un jour, avec le même vif-argent (mercure), au bas et au sommet de la haute montagne du Puy, qui est auprès de notre ville de Clermont. Si, comme je le pense, la hauteur du vif-argent est moindre en haut qu'en bas, il s'ensuivra que la pesanteur et la pression de l'air sont cause de cette suspension, puisque bien certainement il y a plus d'air qui pèse sur le pied de la montagne que sur son sommet, tandis qu'on ne saurait dire que la nature abhorre le vide en un lieu plus qu'en l'autre. »

Fig. 71. — Expérience de Torricelli.

97. Après avoir constaté que c'est bien la pesanteur de l'air qui fait monter le mercure dans les tubes vides, cherchons à nous expliquer cet effet et à interpréter l'expérience de Torricelli. Pour cela considérons à la surface du mercure de la cuvette deux surfaces planes égales (fig. 72), l'une mn dans l'intérieur du tube et représentant sa section, l'autre $m'n'$ extérieure; la tranche mn supporte de haut en bas une pression f égale au poids d'une colonne

de mercure ayant pour base *mn*, et pour hauteur la hauteur comptée verticalement du liquide dans le tube. Donc, pour que *mn* soit en équilibre, il faut qu'elle supporte de bas en haut une pression *f'* justement égale à *f*. Cette pression n'est autre que celle de l'atmosphère qui s'exerce sur la surface égale *m'n'*, et qui se transmet par le mercure d'après le principe de la transmission des pressions.

Nous ferons observer que, quel que soit le diamètre du tube, la hauteur de la colonne mercurielle soulevée sera la même. Supposons en effet *mn* double de ce que nous l'avons supposée, la pression transmise de bas en haut sera double; elle viendra de deux surfaces égales à *m'n'*, et, par suite, soutiendra une colonne de même hauteur, mais de section double.

La colonne de mercure peut donc servir de mesure à la pression de l'atmosphère. Les instruments à l'aide

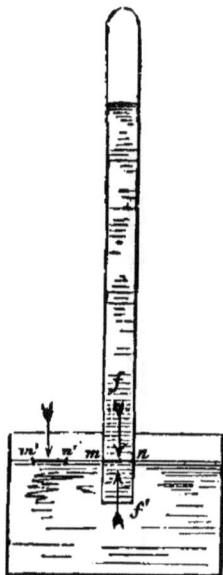

Fig. 72. — Principe du baromètre.

desquels on l'apprécie, sont appelés *baromètres* : nous les décrirons après avoir signalé un certain nombre d'applications des faits qui précèdent.

98. Pression d'une atmosphère. — La pression atmosphérique soulevant ordinairement le mercure dans un tube vide à une hauteur de $0^m,76$, on prend, pour mesurer cette pression, le poids d'une colonne de mercure de 76 centimètres. Il est important de bien comprendre ce que l'on entend par ces mots. Dire que la pression atmosphérique est de 76 centimètres, c'est dire que sur chaque unité de surface des corps placés dans l'atmosphère, chaque centimètre carré, par exemple, l'atmosphère pèse comme pèserait une colonne verticale de mercure de 76 centimètres de hauteur, qui serait posée sur ce centimètre carré supposé horizontal. Or le poids d'une pareille colonne s'obtient en multipliant son volume par le poids spécifique du mercure qui est 13,59. Quant au volume de la colonne, la géométrie démontre qu'on l'obtient en multipliant le nombre qui exprime la surface de la base par celui qui exprime la hauteur. Le poids P de la colonne de mercure sera donc, quand la pression est de 76 centimètres :

$$P = 1 \times 76 \times 13,59 = 1033 \text{ gr.}$$

Si la pression était de 75 centimètres, la pression exercée par l'atmosphère sur un centimètre carré serait :

$$P = 1 \times 75 \times 13,59 = 1005 \text{ gr.}$$

99. Mesure de la pression des gaz. — Nous avons vu que les gaz exercent sur les corps avec lesquels ils sont en contact une force appelée *pression* ou *force élastique*. On évalue cette pression en colonne de mercure et l'on dit qu'un gaz a une *force élastique* ou une *pression* de 76 ou 74 centimètres, quand il est capable par sa force élastique de soulever dans un tube vide une colonne de 76 centimètres.

La pression moyenne de l'atmosphère étant de 76 centimètres, on dit que la force élastique d'un gaz est de 1, 2, 3 atmosphères, quand cette force élastique est capable de soulever dans un tube vide une colonne de 1, 2, 3 fois 76 centimètres.

Il résulte de là qu'un gaz dont la pression est de deux atmosphères, exerce sur un centimètre carré une pression égale à celle qu'exercerait par son poids, sur ce centimètre carré supposé horizontal, une colonne de mercure haute de 2 fois 76 centimètres. Cette pression serait égale à $2 \times 1033^{\text{gr}}$ ou à $2^{\text{k}},066$.

Remarquons ici que dans l'industrie on a abandonné cette dénomination d'*atmosphère* pour exprimer la pression des gaz et des vapeurs. On dit que la pression d'un gaz ou d'une vapeur est de 1, 2, 3... kilogrammes, quand la pression du gaz ou de la vapeur exerce sur un centimètre carré un effort égal à celui qu'exercerait un poids de 1, 2, 3... kilogrammes placés sur ce centimètre carré supposé horizontal.

100. Effets de la pression atmosphérique. — Les

effets de la pression atmosphérique se démontrent dans les cours par les expériences suivantes.

101. Crève-vessie. — On prend un cylindre de verre A (fig. 73), ouvert à ses deux extrémités. On applique sur la base supérieure une peau de vessie ou une membrane de baudruche, et, après l'avoir mouillée, on la fixe avec une ficelle très serrée sur les bords du cylindre : elle achève de se tendre en séchant. On fixe ensuite l'appareil par sa base inférieure sur la machine pneumatique. Dès que la machine est mise en mouvement, l'air intérieur se trouvant raréfié ne fait plus équi-

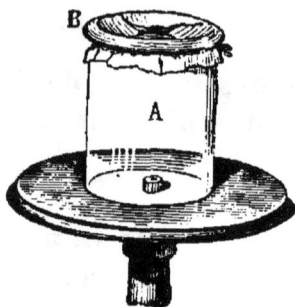

Fig. 73. — Crève-vessie.

libre à la pression de l'atmosphère qui, pesant sur la membrane, la déprime et la crève. L'air rentrant brusquement dans le cylindre vide produit une détonation.

102. Coupe-pommes. — On prend un vase en verre (fig. 74), ouvert aussi par les deux bouts et portant à sa partie supérieure une garniture métallique terminée par

Fig. 74. — Coupe-pommes.

un bord aigu qui sert de couteau circulaire. On fixe l'appareil par sa base inférieure sur le plateau de la machine pneumatique et on pose une pomme sur la base supérieure. Dès que l'air est raréfié par le jeu de la machine, la pression atmosphérique appuyant sur la pomme, sans être contre-balancée par la force élastique de l'air intérieur,

5.

fait pénétrer le couteau à travers la pomme, qui se trouve bientôt précipitée avec détonation dans l'intérieur de l'appareil en laissant autour de la garniture métallique un morceau annulaire découpé par le couteau.

103. Récipient à main. — On place sur la machine pneumatique un cylindre de verre ouvert à ses deux extrémités (fig. 75); on met la main à plat sur sa base supérieure, et dès que la machine pneumatique fonctionne, la pression atmosphérique appuie la main sur l'appareil assez fortement pour qu'on ne puisse la retirer qu'à condition de laisser rentrer l'air dans le récipient. En même temps, la partie charnue de la paume de la main entre dans le récipient et le sang se trouve fortement attiré dans cette région. C'est là du reste le mécanisme des ventouses employées en médecine.

104. Pluie de mercure. — On place sur la machine pneumatique un tube T (fig. 76) surmonté d'un godet G dont le fond

Fig. 75. — Récipient à main.

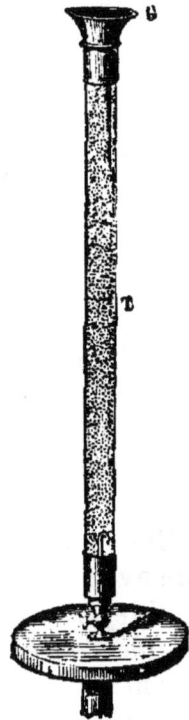

Fig. 76. — Pluie de mercure.

est un morceau de peau de chamois. On verse du mercure dans le godet et on fait le vide. Dès que l'air se raréfie à l'intérieur, la pression de l'atmosphère pousse, à travers les pores de la peau, le mercure qui tombe dans le tube sous forme de pluie fine. Cette expérience sert aussi à démontrer la porosité de la peau.

105. Hémisphères de Magdebourg. — On a deux hémisphères en cuivre A et B à rebords plans C (fig. 77). On les applique l'un contre l'autre, et, à l'aide de la douille à robinet D, que porte l'un d'eux, on visse le système sur la machine pneumatique. On fait ensuite le vide dans la sphère creuse; la pression atmosphérique appuyant les

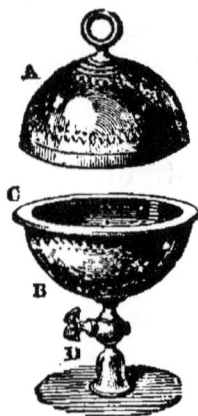

Fig. 77. — Hémisphères
de Magdebourg.

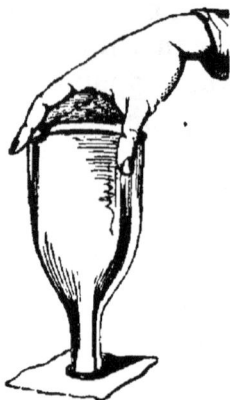

Fig. 78. — Effet de la pression
atmosphérique.

deux hémisphères l'un contre l'autre, il devient très difficile de les séparer. Dès qu'on laisse rentrer l'air à l'intérieur, on peut les séparer facilement.

Enfin nous citerons encore l'expérience suivante comme effet de la pression atmosphérique.

Une carafe est remplie d'eau à pleins bords, on applique avec précaution une feuille de papier sur la surface du liquide, et on peut alors retourner la carafe sans que le liquide s'en échappe, la pression atmosphérique le maintenant dans le vase (fig. 78). La feuille de papier est destinée à empêcher l'air de monter à travers l'eau en vertu de sa densité plus faible.

BAROMÈTRES.

106. On appelle *baromètres* des instruments destinés à mesurer la pression atmosphérique. On leur a donné diverses formes que nous allons étudier.

107. Baromètre à cuvette. — Le baromètre à cuvette ordinaire est le plus simple de tous; c'est celui qu'employaient Torricelli et Pascal. Il se compose d'un tube plongeant dans une cuvette remplie de mercure. Mais si on le construisait comme nous l'avons dit en décrivant les expériences de Torricelli, on n'aurait qu'un instrument fort imparfait. Car l'air, qui reste toujours interposé entre le mercure et la paroi intérieure du tube, monterait à la partie supérieure dans la chambre barométrique, exercerait sa pression sur le mercure, le déprimerait et contrebalancerait en partie la pression de l'air extérieur. La pression mesurée serait donc plus petite que la pression réelle. De plus le mercure et le tube doivent être parfaitement secs; sans quoi l'eau se transformerait en vapeur dans la chambre barométrique et produirait aussi par sa force élastique une dépression du mercure. Pour éviter cette double cause d'erreur, on opère comme nous allons l'indiquer.

On choisit un tube de 80 à 85 centimètres de longueur; on le ferme à une extrémité (fig. 79), et on soude une boule à l'autre extrémité. Après avoir rempli ce tube de mercure bien pur, on le couche sur une grille de tôle inclinée et on chauffe successivement toutes les parties du tube. La chaleur fait dégager les bulles d'air et de vapeur d'eau qui étaient adhérentes aux parois

Fig. 79. — Construction du baromètre.

intérieures du tube. La boule sert à empêcher que le mercure, pendant son ébullition, ne soit projeté au dehors. On retire ensuite les charbons, on laisse refroidir, et, après avoir détaché la boule, on achève de remplir avec du mercure récemment bouilli; puis on retourne le tube dans la cuvette, comme le faisait Torricelli.

Lorsque l'opération a été bien faite, si l'on incline un

peu rapidement le tube, de manière que le mercure l'emplisse tout à fait, le liquide produit, en frappant le verre, un bruit sec et métallique.

Le tube et la cuvette sont fixés contre une planchette en bois sur laquelle est tracée une graduation en centimètres et millimètres, dont le zéro correspond au niveau du mercure dans la cuvette.

On emploie maintenant un autre moyen pour purger le mercure et le tube de l'air qu'ils renferment, sans faire bouillir le liquide, ce qui a l'inconvénient de l'oxyder.

Mais, quelque soin que l'on ait donné à la construction, le baromètre à cuvette présente deux inconvénients très graves.

1° Cet instrument n'est pas facilement transportable.

2° Le niveau du mercure ne peut varier dans le tube sans varier en sens inverse dans la cuvette : le niveau dans la cuvette cesse alors de correspondre au zéro de la graduation, et les indications de l'instrument ne sont pas exactes. On remédie à cet inconvénient en prenant des cuvettes assez larges pour que les variations de niveau dans le tube ne produisent que des variations insensibles dans la cuvette.

Ou bien encore, on prend une cuvette de la forme de celle que représente la figure 80; l'usage qu'on en fait repose sur le fait suivant. Si on verse une goutte de mercure sur un plan de verre, elle tend à prendre la forme sphérique; mais si l'on augmente peu à peu son volume en ajoutant du mercure avec une pipette, la hauteur de la goutte ne varie plus : à partir du moment où sa largeur a atteint une certaine valeur, le mercure ne fait plus que s'étaler

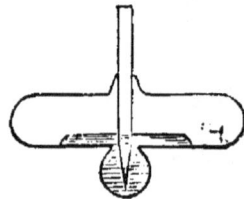

Fig. 80. — Cuvette à niveau fixe.

sans augmenter d'épaisseur. Pour utiliser cette propriété, on prend une cuvette de la forme indiquée par la figure, et on n'y met qu'une quantité de mercure assez petite pour que ce liquide ne s'étende pas au loin sur le plan de verre : les petites variations de niveau du mercure dans le tube ne produiront pas alors de variations sensibles dans la cuvette puisque, lorsque la pression diminuera, le liquide s'étalera seulement sans augmenter de hauteur dans la cuvette.

108. Baromètre de Fortin. — Fortin a adopté, dès le commencement du siècle, une disposition qui a l'avantage de rendre le baromètre transportable et de permettre de ramener, pour chaque observation, le niveau du mercure au zéro de la graduation.

La cuvette de son baromètre est cylindrique ; elle a pour fond une peau de daim, contre la face inférieure de laquelle vient appuyer une vis V (fig. 81). Cette vis permet de relever ou d'abaisser à volonté le fond de la cuvette, de manière que, lorsqu'on veut faire une observation, on puisse toujours amener la surface du mercure en contact avec la pointe d'une petite flèche en ivoire o ; à cette pointe correspond le zéro de la graduation. La partie supérieure de la cuvette est fermée par un couvercle muni d'une tubulure à travers laquelle passe le tube barométrique. La tubulure est réunie au tube barométrique par une peau de daim serrée contre l'un et l'autre avec de la ficelle. Les pores de la peau de daim permettent à l'air d'exercer sa pression sur le mercure de la cuvette, sans que celui-ci puisse d'ailleurs s'échapper. Le tube est effilé par le bas. Dans toute sa longueur il est entouré d'un étui métallique (fig. 82) percé de deux fentes longitudinales parallèles, à travers lesquelles on peut voir le mercure. La graduation est tracée sur le bord de l'une d'elles. Le baromètre tout entier peut être enfermé dans un trépied dont les branches se rapprochent et forment un étui creux. Une suspension dite à la Cardan, dont on voit le détail sur le côté de la figure, lui permet de prendre de lui-même une position rigoureusement verticale. Quand l'instrument doit être transporté, on soulève la vis V de manière à remplir de mercure la cuvette et le tube. Le baromètre peut alors être renversé,

Fig. 81. — Cuvette du baromètre de Fortin.

sans que le liquide produise de choc capable de le briser
et sans que rien s'en
échappe ou s'y intro-
duise.

**109. Baromètre à
siphon**. — Le baro-
mètre à siphon se com-
pose d'un tube recour-
bé à branches inégales
(fig. 83). On remplit la
grande branche de mer-
cure, en prenant les
précautions que nous
avons indiquées (107).
On retourne alors l'ap-
pareil sans laisser ren-
trer l'air; le mercure
baisse dans la grande
branche, qui doit avoir
plus de 80 centimètres,
et la différence des ni-
veaux du mercure dans
les deux branches me-
sure la pression atmo-
sphérique. Comme le
niveau ne peut varier
dans l'une des branches
sans varier d'une quan-
tité égale dans l'autre,
on fait une double gra-
duation en millimètres
le long du grand tube,
à partir du point *o* que
l'on prend pour zéro.
La distance verticale
des niveaux A et B se
compose évidemment
de A*o* plus *o*B; on éva-
lue la distance A*o* sur la graduation qui va de bas en haut

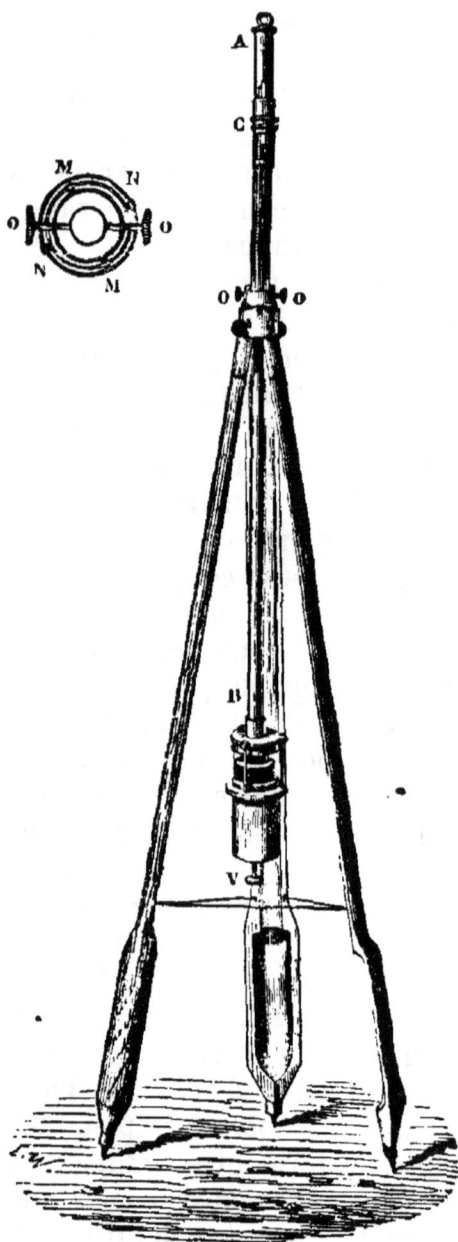

Fig. 82. — Baromètre de Fortin.

et la distance oB sur la graduation qui va de haut en bas. La somme des deux lectures donne la pression atmosphérique.

110. Baromètre de Gay-Lussac. — Le baromètre, que nous venons de décrire, ne peut être facilement transporté sans qu'on ait à craindre que l'air ne rentre dans la

Fig. 83. — Baromètre   Fig. 84. — Baromètre   Fig. 85. — Perfection-
à siphon.   de Gay-Lussac.   nement Bunten.

chambre barométrique et que le mercure ne s'échappe par l'extrémité ouverte de la petite branche. Gay-Lussac y a apporté une modification qui le rend portatif. Les deux branches de même diamètre sont réunies par un tube très fin dit *capillaire*. Toutes deux sont fermées à leur partie supérieure, et la petite branche est munie d'une ouverture

O″ (fig. 84), qui permet à la pression de l'air de s'exercer, mais qui, vu sa petitesse, ne permettrait pas au mercure de s'échapper. Quand on veut transporter l'appareil, on le renverse de manière à emplir la grande branche, comme l'indique la partie droite de la figure 86, et on le place dans un étui fait exprès.

Lorsqu'on met l'appareil dans la première position de la figure 86, qui convient aux observations, le tube capillaire, qui réunit les deux branches, empêche l'air de diviser la colonne liquide et de s'introduire dans la chambre barométrique. Pour éviter plus sûrement la rentrée de l'air, Bunten a placé sur le trajet du tube capillaire une ampoule oblongue CD (fig. 85), dans laquelle vient plonger l'extrémité effilée de E. Si une bulle d'air s'engageait par hasard en BC, elle monterait le long de la paroi et viendrait se loger en D, où sa présence n'aurait aucun inconvénient.

111. Baromètre à cadran. — Le baromètre à cadran n'est autre qu'un baromètre à siphon dont les indications sont rendues plus sensibles par le mouvement d'une aiguille sur un cadran divisé. Sur le mercure de la petite branche flotte une petite masse de fer A (fig. 86) attachée à un fil qui passe sur une poulie P et soutient à son autre extrémité un contrepoids B. Au centre de la poulie se trouve une aiguille qui tourne avec elle sur un cadran derrière lequel le baromètre est dissimulé. Quand le mercure monte dans la grande branche par suite d'une augmentation de la pression atmosphérique, il descend dans la petite branche, et le flotteur A, le suivant, fait tourner l'aiguille dans le sens des aiguilles d'une montre. Quand au contraire la pression atmosphérique diminue, le mercure descend dans la grande branche et monte dans la petite ; le flotteur, aidé par le contrepoids B, remonte et fait tourner la poulie et l'aiguille dans le sens contraire. Cet ins-

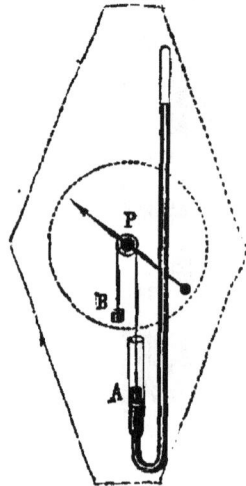

Fig. 86. — Baromètre à cadran.

trument est peu sensible à cause du frottement de l'axe sur la poulie.

112. Baromètre holostérique de Vidi. — On emploie beaucoup aujourd'hui des baromètres plus portatifs que ceux que nous venons de décrire. Nous citerons le baromètre *holostérique* (ὅλος, *tout*, et στερεὸς, *solide*) de Vidi. Il se compose d'une boîte en laiton, en forme de cylindre aplati, hermétiquement close et dans laquelle on a fait le vide. Sa surface supérieure est cannelée et flexible (fig. 87);

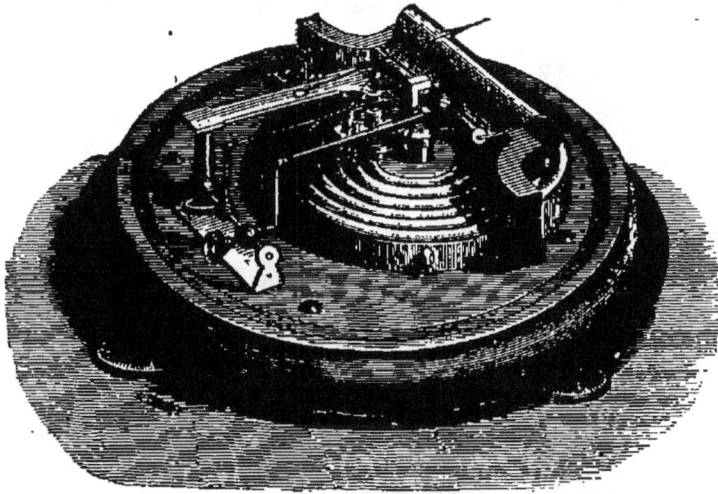

Fig. 87. — Baromètre de Vidi.

un ressort intérieur tend à éloigner les deux faces de la boîte, tandis que la pression atmosphérique tend à les rapprocher. Les variations de la pression atmosphérique produisent donc des variations de position de la face supérieure de la boîte. Quand la pression augmente, la face supérieure se rapproche de l'autre ; quand la pression diminue, elle s'éloigne ; ces mouvements se transmettent, par une série de leviers que représente la figure 89 et par une chaîne métallique, à une aiguille capable de se mouvoir sur un cadran, qui forme la face antérieure de la boîte dans laquelle est enfermé le baromètre. On n'a pas représenté cette boîte dans la figure afin de mieux montrer les détails du mécanisme intérieur.

113. Baromètre enregistreur. — MM. Richard frères
ont modifié ce baromètre d'une manière très heureuse en
le transformant en baromètre enregistreur. Huit boîtes
cannelées B (fig. 88) vides et armées d'un ressort intérieur
sont vissées l'une sur l'autre, de façon que l'élévation ou
la dépression de la base supérieure de la colonne ainsi formée est la somme des élévations et des dépressions de
chacune des boîtes. La boîte supérieure transmet son mouvement **par des leviers** *l*, *l'*, *l"* à un axe *xy*, auquel est fixée
une longue aiguille *aa'* terminée par une plume ou tire-ligne.

Fig. 88. — Baromètre enregistreur de MM. Richard.

L'extrémité de cette plume appuie sur une feuille de papier
divisée horizontalement par des lignes qui représentent
les millimètres (sur la figure on n'a tracé que la division en
centimètres), et dans le sens vertical par des arcs de cercle,
qui représentent les jours et les heures de la semaine. Cette
feuille de papier est fixée sur un cylindre vertical, qui est
mû par un appareil d'horlogerie. Quand on veut mettre
l'appareil en observation, on remonte le cylindre comme
une pendule et on le fait tourner sur son axe de manière à
mettre la plume devant la division qui représente le jour
et l'heure. On serre alors une vis de pression placée sur la
face supérieure. Le cylindre se met à tourner, et la plume
trace à la surface de la feuille de papier une ligne qui

donne la pression à tout instant par la lecture de la division horizontale. Tous les huit jours on change la feuille de papier. Cet appareil est suffisamment exact dans la plupart des cas où l'on a à observer la pression atmosphérique.

114. Usages du baromètre. — Le baromètre ne sert pas seulement au physicien et au chimiste pour mesurer la pression atmosphérique : on le consulte souvent aussi pour préjuger du temps qu'il fera. Les baromètres d'appartement portent sur leur échelle les indications : *très sec, beau fixe, beau, variable, pluie ou vent, tempête.* C'est qu'en effet les variations de la pression atmosphérique sont liées intimement à l'état de l'atmosphère, mais il ne faut accorder à ces indications, au point de vue météorologique, qu'une valeur de probabilité et non pas de certitude. Les prévisions faites sur le temps, d'après les indications du baromètre, sont le plus souvent exactes ; mais elles peuvent être en défaut, et, en tout cas, l'instrument qui en fournit les bases doit-il avoir été gradué pour la région où se fait l'observation. C'est ce qui va ressortir de l'explication que nous allons donner.

Dans nos contrées, les vents humides et chauds du sud-ouest font baisser la colonne barométrique, parce qu'ils nous amènent un air moins dense ; et, comme ils sont ordinairement accompagnés de grandes quantités de vapeur d'eau, cet abaissement concorde souvent avec la pluie. Mais n'oublions pas que cette règle est particulière à nos contrées et à celles qui se trouvent dans une même situation géographique par rapport aux mers, qui nous fournissent la plus grande partie de la vapeur d'eau atmosphérique. Ainsi, par exemple, à l'embouchure de la Plata, sur la côte orientale de l'Amérique du Sud, ce sont les vents du sud-est qui amènent la pluie et qui, en même temps, font monter le baromètre par suite de leur basse température.

Nous verrons plus loin l'usage que l'on fait du baromètre pour la prévision du temps.

Le baromètre sert encore à la mesure des hauteurs : l'expérience de Pascal nous a prouvé que la colonne mercurielle baisse dans le baromètre qu'on élève dans l'atmosphère. On a mis ce fait à profit pour juger de la différence d'altitude de deux points ; il suffit d'observer le baromètre en ces deux points, et on peut, à l'aide d'une formule établie d'après les données de la mécanique et de la physique, déterminer la différence d'altitude.

CHAPITRE VI

COMPRESSIBILITÉ DES GAZ. — LOI DE MARIOTTE.

115. L'expérience du briquet à air (11) nous a montré que les gaz étaient compressibles, et comme l'effort à faire pour enfoncer le piston augmente à mesure que le piston réduit le volume du gaz, on voit que la force élastique d'une même masse gazeuse varie avec le volume qu'on lui fait occuper, qu'elle augmente quand le volume diminue ; inversement elle diminue lorsque le volume augmente.

Mariotte[1] a trouvé la relation qui existe entre la force élastique des gaz et leur volume. Les expériences qu'il exécuta en 1670 le conduisirent à poser la loi suivante :

116. Loi de Mariotte. — *Les volumes d'une masse gazeuse sont inversement proportionnels aux pressions qu'elle supporte, pourvu que sa température reste constante.* .

Cela signifie que, si l'on prend la masse gazeuse avec un volume donné sous une pression déterminée, son volume deviendra deux, trois, quatre, cinq fois plus petit, quand on la soumettra à une pression deux, trois, quatre, cinq fois plus grande, ou inversement deux, trois, quatre, cinq fois plus grande sous une pression deux, trois, quatre, cinq fois plus petite.

---

1. Mariotte, physicien distingué, né en Bourgogne, vers 1629, mort en 1684, membre de l'Académie des sciences.

Voici comment Mariotte démontrait cette loi pour des pressions qui ne s'écartaient pas beaucoup de la pression atmosphérique.

Pour des pressions supérieures à la pression atmosphérique, il prenait un tube à branches inégales ABC (fig. 89), fixé contre une planchette. La petite branche était fermée, la grande ouverte. Il versait d'abord par l'entonnoir C du mercure, de manière qu'il se mît de niveau dans les deux branches, suivant la ligne oo, et enfermât dans la petite branche une masse d'air qui, vu l'égalité des niveaux, se trouvait évidemment à la pression atmosphérique extérieure. Il versait ensuite du mercure dans la grande branche, jusqu'à ce que le liquide montant dans la petite réduisît le volume du gaz à moitié. A cet instant, il est évident que la force élastique de ce gaz fait équilibre à la colonne de mercure qui s'élève dans le grand tube du niveau D au niveau E, augmentée de la pression atmosphérique qui s'exerce librement en E. Or, Mariotte constatait que la colonne DE était égale à celle qui était soulevée dans un baromètre voisin au moment de l'expérience. La force élastique du gaz faisait donc équilibre à deux pressions atmosphériques, ce qui montre que, le volume de la masse gazeuse étant réduit de moitié, sa force élastique a doublé. Si l'on avait réduit le volume au tiers du volume primitif, la colonne soulevée dans le grand tube au-dessus du nouveau niveau serait égale à deux fois la colonne mercurielle soulevée dans le baromètre, et, en y ajoutant la pression atmosphérique qui s'exerce toujours au sommet du liquide, on verrait que la force élas-

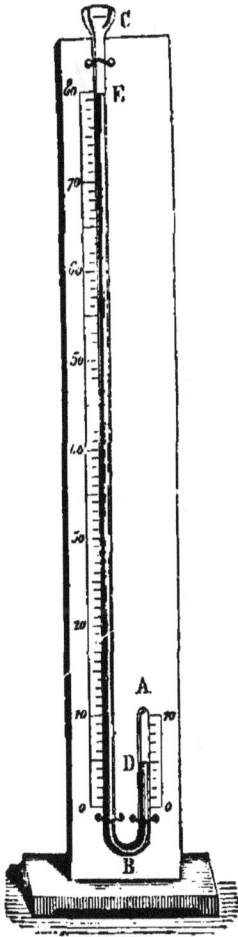

Fig. 89. — Tube de Mariotte.

tique du gaz est devenue triple de ce qu'elle était.

117. Pour des pressions inférieures à la pression atmosphérique, voici la méthode qu'employait Mariotte : On prend un tube de 1m,50 de longueur environ, aussi cylindrique que possible, fermé à l'une de ses extrémités et divisé en parties d'égale capacité. On verse du mercure dans ce tube en laissant une certaine quantité d'air, puis on le

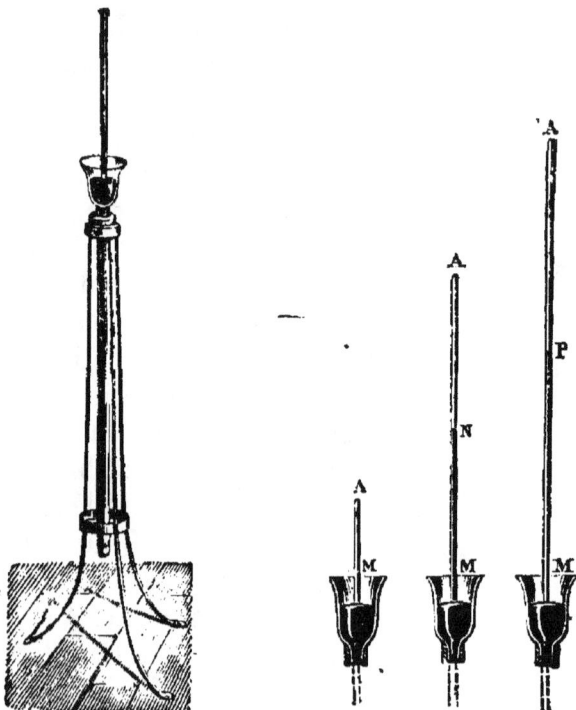

Fig. 90 et 91. — Cuvette profonde.

renverse dans une cuvette profonde pleine de mercure (fig. 90), comme le faisait Torricelli, et on enfonce le tube dans la cuvette jusqu'à ce que le niveau du mercure soit le même dans le tube et dans la cuvette. L'air enfermé se trouve alors à la pression atmosphérique. On soulève le tube de manière à augmenter le volume réservé au gaz; mais la force élastique de celui-ci diminuant, le mercure poussé par la pression atmosphérique monte dans le tube. Lorsque le volume AN (fig. 91) est double de ce qu'il était d'abord, la colonne soulevée est égale à la moitié de celle qui est soulevée dans un baromètre voisin. Or, en cet instant de l'expérience, la pression atmosphérique, qui s'exerce sur le niveau de la cuvette, est contre-balancée par la force élastique du gaz et par la colonne soulevée. Celle-ci étant égale à la moitié de la pression de l'atmosphère, la force élastique du gaz doit aussi en être la moitié. Donc, le volume doublant, la pression est devenue moitié de ce qu'elle était.

Si l'on soulève le tube de manière que le volume AN réservé au gaz soit le triple de ce qu'il était au début de l'expérience, la colonne soulevée devient les deux tiers de la pression atmosphérique : donc la force élastique de l'air en est le tiers et par suite la loi est encore vérifiée.

La loi de Mariotte n'est qu'une loi approchée : les travaux de Despretz, de Regnault, de MM. Cailletet, Amagat, Mendéleef ont prouvé que les gaz facilement liquéfiables, comme l'acide sulfureux, l'acide carbonique, etc. (nous reviendrons plus tard sur la liquéfaction des gaz), se compriment plus, pour une pression déterminée, que ne l'indique la loi de Mariotte ; que les gaz difficilement liquéfiables, comme l'hydrogène, se compriment moins. Nous ne pouvons insister sur ces importants travaux et sur les résultats auxquels ils ont conduit; nous dirons seulement que les écarts, par rapport à la loi de Mariotte, de la loi de compressibilité des gaz ne deviennent sensibles que pour de très grandes variations de pression et que, dans la pratique ordinaire, nous devons continuer à regarder la loi de Mariotte comme exacte.

118. Remarque. — *Les densités d'un gaz sont proportionnelles aux pressions qu'ils supportent, pourvu que la température ne change pas.* En effet il est évident que lorsqu'on réduit le volume d'un gaz à la moitié de ce qu'il était, il devient deux fois plus dense, puisque deux fois plus de molécules sont emprisonnées dans le même volume, et, comme alors la force élastique du gaz est devenue double, on voit qu'à la même température *la densité d'un gaz est proportionnelle à sa force élastique.*

MÉLANGE DES GAZ.

119. Lorsqu'on verse dans un vase deux liquides de poids spécifiques différents, ils ne peuvent pas toujours se mélanger; l'alcool et l'eau se mélangeraient et le volume résultant serait plus petit que la somme des volumes employés ; mais pour le mercure la séparation des deux liquides serait immédiate. Il est intéressant d'examiner comment des gaz de poids spécifiques différents se comportent lorsqu'ils sont mis en présence l'un de l'autre. C'est ce que fit Berthollet[1]. Il constata par une expérience, que nous ne décrirons pas, que *lorsqu'on met en présence plusieurs gaz n'agissant pas chimiquement l'un sur l'autre, ils se diffusent complètement l'un dans l'autre et la force élastique du mélange est égale à la somme des forces élastiques de tous les gaz considérés chacun comme occupant le volume du mélange tout entier.*

MANOMÈTRES.

120. On appelle *manomètres* des appareils destinés à mesurer la pression des fluides, mais plus particulièrement des gaz et des vapeurs. Ces appareils sont constamment employés dans nos laboratoires et dans l'industrie. Les chaudières à vapeur, les réservoirs à air ou à gaz comprimés doivent toujours être munis de manomètres capables d'indiquer à chaque instant la pression de la vapeur ou du gaz.

Il y a trois sortes de manomètres : 1° les manomètres à air libre; 2° les manomètres à air comprimé; 3° les manomètres métalliques.

121. **Manomètres à air libre.** — Le manomètre à air libre consiste en un tube de verre TT' (fig. 92) plongeant

---

1. Berthollet, chimiste célèbre, né en 1748, en Savoie, d'une famille française. Il mourut en 1822 membre de l'Académie des sciences.

dans une cuvette à mercure V. Cette cuvette est placée dans une enveloppe métallique C, qui peut être mise en communication par un tube à robinet avec la chaudière à vapeur ou avec l'enceinte renfermant le gaz dont on veut mesurer la force élastique. Le tube est en verre mastiqué en E dans l'ouverture supérieure de l'enveloppe métallique. On comprend que la vapeur arrivant par le robinet se répand autour de la cuvette et exerce sa pression sur le niveau du mercure. Celui-ci monte alors dans le tube à une hauteur d'autant plus grande que cette pression est plus considérable. Si le mercure s'élève à une hauteur de $0^m,76$, cela veut dire que la vapeur a une force élastique capable de faire équilibre à la pression de l'atmosphère qui s'exerce sur le mercure du tube, augmentée de $0^m,76$ de mercure soulevé, et comme la pression de l'atmosphère est regardée comme égale en moyenne à $0^m,76$ de mercure, on dit que la tènsion de la vapeur est de deux fois $0^m,76$ ou de deux atmosphères. Si le mercure s'élève à deux fois $0^m,76$, cela veut dire que la vapeur a une force élastique de trois atmosphères, et ainsi de suite. Une graduation faite sur une planche contre laquelle est fixé le tube permet de mesurer la hauteur de la colonne mercurielle soulevée.

Ces appareils n'étant pas destinés à des mesures d'une précision parfaite, on ne tient pas compte de la variation du niveau dans la cuvette.

122. Si la pression devait aller jusqu'à quatre, cinq atmosphères et plus, on

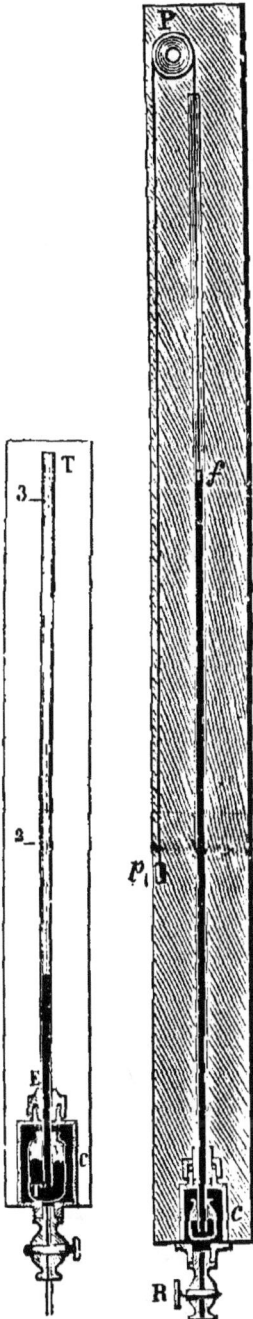

Fig. 92 et 93. — Manomètre à air libre.

serait obligé d'employer des tubes de verre trop longs et, par suite, d'une grande fragilité. De plus, le haut de la colonne mercurielle serait difficile à observer. Pour éviter ce double inconvénient, on emploie des tubes de fer (fig. 93). A la surface du mercure, dans le tube, se trouve un flotteur en fer *f* auquel est attachée une corde s'enroulant sur une poulie et tendue constamment par un contre-poids *p*. Lorsque le mercure s'élève, le flotteur s'élève avec lui, et le contre-poids *p* descend ; lorsque le mercure baisse, le contre-poids monte. La position du contre-poids le long d'une échelle graduée fixée à l'instrument indique la force élastique de la vapeur.

123. Manomètres à air comprimé. — Pour éviter de donner aux manomètres de trop grandes dimensions, ce qui ne serait pas possible du reste sur les machines mobiles, comme les locomotives, on emploie, pour faire

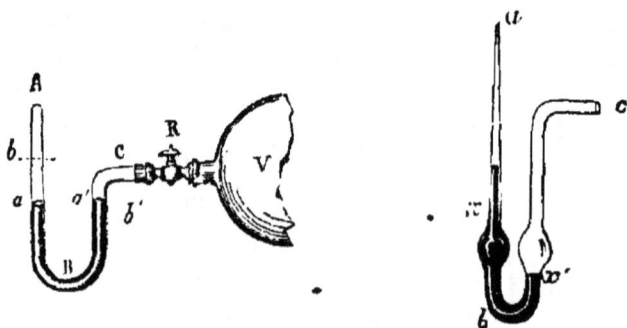

Fig. 94 et 95. — Manomètre à air comprimé.

équilibre à la pression de la vapeur, non seulement l'ascension d'une colonne de mercure, mais en même temps la force élastique d'une masse d'air renfermée dans un espace limité. Cette force élastique augmente à mesure que le mercure montant réduit le volume du gaz. C'est là le principe des manomètres à air comprimé.

Concevons (fig. 94) un tube recourbé ABC, fermé en A, contenant à sa partie inférieure du mercure, et au-dessus de ce liquide, en A*a*, de l'air sec à la pression atmosphérique. Si le tube est en communication avec un réservoir V renfermant des gaz ou de la vapeur à la pression atmosphérique, le niveau du mercure sera le même dans les deux branches, comme l'indique la figure. Mais dès que la pression augmentera dans l'espace V, le mercure montera, en *b*, par exemple.

Souvent on donne à ces appareils la forme indiquée par la figure 95.

Ces instruments peuvent se graduer par comparaison avec un manomètre à air libre, c'est-à-dire que l'on monte sur un même réservoir un manomètre à air libre et le manomètre à graduer. On exerce dans le réservoir des pressions différentes et on marque sur le manomètre à air comprimé les indications fournies par le manomètre à air libre pour chacune des pressions exercées.

124. Manomètres métalliques — Dans l'industrie on fait usage le plus souvent de manomètres bien différents des précédents. Ce sont les manomètres métalliques de Bourdon.

Ils se composent d'un tube métallique A (fig. 96), contourné en spirale, dont l'extrémité B est fermée et reliée à une aiguille DE par un levier BCD, à bras inégaux. L'extrémité peut être mise en communication par le robinet R avec la chaudière à vapeur.

Dès que la vapeur exerce sa pression à l'intérieur du tube, il se produit des déformations dans la section du tube, qui est figurée à part en A, et ces déformations font elles-mêmes varier la position de B, et par suite celle de l'aiguille sur le cadran. Ces appareils se graduent par comparaison avec un manomètre à air libre.

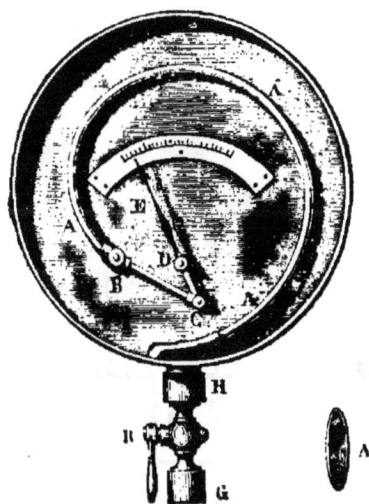

Fig. 96. — Manomètre de Bourdon.

Les manomètres destinés aux usages industriels sont ordinairement gradués en kilogrammes.

CHAPITRE VII

MACHINE PNEUMATIQUE. — MACHINE DE COMPRESSION.

125. Machine pneumatique. — La machine pneumatique est un instrument destiné à enlever l'air d'un récipient quelconque. Elle fut inventée vers 1650 par Otto de
Guéricke, bourgmestre de Magdebourg.

Elle a reçu, depuis cette époque, de nombreux perfectionnements; mais pour en faire comprendre plus facilement le jeu, nous la prendrons d'abord à peu près telle
que la construisit Otto de
Guéricke. Soit un corps de
pompe C (fig. 97) qui communique avec un récipient R,
et dans lequel peut se mouvoir le piston P. A la base
inférieure du corps de pompe
se trouve une soupape S capable de s'ouvrir de bas en
haut : le piston est percé
d'une ouverture fermée par
une soupape S' capable aussi
de s'ouvrir de bas en haut.
Le piston P étant en haut de
sa course, et les soupapes S
et S' étant fermées, abais-

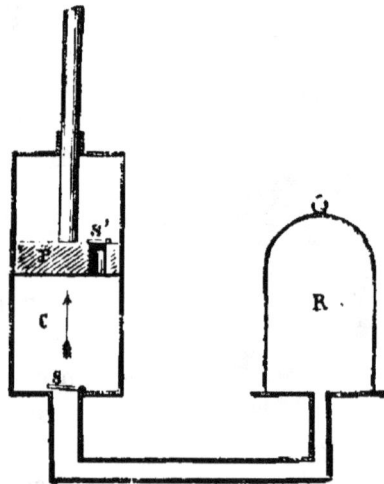

Fig. 97. — Machine pneumatique.

sons le piston. L'air du corps de pompe se trouvant comprimé, sa force élastique augmentera, et, à un moment
donné, elle sera assez grande pour soulever la soupape S';
l'air s'échappera alors du corps de pompe, et quand le piston
sera arrivé au bas de sa course, si nous supposons qu'il y ait
contact intime entre lui et la base inférieure du corps de
pompe, tout l'air que celui-ci contenait sera chassé. Soule-
vons maintenant le piston, il laissera au-dessous de lui le
vide dans le corps de pompe, et la soupape S, pressée de bas

6.

en haut par la force élastique de l'air du récipient qui n'est contre-balancée par rien, s'ouvrira : une partie de l'air du récipient se répandra alors dans le corps de pompe. Quand le piston sera arrivé en haut de sa course, la soupape S, également pressée de part et d'autre, retombera en vertu de son poids et la force élastique de l'air sera la même dans tout l'appareil, mais elle sera moindre qu'au début de l'opération. Le piston étant abaissé de nouveau, un volume d'air égal à celui du corps de pompe s'échappera de l'appareil, et ainsi de suite. On voit donc que chaque fois que le piston descend, il fait sortir de l'appareil un volume d'air égal au volume du corps de pompe; il en résulte que le récipient se vide de plus en plus.

Il est évident, *à priori*, que le vide fait par cet appareil ne pourra jamais être absolu, puisqu'à chaque coup de piston l'air intérieur ne fait que se fractionner entre le récipient et le corps de pompe.

La machine, que nous venons de décrire, présente plusieurs inconvénients que nous allons signaler. A chaque fois que la soupape S se soulève, l'air du récipient se répandant dans un espace plus grand, sa force élastique diminue en vertu de la loi de Mariotte; elle va donc toujours en décroissant, et il arrive un moment où elle n'est pas assez grande pour soulever la soupape S. Celle-ci restant fermée, l'appareil cesse de fonctionner. Remarquons aussi que dans une machine à un seul corps de pompe, comme celle que nous venons de décrire, à mesure que l'air se raréfie dans le récipient, il devient de plus en plus difficile de soulever le piston : en effet, l'air intérieur exerçant sur la surface inférieure du piston une pression de moins en moins grande, la pression exercée par l'atmosphère sur la face supérieure est de moins en moins contre-balancée, et à mesure que l'opération avance, on a à vaincre une résistance de plus en plus considérable. La machine à deux corps de pompe est exempte des deux inconvénients que nous venons de signaler.

126. Machine pneumatique à deux corps de pompe. — La machine pneumatique, perfectionnée suc-

cessivement par Boyle[1] et Papin[2], est maintenant construite de la manière suivante.

Deux corps de pompe en cristal C, C' (fig. 98), contenant
chacun un piston, communiquent par leur partie inférieure
avec un seul et même conduit en fonte A, qui vient s'ouvrir
en O au centre d'un plateau P ou *platine*. Celle-ci est formée.

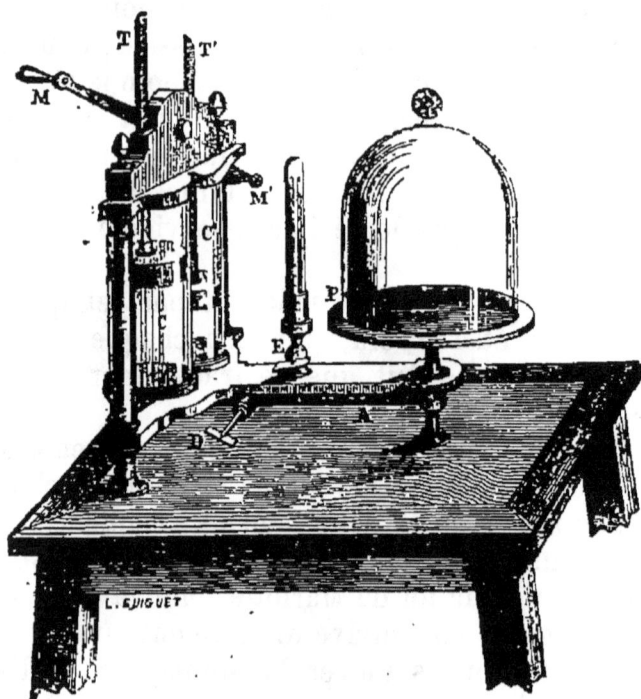

Fig. 98. — Machine pneumatique

d'une plaque de cristal absolument plane sur laquelle on
pose une cloche, dont les bords sont parfaitement rodés
de manière à s'appliquer exactement sur la platine. C'est
sous cette cloche que l'on place les objets autour desquels
on veut faire le vide.

Les pistons sont formés de rondelles en cuir pressées
entre deux plaques métalliques serrées par un écrou EE'
(fig. 99). Le corps de chaque piston est creux et contient

1. Boyle (Robert), savant anglais, né à Lysmore, en Irlande, en 1626,
mort en 1691.
2. Papin (Denis), né à Blois vers 1650, mort en 1710.

une petite plaque appliquée par un ressort à boudin sur le trou par lequel l'air doit s'échapper du corps de pompe. Lorsque le piston descend, l'air se comprime et sa force élastique triomphant de la résistance du ressort à boudin soulève la plaque.

Le piston est traversé par une tige métallique HI (fig. 100) qui passe à frottement dur et qui se termine inférieurement par un bouchon conique I. Ce bouchon peut s'engager dans l'ouverture conique du conduit menant au

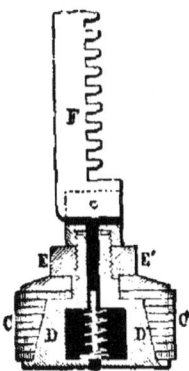

Fig. 99. — Détails du piston.

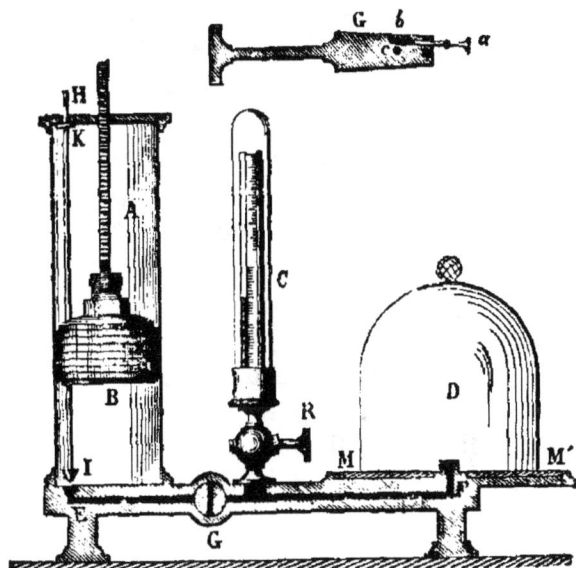

Fig. 100. — Machine pneumatique

récipient et sert de soupape. Dès que le piston se soulève, il entraîne avec lui la tige et le bouchon; mais aussitôt que l'ouverture est débouchée, un arrêt K situé à la partie supérieure vient buter contre la base supérieure du corps de pompe, la tige s'arrête, et c'est le piston qui glisse sur elle. Quand le piston, après avoir accompli sa course ascensionnelle, redescend, la tige KI le suit encore pendant un instant; mais dès que la soupape conique est venue s'appliquer dans l'ouverture, le piston glisse de nouveau le long de la tige. On comprend qu'il était important que la soupape ne s'élevât pas trop haut : car s'il s'écoulait un temps trop long entre l'instant où le piston commence à redescendre, et celui où la soupape conique bouche de nouveau l'ouverture, la plus grande partie de l'air qui, au coup de piston précédent, a passé du récipient dans le corps de pompe, retournerait dans le récipient. On voit d'ailleurs que par cette disposition les soupapes, qui établissent les communications avec le récipient, fonctionnent toujours, quelle que soit la raréfaction de l'air intérieur.

Chaque piston porte une tige à crémaillère qui engrène avec une roue dentée. Cette roue est mise en mouvement par une manivelle MM′ (fig. 98). On voit que, lorsqu'un des pistons monte, l'autre descend. Il en résulte que les pressions exercées par l'atmosphère sur les faces supérieures se font équilibre, puisque la pression de l'atmosphère tend à faire descendre l'un avec une puissance à peu près égale à la résistance qu'il oppose à l'ascension de l'autre. Quant aux pressions qui s'exercent sur les faces inférieures, elles diffèrent très peu et l'on n'a à vaincre que leur différence.

127. Baromètre tronqué. — Pour apprécier la force élastique de l'air qui reste dans le récipient, on adapte à la machine (fig. 100) un petit baromètre à siphon établi dans une éprouvette C à fortes parois qui communique par un robinet avec le canal d'aspiration. Il est appelé *baromètre tronqué*. Sa branche fermée a environ 0ᵐ,20 de hauteur. Tant que la force élastique de l'air du récipient est supérieure à 0ᵐ,20, cette branche reste pleine ; dès qu'elle est inférieure à 0ᵐ20, le mercure commence à descendre dans la branche fermée et s'élève dans l'autre ; si le vide devenait absolu, les deux niveaux seraient

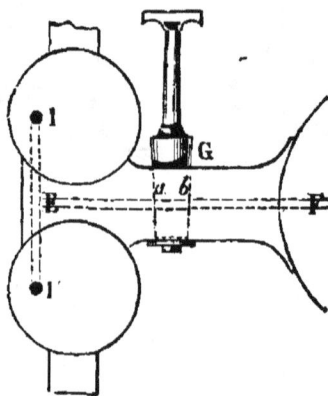

Fig. 101. — Position de la clef pour tenir en communication les corps de pompe et le récipient.

dans un même plan horizontal, et c'est dans ce plan que se trouve le zéro de la graduation qui permet d'évaluer le degré de vide.

128. Clef de la machine pneumatique. — Sur le conduit d'aspiration se trouve un robinet ou *clef* G (fig. 100) qui permet de mettre les corps de pompe en communication avec le récipient. La figure 101 représente cet état de choses. Le conduit *ab* de la clef G est, comme on le voit, dans la direction du conduit d'aspiration EF.

Lorsque le vide est fait, pour empêcher la rentrée de

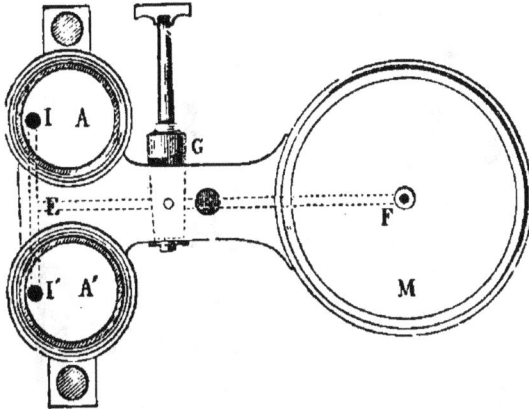

Fig. 102. — Position de la clef pour isoler le récipient et les corps de pompe.

l'air par les soupapes des pistons, on ferme toute communication entre le récipient et les corps de pompe. Pour cela on tourne la clef de 90°, c'est ce que représente la figure 102.

Enfin la clef G porte un canal *b* (fig. 103) qui, d'abord parallèle à son axe, se recourbe rectangulairement; un petit bouchon métallique *a* entre dans ce canal, et lorsqu'on veut laisser rentrer l'air dans le récipient, il suffit de placer la clef dans la position de la figure 103, d'enlever le bouchon métallique, et alors l'air rentre en sifflant par le conduit. Nous remarquerons que cette opération est nécessaire pour qu'on puisse enlever la cloche de dessus la platine de la machine. Tant que le

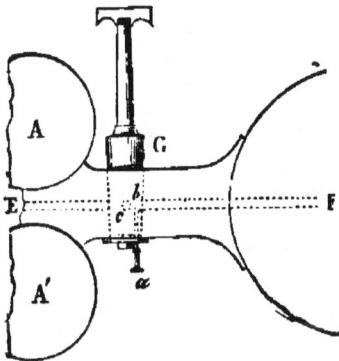

Fig. 103. — Position de la clef pour permettre la rentrée de l'air dans le récipient.

vide est fait, il est impossible de soulever la cloche, parce qu'elle est appuyée sur la platine par la pression de l'atmosphère.

129. La figure 104 représente une machine pneumatique, un peu différente de la précédente ; la platine est portée

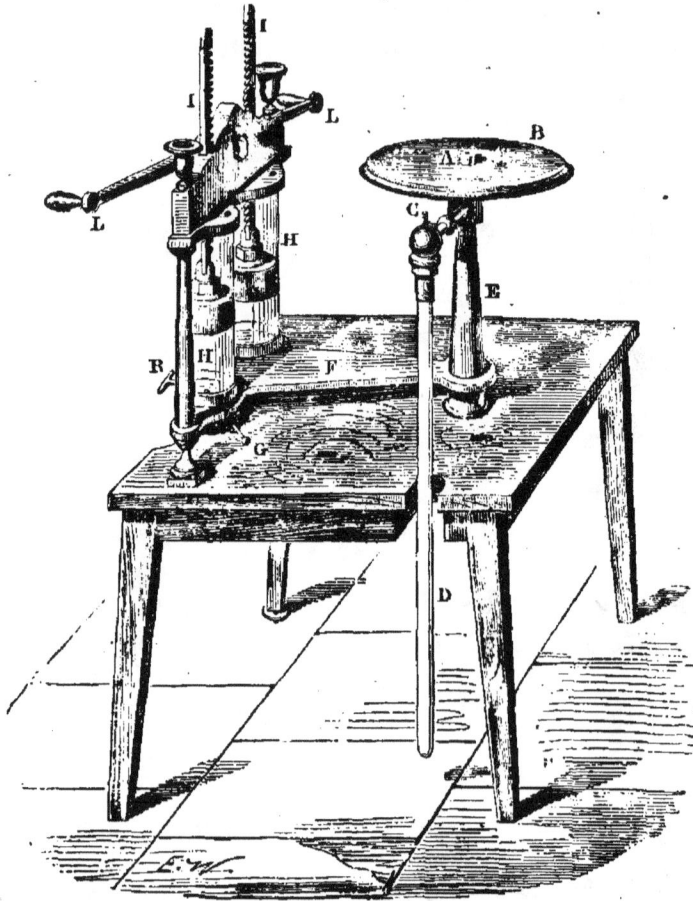

Fig. 104. — Machine pneumatique à platine surélevée.

par une colonne E ; le baromètre tronqué est remplacé par un baromètre entier placé en CD. La clef est en R et l'air peut rentrer sous le récipient par un conduit latéral qui, sur la figure, est fermé par un bouchon G.

130. Parmi les expériences que l'on peut faire avec la machine pneumatique, nous rappellerons les expériences

des hémisphères de Magdebourg, du crève-vessie, du récipient à main, du coupe-pommes, de la pluie de mercure.

Un animal placé sous la cloche de la machine pneumatique tombe sans vie dès que le vide se fait et qu'on lui enlève l'air nécessaire à la respiration.

Un poisson placé dans l'eau sous le récipient de la machine monte à la surface et flotte, le ventre en l'air, à cause de l'expansion du gaz contenu dans sa vessie natatoire. Quand on laisse rentrer l'air, il tombe au fond, parce qu'une partie des gaz que renfermait cette vessie s'est échappée pendant la première partie de l'expérience.

131. Une bougie s'éteint dès qu'on fait le vide autour d'elle, et la fumée, qui s'échappe de la mèche, tombe au bas du récipient, au lieu de s'élever comme cela a lieu dans l'air.

132. On peut encore citer l'expérience du jet d'eau dans le vide. On remplit d'eau à moitié un petit flacon A et on le ferme avec un bouchon percé d'un trou qui laisse passer un tube plongeant dans l'eau du flacon et effilé à son extrémité supérieure. On le place sur la platine, on le recouvre d'une cloche (fig. 105), et dès qu'on fait

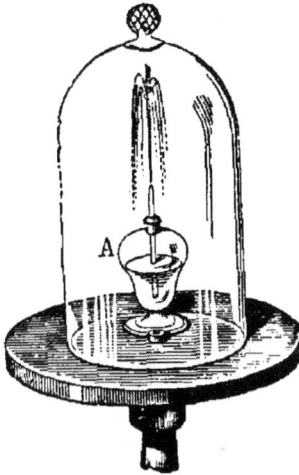

Fig. 105. — Jet d'eau dans le vide.

le vide, la pression de l'air intérieur n'étant plus contre-balancée par celle de l'air extérieur fait monter l'eau dans le tube et la fait jaillir par l'extrémité effilée.

133. **Machine de compression.** — La machine de compression, réduite à son plus grand état de simplicité, se compose d'un corps de pompe C (fig. 106) mis en communication avec un récipient R. Le piston, qui se meut dans ce corps de pompe, porte une soupape S' s'ouvrant de haut en bas ; le canal de communication avec le récipient est fermé à son entrée par une soupape S s'ouvrant aussi de haut en bas. On voit que le jeu des soupapes est inverse de celui que nous avons vu dans la machine

pneumatique. Aussi l'effet produit sera-t-il inverse aussi.

Supposons le piston en haut de sa course. Abaissons-le :
l'air contenu dans le corps de pompe se comprime, sa force
élastique augmente, et, pendant qu'elle maintient fermée la
soupape S', elle fait ouvrir la soupape S. A mesure que le
piston descend, l'air est donc refoulé dans le récipient S,
où sa force élastique devient supérieure à
celle de l'atmosphère. Le piston étant arrivé
au bas de sa course, soulevons-le : le vide
se fait en C, la soupape S se referme par
l'action de l'air du récipient et la pression de
l'atmosphère faisant ouvrir la soupape S',
l'air extérieur rentre dans le corps de pompe.
Lorsque le piston est arrivé au haut de sa
course, il est entré dans l'appareil un volume d'air égal au volume du corps de
pompe. Ce volume d'air est à son tour refoulé dans le récipient à la première descente du piston, et ainsi de suite.

On voit que cet appareil produit un effet
inverse de celui de la machine pneumatique,
puisque, grâce à lui, on peut accumuler dans
le récipient des quantités d'air de plus en
plus considérables. Nous remarquerons que
la machine de compression cessera de fonc-

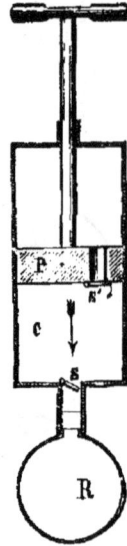

Fig. 106. — Ma-
chine de com-
pression.

tionner dès que la force élastique de l'air dans le récipient sera supérieure à celle qu'acquiert l'air dans le
corps de pompe par la compression que lui fait subir la
descente du piston. On comprend qu'on pourrait employer
un piston plein, en ayant soin de pratiquer sur la surface du corps de pompe une ouverture susceptible d'être
ouverte ou fermée par une soupape manœuvrant de dehors
en dedans. C'est cette disposition qu'on adopte pour la
fontaine de compression que nous allons décrire.

134. Fontaine de compression. — Un récipient métallique FGH (fig. 107) est en partie rempli d'eau : un tube
I plonge dans l'appareil et se termine par une partie renflée
percée de trous, comme une pomme d'arrosoir. Au-dessus
du robinet D, on visse une pompe de compression.

Le détail des soupapes est représenté (fig. 108) : la tubulure D s'ouvre dans l'atmosphère, ou bien est en communication avec un espace rempli de gaz. Dès qu'on fait jouer le piston, le gaz est refoulé dans l'appareil, monte à travers le liquide et vient s'accumuler dans la partie supérieure du récipient. Dès qu'on en a introduit une quantité

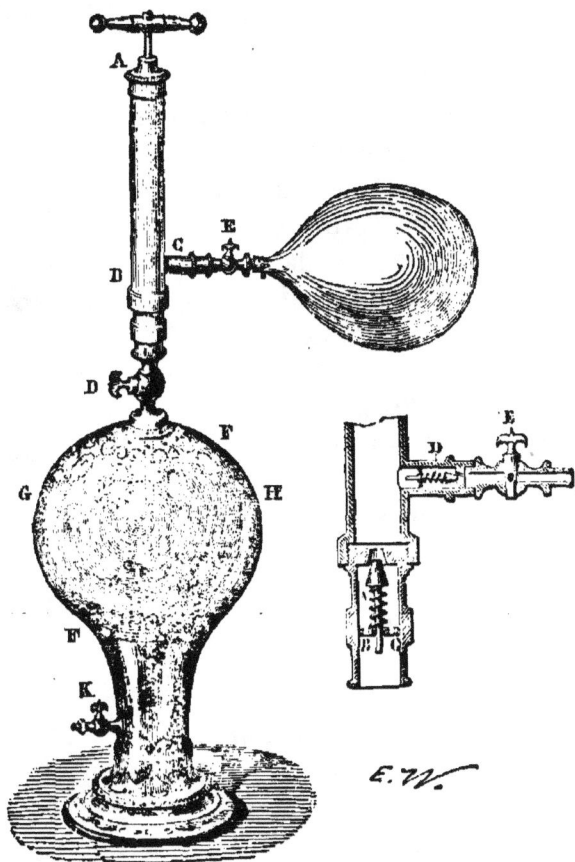

Fig. 107 et 108. — Fontaine de compression avec détail des soupapes.

suffisante, on ferme le robinet D (fig. 107) et on remplace le corps de pompe par un ajutage. Si l'on ouvre alors de nouveau le robinet D, l'air comprimé à l'intérieur exerçant sa force élastique sur l'eau la fait monter à travers le tube I, et la projette avec force au dehors.

135. Fontaine de Héron. — C'est encore la force élastique de l'air comprimé qui produit le jet d'eau dans la fontaine de Héron. Elle se compose de trois vases A, B, C (fig. 109), placés les uns au-dessus des autres et reliés par des tubes métalliques. Un tube E partant du fond du vase A traverse le vase B et va aboutir au fond du vase C. Un tube D partant de la partie supérieure de C va se terminer en haut du vase B. Enfin un tube plus court que les précédents part d'un ajutage à robinet situé au centre du vase A et va s'ouvrir au fond de B. On commence, à l'aide d'un trou pratiqué dans la cuvette A, par verser de l'eau dans le vase B ; puis on verse dans A de l'eau qui s'écoule dans le vase C, et qui, à mesure qu'elle y arrive, refoule l'air qu'il contient, par le tube D, dans la partie supérieure de B. Là, l'air se comprime, sa force élastique augmente, et dès qu'on ouvre le robinet de l'ajutage, l'eau poussée dans le tube court s'échappe au dehors.

136. Applications de l'air comprimé. — On fait aujourd'hui de nombreuses applications de l'air comprimé. A Paris les usines Popp emploient de puissantes machines de compression pour comprimer de l'air qui est ensuite envoyé dans les différents quartiers de la ville par des canalisations souterraines. La force élastique de cet air est alors employée à bien des usages : elle fait mouvoir des machines à air comprimé, qui mettent en mouvement les différents outils employés par les petits industriels, elle actionne des machines destinées à produire la lumière électrique, elle communique le mouvement aux aiguilles des horloges pneumatiques.

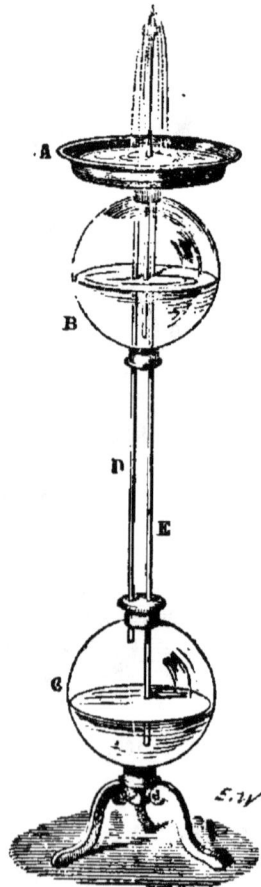

Fig. 109. — Fontaine de Héron.

L'air comprimé sert à l'administration des télégraphes

pour refouler dans des canalisations souterraines des boîtes renfermant des télégrammes.

Il a été employé à la mise en mouvement des *perforateurs* dont on s'est servi dans le percement du mont Cenis et du Gothard, etc., etc.

137. Citons encore l'application que l'on fait de l'air comprimé à la locomotion des tramways. Sous chaque voiture se trouvent des réservoirs dans lesquels on comprime de l'air à haute pression, à l'aide de machines qui fonctionnent dans une usine située à la tête de ligne. Cet air comprimé est envoyé dans un cylindre semblable à celui d'une machine à vapeur et met en mouvement un piston dont la tige communique elle-même son mouvement aux roues de la voiture. On peut faire varier la vitesse en ouvrant plus ou moins le robinet d'admission. A mesure que la voiture use sa provision d'air, la pression baisse dans les réservoirs, et, pour entretenir la vitesse voulue, le mécanicien n'a qu'à ouvrir davantage le robinet.

138. Fusil à vent. — Cet instrument est destiné, comme son nom l'indique, à lancer des projectiles par la force élastique de l'air comprimé. La crosse C (fig. 110) est constituée par un réservoir à soupape ; le canal *ab* peut être fermé par cette soupape que presse un ressort à boudin ; on visse sur la crosse une machine de compression à l'aide de laquelle on comprime de l'air dans le réservoir. Puis on enlève

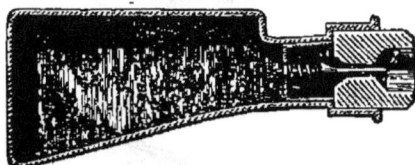

Fig. 110. — Fusil à vent.

cette machine que l'on remplace par un canon destiné à recevoir le projectile. Une détente, que le mouvement du chien fait partir, ouvre la soupape pendant un instant très court : l'air se précipite avec violence dans le canon, chasse la balle, et la soupape se referme aussitôt.

139. Soufflets. — Les soufflets d'appartement, dont nous nous servons pour activer la combustion dans nos foyers, se composent de deux tablettes A et B (fig. 111) réunies par une lame de cuir soutenue par des cerceaux ; en D se trouve une soupape s'ouvrant de dehors en dedans. Le réservoir E se prolonge par un tuyau C appelé *tuyère*. Supposons d'abord les deux tablettes à peu près appliquées l'une

contre l'autre ; dès qu'on les écarte, la soupape D se soulève et laisser entrer l'air extérieur ; dès qu'on les rapproche, l'air du réservoir se comprime, referme la soupape D et s'échappe par la tuyère C.

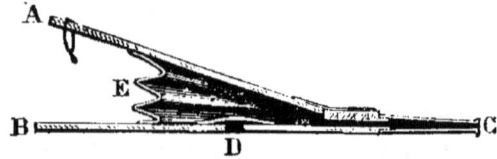

Fig. 111. — Soufflet.

140. Soufflets à vent continu. — Le soufflet que nous venons de décrire, ne donne qu'un jet d'air intermittent. Lorsqu'on veut un jet continu, on se sert du soufflet à double vent qui est employé dans les forges.

Il est formé de trois tablettes A, B, C (fig. 112), dont l'une B est fixe ; elles sont réunies par des lames de

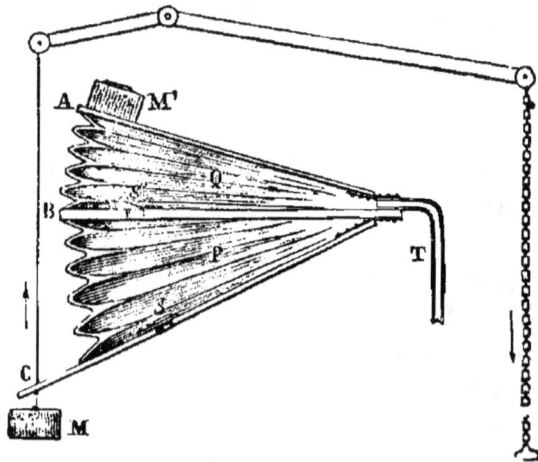

Fig. 112. — Soufflet de forge.

cuir de manière à former deux compartiments P et Q. En S se trouve une soupape s'ouvrant de dehors en dedans, en S′ une autre soupape s'ouvrant de P vers Q, enfin la tuyère T vient aboutir dans le compartiment Q. Si l'on soulève la tablette C, l'air comprimé en P fait ouvrir la sou-

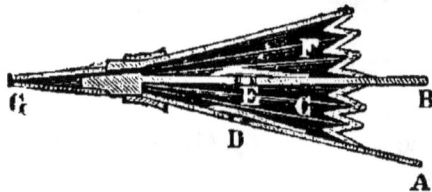

Fig. 113. — Soufflet à vent continu.

pape S′ et, passant dans le compartiment Q, soulève la tablette A, en même temps qu'une partie s'écoule par la tuyère. Si on laisse ensuite retomber la tablette C à laquelle est suspendu un poids M, la soupape S′ se referme et l'air extérieur rentre dans P par la soupape S. Mais pendant ce temps l'écoulement du gaz continue par la tuyère T, sous l'action d'un poids M′ qui, placé sur la tablette A, tend toujours à l'abaisser. L'insufflation est alors un peu moins forte.

Dans les petits soufflets d'appartement à vent continu (fig. 113), le poids M′ est remplacé par un ressort qui tend toujours à rapprocher les tablettes extrêmes.

141. Machines soufflantes. — Les machines soufflantes, que l'on emploie si souvent dans les usines et en particulier dans les établissements métallurgiques, pour lancer de l'air dans les fourneaux et activer la combustion,

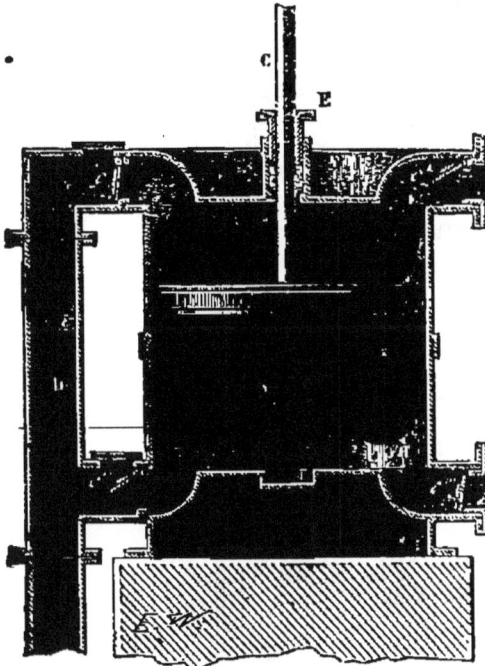

Fig. 114. — Machine soufflante.

sont de diverses formes. Tantôt ce sont d'énormes soufflets comme ceux que nous venons de décrire ; tantôt elles se composent essentiellement d'un très large corps de pompe A (fig. 114), dont le piston P est mis en mouvement par une machine à vapeur ou par une roue hydraulique; c, c'', c', c''' sont quatre soupapes; les deux soupapes c', c''' s'ouvrent de dehors en dedans et donnent accès à l'air extérieur. Lorsque le piston descend, les soupapes sont dans la position représentée par la figure, l'air entre par c' et sort par c''. Lorsque le piston monte, la disposition est inverse, l'air entre par c''' et sort par c''.

• CHAPITRE VIII

POMPES. — PRESSE HYDRAULIQUE. — SIPHON.
AÉROSTATS.

142. Pompes. — Les pompes servent à élever des liquides à une hauteur plus ou moins considérable au-dessus du réservoir où ils sont contenus. Nous les diviserons en trois classes :

1° Pompes aspirantes ; 2° pompes foulantes ; 3° pompes aspirantes et foulantes.

143. Pompe aspirante. — Dans la pompe aspirante, le piston A (fig. 115) reçoit un mouvement de va-et-vient dans l'intérieur d'un corps de pompe C, qui communique par un tuyau d'aspiration T avec le réservoir P, où l'on veut puiser l'eau et qu'on appelle *puisard*. Une soupape S, s'ouvrant de bas en haut, est placée à l'entrée du tuyau d'aspiration. Le piston est percé de deux ouvertures sur lesquelles s'appliquent deux soupapes *s* et *s'* s'ouvrant de bas en haut. Un tuyau de déversement *t* est greffé à la partie supérieure du corps de pompe.

Supposons le piston au bas de sa course : s'il s'élève, le vide se fait au-dessous de lui, et l'air contenu dans le tuyau d'aspiration soulève la soupape S pour se rendre en partie

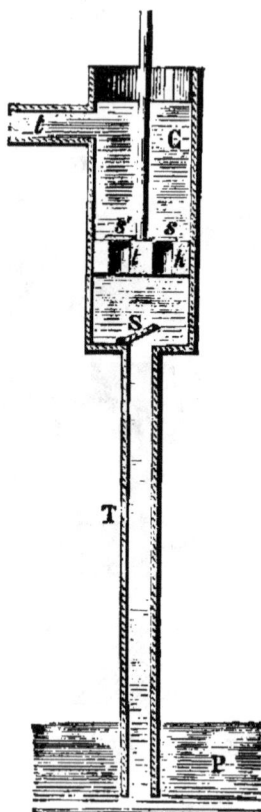

Fig. 115. — Pompe aspirante.

dans le corps de pompe. Mais par suite de cette augmentation de volume, sa force élastique diminue, et le liquide, qui était au même niveau dans le tuyau T et dans le puisard, s'élève dans le tuyau jusqu'à ce que la colonne soulevée, augmentée de la force élastique de l'air qui la surmonte, fasse équilibre à l'atmosphère, dont la pression s'exerce sur la surface de l'eau dans le puisard. Pendant cette première ascension du piston, ses soupapes sont restées fermées; dès qu'il descend, elles s'ouvrent par suite de la compression de l'air, dont elles laissent échapper un volume égal au volume du corps de pompe. Quand le piston, arrivé au bas de sa course, est de nouveau soulevé, les mêmes phénomènes se reproduisent; une nouvelle quantité d'eau s'y élève. On voit que cette pompe va fonctionner comme une véritable machine pneumatique, jusqu'à ce que tout l'air en ait été extrait et remplacé par l'eau qui arrive du puisard. A ce moment on dit que la pompe est *amorcée*. Si alors on continue à faire fonctionner le piston, chaque fois qu'il descend, l'eau enfermée dans le corps de pompe passe au-dessus de lui en soulevant les soupapes, et chaque fois qu'il remonte, il élève l'eau qui se trouve sur sa face supérieure, la fait écouler par le conduit *t*, et en même temps aspire une nouvelle quantité de liquide du puisard.

Cette explication suppose évidemment que la distance qui sépare la base inférieure du piston du niveau de l'eau dans le puisard, soit pour toutes les positions du piston toujours inférieure à $10^m,33$. On se rappelle, en effet, que la pression atmosphérique équivaut ordinairement à une colonne d'eau de $10^m,33$ environ, et c'est elle qui fait monter l'eau dans la pompe. Dans la pratique, cette distance ne doit même pas être aussi grande, à cause des imperfections de construction, qui ne permettent pas de faire avec ces instruments un vide complet. Elle ne doit pas dépasser 8 mètres environ.

144. Pompe foulante. — Dans la pompe foulante, un piston A (fig. 116) reçoit un mouvement de va-et-vient dans un corps de pompe qui plonge au milieu de l'eau. Une ouverture pratiquée à la base inférieure du corps de pompe est munie d'une soupape B capable de s'ouvrir de bas en haut; une autre ouverture, pratiquée aussi au bas du corps de pompe sur la paroi latérale, le met en com-

munication avec un tuyau D dans lequel l'eau doit être élevée ; une soupape C s'ouvrant de dedans en dehors est établie sur cette ouver-
ture. Lorsque le piston s'élève, le vide se fait au-dessous de lui. La pres-sion atmosphérique, qui s'exerce sur le niveau du puisard, se transmet de bas en haut à la soupape B, force cette soupape à se soulever et l'eau à suivre le piston en remplis-sant le corps de pompe. Lorsque le piston, par-venu en haut de sa course, s'arrête, la soupape B retombe en vertu de son poids. Puis, lorsqu'on fait descendre le piston, la pression qu'il exerce sur l'eau se transmet à la sou-pape C et l'ouvre : le liquide pénètre dans le tuyau D et s'y élève à une

Fig. 116. — Pompe foulante.

certaine hauteur. Après un nombre suffisant de coups de piston, souvent après un seul, le tuyau D est rempli et l'eau se déverse à sa partie supérieure.

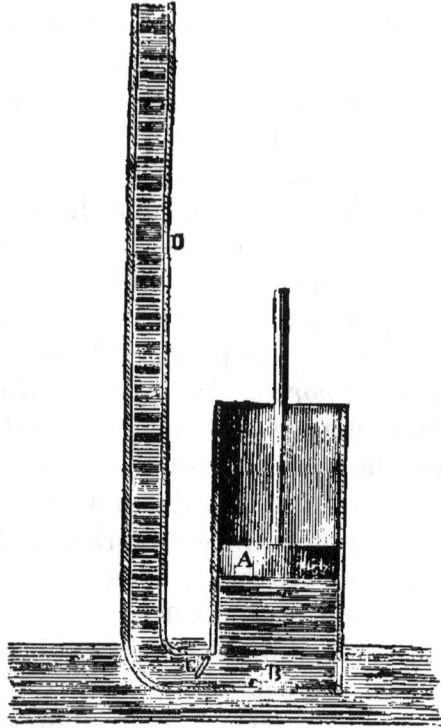

145. Pompe à incendie. — La pompe à incen-die (fig. 117) est une véritable pompe foulante modifiée de manière à fournir un jet d'eau régulier et continu. Il est évident que, dans la pompe foulante, que nous venons de décrire, l'eau cesse de jaillir par le tuyau de déverse-ment chaque fois que le piston s'élève dans le corps de pompe. Dans la pompe à incendie, on accouple deux corps de pompe, comme dans la machine pneumatique : ils plon-gent dans une bâche où l'on verse de l'eau; les pistons P et P' se meuvent en même temps, mais en sens con-raires. Pendant que le piston P' montant aspire l'eau par

7.

la soupape *d'* et cesse d'en envoyer au dehors, le piston
P descendant refoule le liquide par la soupape *c*. De cette
manière le jet n'est pas interrompu; mais malgré cette
disposition, il ne serait pas encore régulier, il s'arrêterait
au moment où le mouvement des pistons changerait de
sens. Pour éviter cet inconvénient
le liquide, avant de se rendre dans
le tuyau de refoulement, est envoyé
dans un réservoir à air A, qui communique avec les corps de pompe
par les soupapes *c*, *c'*. L'eau, en

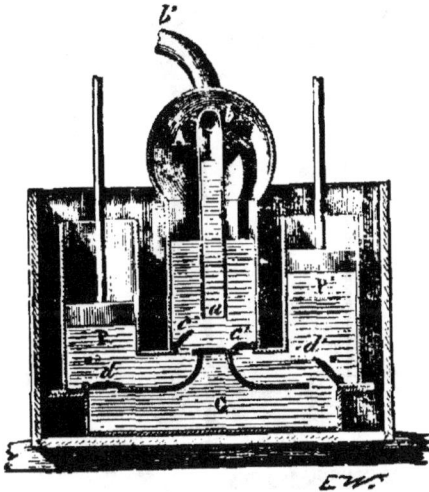

Fig. 117. — Pompe à incendie.

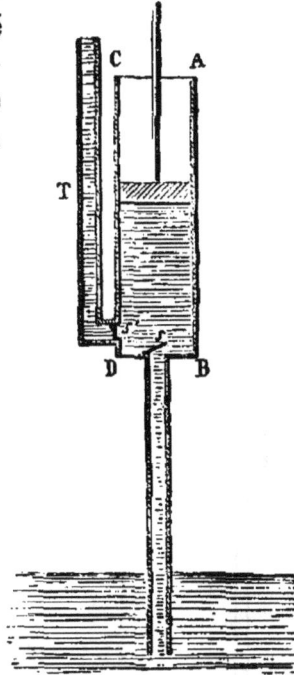

Fig. 118. — Pompe aspirante
et foulante.

arrivant dans ce réservoir, comprime au-dessus d'elle
l'air qu'il contient, et la force élastique de celui-ci, réagis-
sant sur le liquide, le pousse dans le tuyau *bb'* qui descend jusqu'au fond du réservoir. De cette manière, au
moment où les pistons, changeant de sens dans leur
mouvement, cessent de refouler, l'air agit et entretient
un jet régulier.

146. Pompe aspirante et foulante. — La pompe
aspirante et foulante est, comme son nom l'indique, une
combinaison des deux pompes que nous venons de décrire.
Elle se compose d'un tuyau d'aspiration (fig. 118), à la

partie supérieure duquel est une soupape *s* s'ouvrant de bas en haut, d'un corps de pompe ABCD dans lequel se meut un piston plein, et d'un tuyau de refoulement T à

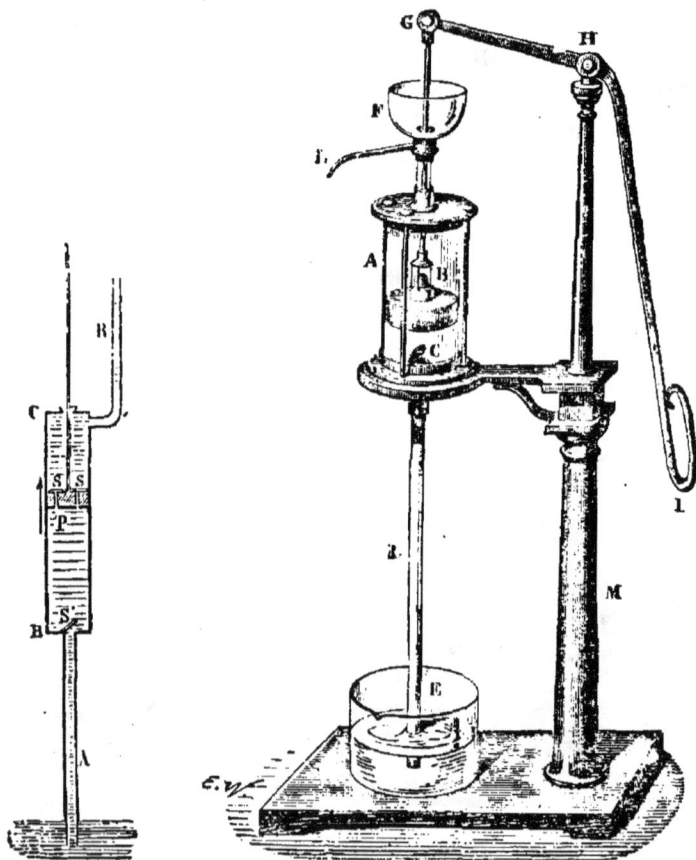

Fig. 119 et 120. — Pompe aspirante et élévatoire.

l'entrée duquel se trouve une soupape *s'*, s'ouvrant en dehors. On voit facilement comment fonctionne cette pompe : elle joue alternativement le rôle de pompe aspirante et de pompe foulante.

147. Pompe aspirante et élévatoire. — On donne le nom de *pompe aspirante et élévatoire* à une pompe qui n'est qu'une modification de la précédente. Le corps de pompe est fermé à sa base supérieure (fig. 119); il porte dans le haut un tuyau d'élévation R. Le piston est muni d'ouvertures garnies de soupapes s'ouvrant de bas en haut. Il est facile de comprendre que lorsque le piston s'élève, l'eau du puisard est aspirée, la soupape S' étant ouverte ; qu'en même temps l'eau, qui se trouve au-dessus du piston, est soulevée par lui, les soupapes S S étant fermées. D'autre part, lorsque le piston descend, la soupape S' se ferme, et les soupapes S S s'ouvrant, l'eau aspirée pendant le mouvement précédent du piston passe au-dessus de celui-ci.

La figure 120 représente un modèle de pompe aspirante et élévatoire employée dans les cabinets de physique.

148. Presse hydraulique. — La presse hydraulique, imaginée par Pascal, repose sur le principe de l'égale transmission des pressions que nous avons étudié au commencement de l'hydrostatique.

Concevons deux corps de pompe AB et CD (fig. 121), de sections très inégales, 1 et 100, par exemple, réunis par un conduit BC. Supposons qu'ils reçoivent chacun un piston et que l'appareil soit complètement rempli d'eau.

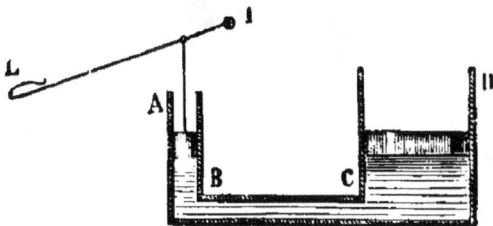

Exerçons à l'aide du levier LI une pression de 10 kilogrammes sur le petit piston ; il est évident que sur chaque portion de la surface du grand piston égale à celle du petit, il se transmettra une pression de 10 kilogrammes et, comme le grand piston a une surface égale à 100 fois celle du petit, on pourra soulever 10 fois 100 kilogrammes, ou 1000 kilogrammes placés sur le grand, ce qui revient à dire qu'il est soumis de bas en haut à une pression de 1000 kilogrammes.

Fig. 121. — Presse hydraulique.

· Cet appareil réduit à un tel état de simplicité présenterait de graves inconvénients dans la pratique : comme le corps de pompe DC est 100 fois plus grand, par exemple, que le corps de pompe AB, chaque fois que le grand piston s'élèvera de 1 centimètre il faudra que le petit piston, pour remplir le vide laissé par le passage de l'eau dans le grand corps de pompe s'abaisse de 1 mètre, ce qui est impraticable. De plus, sous l'influence de fortes pressions, il se produira des fuites entre la paroi des pistons et celle des cylindres.

Voici la disposition adoptée pour remédier à ces inconvénients.

Un corps de pompe L très solide (fig. 122) est relié par un conduit G à un corps de pompe beaucoup plus petit A :

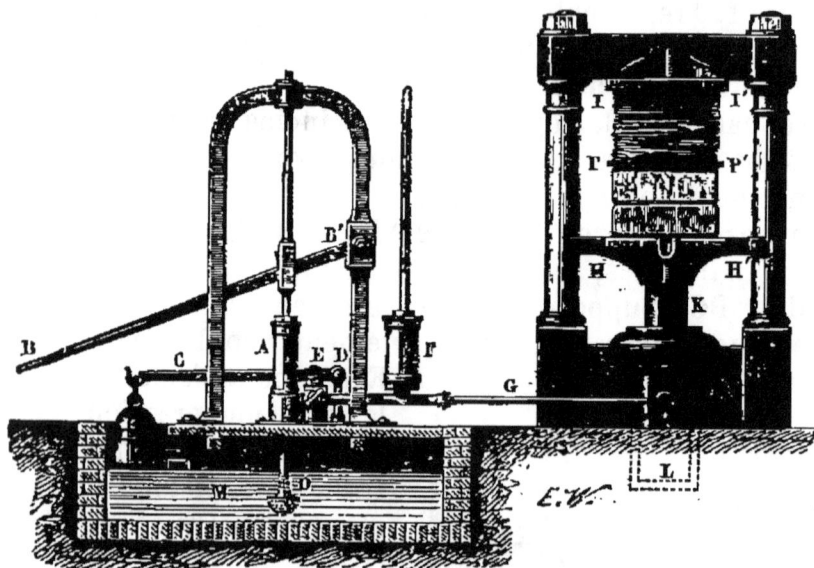

Fig. 122. — Presse hydraulíqu

un tube part de la base inférieure de A et plonge, par une pomme d'arrosoir O, au milieu d'un réservoir d'eau M. Le piston de A peut être mis en mouvement par un levier BB' ; dès qu'il fonctionne, le liquide de M est aspiré dans le corps de pompe A, puis refoulé par le tube G dans le corps de pompe L. Dans ce dernier descend un piston K portant une tablette HH' capable de glisser verticalement entre les colonnes PP', qui la maintiennent latéralement. Elle est destinée à recevoir les objets à presser. Une seconde plate-forme II' est fixée sur le haut des colonnes.

Lorsque l'appareil a été rempli d'eau par le jeu de la

pompe A, si l'on vient à exercer une pression à l'aide du levier BB' sur le piston de A, elle se transmet sur le piston K, multipliée qu'elle est par le rapport des surfaces. La plate-forme HH' s'élève et vient presser les objets interposés entre elle et II' qui est fixe.

On voit que, grâce à la pompe, on introduit dans l'appareil, à chaque coup de piston, un volume d'eau égal à celui du petit corps de pompe ; par conséquent le petit piston n'aura à descendre que de la longueur de ce corps de pompe.

Pour éviter les fuites, le grand piston est remplacé par un cylindre métallique K, et à la partie supérieure du grand corps de pompe se trouve une rigole annulaire dans laquelle on place un cuir *embouti*, qui n'est autre qu'une gouttière circulaire en cuir BAC (fig. 123), dont l'ouverture est tournée vers le bas. Cette gouttière appuie par l'un de ses bords contre la gouttière annulaire, par l'autre contre le cylindre K : par suite, plus la pression sera forte, plus le cuir embouti sera appuyé fortement contre eux et empêchera les fuites de se produire.

En F (fig. 122) on voit un *manomètre*, qui est destiné à mesurer la pression exercée, en D une soupape de sûreté, en E un robinet de décharge.

Fig. 123. — Cuir embouti.

La presse hydraulique rend chaque jour de grands services à l'industrie. Elle sert à presser les étoffes, à extraire l'huile des graines oléagineuses, etc.

On l'emploie aussi pour essayer les chaudières à vapeur et s'assurer qu'elles ont été construites dans des conditions suffisantes de solidité et de résistance. Pour cela on les emplit d'eau, et, après avoir fermé toutes les ouvertures moins une, on met cette dernière en communication avec la presse hydraulique; on exerce alors une pression intérieure supérieure à celle que la chaudière doit supporter dans la pratique, et, si elle résiste à cet essai, on la livre à l'industrie.

SIPHONS.

149. Les siphons sont des tubes recourbés, à branches ordinairement inégales et telles que ABCD (fig. 124). Ils sont depuis longtemps employés à transvaser les liquides. Pour cela on remplit le tube ABCD d'eau, on le bouche à chaque extrémité avec le doigt, et on le renverse. Puis après avoir plongé la courte branche AB dans l'eau du vase XX', on débouche les deux ouvertures, le liquide s'écoule alors en D avec une vitesse d'autant plus grande

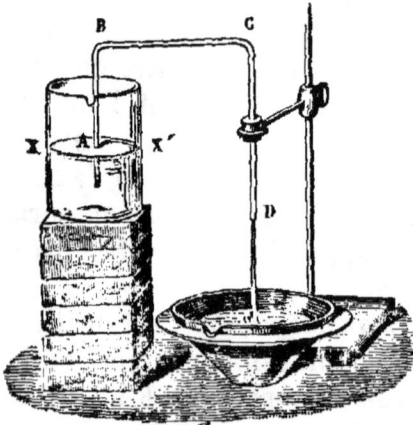

Fig. 124. — Siphon.   Fig. 125. — Siphon.

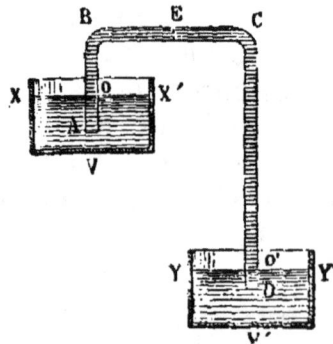

que la différence de longueur entre les deux branches est plus considérable. On peut aussi plonger la petite branche du siphon vide dans XX' et aspirer en D avec la bouche. La pression atmosphérique qui s'exerce sur XX', pousse l'eau dans le siphon et le remplit. On retire alors la bouche, et le liquide s'écoule sur l'extrémité D.

Pour expliquer le jeu du siphon, supposons-le plein de liquide, c'est-à-dire amorcé. Supposons de plus, pour fixer les idées, que la longueur OB (fig. 125) soit de 25 centimètres, et la longueur CO' de 90 centimètres, que la pression atmosphérique exprimée en colonne d'eau soit de 10 mètres. Considérons dans la branche BC une tranche liquide E, et voyons quelles pressions elle supporte de gauche à droite et de droite à gauche; si l'une est plus forte que l'autre, elle poussera le liquide dans le sens où elle agit. La pression atmosphérique s'exerçant sur le niveau XX' se transmet dans le tube; mais lorsqu'elle arrive en E, son effet est évidemment diminué du poids de la colonne liquide soulevée dans BO. Nous pourrons donc regarder la pression qui s'exerce de gauche à droite comme représentée par 10 mètres moins 25 centimètres, c'est-à-dire 9^m,75. Pour la même raison, la pression qui s'exerce en E de droite à gauche, peut être représentée par une colonne de 10 mètres moins 95 centimètres, c'est-à-dire 9^m,05. C'est donc la pression de gauche à droite qui l'emporte; la tranche E est poussée vers CO' et, comme on peut répéter le même raisonnement pour chaque tranche du tube BC, le liquide s'écoule par la grande branche.

152. Quand le liquide qu'on veut transvaser ne peut être introduit dans la bouche sans inconvénient, on amorce le siphon en aspirant par un tube latéral ABC (fig. 126). Ce tube porte un renflement dans lequel le liquide se répand avec lenteur, et, quand le siphon est plein, on a le temps de retirer la bouche avant que le liquide y soit parvenu.

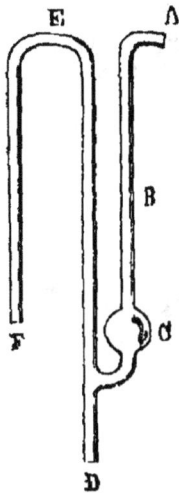

Fig. 126. — Siphon à branche latérale pour les liquides nuisibles.

Nous ferons remarquer que lorsque les siphons ont une section un peu considérable, ils doivent, pour fonctionner, avoir leurs orifices immergés, comme le représente la figure 126, sans quoi l'air remonterait dans la grande branche et diviserait la colonne.

Le siphon est souvent employé dans le commerce pour transvaser les vins, les acides, etc. Quand les siphons sont de grandes dimensions, on les met en place, et on fait jouer, pour aspirer l'air, une petite pompe fixée à leur partie supérieure.

150. **Vase de Tantale.** — Le vase de Tantale, que l'on trouve dans tous les cabinets de physique, présente une application de la théorie du siphon. C'est un vase qui se

vide de lui-même, dès que le liquide dont on cherche à
l'emplir atteint un certain niveau. Le pied d'un verre AB
(fig. 127) est percé d'un trou qui laisse
passer un tube recourbé CD jouant le rôle
de siphon. On verse de l'eau dans le vase
AB; à mesure que le liquide monte dans
AB, il monte aussi dans le tube CD, d'a-
près les principes des vases communicants. Dès que l'eau dépasse le niveau
supérieur du siphon, celui-ci s'amorce et
l'eau s'écoule par le pied du vase à mesure qu'on en verse de nouvelle.

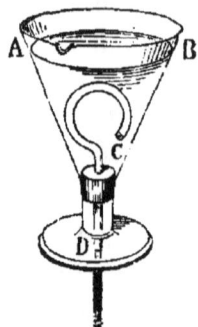

Fig. 127. — Vase
de Tantale.

**151. Fontaines intermittentes na-
turelles**. — Les fontaines intermittentes
naturelles nous offrent encore une application de la
théorie du siphon. Supposons qu'une cavité souterraine G

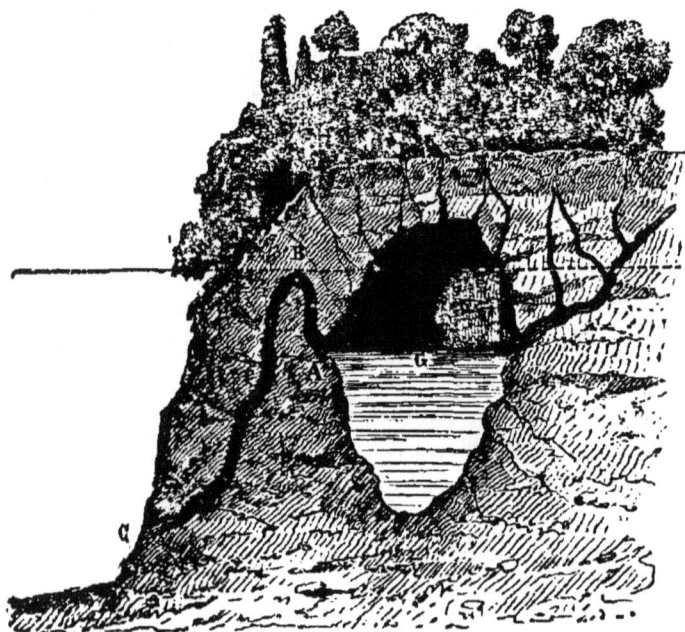

Fig. 128. — Fontaine intermittente naturelle.

(fig. 128) soit mise en communication avec l'extérieur par
une fissure recourbée ABC. Tant que les pluies en s'infil-
trant n'auront point accumulé dans la cavité un volume

d'eau suffisant pour que le niveau s'élève au-dessus de la courbure B, l'eau prendra le même niveau dans la branche AB et dans la cavité; mais dès que le niveau aura atteint le sommet B, le siphon ABC sera amorcé et l'eau de la cavité s'écoulera jusqu'à ce que l'orifice A soit à découvert. La source cessera alors de couler en C, jusqu'à ce que, la cavité se remplissant de nouveau, le liquide arrive au niveau du point B.

152. Pipette. — On emploie souvent dans les laboratoires, pour transvaser de petites quantités de liquides, un instrument connu sous le nom de *pipette*. Il se compose d'un tube ABCD (fig. 130) renflé en son milieu et terminé à son extrémité inférieure par un orifice très étroit. On plonge la pipette dans le liquide que l'on veut transvaser, les niveaux à l'intérieur et à l'extérieur se mettent sur le prolongement l'un de l'autre, et l'instru-

Fig. 129. — Pipette.   Fig. 130. — Tâte-vin.

ment s'emplit. Si alors on bouche avec le doigt l'orifice supérieur A, on peut soulever la pipette hors de l'eau, sans que le liquide s'échappe. On le transporte alors dans le vase où doit se faire le transvasement, et lorsque l'on soulève le doigt qui bouche l'orifice, le liquide s'écoule. Le jeu de cet instrument s'explique de la manière suivante : Quand on sort la pipette hors du liquide, une petite quantité de celui qu'elle contient s'écoule par D;

mais alors la force élastique de l'air diminuant dans la partie supérieure, l'écoulement s'arrête. Dès qu'on débouche l'orifice A, la pression se rétablit à l'intérieur et l'écoulement recommence.

Le tâte-vin, dont on fait un fréquent usage pour puiser au milieu d'un tonneau par l'orifice étroit de la bonde, n'est autre qu'une pipette en fer-blanc (fig. 130).

EXTENSION DU PRINCIPE D'ARCHIMÈDE AUX GAZ. — AÉROSTATS.

153. Le principe d'Archimède doit s'appliquer aux gaz comme aux liquides, puisque nous avons vu que les conditions d'équilibre des liquides pesants peuvent s'appliquer aux gaz qui ne sont pas soumis à d'autre force que la pesanteur. Nous admettrons donc qu'*un corps plongé dans l'air subit, de la part de ce fluide, une poussée verticale de bas en haut égale au poids du volume d'air déplacé.*

Du reste, pour démontrer l'existence de cette poussée, nous pouvons citer l'expérience suivante dite du *baroscope*, et due à Otto de Guéricke. Mettons en équilibre dans l'air, aux deux extrémités d'un fléau de balance, deux masses de cuivre, l'une massive C (fig. 131), l'autre

Fig. 131. — Baroscope.

creuse B et beaucoup plus grosse que la première. Transportons l'appareil sous la cloche de la machine pneumatique et faisons le vide : le fléau s'incline immédiatement du côté de la plus grosse boule. Voici pourquoi : dans l'air, la grosse masse supportait une poussée plus considérable que la petite, puisque le volume déplacé était plus grand ; par conséquent, s'il y avait équilibre malgré cet excès de poussée, c'est que la grosse masse avait un excès de poids sur la petite. Dans le vide, les poussées sont supprimées et l'excès de poids fait incliner le fléau du côté où il agit.

154. Aérostats. —L'ascension des aérostats au milieu de l'air repose sur le principe précédent. L'idée de leur invention est due à un physicien du xvie siècle, F. Lana. Mais les premières expériences ont été faites en 1782 par les frères Montgolfier, fabricants de papiers à Annonay.

Ils gonflèrent avec de l'air chaud un globe de toile doublé de papier à l'intérieur et ayant près de 12 mètres de diamètre. Pour cela, ils allumèrent un fourneau au-dessous d'une ouverture pratiquée à la partie inférieure du ballon ; celui-ci se gonfla et, comme l'air chaud est plus léger que l'air froid, le ballon subit, dès qu'il fut gonflé, une poussée plus grande que son poids. Sous l'influence de cette poussée, il s'éleva dans l'air avec une vitesse considérable dès qu'il fut abandonné à lui-même.

Pour obtenir la température de l'air intérieur, on avait suspendu au ballon un réchaud rempli de matières en combustion.

Le 21 octobre 1773, Pilâtre de Rozier et le marquis d'Arlande s'aventurèrent dans l'atmosphère, portés par une nacelle suspendue à un aérostat construit par Montgolfier. L'expérience faite dans les jardins de la Muette, au bois de Boulogne, en présence du Dauphin et de sa suite, réussit parfaitement. Les deux aéronautes s'élevèrent à une grande hauteur et furent portés au delà de la barrière d'Enfer. Arrivés là, ils cessèrent le feu ; la machine s'abattit lentement et se reposa sur *la Butte aux Cailles*, entre le moulin Vieux et le moulin des Merveilles.

Plus tard, Charles, Pilâtre de Rozier, Romain, Blanchard, le duc de Chartres, reprirent ces expériences. Pilâtre de Rozier et Romain, le 5 juin 1785, firent à Boulogne une ascension qui leur coûta la vie.

On emploie aujourd'hui, pour les ascensions aérostatiques, des ballons qu'on emplit de gaz hydrogène ou de gaz de l'éclairage. Ces ballons sont faits avec du taffetas verni qui pèse environ 250 grammes par mètre carré. Le ballon captif construit par M. Giffard et qui fonctionna dans la cour des Tuileries pendant l'exposition universelle de 1878, était fait avec une étoffe formée par des couches de toile et de caoutchouc. Les aérostats sont enveloppés (fig. 132) d'un filet fait avec des cordes dont les prolongements soutiennent la nacelle.

Le gaz est introduit par la partie inférieure. Une soupape, placée en haut du ballon et que l'aéronaute peut ouvrir à l'aide d'une corde, permet de laisser échapper du gaz. On comprend facilement que la force ascensionnelle d'un aérostat est d'autant plus grande que la différence entre la densité de l'air et celle du gaz qui le gonfle est plus considérable. Elle est égale à la différence qui existe entre le poids de l'air déplacé et le poids du ballon lui-même. Elle croît très rapidement avec les dimensions de l'aérostat.

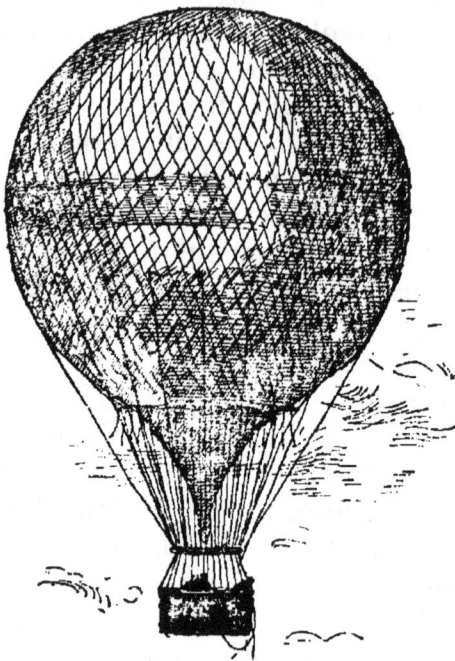

Fig. 132. — Aérostats.

Les aéronautes ont l'habitude d'emporter avec eux des sacs de sable qui leur servent de lest. Dès qu'arrivés à une certaine hauteur ils veulent s'élever davantage, ils jettent ce lest, et le ballon diminuant de poids, tandis que la poussée reste la même, se dirige bientôt vers les régions supérieures.

Lorsque l'aéronaute veut opérer sa descente, il ouvre la soupape dont nous avons parlé, le gaz s'échappe un peu, le ballon diminue de volume et descend puisque la poussée devient moindre. Si la chute est trop rapide, ou si l'aérostat se dirige vers un lieu où l'aéronaute ne pourrait descendre sans danger, il suffit de jeter un peu de lest et

le ballon reprend son mouvement ascensionnel jusqu'à
ce qu'il se trouve au-dessus d'un endroit où la descente
puisse s'effectuer sans inconvénient.

155. Direction des aérostats. — La solution du
problème de la direction des aérostats a fait, dans ces der-

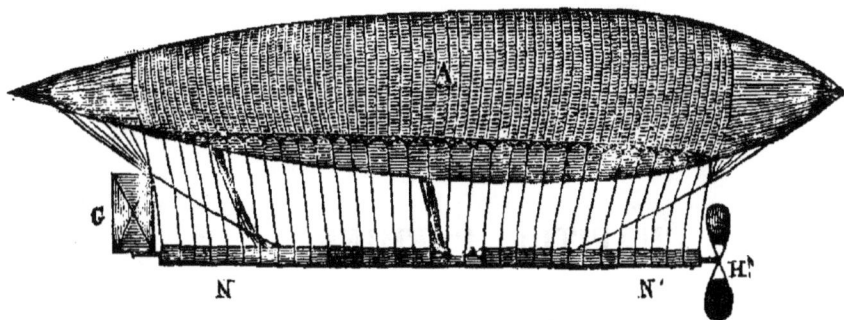

Fig. 133. — Ballon dirigeable du commandant Renard.

nières années, de grands progrès. Le commandant Renard
a fait construire, à la station aérostatique militaire de Cha
lais, un aérostat qui a la forme d'un poisson et qui soutient
une nacelle. A l'arrière de cette nacelle se trouve une hélice
qui est mise en mouvement par des machines électriques, mues elles-mêmes par le courant de piles spéciales
(fig. 133). Le commandant Renard, dans six de ses ascensions, est revenu cinq fois au point de départ.

LIVRE II

CHALEUR

CHAPITRE PREMIER

DILATATION DES CORPS PAR LA CHALEUR. — THERMOMÈTRE,
DÉFINITION DU DEGRÈ.

156. Les sensations que nous éprouvons en présence des
différents corps nous font dire que ces corps sont chauds
ou froids selon les cas. C'est ainsi que nous éprouvons une
sensation de chaleur en entrant, pendant l'hiver, dans un
appartement chauffé, une sensation de froid en sortant de
cet appartement au milieu de l'air extérieur. La cause de
ces sensations est désignée sous de nom de *chaleur* ou *calorique*.

On a cru, pendant longtemps, que la chaleur était un
fluide impondérable que les corps pouvaient se céder
l'un à l'autre; que lorsqu'un corps nous semble chaud
c'est qu'il nous cède de la chaleur.

Ce n'est pas là ce qu'admet aujourd'hui la science, qui
voit dans la chaleur un phénomène mécanique : on verra
dans la suite de ces leçons, en quoi consiste cette nouvelle
théorie.

157. **Dilatabilité des corps par la chaleur.** —
Lorsqu'un corps s'échauffe, il se dilate en général; lorsqu'il
,e refroidit, il se contracte. Ce principe peut s'établir par
un grand nombre d'expériences.

158. **Dilatabilité des corps solides.** — Pour mettre

en évidence la dilatation d'un corps solide suivant sa longueur, on se sert ordinairement du *pyromètre à cadran*.

Une tige métallique AB (fig. 134) en fer, par exemple, est portée par deux petites colonnes dont elle traverse la partie supérieure. Une lampe à alcool DE est placée au-dessous d'elle sur la tablette en bois qui soutient l'appareil. L'extrémité postérieure B de la tige est fixée en C par une vis de pression ; l'extrémité antérieure vient s'appuyer en *f* contre la courte branche d'un levier coudé, dont la grande branche est formée par une aiguille capable de se mouvoir sur un cadran divisé F, au centre duquel est l'axe de rotation du levier. On dispose la tige de manière que, lorsqu'elle est à la température ordinaire, son extrémité

Fig. 134. — Pyromètre à cadran.

vienne toucher le levier et que l'aiguille se trouve au zéro de la graduation. On allume la lampe, la tige AB s'échauffe, s'allonge, et, comme elle est fixée en C, tout l'effet de la dilatation se porte sur l'extrémité A qui pousse la branche *f* et fait monter l'aiguille sur le cadran. Lorsqu'on éteint la lampe, la tige se refroidit, se contracte et revient à ses dimensions primitives, ce qui est mis en évidence par le retour de l'aiguille au zéro de la graduation.

Le même appareil peut aussi servir à montrer que les corps ne se dilatent pas tous également : car si on recommence l'expérience en se servant d'une tige de cuivre, on constate que l'aiguille dans sa déviation maximum s'arrête en un autre point du cadran que lorsqu'elle était poussée par la dilatation de la tige de fer.

159. Anneau de S'Gravesande. — L'anneau de S'Gravesande permet de démontrer l'augmentation de volume des corps, qui est désignée sous le nom de dilatation *ubique*, l'allongement suivant une dimension étant désigné par le mot de dilatation *linéaire*. Un anneau métallique A (fig. 135) est fixé par une vis de pression sur une tige recourbée. A l'extrémité C de cette tige se trouve suspendue, à l'aide d'une

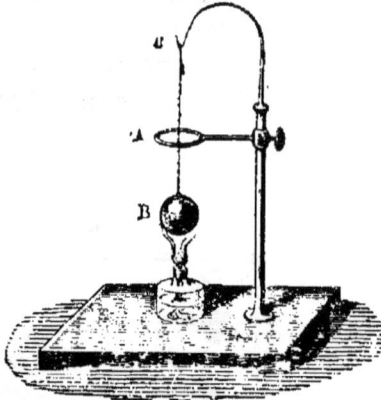

Fig. 135. — Anneau de S'Gravesande.

Fig. 136. — Dilatation des liquides.

chaîne, une boule métallique B. Le diamètre de la sphère est tel qu'à froid elle passe exactement à travers l'anneau. Dès qu'on la chauffe, elle se dilate, et il n'est plus possible de la faire passer à travers l'anneau.

160. Dilatabilité des liquides. — La dilatabilité des liquides peut facilement se prouver à l'aide d'un ballon en verre (fig. 136) muni d'un col étroit et long BDC; ce ballon contient un liquide, de l'alcool coloré, par exemple, qui s'élève jusqu'au point D. On plonge le ballon dans l'eau chaude, et on observe les faits suivants. Aussitôt après l'immersion, le niveau du liquide coloré descend au-dessous du point D, ce qui semblerait annoncer une contraction. Il n'en est rien cependant; l'abaissement du niveau provient de ce que la chaleur de l'eau agit d'abord sur le ballon et le fait dilater avant de produire le même effet sur le liquide qui, se trouvant alors dans un espace plus grand, doit baisser de niveau. Mais bientôt après la chaleur, arrivant jusqu'à l'alcool, le dilate, et il s'élève dans le tube bien au delà de son niveau primitif. Si, retirant le ballon de l'eau chaude, on le laisse refroidir et reprendre la température du commencement de l'expérience, le liquide retombe au niveau D. Nous ferons remarquer que la quantité dont l'alcool s'est élevé, ne représente que sa dilatation *apparente*, puisque le vase s'est dilaté en même temps que lui; pour avoir sa dilatation *réelle*, il faudrait augmenter la dilatation apparente de la dilatation de l'enveloppe.

L'expérience précédente nous prouve, par l'élévation de l'alcool dans le tube, que l'alcool se dilate plus que le verre. En général, les liquides se dilatent beaucoup plus que les solides dans les mêmes circonstances. Un vase rempli d'eau et bien bouché, fût-il de bronze, crèverait infailliblement par la dilatation de l'eau, si on l'exposait à une forte chaleur.

161. Dilatabilité des gaz. — On peut aussi mettre en évidence les effets de la dilatation et de la contraction des corps gazeux. Ces corps se dilatent beaucoup plus encore que les liquides sous l'influence de la même élévation de température. Prenons (fig. 138) un ballon A, auquel on a soudé un tube deux fois recourbé BCDE et terminé en E par un entonnoir. Versons en E un peu de liquide coloré; il tombe dans le tube jusqu'à ce que l'air qui se trouve au-dessous de lui, ait acquis par la compression une force élastique capable de faire équilibre à son poids et à la pression atmosphérique. Supposons qu'il s'arrête en D : dès qu'on approchera le ballon A du feu, ou qu'on lui communiquera la chaleur de la main en le touchant, la dilatation de l'air qu'il renferme sera telle qu'on verra le petit index monter dans le tube : dès qu'on laissera refroidir l'appareil, l'index redescendra. Cette expérience nous prouve que l'air se dilate sous l'action de la chaleur et se contracte par le refroidissement.

La dilatation des gaz peut être envisagée à deux points de vue. Dans l'expérience que nous venons de faire, le volume de la masse gazeuse a changé, mais la pression est restée la même et égale à la pression de l'atmosphère augmentée du poids de l'index. On dit que le gaz *s'est dilaté à pression constante*.

Prenons maintenant l'appareil que représente la figure 137 et qui consiste en un ballon de verre A terminé par un tube deux fois recourbé sur lequel se trouve soudée une boule B. Enfermons dans cet appareil de l'air sous la pression atmosphérique en versant dans le tube du mercure, qui s'élèvera au même niveau dans les deux branches. Puis chauffons le ballon A: le gaz va se dilater et le mercure baissera dans l'une des branches et montera dans l'autre. A chaque instant la pression du gaz variera et sera égale à la pression de l'atmosphère augmentée de la colonne de mercure qui représente la différence des niveaux. On peut dire alors que le gaz s'est *dilaté sous pression variable*. L'action de la chaleur s'est traduite à la fois par une augmentation de volume et par une augmentation de pression.

Fig. 137. — Dilatation des gaz.　Fig. 138. — Dilatation des gaz.

Supposons enfin qu'à mesure que le gaz s'échauffe nous versions du mercure dans la branche C, de manière à maintenir constant le niveau du liquide dans la boule B. Si l'on ne tient pas compte de la dilatation du vase, on peut dire que le volume est resté constant, et l'action de la chaleur s'est traduite seulement par une augmentation de pression qui sera plus grande que dans le cas précédent.

162. Thermomètre. — Les sensations du toucher nous permettent dans certains cas de déterminer si un corps est plus ou moins chaud qu'un autre, ou si un corps donné est plus chaud à un moment qu'à un autre. Mais ces sensations nous induiraient souvent en erreur. Par exemple une cave, dont l'état calorifique ne varie guère

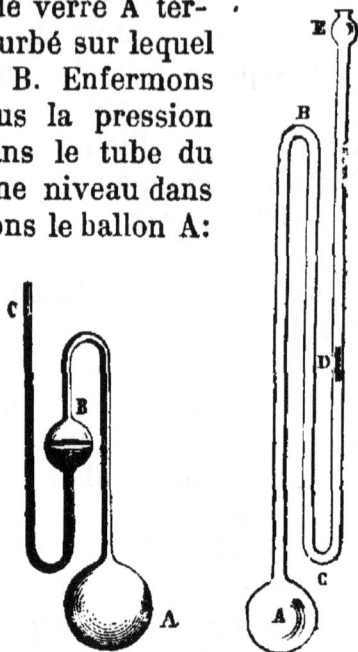

d'une saison à l'autre, nous paraît chaude en hiver et
froide en été. Pour éviter ces erreurs, on a l'habitude de se
servir d'instruments appelés *thermomètres* ; ce sont des appareils destinés à évaluer ce que l'on a appelé la *températu-
ture* et dont le fonctionnement repose sur leur dilatabilité.

163. **Définition et mesure des températures.** —
Lorsque deux corps, que nous désignerons par A et B,
sont mis en présence l'un de l'autre, le plus chaud A
fonctionne relativement à l'autre comme une source de
chaleur : B s'échauffe et se dilate; A se refroidit et se
contracte. Au bout d'un certain temps l'équilibre s'établit entre les deux : on dit alors que les deux corps sont à
la même température ou que *leurs températures sont égales*.
Le corps A, qui a cédé de la chaleur au corps B et l'a fait
dilater, était avant cette cession de chaleur à une *température plus élevée* que le corps B.

Supposons maintenant que le corps B soit un appareil
semblable à celui de la figure 137 et que le corps A soit
une masse de liquide dont nous voulions évaluer la température. Si A est plus chaud que B, B s'échauffera aux
dépens de A; si A est plus froid que B, ce sera le contraire; mais, dans les deux cas, lorsque l'équilibre sera
établi, nous pourrons représenter la température du
liquide A par le volume que l'alcool a pris à son contact.

Si nous voulons d'ailleurs comparer la température
d'un corps A avec celle d'un autre corps C, il suffira de
mettre B successivement en contact avec A et C, et les
volumes que prendra le liquide de B en présence de A et
de C, représenteront les températures de A et de C.

L'appareil dont nous venons de nous servir a fonctionné
comme *thermomètre*. Avant d'aller plus loin dans l'étude
de cette question, avant de définir exactement ce que l'on
appelle *degré de température*, nous décrirons le thermomètre généralement employé et les procédés suivis pour
le construire.

164. **Choix de la substance thermométrique.** —
Tous les corps peuvent à la rigueur être employés pour
la construction des thermomètres, puisque, à peu d'exceptions près, tous se dilatent par la chaleur et se contractent

par le refroidissement. Mais, pour rendre l'instrument exact et commode, il est bon de faire un choix parmi eux.

Les corps solides ne sont pas en général adoptés pour cet usage, parce que lorsqu'ils sont soumis à de fréquentes alternatives de dilatation et de contraction, leur structure se modifie peu à peu, leur dilatabilité varie, et l'instrument qu'on construirait avec eux, ne resterait pas comparable à lui-même à des époques différentes. De plus deux échantillons d'un même corps solide ont rarement la même structure et, par conséquent, les thermomètres faits avec les solides ne seraient pas comparables entre eux. Enfin les solides ne sont pas assez dilatables pour qu'un thermomètre fait avec un corps solide puisse être un appareil sensible.

Les liquides présentent sur les solides l'avantage d'être plus dilatables, de pouvoir être obtenus dans des conditions de pureté et de structure qui rendent deux échantillons d'un même liquide comparables entre eux, enfin de ne pas subir, par les alternatives de chaud et de froid, les variations de structure que subissent les solides. Mais comme ils doivent être enfermés dans des vases solides, leur dilatation apparente dépend de celle des vases solides qui les renferment. Un thermomètre fait avec un liquide présentera donc, *à un faible degré*, les inconvénients qu'offrent les thermomètres faits avec des solides.

Les gaz, au contraire, ne présentent pas ces inconvénients et constituent la substance thermométrique par excellence; ils sont très dilatables, leur structure ne se modifie point par les variations de température, et la grande dilatabilité qu'ils possèdent par rapport au verre, dans lequel on les enferme, permet le plus souvent de ne pas tenir compte des variations de volume de ce verre et par conséquent de les regarder comme comparables entre eux, quelle que soit la nature du verre employé. Aussi est-ce toujours du thermomètre à gaz que se servent les physiciens pour la mesure précise des températures.

Mais comme le volume d'un gaz dépend de la pression qu'il supporte, il faut, pour apprécier ce volume, tenir compte de la pression extérieure, par conséquent consulter

8

le baromètre chaque fois que l'on fait une observation
thermométrique. C'est là dans la pratique un inconvénient
sérieux. Aussi se sert-on habituellement de thermomètres
à liquides pour la mesure des températures. Les liquides
étant plus dilatables que les solides, leurs volumes ne
dépendant pas sensiblement des pressions extérieures, ces
corps nous offrent un moyen terme exempt des inconvénients que nous avons signalés. C'est donc parmi eux que
nous devons rechercher la substance avec laquelle nous
construirons les thermomètres. Le mercure est adopté
pour les hautes températures, parce qu'il ne bout qu'à
une température élevée, l'alcool pour les basses températures, parce qu'il a pu supporter les froids les plus intenses sans se congeler.

165. Thermomètre à mercure. Sa construction.
— Le thermomètre à mercure
se compose d'un tube de verre
capillaire à l'extrémité duquel
a été soudé un réservoir cylindrique ou sphérique (fig. 140).
Ce réservoir et une portion du
tube contiennent du mercure.
Une graduation placée sur le
tube lui-même, ou sur une
planchette contre laquelle il
est fixé, sert à apprécier les
dilatations du mercure.

Pour construire un thermomètre à mercure, on com-
mence par choisir un tube
capillaire bien calibré, c'est-
à-dire ayant le même diamètre
intérieur dans toute sa longueur. On y soude un réservoir cylindrique ou sphérique
B (fig. 139), à l'autre extré-

Fig. 139. — Ther-
momètre à mer-
cure.

Fig. 140. —Con-
struction du
thermomètre.

mité, un second réservoir A un peu plus grand que
le premier et qu'on remplit de mercure pur et distillé.
Quand le réservoir A a une large ouverture, comme dans

la figure 140, rien n'est plus facile. On y verse du mercure, et en chauffant le réservoir on fait échapper l'air et le mercure descend. Mais lorsque le tube thermométrique est de petit diamètre, on le termine (fig. 141) par une ampoule A suivie d'une pointe effilée et on plonge

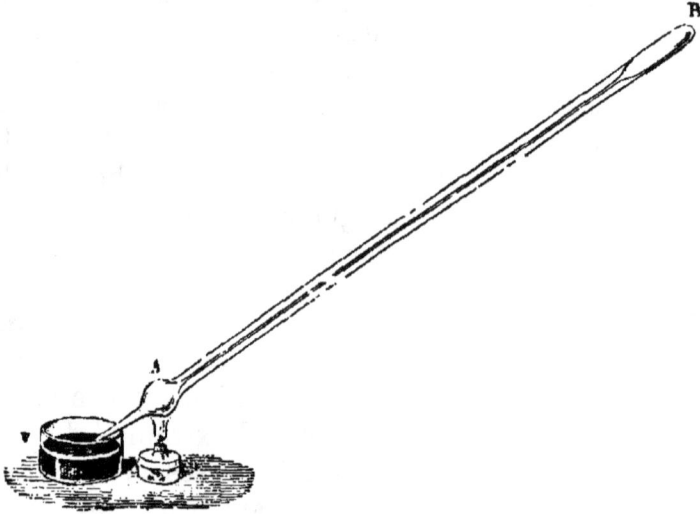

Fig. 141. — Construction du thermomètre.

la pointe dans un bain de mercure V; on chauffe ensuite l'ampoule avec une lampe à alcool. L'air intérieur se dilate et s'échappe en partie par bulles à travers le mercure. Si on retire la lampe à alcool, l'air se contracte en se refroi-

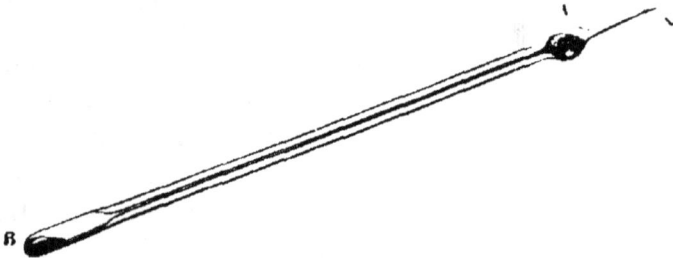

Fig. 142. — Construction du thermomètre.

dissant, laisse le vide au-dessous de lui, et la pression atmosphérique, qui s'exerce sur le bain de mercure, fait monter le liquide dans le thermomètre, et l'ampoule se remplit. Lorsque cette opération est faite, on remet alors

l'instrument dans la position verticale; mais le tube étant
capillaire, l'air ne peut facilement s'échapper. D'ailleurs,
à mesure que le mercure descend dans le tube, la force élastique de l'air qui se trouve au-dessous de lui, augmente;
elle peut devenir assez grande pour soutenir le liquide et
l'empêcher de descendre. On incline alors de nouveau l'appareil comme le représente la figure 142, on chauffe le réservoir B et la tige avec la lampe à alcool : une nouvelle
quantité d'air s'échappe et se trouve, lors du refroidissement, remplacée par une nouvelle quantité de mercure. Il
faut deux ou trois opérations de ce genre pour remplir le
thermomètre. Pour chasser les dernières bulles, on place
l'instrument sur une grille inclinée semblable à celle que
nous avons employée dans la construction du baromètre;
on fait bouillir le mercure dont la vapeur chasse l'air
restant dans le tube, et, les vapeurs mercurielles se
condensant par le refroidissement, l'appareil se remplit
entièrement de mercure.

Il faut maintenant régler la course du thermomètre,
c'est-à-dire laisser dans l'intérieur du tube une quantité
de mercure telle qu'aux plus basses températures pour
lesquelles on veut employer l'instrument, le liquide ne
rentre pas dans le réservoir, et qu'aux plus hautes il reste
un peu au-dessous de l'extrémité de la tige. Pour cela, il
suffit de porter l'appareil à des températures un peu plus
basses et un peu plus élevées que les températures extrêmes qu'il doit plus tard indiquer, et de s'assurer par tâton-
nements que, dans ces conditions, le mercure ne rentre
pas dans le réservoir et ne sort pas de la tige.

Lorsque la course du thermomètre est réglée, on le ferme
à la lampe. On peut y laisser de l'air ou l'en purger. Il
vaut cependant mieux l'en purger, non que cet air puisse
s'opposer à la dilatation, qui se fait avec une force irrésis-
tible mais de peur qu'en agitant le thermomètre quelques
petites bulles d'air ne s'introduisent dans la colonne et
n'en interrompent la continuité. Pour chasser l'air, on
chauffe de nouveau le tube jusqu'à ce que le mercure
arrive au sommet de la tige, et on en fond l'extrémité dans
le dard du chalumeau

166. Définition du degré centigrade. — Nous avons dit (165) que l'on représentait la température d'un corps A par le volume que prenait le thermomètre mis en contact avec lui. Il faut maintenant préciser cette définition par des conventions, qui nous permettront de déterminer la valeur numérique des tenpératures.

On comprend en effet que dire que la température d'un corps sera représentée par le volume que le thermomètre prendra au contact de ce corps, c'est supposer que tous les thermomètres, pour être comparables, devront avoir le même volume à la même température. C'est ce que l'on supposait à l'époque où Galilée inventa le thermomètre. Mais il y avait là un inconvénient grave, car il était difficile de donner exactement le même volume à tous les thermomètres. De plus, les dimensions d'un pareil instrument doivent varier avec les usages auxquels on le destine. Pour éviter ces inconvénients, on a recours à une convention qui repose sur les deux observations suivantes :

1° Un même corps, plongé dans la glace en fusion sous la pression atmosphérique, acquiert toujours le même volume ;

2° Un même corps, plongé dans la vapeur d'eau bouillant sous la pression de 760 millimètres, acquiert toujours le même volume.

On est convenu de prendre : 1° pour point de départ de l'échelle thermométrique, pour premier point fixe, la température de la glace fondante ; 2° pour second point fixe la température de la vapeur d'eau bouillant sous la pression de 760 millimètres.

Quand on a déterminé ces deux points sur un thermomètre à mercure, l'intervalle qu'ils comprennent représente évidemment la dilatation du liquide thermométrique, quand il passe de la température de la glace fondante à celle de la vapeur d'eau bouillante. On *convient* alors de prendre pour température *zéro* la température de la glace fondante et pour température *cent* degrés celle de la vapeur d'eau bouillante, et on divise l'intervalle compris entre les deux points en cent parties égales ; chacune de ces parties correspondra à un degré.

Cela revient à dire que le degré centigrade est défini de la manière suivante :

Le degré centigrade est la variation de température nécessaire pour accroître le volume du corps thermométrique de la centième partie de la quantité dont il s'accroît, quand, de la glace fondante, il passe dans la vapeur d'eau bouillant sous la pression de 760 millimètres.

Nous ferons remarquer que cette définition du degré est indépendante du volume de la masse thermométrique : car si un thermomètre A a un volume double de celui d'un thermomètre B, la dilatation correspondante à un degré sera deux fois plus grande dans le premier que dans le second ; mais elle sera, dans les deux, la centième partie de la dilatation comprise entre les deux points fixes. Aussi le mercure des deux thermomètres, plongés dans un bain

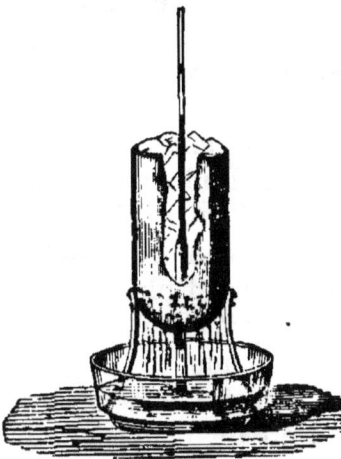

Fig. 143. — Détermination du zéro du thermomètre.

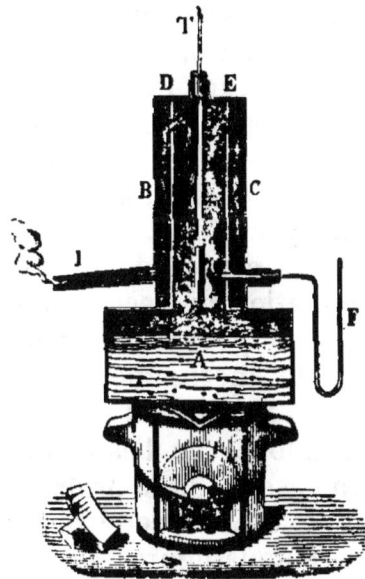

Fig. 144. — Détermination du centième degré du thermomètre.

dont la température sera 15 degrés s'arrêtera-t-il au même point 15°.

167. Graduation du thermomètre. — Il nous reste maintenant à dire comment on construit les échelles placées le long du thermomètre, et qui indiquent de combien de degrés le corps est au-dessus ou au-dessous de zéro.

Il faut avant tout déterminer les points fixes, c'est-à-dire, le niveau auquel s'arrêtera le mercure à la température zéro et à la température 100°.

Pour la détermination du zéro, on se procure de la glace pilée : lorsqu'elle a commencé à fondre, on la met dans un vase percé de trous (fig. 143) et on enfonce au milieu le thermomètre à graduer, de manière que tout le mercure soit couvert par la glace. On soulève de temps en temps l'instrument pour observer le niveau du mercure ; quand ce niveau est devenu stationnaire, on marque sa position sur la tige, soit avec un pinceau, soit en faisant un trait au diamant. Ce sera le *zéro* de notre échelle.

Pour déterminer le second point fixe, il faut s'entourer de précautions spéciales. Il est, en effet (comme nous le verrons plus loin), plusieurs circonstances qui influent sur la température de l'ébullition de l'eau : la nature du vase dans lequel se fait l'ébullition, la pression qui s'exerce sur la surface du liquide, la pureté plus ou moins grande de ce liquide. Enfin la température croît depuis la surface jusqu'au fond.

Toutes ces causes de variations rendraient incertaine la détermination du second point fixe, si Rudberg n'avait montré qu'on peut annuler la plupart d'entre elles, en plongeant le thermomètre, non dans l'eau bouillante, mais dans la vapeur qui s'en échappe : il n'est plus besoin alors d'employer de l'eau pure, de se préoccuper de la nature du vase ni de la profondeur du liquide.

On emploie pour cette opération une étuve à vapeur que représente la figure 144. Un vase en fer-blanc A contient de l'eau ; sur sa base supérieure est pratiquée une ouverture qui porte un manchon circulaire, au milieu duquel est suspendu le thermomètre T. Ce manchon communique avec une enveloppe annulaire BCDE, qui présente deux tubulures sur ses parois latérales. L'appareil étant placé sur un fourneau, l'eau entre en ébullition, la vapeur monte dans le manchon central, entoure le thermomètre et s'échappe par la tubulure I, après avoir circulé dans l'enveloppe annulaire. La couche de vapeur que contient cette enveloppe, a pour effet d'empêcher l'air extérieur de refroidir la vapeur, qui se trouve en contact avec le thermomètre. Dans la seconde tubulure se trouve placé un manomètre à air libre F, qui permet de vérifier si la pression est la même dans l'appareil qu'à l'extérieur. Le mercure se dilate et finit par s'arrêter à un niveau fixe que l'on marque par un nouveau trait vis-à-vis duquel on inscrit 100. L'intervalle entre les points 0 et 100 est divisé en cent parties égales, et chaque division correspond à un degré. La division est prolongée au-dessus du point 100 et au-dessous du point 0.

168. On ne doit toutefois marquer 100 que si la pression de l'atmosphère est 760 millimètres; sans quoi il y a une correction à faire. On a remarqué que la température de la vapeur d'eau s'élève ou s'abaisse d'un degré quand la pression augmente ou diminue de 27 millimètres. Si la pression est de 787 millimètres, c'est-à-dire 760 plus 27, on devra marquer 101 au point fixe; si elle est de 733, c'est-à-dire 760 moins 27, on devra marquer 99; si elle est de 769, c'est-à-dire 760 plus 18, on devra marquer 100 plus $\frac{18}{27}$ ou 100 plus $\frac{2}{3}$. Si la pression est de 751 millimètres, ou 760 moins 9, on devra marquer 100 moins $\frac{9}{27}$ ou 100 moins $\frac{1}{3}$, c'est-à-dire 99 plus $\frac{2}{3}$.

169. **Diverses échelles thermométriques.** — L'échelle connue sous le nom d'échelle *Réaumur*[1] diffère de l'échelle centigrade en ce que l'on marque 80 au point de l'ébullition de l'eau.

Il est facile de trouver la règle à appliquer pour transformer les indications Réaumur en indications centigrades et réciproquement.

En effet, puisque 100 degrés centigrades valent 80 degrés Réaumur, un seul degré centigrade vaudra les $\frac{80}{100}$ d'un degré Réaumur, ou les $\frac{4}{5}$, et réciproquement un degré Réaumur vaudra les $\frac{5}{4}$ d'un degré centigrade. Par suite, si l'on veut savoir à combien de degrés Réaumur corres-

---

1. Réaumur, physicien et naturaliste, né à la Rochelle en 1683, mort en 1757.

pondent, par exemple, 25 centigrades, on prendra les ⅘ de 25, ce qui donne 20. De même, si l'on veut savoir à combien de degrés centigrades correspondent 20 Réaumur, on prendra les ⁵⁄₄ de 20, ce qui donne 25.

En Angleterre on se sert ordinairement de l'échelle de Fahrenheit. Le point de l'ébullition correspond à 212 degrés centigrades, et celui de la glace fondante à 32 degrés; il y a donc entre ces deux points 212 moins 32 degrés ou 180.

Donc 180 degrés Fahrenheit valant 100 degrés centigrades, un seul vaudra $\frac{100}{180}$ ou $\frac{5}{9}$ de degré centigrade, et inversement un degré centigrade vaudra $\frac{9}{5}$ d'un degré Fahrenheit.

Donc, quand on voudra transformer des degrés centigrades en degrés Fahrenheit, il faudra prendre les $\frac{9}{5}$ de la température indiquée, ce qui donne le nombre des divisions à partir du 0 de l'échelle centigrade; mais comme le 0 de Fahrenheit est à 32° au-dessous, il faudra ajouter 32°.

Ainsi, soit à transformer 45 degrés centigrades en degrés Fahrenheit, il faut prendre les $\frac{9}{5}$ de 45, ce qui donne 81, et ajouter 32, ce qui donne 113.

Inversement, pour transformer des dégrés Fahrenheit en degrés centigrades il faudra retrancher 32 et prendre les $\frac{5}{9}$.

Ainsi, soit à transformer 68 degrés Fahrenheit en degrés centigrades, 68 moins 32 donne 36, et en prenant les $\frac{5}{9}$ de 36 on a 20°.

170. Thermomètre à alcool. — Lorsqu'on veut apprécier de très basses températures, comme le mercure se congèle à 40° au-dessous de zéro, on est obligé de renoncer à l'emploi du thermomètre à mercure. On se sert alors du thermomètre à alcool, l'alcool n'ayant pu être congelé aux températures les plus basses que l'on ait produites. Sa construction est un peu plus simple que celle que nous avons décrite précédemment. Il n'est pas nécessaire de souder une ampoule à la partie supérieure de la tige : on chauffe seulement le réservoir pour en dilater l'air, et on plonge l'extrémité de la tige dans l'alcool absolu (privé d'eau) et coloré en rouge par de la teinture d'or-

seille. Par suite du refroidissement, le liquide monte dans
le tube; lorsqu'une certaine quantité y a été introduite,
on retourne l'instrument et on le chauffe de manière à
faire bouillir l'alcool dont les vapeurs chassent le reste
d'air. L'ébullition de ce liquide se faisant environ à 78° de
l'échelle centigrade, on n'est pas obligé de chauffer autant
que pour le mercure, et il en résulte que l'on peut sans
inconvénient plonger de nouveau l'appareil dans l'alcool
froid sans que le verre se brise. Le refroidissement amène
la condensation des vapeurs alcooliques, et le tube se
remplit tout à fait. On le ferme alors à la lampe.

Le zéro du thermomètre à alcool se détermine de la
même manière que celui du thermomètre à mercure.
Quant à l'autre point fixe, il est évident qu'on ne peut
prendre l'ébullition de l'eau pour le déterminer, puisque
l'alcool bouillant à une température plus basse donnerait
des vapeurs dont la force élastique pourrait briser le thermomètre. On détermine alors un autre degré de l'échelle
en plongeant le thermomètre dans un liquide dont la température est donnée par un thermomètre à mercure *étalon*,
et on partage l'intervalle en autant de divisions qu'il y a
d'unités dans la température indiquée par le thermomètre
à mercure.

Cet instrument sert surtout pour observer les basses
températures. Dans les températures un peu élevées, ses
indications sont beaucoup moins exactes que celle du
thermomètre à mercure.

171. Déplacement du zéro. — Si l'on plonge dans la
glace fondante un thermomètre construit et gradué depuis
un certain temps, on constate que le liquide s'arrête au-
dessus du point zéro. Ce phénomène, que l'on appelle
déplacement du zéro, tient à ce que le verre, qui a été
chauffé jusqu'au ramollissement quand on a soufflé le réservoir, a subi après cette opération un refroidissement
brusque dans l'air. Il en est résulté une espèce de trempe,
qui a fixé ses molécules dans la position où elles étaient et
les a empêchées de revenir à la position qu'elles auraient
prise si le refroidissement avait été lent. La capacité du
réservoir était donc, au moment où on a gradué le ther-

momètre, un peu plus grande qu'elle n'aurait dû être. Mais à la longue ce retour à la capacité normale s'effectue et le mercure s'arrête dans la glace fondante à un niveau supérieur au zéro. Dans les observations thermométriques précises, on doit toujours tenir compte du déplacement du zéro.

172. Thermomètres à maxima et à minima. — Il est important d'avoir un thermomètre qui puisse indiquer le minimum et le maximum de la température en un lieu donné et dans un intervalle de temps connu, sans que l'observateur soit obligé de rester auprès de l'instrument et de suivre ses indications pendant tout ce temps.

On a construit différents appareils de ce genre. Nous ne décrirons que le thermométrographe de Six et Bellani, qui donne à la fois le maximum et le minimum.

Il se compose d'un réservoir C (fig. 145) plein d'alcool, auquel est soudé un tube recourbé terminé par une boule A. Ce tube contient de l'alcool et au-dessous du mercure, qui est lui-même surmonté, dans la branche de droite, d'une couche d'alcool. En A se trouve de l'air. Dans chacune des branches et au-dessus du mercure sont des index en émail renfermant un petit cylindre de fer doux.

Avant la mise en expérience, les index sont amenés par un aimant au contact avec le mercure. Lorsque la température baisse, l'alcool du réservoir se contracte,

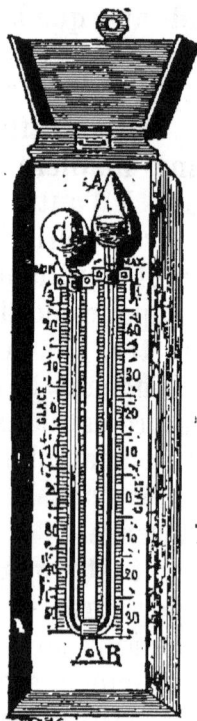

Fig. 145. — Thermométrographe de Six et Bellani.

le mercure le suit et pousse l'index de gauche vers le réservoir C; lorsqu'elle s'élève, l'alcool se dilate, et tandis que l'index de gauche reste où il a été amené, celui de droite est poussé dans la branche BA, de telle sorte que la graduation faite par comparaison avec un thermomètre à mercure indique le maximum sur la branche de gauche et le minimum sur la branche de droite.

CHAPITRE II

173. Dilatation des solides. — Lorsqu'on chauffe des barres faites avec des substances différentes, des barres de zinc, de fer et d'argent, par exemple, on observe que, pour une élévation de température d'un même nombre de degrés, l'allongement n'est pas le même pour toutes. Il était important pour la science et pour l'industrie de pouvoir apprécier la dilatabilité des différents corps. Aussi les physiciens, par une série d'observations, dans l'étude desquelles nous n'entrerons pas, ont-ils déterminé des nombres qui permettent d'apprécier la dilatabilité respective des corps. Ces nombres sont appelés *coefficients de dilatation.*

Nous admettrons ici que la dilatation linéaire (ou en longueur) d'un corps est *proportionnelle à la température en tous les points de l'échelle thermométrique*, c'est-à-dire :
1° que la dilatation d'une longueur déterminée, le mètre par exemple, est *double, triple, quadruple*, etc., pour une élévation de 2, 3, 4 degrés, de celle que cette longueur subirait pour une élévation de température d'un degré ;
2° que la dilatation est toujours la même pour une variation d'un degré, que cette variation ait lieu de 0° à 1°, de 30° à 31°, etc., 150° à 151°, etc... Cette double hypothèse, qui n'est pas absolument exacte, l'est suffisamment dans la pratique.

On appelle *coefficient de dilatation linéaire* d'un corps le nombre qui exprime l'allongement de l'unité de longueur de ce corps pour une élévation de température d'un degré.

Ainsi, par exemple, le coefficient de dilatation linéaire du fer est de 0,000012350: cela veut dire qu'une barre de fer de 1 mètre se dilaterait pour une élévation de température de 1° de 0^m,000012350. On admet que pour 10° elle se

dilaterait dix fois plus, c'est-à-dire 0^m,00012350, pour 15°
de quinze fois plus, c'est-à-dire 0^m,000012350 multiplié par
15, ou 0^m,000185250.

On appelle *coefficient de dilatation superficielle* le nombre
qui exprime l'augmentation de l'unité de surface pour une
élévation de température d'un degré.

Enfin on appelle *coefficient de dilatation cubique* le nombre
qui exprime l'augmentation de l'unité de volume pour une
élévation de température d'un degré.

Nous ferons remarquer qu'une barre de fer de 2^m, par
exemple, se dilaterait, pour une élévation de température
de 15°, de 2 fois sa dilatation pour 1^m, c'est-à-dire de
$2 \times 0,00012350 \times 15 = 0,0003705$.

D'une manière générale, on peut dire que pour avoir à
une température donnée la longueur d'une barre de longueur connue à 0°, il faut ajouter à cette longueur à 0° le
produit des trois facteurs : *longueur, coefficient de dilatation*
et *température*. Il en serait de même pour les surfaces et
les volumes.

174. Ajoutons, pour généraliser, qu'étant donnée la longueur d'une barre à une température déterminée, il faut,
pour l'avoir à une température quelconque, ajouter à la
longueur donnée le produit des trois facteurs : *longueur,
coefficient de dilatation et variation de température*. Si, au
lieu de s'élever, la température s'abaissait, il faudrait retrancher le produit des trois facteurs.

COEFFICIENTS DE DILATATION LINÉAIRE DE QUELQUES CORPS

SOLIDES.

Flint-glass anglais....................	0,000 008 116
Verre de France avec plomb.........	0,000 008 719
Verre de Saint-Gobain..............	0,000 008 908
Acier non trempé	0,000 010 791
Acier trempé......................	0,000 012 395
Fer forgé.........................	0,000 012 204
Fer passé à la filière	0,000 012 350
Cuivre rouge......................	0,000 017 000
Cuivre jaune......................	0,000 018 758
Argent...........................	0,000 019 886

Étain............................... 0,000019576
Plomb.............................. 0,000028483
Zinc............................... 0,000029416

175. Les tuyaux de poêle éprouvent des variations de longueur par les changements de température. Si les tuyaux étaient fixés à leurs extrémités, la force avec laquelle ils se dilatent ou se contractent, amènerait infailliblement des ruptures ou des déformations. Pour éviter cet inconvénient, on les emboîte les uns dans les autres, en laissant le jeu nécessaire pour permettre les dilatations.

176. Pour garnir les roues des voitures des cercles en fer qui maintiennent unies entre elles toutes les pièces, on fait un cercle d'un diamètre un peu plus petit que celui de la roue en bois, on le chauffe, et lorsque la chaleur l'a suffisamment dilaté, on en entoure la roue de bois. Le cercle

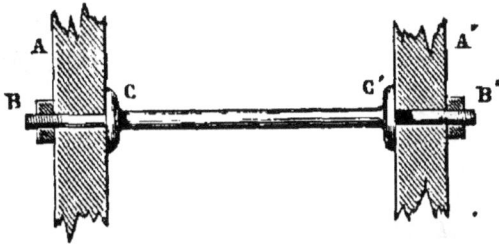

Fig. 146. — Application de la dilatation des corps.

de fer, en se refroidissant, se contracte et serre la roue avec une grande force.

Il arrive souvent qu'un bouchon tienne trop fortement dans le goulot d'un flacon pour qu'on puisse déboucher celui-ci. On chauffe alors le goulot en le tournant dans la flamme d'une lampe à alcool : il se dilate avant le bouchon, devient plus large que lui, et le flacon peut alors être facilement débouché.

177. M. Molard, ancien directeur du Conservatoire des arts et métiers, a fait, de la force avec laquelle s'effectue la dilatation des corps, une heureuse application.

Deux murs d'une galerie s'étaient déviés de leur aplomb et se renversaient en dehors. M. Molard les fit relier par des barres de fer qu'il porta à la température rouge ; pendant qu'elles étaient à cette température, il fit serrer fortement en dehors des écrous semblables à ceux que l'on voit en BB' sur la figure 146, puis laissa refroidir les barres qui, en se refroidissant, ramenèrent les murs dans la verticale. Ce but ne fut atteint que lorsqu'on eut répété plusieurs fois l'opération.

178. Dilatation des liquides. — L'expérience que nous avons décrite (162) nous a prouvé que les liquides sont dilatables. Mais nous avons fait remarquer qu'il y avait lieu de distinguer la dilatation réelle et la dilatation apparente.

Les questions de dilatation cubique des liquides se traitent comme celles de dilatation cubique des solides. Les liquides ont des coefficients de dilatation en général supérieurs à ceux des solides ; le coefficient augmente à mesure que la température s'approche de la température d'ébullition.

Quand on veut avoir la dilatation réelle d'un liquide, il faut à sa dilatation apparente ajouter la dilatation du vase.

COEFFICIENTS DE DILATATION DE QUELQUES LIQUIDES A LA TEMPÉRATURE DE ZÉRO.

Alcool	0,001049
Éther	0,001513
Aldéhyde	0,001654
Sulfure de carbone	0,001140
Brome	0,001038
Chloroforme	0,001107

La dilatation de l'eau présente des particularités sur lesquelles nous devons insister.

179. Maximum de densité de l'eau. — En général, lorsqu'un corps se refroidit, il se contracte et sa densité augmente, puisque l'unité de volume du corps contracté contient un nombre de molécules plus grand et, par suite, pèse plus qu'avant sa contraction. Inversement, lorsqu'un corps s'échauffe, il se dilate, sa densité diminue. L'eau et quelques dissolutions salines font exception à cette loi générale.

Lorsqu'on refroidit simultanément un thermomètre à
mercure et un thermomètre fait avec de l'eau, on constate
d'abord que le liquide baisse à la fois dans les deux instruments; mais lorsque la température est voisine de 4°,
le niveau de l'eau s'arrête et remonte ensuite, tandis que
celui du mercure continue à s'a-
baisser avec la température. Il y
a donc aux environs de 4° une température pour laquelle le volume
d'un poids donné d'eau est le plus
petit possible, et où, par conséquent,
la densité du liquide est la plus
grande possible.

Despretz[1], par des expériences que
nous ne décrirons pas, a déterminé
la température exacte de ce maximum; il a trouvé qu'elle était de 4°,1.
Il a aussi constaté l'existence d'un
maximum de densité pour un certain
nombre de dissolutions salines.

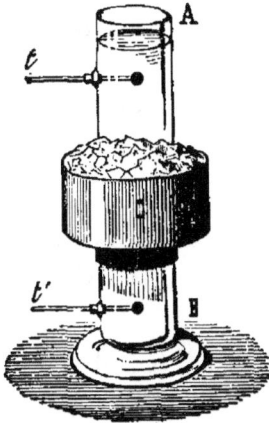

Fig. 147. — Maximum de
densité de l'eau.

Dans les cours, pour mettre en évidence le maximum
de densité de l'eau, on se sert de l'appareil suivant. Il
consiste en une éprouvette AB renfermant de l'eau
(fig. 147), dans l'intérieur de laquelle pénètrent deux
thermomètres t et t'. Un manchon de cuivre C enveloppe
la région moyenne de l'éprouvette et peut recevoir de la
glace. L'eau de l'éprouvette se refroidit par l'influence de
la glace, et les deux thermomètres indiquent un abaissement de température; le thermomètre t' baisse beaucoup
plus vite que le thermomètre t, parce que les couches
d'eau, en se refroidissant, acquièrent une densité plus
grande et gagnent le fond de l'éprouvette. Les deux thermomètres atteignent d'abord la température de 4°, puis le
thermomètre inférieur y reste stationnaire, tandis que le
thermomètre supérieur continue à baisser. En effet, dès
que la température de 4° est atteinte pour toute l'éprou-

1. Despretz, professeur de physique à la Sorbonne, mort en 1863,
membre de l'Académie des sciences.

vette, les couches d'eau qui sont au contact de la glace, se refroidissent, deviennent plus légères, montent à la partie supérieure et sont remplacées par de nouvelles couches descendues en vertu de leur poids. Ces couches se refroidissent et ainsi de suite. Quant aux couches inférieures, elles restent, en vertu de leur plus grande densité, au fond du vase, et sont, par suite, protégées contre le refroidissement.

Le phénomène du maximum de densité de l'eau explique pourquoi pendant l'hiver la température des couches profondes des lacs, des rivières, etc., ne tombe pas au-dessous de 4°. C'est que, à mesure que l'eau atteint la température de 4°, elle gagne le fond et se trouve protégée par les couches supérieures contre le refroidissement de l'atmosphère.

Rappelons aussi que la température du maximum de densité de l'eau a été choisie pour la détermination du gramme, parce qu'aux environs de ce maximum la densité de l'eau varie très peu et qu'une petite erreur dans la mesure de la température n'entraîne qu'une erreur très faible dans la mesure du poids.

180. Dilatation des gaz. — La dilatabilité des gaz est plus grande que celle des solides et des liquides. Cette dilatabilité est à peu près la même pour tous les gaz. On peut dire que l'unité de volume d'un gaz se dilate pour 1° de 0,003665.

CHAPITRE III

CHALEURS SPÉCIFIQUES. — PRINCIPES DE LA MÉTHODE DES MÉLANGES ET NOTIONS SUR LA THÉORIE MÉCANIQUE DE LA CHALEUR.

181. Principes de calorimétrie. — On appelle *calométrie* la partie de la physique qui s'occupe de la mesure des quantités de chaleur. Ces mots *quantités de chaleur* ont été introduits dans la science lorsqu'on croyait que les phénomènes calorifiques étaient dus à un fluide subtil, que les corps se cédaient l'un à l'autre en produisant différents phénomènes, parmi lesquels nous citerons la dilatation. On comparait entre elles les quantités de chaleur mises en jeu en les rapportant à une quantité de chaleur choisie pour unité. Cette unité de chaleur est la *calorie* : elle est égale à la quantité de chaleur qu'il faut donner à l'unité de poids d'eau pour élever sa température de 0° à 1°. On disait qu'un morceau de charbon en brûlant avait produit une quantité de chaleur égale à 100 calories, lorsque la quantité de chaleur produite par cette combustion était capable d'élever de 0° à 1° 100 kilogrammes d'eau. Aujourd'hui on attribue, comme on le verra bientôt, à propos des notions que nous donnerons sur la théorie mécanique de la chaleur, une autre cause aux phénomènes calorifiques : on ne les regarde plus comme produits par la cession ou le gain de quantités plus ou moins grandes du fluide autrefois appelé *calorique ;* mais cependant on a conservé l'usage de l'ancienne expression *quantités de chaleur*, et cela n'a aucun inconvénient puisqu'il ne s'agit ici que de la comparaison de certains phénomènes entre eux, le terme de comparaison étant l'élévation de l'unité de poids d'eau de 0° à 1°.

182. La mesure des *quantités de chaleur* repose sur certains principes qu'il faut énoncer :

1° Il est évident que pour élever d'un même nombre de degrés des poids différents d'un même corps, il faut des quantités de chaleur proportionnelles à ces poids.

2° On admet que lorsque la température d'un corps s'*abaisse* d'un *certain* nombre de degrés, il *perd* une quantité de chaleur égale à celle qu'il devrait *gagner* pour s'*élever* du *même* nombre de degrés.

3° En variant ce genre d'essais à des températures différentes, mais restant entre certaines limites, on a reconnu que pour faire varier la température d'un corps d'un certain nombre de degrés, il fallait toujours lui donner la même quantité de chaleur, quelle que fût la température initiale. Pour l'eau, par exemple, tant qu'on ne dépasse pas 60°, il faut toujours donner à l'unité de poids de ce liquide la même quantité de chaleur pour l'élever de 10°, que cette variation se fasse de 0° à 10°, de 15° à 25°, de 35° à 45°, etc.

183. Chaleur spécifique. — Ces principes étant bien compris, il est possible maintenant de définir ce qu'on appelle *chaleur spécifique des corps* et de donner les moyens de la mesurer.

Il faut bien se *garder de croire* que le *même* poids de corps *différents* porté à la *même* température contienne la *même* quantité de chaleur. C'est ce que nous allons d'abord démontrer.

Lorsqu'on mélange 1 kilogramme d'un corps, d'eau par exemple, à 50° avec 1 kilogramme d'eau à 0°, on obtient 2 kilogrammes d'eau à 25°. Si l'on fait cette expérience avec 1 kilogramme de substances différentes, on n'arrive pas au même résultat. Par exemple 1 kilogramme de fer à 50°, plongé dans 1 kilogramme d'eau à 0°, donne une température commune de 5° environ : donc la quantité de chaleur qu'a gagnée le kilogramme d'eau au contact du kilogramme de fer a élevé la température de ce liquide de 5°, tandis que la perte de cette quantité de chaleur faite par le fer a abaissé de 45° la température de ce métal. Il en résulte que si l'on appliquait cette quantité de chaleur d'une part à 1 kilogramme d'eau à 0°, d'autre part à un kilogramme de fer à 0°, la température du premier s'élèverait de 5° et celle du second de 45°. On voit donc que la même quantité de chaleur produit sur des poids égaux de différents corps des variations inégales de température, et que, par conséquent, pour élever de 1 degré de température des poids égaux de corps différents, il faudra leur donner des quantités de chaleur inégales.

Une autre expérience peut être faite à ce sujet. On fait chauffer à la *même température*, par une immersion prolongée dans un liquide déterminé, la glycérine par exemple, des boules de *même poids*, mais de *matières différentes* (argent, plomb, zinc, étain, cuivre). Puis on les place à la surface d'un disque de cire : on voit la cire fondre inégalement au contact de chaque boule, et tandis que l'une d'elles a fondu toute l'épaisseur du disque et l'a traversé, l'autre n'en a fondu que la moitié ou le tiers. Aussi celle-ci met-elle plus de temps à traverser le disque. Cette expérience prouve que ces boules de même poids, quoique étant à la *même* température, possèdent des quantités de chaleur *inégales*.

Les corps ne se comportent donc pas tous de la même manière vis-à-vis de la chaleur au point de vue de la variation de température qu'un même poids d'un d'entre eux subit sous l'influence d'une quantité donnée de chaleur. C'est pour les définir et les caractériser à ce point de vue qu'on a introduit dans la science l'idée de chaleur spécifique.

On appelle *chaleur spécifique d'un corps la quantité de chaleur, exprimée en calories, qu'il faut donner à l'unité de poids de ce corps pour élever sa température de 0° à 1°.*

Si l'on applique cette définition à l'eau, en se rappelant comment on a défini la calorie, on voit que cette quantité de chaleur est exprimée par 1, ce qui revient à dire que la chaleur spécifique de l'eau est prise pour unité.

184. Méthode des mélanges. — Pour déterminer la chaleur spécifique d'un corps, on peut employer la méthode des mélanges, dont nous allons exposer le principe.

Supposons qu'on veuille déterminer la chaleur spécifique du fer. On en prend un morceau d'un poids connu, soit 60 grammes. On l'échauffe à 100° dans une étuve à vapeur et on le plonge dans une masse d'eau de poids et de température connus. Soit 112 grammes le poids et 10° la température. Le fer échauffe l'eau, et la température finale du mélange est de 15°. On propose de calculer la chaleur spécifique du fer. Il est évident que si nous appelons x la chaleur spécifique du fer, 1 gramme de fer, pour se refroidir de 1°, perd x calories ; 60 grammes perdent soixante fois x, et pour se refroidir de 100 à 15°, c'est-à-dire de 85°, ils perdent quatre-vingt-cinq fois plus, ou $5100\,x$. Cette chaleur perdue a été donnée à l'eau : or 112 grammes d'eau, pour s'élever de 1°, ont besoin de 112 calories, et pour s'élever de 10 à 15° ou de 5°, de cinq fois 112 calories, c'est-à-dire 560 ; donc 5100 fois x étant égal à 560, x sera égal à $\frac{560}{5100}$ ou 0,1.

TABLEAU DES CHALEURS SPÉCIFIQUES DE QUELQUES CORPS.

Eau..........	0	Acier.........	0,0562
Zinc.........	0,0956	Verre	0,1976
Fer..........	6,1138	Mercure......	0,0333
Cuivre........	0,0952	Laiton........	0,0939
Argent.......	0,0570	Soufre........	0,1776
Plomb.......	0,0314		

NOTIONS SUR LA THÉORIE MÉCANIQUE DE LA CHALEUR

185. Il nous faut d'abord donner quelques notions très simples empruntées à la mécanique.

Quand on soulève un poids à une certaine hauteur, il faut faire un certain effort, effectuer, comme on dit, un certain travail. Ce travail est d'autant plus grand que le poids et la hauteur sont plus considérables. De même quand un cheval traîne un fardeau sur un rail, il effectue un travail qui est d'autant plus grand que le fardeau et la distance parcourue sont plus grands. D'une manière générale on peut dire que le travail produit par une force en un temps donné est égal au produit de deux facteurs : *la force développée* et *le chemin parcouru dans la direction de la force.* L'unité de travail appelée *kilogrammètre* est le travail nécessaire pour soulever 1 kilogramme à une hauteur de 1 mètre.

Dans les exemples précédents, si le poids soulevé est de 10 kilogrammes et la hauteur 3 mètres, le travail sera 30 kilogrammètres : si le fardeau traîné par le cheval est 2500 kilogrammes et la distance parcourue 300 mètres, le travail sera $2500 \times 300 = 750000$ kilogrammètres.

Quand un corps pris sur le sol a été soulevé à une certaine hauteur, il n'est plus dans le même état, il *peut tomber.* En tombant il peut sur son chemin effectuer du travail, enfoncer un pieu dans le sol, briser un corps qu'il rencontrera. En le soulevant on lui a donc communiqué la faculté d'effectuer un travail, on lui a donné ce qu'on appelle de l'*énergie potentielle*.

Ajoutons que la force vive d'un corps en mouvement (26), c'est-à-dire le produit de sa masse par le carré de sa vitesse, est appelé aussi *énergie actuelle*.

Si le corps en arrivant au sol y rencontre un obstacle d'une rigidité absolue et qu'il soit lui-même *parfaitement élastique*, c'est-à-dire capable de reprendre exactement la forme qu'il avait avant la déformation que le choc a produite, il rebondit et remonte à la hauteur d'où il est tombé.

Mais si l'obstacle n'est pas d'une rigidité absolue, s'il est constitué par une masse de plomb capable de se déformer; si en même temps le corps n'est pas parfaitement élastique, après le choc il s'arrêtera et ne rebondira pas. La force vive, l'énergie actuelle, semblent donc s'être annulées : il n'en est rien cependant, car le morceau de plomb et le corps se sont déformés, leurs molécules se sont déplacées. Mais ce déplacement ne s'est pas effectué sans résistance de leur part; car elles étaient avant le choc maintenues en équilibre et à distance par les forces moléculaires; il y a donc eu travail produit. En même temps la *masse de plomb et le corps se sont échauffés*.

Or, si l'on faisait l'expérience en laissant tomber le corps de différentes hauteurs, la force vive acquise serait différente d'une expérience à l'autre, et l'on pourrait constater que plus elle est grande lorsque le corps choque la masse de plomb, plus l'échauffement est considérable. Il y a donc une certaine relation entre le travail mécanique dépensé et la chaleur produite. L'énergie actuelle ne s'est pas annulée; elle s'est communiquée, d'une part aux molécules du plomb, d'autre part à un fluide impondérable que l'on suppose contenu dans tous les corps; cette dernière partie correspond à la chaleur produite.

186. On pourrait citer bien d'autres exemples de la production de chaleur par dépense de travail, ou de la transformation de l'énergie actuelle en chaleur. Lorsqu'une balle de plomb lancée par une arme à feu vient rencontrer une cible en fonte, son énergie actuelle se trouve presque annulée, puisqu'elle retombe aplatie à une petite distance

de la cible. Qu'est devenue l'énergie de la balle de plomb ? Une partie s'est transformée en travail correspondant à l'écrasement de la balle ; l'autre partie s'est transformée en chaleur : car si l'on ramasse la balle de plomb, on la trouve chaude au point de ne pouvoir la tenir. Lorsqu'on lance un boulet sur une plaque de blindage et à petite distance, il peut s'échauffer au point de devenir incandescent.

187. Tout le monde sait que le frottement dégage de la chaleur. Une expérience de M. Tyndall met ce fait en évidence d'une manière très ingénieuse. Un tube *t* (fig. 148)

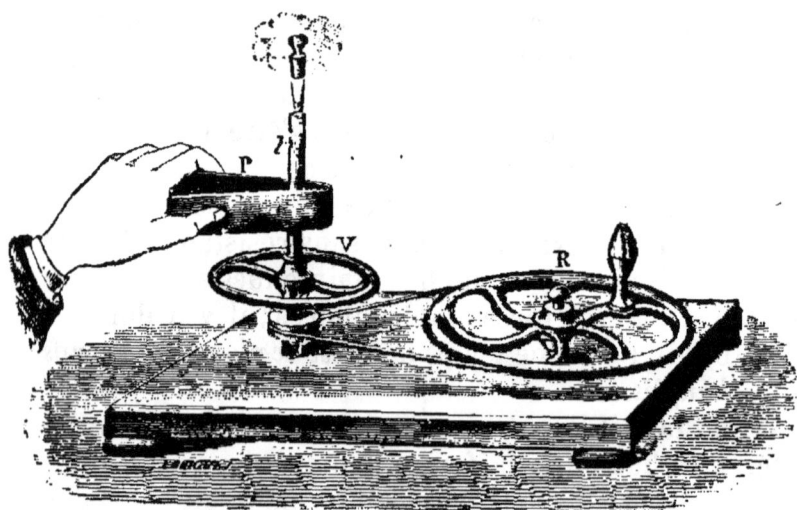

Fig. 148. — Expérience de M. Tyndall.

contenant de l'eau est fermé par un bouchon ; il est porté par un axe vertical et peut être mis en mouvement rapide de rotation par une roue R et une corde sans fin. Pendant la rotation, serrons fortement ce tube avec une pince en bois. Le travail produit pour vaincre la résistance exercée par le frottement de la pince sur le tube se transformera en chaleur, l'eau s'échauffera, se vaporisera et, au bout d'un certain temps, le bouchon sautera poussé par la pression de la vapeur.

188. L'expérience du briquet à air nous fournit un nouvel exemple de la transformation du travail en chaleur.

189. **Production de travail par dépense de cha-**

leur. — Réciproquement, toute dépense de chaleur peut produire un travail mécanique. Considérons une machine à vapeur. Tont le monde sait que le charbon brûlé dans le foyer produit de la chaleur, que cette chaleur est utilisée à vaporiser de l'eau, et que la vapeur est employée à produire un travail qui correspondra, par exemple, à l'élévation d'un poids à une certaine hauteur.

L'expérience de M. Tyndall, citée plus haut, nous fournit un autre exemple : la chaleur produite par la dépense de travail se transforme elle-même en travail qui correspond à la projection du bouchon.

190. Équivalence du travail mécanique et de la chaleur. — Si nous répétons l'expérience décrite plus haut (185) en laissant tomber le corps dans l'eau, de différentes hauteurs, la force vive acquise sera différente d'une expérience a l'autre, et nous pourrons constater que plus elle est grande, plus l'échauffement de l'eau est considérable. Il y a donc une certaine relation entre le travail mécanique dépensé et la quantité de chaleur produite. Les physiciens ont étudié cette relation, et de nombreuses expériences permettent aujourd'hui d'admettre qu'il y a équivalence entre le travail mécanique et la chaleur produite ; ce qui veut dire qu'une quantité de travail mécanique représentée par T kilogrammètres peut se transformer en une quantité de chaleur représentée par c calories et qu'inversement cette même quantité de chaleur c peut produire une quantité de travail T.

On appelle *équivalent mécanique* de la chaleur la quantité de travail correspondant à la production d'une calorie ; il est égal à 425, c'est-à-dire qu'une calorie est le produit de 425 kilogrammètres, ou réciproquement que 1 kilogrammètre équivaut à un 425ᵉ de calorie.

191. Théorie dynamique ou mécanique de la chaleur. — On admettait autrefois que la chaleur était un fluide impondérable que les corps se cédaient l'un à l'autre. Aujourd'hui on regarde la chaleur comme un mouvement des molécules des corps. Ce mouvement s'accélère pendant l'échauffement et se ralentit pendant le refroidissement. Partout dans l'espace se trouverait réparti un fluide impondérable, qui pourrait transmettre les vibrations des molécules d'un corps. C'est pour cela que la chaleur peut se communiquer d'un corps à l'autre.

Quand la température d'un corps diminue, c'est que le mouvement de ses molécules diminue pour se transmettre ordinairement à la masse totale des corps voisins. Ainsi, dans l'expérience de M. Tyndall, la température s'abaisse au moment où le bouchon est projeté : la vapeur perd de la chaleur, le mouvement des molécules diminue, mais la masse du bouchon se trouve elle-même mise en mouvement. Il y a eu transformation du mouvement moléculaire, ou de la chaleur, en travail mécanique.

Si l'on frotte un corps, il s'échauffe parce que le travail dépensé par le corps frottant se transforme en énergie actuelle des molécules du corps frotté. L'énergie de ces molécules augmente, leurs vibrations augmentent de vitesse. Nous ne voyons pas cette augmentation de vitesse plus que nous ne voyons les molécules ; mais nos sens la perçoivent sous forme de chaleur.

Cette manière d'envisager la chaleur a été désignée sous le nom de *théorie dynamique* ou *théorie mécanique* de la chaleur.

CHAPITRE IV

FUSION. — SOLIDIFICATION.

192. Lorsqu'on chauffe un corps, de l'étain, par exemple, il commence par se dilater jusqu'à ce que, arrivé à une certaine température, il passe de l'état solide à l'état liquide. Ce changement d'état est désigné sous le nom de *fusion*.

193. **Lois de la fusion.** — La fusion d'un corps est soumise aux deux lois suivantes :

1° *La fusion a toujours lieu à la même température pour un même corps ;*

2° *La température demeure constante pendant toute la durée de la fusion.*

Ces lois peuvent se vérifier en mettant un thermomètre en contact avec la substance que l'on étudie.

Nous ferons remarquer qu'un corps conservant la même température pendant toute la durée de la fusion, quelle que soit l'intensité calorifique du foyer, il faut admettre que la chaleur gagnée par le corps est tout entière absorbée par lui pour sa fusion, sans qu'elle soit employée à élever sa température : comme cette chaleur n'a pas d'influence sur le thermomètre plongé au milieu de la masse, on la désigne sous le nom de *chaleur latente de fusion.*

On appelle *chaleur latente de fusion d'un corps la quantité de chaleur exprimée en calories qu'il faut donner à 1 kilogramme de ce corps, pris à la température de fusion, pour le fondre sans élever sa température.* La chaleur latente de fusion de la glace est égale à 80.

Ajoutons que la seconde loi de la fusion signifie que pendant que le corps fond, la chaleur qui lui est donnée sert exclusivement à produire le travail mécanique correspondant à l'éloignement des molécules qui amène le passage du corps solide à l'état liquide.

194. Point de fusion. — On appelle *point de fusion* d'un corps la température à laquelle il se fond. Il y a de grandes différences entre les fusibilités des divers corps, et chaque substance a son point de fusion, qui constitue une propriété caractéristique.

TABLEAU DU POINT DE FUSION DE DIVERSES SUBSTANCES.

Glace............	0°	Plomb..........	330°
Beurre	32	Zinc...........	450
Suif...........	33	Bronze........	900
Cire vierge.....	61	Argent........	1000
Cire blanche....	78	Fonte..........	1100
Acide stéarique.	70	Cuivre	1150
Phosphore......	44°,2	Or	1200
Soufre.....	111	Platine	2000
Étain...........	228		

195. Certaines substances ont été considérées pendant

longtemps comme infusibles ; mais cela tenait à l'imperfection des moyens calorifiques employés. C'est ainsi que le platine a été regardé longtemps comme infusible. Henri Sainte-Claire Deville et Debray sont cependant arrivés à fondre des masses considérables de platine en employant des fours en chaux vive, chauffés par la flamme du gaz de l'éclairage qu'activait un courant d'oxygène.

Il est toutefois des substances que l'on ne peut parvenir à fondre : ce sont celles qui se décomposent avant que leur température de fusion soit atteinte. C'est ainsi que la craie, qui est composée d'un corps solide, la chaux, et d'un gaz, l'acide carbonique, se décompose dans le four du chaufournier avant qu'on soit arrivé à la fondre..

Le physicien anglais Halls[1] est pourtant arrivé à fondre la craie en empêchant le gaz acide carbonique de se dégager. Il emplissait avec de la craie en poudre un tube de fer très épais, puis le scellait solidement. Il le soumettait ensuite à une température élevée et retrouvait, après le refroidissement, une substance solide semblable au marbre.

La plupart des corps appartenant aux règnes animal et végétal sont infusibles, parce qu'ils se décomposent par la chaleur en leurs éléments, l'oxygène, l'hydrogène, le carbone et l'azote.

196. Influence de la pression sur le point de fusion. — La première loi de la fusion subit quelques exceptions. C'est ainsi que, soumises à une puissante pression, certaines substances solides ne se liquéfient qu'à une température plus élevée que la température normale : telle est la paraffine. D'autres au contraire se liquéfient plus tôt : telle est la glace.

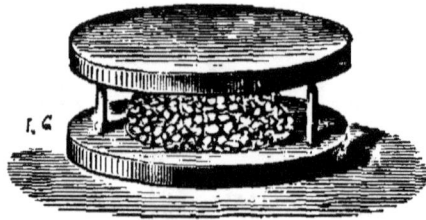

Fig. 140. — Fusion de la glace par la pression.

---

1. Halls, né en 1667 dans le comté de Kent, mort en 1761.

M. Tyndall a fait à ce sujet une expérience très remarquable. Il prend deux pièces de bois creusées chacune
d'une cavité et les superpose en mettant en regard ces
cavités, après avoir eu soin de placer entre elles une couche
épaisse de glace en
fragments (fig. 149).
Puis il les soumet
à une forte pression,
la glace se brise,
ses fragments rem-
plissent la cavité ;
sous l'influence de
la pression, une
partie de cette glace
se liquéfie, et l'eau
provenant de cette
fusion se répartit
entre les fragments.
Au moment où l'on
fait cesser la pres-

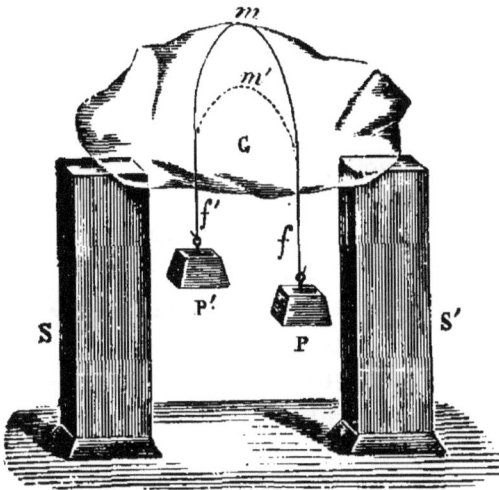

Fig. 150. — Fusion de la glace par la pression.

sion, cette eau se solidifie de nouveau, soude entre eux
tous ces fragments, et l'on retire de l'appareil un bloc de
glace, qui a la forme des deux cavités superposées et qui
paraît s'y être moulé.

197. On peut encore faire l'expérience suivante. On prend
un morceau de glace que l'on fait reposer par ses extrémités sur deux supports S et S' (fig. 150) ; on place sur lui
un fil métallique *fmf'* aux extrémités duquel sont attachés
des poids P et P'. La pression que le fil exerce sur la glace
par suite de la traction qu'exercent les poids, fait fondre la
glace et le fil la traverse peu à peu. Quand il a traversé le
morceau tout entier, les deux tronçons ne font encore qu'un
seul morceau, parce qu'ils se sont ressoudés par la solidification de l'eau provenant de la fusion. Cette solidification
doit avoir lieu, puisque l'eau qui est au-dessus du fil, dans
la fente qu'il a tracée, ne supporte plus la pression qu'il
exerce sur la glace.

198. **Dissolution.** — La dissolution d'un corps solide
dans un liquide est un véritable phénomène de fusion. Le

changement d'état du corps se fait ici sous l'influence d'une action spéciale que le liquide exerce sur le solide. C'est sous l'influence de cette action que le sucre se dissout dans l'eau, que le soufre et le phosphore se dissolvent dans le sulfure de carbone, que l'iode se dissout dans l'alcool, pour former la *teinture d'iode*, etc.

Il y a ici encore absorption de chaleur, et si le phénomène se produit souvent sans qu'il y ait intervention apparente de calorique, il n'en est pas moins vrai de dire que la fusion du corps nécessite l'absorption d'une certaine quantité de chaleur, qui est empruntée au liquide lui-même. Pour s'en convaincre, il suffit de remarquer que beaucoup de substances, en se dissolvant dans l'eau, produisent un abaissement de température; ainsi, par exemple, l'azotate d'ammoniaque. Si l'on mélange parties égales de ce sel et d'eau à 10° au-dessus de zéro, la dissolution fait baisser la température jusqu'à 15° au-dessous de zéro.

Dans certains cas, le phénomène physique de la dissolution est accompagné d'un phénomène chimique, qui consiste dans la combinaison du solide avec le liquide. Cette combinaison se produit, comme la plupart des combinaisons chimiques, avec dégagement de chaleur. C'est ce qui explique que la dissolution d'un corps n'est pas toujours accompagnée d'un abaissement de température.

Tantôt la température ne varie pas sensiblement pendant la dissolution du corps; c'est qu'alors la chaleur dégagée par la combinaison compense l'effet inverse produit par la dissolution. Tantôt, au contraire, il y a élévation de température, parce que la chaleur dégagée pendant la combinaison est plus considérable que la chaleur absorbée par le changement d'état. L'exemple suivant peut servir à mettre en évidence les effets inverses de cette double influence.

Mélangeons quatre parties d'acide sulfurique et une partie de glace. L'affinité, ou tendance à la combinaison, que l'acide sulfurique a pour l'eau, détermine la fusion de la glace et, par suite, une absorption de chaleur latente; mais l'abaissement de température qui en résulterait est

bientôt compensé, et au delà, par la chaleur que dégage
la combinaison de l'eau et de l'acide sulfurique, et la température s'élève finalement jusqu'à près de 100°.

Mélangeons, au contraire, quatre parties de glace et une
partie d'acide sulfurique ; le thermomètre plongé dans la
masse descendra jusqu'à 20° au-dessous de zéro. C'est
qu'en effet le dégagement de chaleur diminuant avec la
quantité d'acide employé, il y a moins de chaleur produite
ici que dans le cas précédent, puisqu'on a employé quatre
fois moins d'acide, tandis qu'au contraire le poids de
glace employé étant quatre fois plus grand, il y a quatre
fois plus de chaleur latente absorbée.

199. Mélanges réfrigérants. — La production artificielle du froid au moyen des *mélanges réfrigérants*
repose sur les principes précédents. En mélangeant de la
glace et du sel en parties égales, on peut obtenir une température de 17° au-dessous de zéro. Ici, il y a deux causes
d'abaissement de température : la fusion de la glace et le
passage du sel de l'état solide à l'état liquide. En même
temps, la combinaison du sel avec l'eau tend à élever la
température ; mais cette dernière influence étant la plus
faible, il y a, en définitive, production de froid. On comprend facilement que, si l'on plonge des corps au milieu de
ce mélange, ils se refroidiront, puisque la chaleur nécessaire au changement d'état leur sera empruntée.

Il n'y a pas que la glace et le sel qui jouissent de la propriété de produire du froid par leur action réciproque :
cinq parties de sel ammoniac, cinq parties de salpêtre et
seize parties d'eau mélangées peuvent abaisser la température de 10° au-dessus de zéro jusqu'à 12° au-dessous,
trois parties de sulfate de soude et huit parties d'acide chlorhydrique abaissent la température de 10° au-dessus de
zéro jusqu'à 17° au-dessous ; deux parties de neige ou de
glace pilée et trois parties de chlorure de calcium font baisser le thermomètre de 0° à 27° au-dessous de zéro.

200. Glacières artificielles. — L'emploi du mélange
d'acide chlorhydrique et de sulfate de soude a pris une certaine extension par suite de l'usage des glacières artificielles. Ces appareils sont formés d'un seau en fer

blanc AB (fig. 151) entièrement recouvert de lisières de
drap, dans l'intérieur duquel on place le mélange réfrigérant. Au milieu de ce dernier
se trouve un vase CD qui renferme
le liquide à congeler. Pour augmenter la surface de contact, on lui
donne la forme que représente la
figure.

201. Solidification. — Si les
solides se fondent lorsqu'on les
chauffe, inversement les liquides se
solidifient quand on les refroidit.
Cette solidification a lieu à des
températures différentes pour les
différents corps. Certains liquides
n'ont pas encore été solidifiés ; mais
on doit attribuer cette impossibi-
lité à ce que l'on ne possède pas

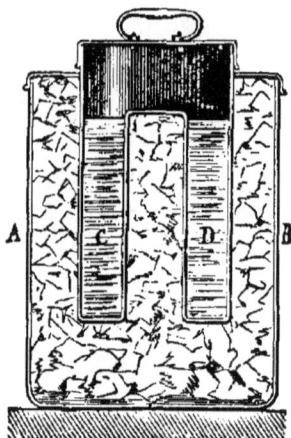

Fig. 151. — Glacière artificielle.

encore des moyens assez énergiques de refroidissement.

202. Lois de la solidification. — La solidification est
soumise aux lois suivantes :

1° *Un même liquide se solidifie toujours à la même température, qui est précisément celle de la fusion du solide dans
lequel il se transforme.*

2° *Cette température une fois atteinte, le liquide se solidifie peu à peu, sa température demeurant invariable pendant
toute la durée de la solidification.*

La lenteur de la solidification résulte de ce que la chaleur
latente, qui avait été absorbée au moment de la fusion, se
dégage au moment où le corps se solidifie. Par suite, quand
une portion du liquide est solidifiée, il faut que la chaleur,
qu'elle a cédée au liquide qui l'entoure ait été donnée aux
corps environnants, avant que le reste de la masse puisse
se solidifier.

203. Surfusion. — Nous avons dit que la température
normale de solidification coïncide avec celle de la fusion.
Toutefois un corps peut conserver l'état liquide jusqu'à
une température très inférieure à celle de sa liquéfaction.
Fahrenheit, Gay-Lussac ont constaté ce fait les premiers.

Despretz a montré qu'en refroidissant, à l'aide d'un mélange réfrigérant, un vase contenant de l'eau, on peut, si on la maintient à l'abri de toute agitation, la refroidir jusqu'à 20° au-dessous de zéro sans qu'elle se solidifie. Mais si l'on vient à l'agiter, ou à laisser tomber au milieu d'elle une parcelle de glace, elle se solidifie immédiatement et sa température remonte à 0°.

Lorsqu'un liquide atteint une température inférieure à son poids normal de solidification, sans se solidifier, on dit qu'il est en *surfusion*.

L'eau n'est pas le seul corps qui puisse rester en surfusion. M. Gernez a montré que le phosphore, le soufre peuvent rester en surfusion. Le soufre, qui fond à 114° et doit lorsqu'il est liquide se solidifier à cette température, peut rester liquide jusqu'à la température ordinaire, lorsqu'on le refroidit lentement et sans agitation au milieu d'une dissolution de chlorure de zinc suffisamment concentrée pour avoir la même densité que le soufre. Le phosphore, qui fond à 44°, peut aussi, lorsqu'on le refroidit sous l'eau, être ramené à la température ordinaire sans qu'il se solidifie, pourvu qu'on ait ajouté à l'eau quelques gouttes d'acide azotique.

Pour faire solidifier immédiatement ces liquides en surfusion, il suffit de laisser tomber, au milieu du soufre une parcelle de soufre, au milieu du phosphore une parcelle de phosphore. Encore faut-il que le corps solide soit de même nature que le corps liquéfié : ainsi une parcelle de la variété de phosphore appelée *phosphore rouge*, ne ferait pas solidifier le phosphore ordinaire en sufursion.

Ajoutons qu'une agitation mécanique, le frottement d'une baguette de verre, suffit aussi pour déterminer la solidification.

204. Cristallisation par voie humide. — Sursaturation. — La quantité de matière solide que peut dissoudre un liquide dépend de la nature du solide, de celle du liquide et de la température à laquelle se fait la dissolution. En général cette quantité croît avec la température.

Quand un liquide, l'eau par exemple, a dissous, à une température déterminée, tout ce qu'il peut dissoudre d'un corps solide, on dit qu'il est *saturé*. Si la température vient à s'abaisser, le pouvoir dissolvant du liquide diminuant, une partie du solide dissous se solidifie. Si le refroidissement est lent, le corps reprend l'état solide en affectant des formes géométriques régulières : on dit alors qu'il *cristallise*.

Il peut arriver qu'un liquide en se refroidissant ne laisse pas cristalliser le corps qu'il tient en dissolution. On dit alors qu'il est *sursaturé*. M. Gernez a donné de ce fait un certain nombre d'exemples. Il a montré que le phénomène de la sursaturation réussit très bien avec une dissolution saturée à chaud d'acétate de soude. Si on la laisse se refroidir lentement dans un ballon, elle ne cristallise pas ; mais dès qu'on laisse tomber dans le liquide la plus petite parcelle d'acétate de soude solide, la cristallisation se fait immédiatement avec dégagement de chaleur.

205. Cristallisation par voie sèche. — Lorsqu'on a fondu un corps par l'action de la chaleur et qu'on le laisse se refroidir lentement, il revient lentement aussi à l'état solide en affectant des formes géométriques régulières. On dit alors que la cristallisation a lieu par *voie sèche*. Le soufre nous offre un bel exemple de ce phénomène.

206. Changements de volume pendant la fusion et la solidification. — La plupart des corps augmentent de volume au moment où ils se fondent, et, réciproquement, leur solidification est accompagnée d'une contraction. L'eau fait cependant exception ; elle augmente de volume lorsqu'elle se solidifie. La glace est, par suite, moins dense que l'eau, et c'est ce qui explique pourquoi, pendant l'hiver, les glaçons flottent à la surface des rivières. On dit alors qu'elles *charrient*.

La dilatation de l'eau, au moment de la congélation, se fait avec une force considérable. Huyghens observa qu'un canon de fer, qu'il avait complètement rempli d'eau, qu'il avait ensuite fermé et plongé dans un mélange réfrigérant, se brisait avec bruit au moment de la congélation du liquide intérieur.

Cette expérience explique la rupture, pendant les gelées, des vases remplis d'eau. Les pierres dites *gélives* se fendent, parce que l'eau qu'elles contiennent augmente de volume au moment de sa solidification. C'est de là que vient l'expression : *Il gèle à pierre fendre.* On explique de même les ravages produits par les gelées tardives dans les végétaux qu'elles frappent au moment où la sève commence à circuler.

Le bismuth et la fonte augmentent aussi de volume en se solidifiant.

Nous ferons remarquer ici que les corps qui augmentent de volume pendant la solidification, sont ceux dont le point de fusion est abaissé par la pression, la glace par exemple. M. Bunsen a montré que, pour les corps qui diminuent de volume en se solidifiant, la pression élevait le point de fusion.

CHAPITRE V

VAPORISATION. — VAPEURS SATURANTES ET NON SATURANTES.
MAXIMUM DE TENSION.

207. Vaporisation. — Les corps peuvent subir un troisième changement d'état en passant de l'état liquide à l'état de gaz ou de vapeur : ce phénomène est désigné sous le nom de *vaporisation.* On appelle *vapeurs* les fluides aériformes dans lesquels peuvent se transformer les liquides, lorsqu'ils sont placés dans des conditions convenables. Cette transformation peut s'effectuer dans trois circonstances principales :

1° Dans le vide; 2° par évaporation; 3° par ébullition. Nous étudierons d'abord la vaporisation dans le vide.

208. Formation des vapeurs dans le vide. — Lorsqu'on introduit quelques gouttes d'un liquide dans un espace vide, la chambre d'un baromètre par exemple, on voit immédiatement ce liquide disparaître en même temps que la colonne barométrique s'abaisse. Ce fait ne peut s'expliquer qu'en admettant que le liquide s'est transfoimé en un fluide aériforme que nous appellerons *vapeur*, fluide qui a, comme les gaz, la propriété d'exercer une tension ou *force élastique* sur les vases qui le renferment. C'est cette tension qui a fait descendre le mercure, et il est évident qu'elle est égale à la différence entre la hauteur des colonnes mercurielles soulevées dans un baromètre ordinaire et dans le baromètre à vapeur. Si, après cette première introduction du liquide, on en introduit de nouveau une petite quantité, elle disparaît encore et le niveau du mercure subit une nouvelle dépression. Mais si l'on répète plusieurs fois l'expérience, on constate qu'il arrive un moment où le liquide introduit ne se vaporise plus, où le mercure reste à un niveau constant, ce qui indique que l'espace renferme tout ce qu'il peut contenir de vapeur, qu'il est *saturé* et que la tension de la vapeur est constante.

209. Les vapeurs suivent-elles la loi de Mariotte? — Puisque les vapeurs sont douées comme les gaz d'une force élastique, il est naturel de rechercher si elles suivent la loi de Mariotte. Il faut pour cela distinguer deux cas :

1° *Les vapeurs ne sont pas en contact avec un excès du liquide qui leur a donné naissance;*

2° *Les vapeurs sont en contact avec un excès de liquide.*

Dans le premier cas, en soulevant ou en abaissant au milieu du mercure le tube barométrique dans lequel on a fait l'expérience, de manière à augmenter ou à diminuer le volume de la vapeur, on voit que la colonne de mercure soulevée varie et que la force élastique de la vapeur suit la loi de Mariotte. Il est évident que cette force élastique est égale, dans chaque cas, à la différence des colonnes de mercure soulevées dans le tube et dans un baromètre voisin.

Dans le second cas, on introduit dans le tube barométrique une quantité de liquide à vaporiser suffisante pour qu'après la vaporisation il en reste encore une couche au sommet du mercure. Si l'on vient alors à soulever ou à abaisser le tube dans la cuvette profonde, on remarque, comme le représente la figure 152, que la colonne de mercure soulevée reste constante et ne quitte pas le niveau Y'Y;

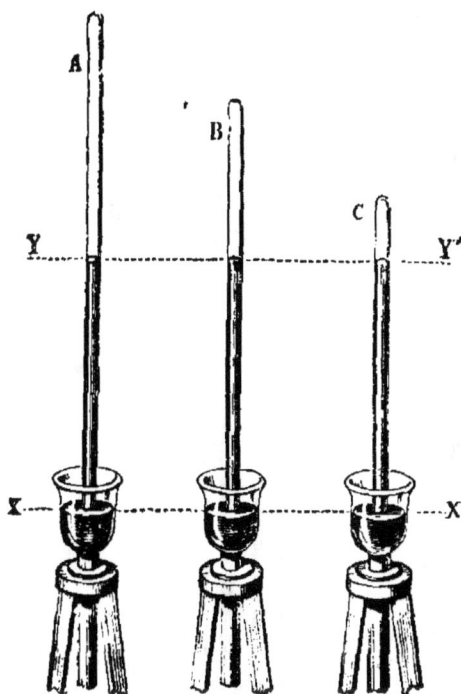

Fig. 152. — Tension maximum des vapeurs.

ce qui prouve que, malgré la variation de volume, la vapeur a conservé une force élastique constante, et, par suite, n'obéit pas à la loi de Mariotte. Cette force élastique est désignée en physique sous le nom de *tension maximum*.

210. Vapeurs saturantes. — Si, en même temps qu'on observe la colonne mercurielle soulevée dans le tube au moment où on fait varier le volume réservé à la vapeur, on examine attentivement la petite couche d'eau qui surmonte le mercure, on s'aperçoit que sa hauteur varie : elle diminue lorsqu'on soulève le tube; elle augmente lorsqu'on l'abaisse. On conçoit alors l'invariabilité de la force élastique ; elle tient à ce que la vapeur n'est pas en quantité constante, mais en quantité proportionnelle à la capacité de la chambre barométrique. Si toute l'eau ne s'est pas vaporisée dès le début de l'expérience, c'est que l'espace qui était réservé à la vapeur contenait tout ce qu'il *pouvait en contenir*; il était *saturé*; la vapeur était *saturante*. Dès qu'on a soulevé le tube, cet espace augmentant, une nouvelle quantité de liquide a pu se vaporiser ; dès qu'on l'a abaissé, cet espace diminuant, une partie de la vapeur est revenue à l'état liquide.

Il ne faut pas oublier que la saturation et le maximum de tension sont deux propriétés inséparables; une vapeur saturante est au maximum de tension, puisque, dès qu'on la comprime, elle revient en partie à l'état liquide sans changer de force élastique; une vapeur au maximum de tension est saturante, puisque, dès qu'on cherche à augmenter sa force élastique par la compression, elle reprend l'état liquide.

211. Influence de la température sur le maximum de tension. — Dans les expériences précédentes, nous avons supposé que la température reste invariable. Voyons maintenant ce qui arrive quand la température de la vapeur et du liquide volatil vient à changer.

Prenons pour cela l'appareil connu sous le nom d'appareil de Dalton[1]. Soit une cuvette C (fig. 153), pleine de mercure, sur laquelle reposent deux baromètres E, F : le premier E renfermant de la vapeur en contact avec le liquide générateur, le second F étant un baromètre normal ; entourons-les d'un manchon AB rempli d'eau, et portons le tout sur un fourneau D. A mesure que la chaleur du fourneau élèvera la température de l'eau du manchon, et par suite celle de la vapeur, on verra la différence entre les

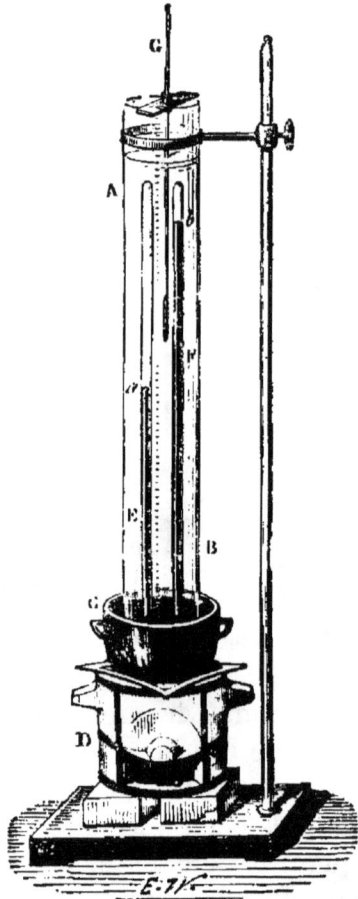

Fig. 153. — Appareil de Dalton.

niveaux *a* et *b* augmenter ; or, cette différence mesurant la force élastique de la vapeur, il résulte de cette expérience que la tension maximum augmente avec la température. Comme on voit en même temps la couche de liquide générateur diminuer, on en conclut que plus la tempéra-

1. Dalton, physicien anglais, né en 1766 à Ingleshand, mort à Manchester en 1844.

ture s'élève, plus la limite de saturation de l'espace recule.

Il est important de déterminer la tension de la vapeur

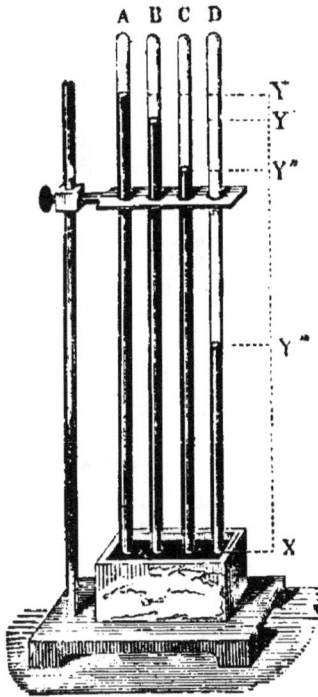

d'eau à des températures différentes, c'est ce qu'ont fait un certain nombre de physiciens, parmi lesquels nous citerons Dalton, Gay-Lussac[1], Arago[2] et Regnault. Nous n'examinerons pas les procédés qu'ils ont employés, et nous transcrirons seulement le résultat de leurs recherches.

212. Influence de la nature du liquide sur le maximum de tension. — La nature du liquide a une grande influence sur la valeur du maximum de tension de la vapeur à une température donnée. Plusieurs baromètres, A, B, C, D (fig. 154) sont disposés les uns à côté des autres dans une même cuvette. A est un baromètre ordinaire; dans B on a fait passer de l'eau; dans C de l'alcool; dans D de l'éther, et on voit aussitôt le mercure s'y abaisser de quantités inégales en dessous de son niveau primitif, ce qui prouve que les tensions de ces différentes vapeurs sont différentes aussi.

Fig. 154. — Influence de la nature du liquide sur la valeur de la tension maximum.

1. Gay-Lussac, physicien et chimiste, né en 1778, à Saint-Léonard (Haute-Vienne), mort en 1850, professeur de physique à la Faculté des sciences de Paris, et membre de l'Académie des sciences.

2. Arago (François), physicien et astronome français, membre de l'Académie des sciences, né à Estagel, mort à Paris en 1853.

TENSIONS DE LA VAPEUR D'EAU DANS LE VIDE, D'APRÈS REGNAULT.

TEMPÉRATURE du thermomètre à mercure.	TENSIONS.	TEMPÉRATURE du thermomètre à mercure.	TENSIONS.
Degrés.	Millimètres.	Degrés.	Millimètres.
— 20	0,91	70	233,09
— 10	2,06	80	354,64
0	4,60	90	525,45
10	9,16	100	760,00
20	17,39	120	1483,00
30	31,55	140	2682,08
40	54,91	160	1580,00
50	91,98	180	7366,00
60	148,89	200	11360,00

213. Mélange des gaz et des vapeurs. — Nous avons vu dans tout ce qui précède que les liquides se vaporisent plus vite dans le vide que dans l'air; il faut maintenant rechercher si la présence des gaz dans un espace influe non seulement sur la vaporisation, mais aussi sur la quantité de vapeur que peut contenir cet espace. Gay-Lussac a démontré :

1° *Que la présence du gaz n'avait aucune influence sur la quantité de vapeur que pouvait renfermer un espace limité; que la tension maximum de la vapeur au milieu du gaz saturé était la même que dans le vide à la même température;*

2° *Que la tension du mélange de gaz et de vapeur était égale à la somme des tensions du gaz et de la vapeur considérés chacun comme occupant le volume du mélange.*

Nous admettrons ces deux lois sans donner les détails du procédé employé par Gay-Lussac pour les démontrer.

CHAPITRE VI

ÉVAPORATION. — ÉBULLITION. — DISTILLATION. — CHALEUR
DE VAPORISATION. — FROID PRODUIT PAR LA VAPORISATION.

214. Évaporation. — Lorsqu'un liquide volatil est
abandonné à l'air libre, il se transforme peu à peu en vapeur qui se répand au milieu de l'air. C'est ainsi que si
nous mettons une couche d'eau dans une assiette et que
nous l'abandonnions à l'air libre, nous la verrons peu à
peu diminuer, puis disparaître complètement. On dit alors
qu'il y a eu *évaporation*.

L'évaporation peut être considérée comme produite
d'une manière analogue à la vaporisation dans le vide.
L'air qui se trouve en contact avec l'eau, présente des
pores, dont chacun peut être considéré comme formant
une petite chambre barométrique dans laquelle la vapeur
se précipite. L'évaporation a pour caractères particuliers :

1° *Que la vapeur se forme à la surface du liquide ;*

2° *Qu'elle se produit sans agitation intérieure de la masse.*

**215. Des causes qui influent sur la rapidité de
l'évaporation.** — 1° *Quantité de vapeur d'eau contenue
dans l'air.* — Il est évident que l'évaporation sera d'autant
plus rapide que la quantité de vapeur d'eau contenue
dans l'atmosphère sera plus petite, puisque la limite de saturation sera plus éloignée.

2° *Étendue de la surface libre du liquide.* — La rapidité
de l'évaporation augmente aussi avec la surface de contact
du liquide et de l'air ambiant, puisque le nombre des
points sur lesquels la vapeur se produit augmente lui-
même avec cette surface.

3° *Agitation de l'air.* — Dans un air parfaitement calme,
l'évaporation est lente ; car la couche d'air en contact
avec le liquide est bientôt saturée. Si, au contraire, l'atmosphère est agitée, cette agitation amène, à chaque instant,
au-dessus du liquide, de nouvelles couches capables de

recevoir de nouvelles vapeurs. On sait que la pluie qui mouille le sol est bientôt évaporée, s'il se produit après sa chute un vent un peu plus fort ; que le linge mouillé se sèche rapidement lorsqu'il est frappé par le vent. Cette dessiccation est d'autant plus prompte que le vent est plus sec.

Quand, en été, la peau est mouillée par la sueur, il faut éviter de rester dans un courant d'air, attendu que l'évaporation de ce liquide se faisant avec plus de rapidité déterminerait un refroidissement dont les suites pourraient être funestes.

4° *Température du liquide et du milieu environnant.* — Plus la température du liquide est élevée, plus il se vaporise facilement, puisque la tension maximum de la vapeur augmente avec la température. La température du milieu environnant doit aussi accélérer l'évaporation, puisque l'élévation de cette température recule, comme nous l'avons vu, la limite de saturation de l'espace.

216. Ébullition. — Lorsqu'on échauffe progressivement un liquide, on voit, à un moment donné, se former dans le sein du liquide des bulles de vapeur qui montent au milieu de la masse ; au début, on les voit diminuer peu à peu de volume, puis disparaître avant d'avoir atteint la surface du liquide. Mais à mesure que la température s'élève, ces bulles augmentent de volume et peuvent arriver à la surface où elles viennent crever. On dit alors que le liquide est en *ébullition*.

L'ébullition a été longtemps considérée comme un mode spécial de la vaporisation des liquides; mais nous allons faire voir qu'il n'est qu'un cas particulier de l'évaporation et que ces deux phénomènes n'en font qu'un. En effet, le liquide renferme toujours des gaz et la paroi du vase retient toujours adhérente une gaine d'air plus ou moins considérable. C'est au contact de ces bulles gazeuses que se produit le phénomène d'évaporation, et elles se saturent bientôt de vapeur.

Deux cas peuvent alors se présenter. Ou bien la bulle gazeuse interne, saturée de vapeur, constitue un mélange dont la force élastique est inférieure ou égale à celle de l'atmosphère augmentée du poids de la colonne liquide placée au-dessus de cette bulle, et alors elle reste immobile au sein de la masse liquide : l'évaporation a lieu exclusivement par la surface extérieure du liquide, c'est le cas de l'*évaporation ordinaire*. Ou bien, la température s'élevant, la force élastique de la bulle et son volume augmentent ; cette bulle peut alors monter dans le liquide, et à mesure qu'elle monte, la pression qu'elle supporte diminuant, son volume devient plus grand. C'est le cas de l'*ébullition*. On comprend qu'au début les bulles ne peuvent arriver à la surface ; car lorsqu'elles parviennent dans les couches su-

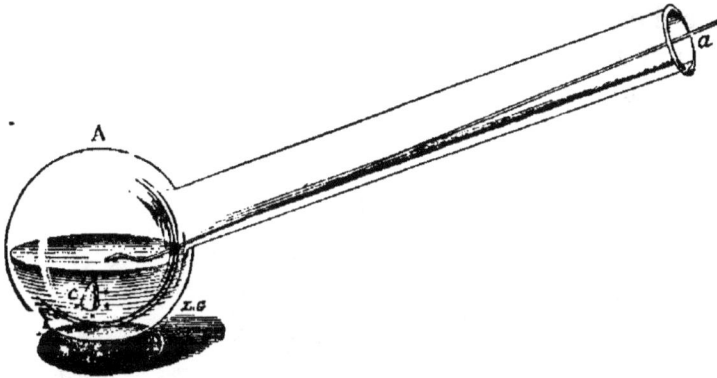

Fig. 155. — Rôle de l'air dans l'ébullition. Expérience de M. Gernez.

périeures qui sont plus froides, elles se refroidissent et se contractent jusqu'à disparaître.

Cette théorie de l'ébullition, qui ramène ce phénomène à celui de l'évaporation, s'appuie sur d'intéressantes expériences de M. Dufour (de Lausanne). Il a montré, par exemple, qu'en suspendant des gouttelettes d'eau au milieu d'un mélange d'huile de lin et d'essence de girofle fait en proportions convenables pour avoir la densité de l'eau, on peut porter le mélange, et par suite les gouttelettes, à une température de 178° sans qu'elles entrent en ébullition ; mais que, si l'on vient à les toucher avec une baguette de verre, l'ébullition se produit instantanément. La baguette de verre a pour effet d'amener, au contact des gouttelettes, la couche d'air qu'elle retient à sa surface quand on la plonge dans le liquide ; cela est si vrai que lorsqu'on a ré-

pété l'expérience un certain nombre de fois avec la baguette, sans la sortir du liquide, elle ne provoque plus
l'ébullition des gouttelettes qui restent, parce qu'elle est
dépouillée de l'air qu'elle avait ramené avec elle.

Une expérience de M. Gernez permet de faire voir le rôle
de l'air dans l'ébullition. On fait bouillir de l'eau pendant
longtemps dans un ballon de verre A (fig. 155) sur un fourneau à gaz : on éteint le gaz et l'eau cesse de bouillir.
Quand l'ébullition est interrom-
pue, on descend dans le liquide
une petite cloche pleine d'air c,
faite à l'extrémité d'un tube en
verre que l'on a étranglé à la
lampe. Immédiatement, au contact de l'air apporté dans le liquide, l'ébullition recommence et
continue pendant longtemps.

L'expérience suivante, due aussi
à M. Gernez, montre encore le
rôle que joue l'air dans l'ébullition d'un liquide. On descend dans
un ballon B (fig. 156), renfermant
de l'eau, un tube A contenant du
sulfure de carbone et un thermomètre t. On chauffe le ballon et le
sulfure de carbone bout. Quand
on a chassé par l'ébullition l'air
qu'il contient, on verse au-dessus
de lui une couche d'eau, qui le
sépare de l'air extérieur. On cons-

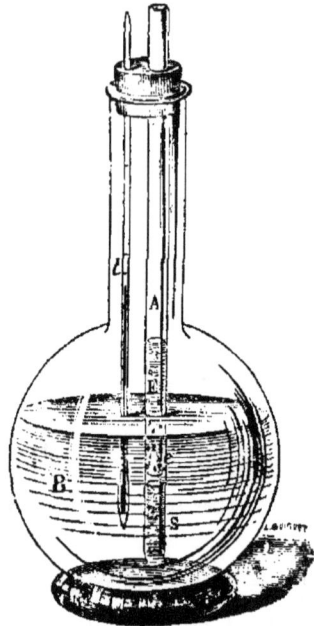

Fig. 156. — Expérience de
M. Gernez sur le sulfure de
carbone surchauffé.

tate alors qu'on peut le porter à une température bien
supérieure à sa température d'ébullition, sans que l'ébullition recommence. On dit alors que le sulfure de carbone
est *surchauffé*. Si l'on vient à laisser tomber dans le tube A
une petite cloche en verre c pleine d'air, l'ébullition recommence et la petite cloche soulevée par la vapeur monte
dans la couche d'eau, puis redescend et ainsi de suite. A
chaque contact de la cloche et du sulfure de carbone,
l'ébullition se produit. Pour que l'on puisse surchauffer

le sulfure de carbone, il faut que le tube A ait été préparé avec soin par des nettoyages répétés à l'acide sulfurique et à l'alcool.

Avant que l'ébullition ne commence, on entend un frémissement appelé *chant du liquide*, qui provient de l'agitation produite par la condensation, au milieu du liquide, des premières bulles de vapeur.

217. Lois de l'ébullition. — Le phénomène de l'ébullition est soumis aux deux lois suivantes :

1° *Un même liquide placé dans des conditions extérieures identiques commence toujours à bouillir à la même température ;*

2° *Pendant toute la durée de l'ébullition la température du liquide reste constante, quelle que soit l'intensité du foyer.*

218. Point d'ébullition. — Chaque liquide a son point d'ébullition, et c'est là ce qui constitue une propriété caractéristique pour chacun d'eux. Ainsi, l'alcool bout à 78°, la benzine à 80°, l'éther à 36°, l'essence de térébenthine à 161°, le mercure à 360°.

219. Circonstances qui influent sur la température d'ébullition d'un liquide. — Nous ferons remarquer que, dans l'énoncé de la première loi, nous avons spécifié que le liquide devait rester dans des conditions extérieures identiques ; c'est qu'en effet la variation de ces conditions entraîne aussi la variation de la température du point d'ébullition, comme nous allons maintenant le faire voir.

1° *Influence de la pression extérieure sur la température d'ébullition d'un liquide.* — Pour qu'une bulle de vapeur puisse se former dans un liquide, il faut que sa tension soit égale à la pression qu'elle supporte ; il faut donc qu'au point où elle se forme la température soit capable de lui donner cette tension. On comprend donc que, toutes choses égales d'ailleurs, la température d'ébullition du liquide doit dépendre de la pression qui s'exerce sur lui, qu'une élévation de pression retardera l'ébullition et qu'une diminution l'avancera. Les expériences suivantes mettent ces faits en évidence.

Sous une pression de 760 millimètres l'eau ne bout,

dans un vase en métal, qu'à la température de 100°. Cependant il est facile de vérifier que, sous le récipient de la machine pneumatique, l'eau peut entrer en ébullition à des températures d'autant plus basses que le vide y est fait d'une manière plus complète.

L'expérience suivante conduit au même résultat.

Dans un ballon B à long col (fig. 157) on fait bouillir de l'eau pendant dix minutes environ ; lorsque, par cette

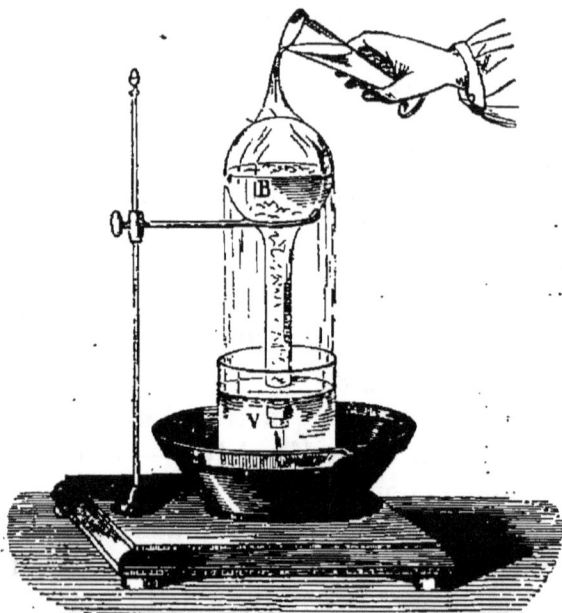

Fig. 157. — Influence de la pression sur la température d'ébullition.

ébullition, la vapeur d'eau, en s'élevant, a chassé l'air du flacon, on bouche le vase, et on le retourne en plongeant l'extrémité du col dans un second vase plein d'eau V, afin d'empêcher toute rentrée d'air. L'ébullition cesse dès que le liquide a été soustrait à l'action de la chaleur ; mais si l'on vient à verser de l'eau froide sur le ballon, la vapeur, qui seule exerce sa pression sur le liquide, se condense en partie, et l'ébullition recommence.

Au bout d'une heure, on peut souvent encore faire bouillir le liquide par de nouvelles affusions d'eau froide.

Inversement, lorsqu'on augmente la pression, on retarde

l'ébullition ; on peut même l'empêcher de se produire, si l'on opère dans un vase fermé. C'est ce qui arrive dans la marmite de Papin [1] (fig. 158). A est un vase de bronze contenant de l'eau. Il est fermé par un couvercle solidement fixé par la vis V sur l'ouverture de la marmite ; une soupape de sûreté S est fermée par une tige D à l'extrémité de laquelle se trouve suspendu un poids P : ce poids est réglé de façon que le levier se soulève, et par suite soulève la soupape, pour laisser échapper la vapeur lorsqu'elle a atteint une pression trop considérable.

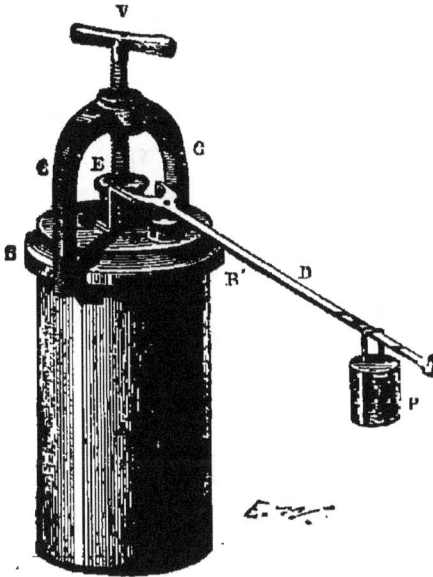

Fig. 158. — Marmite de Papin.

Si l'on chauffe cet appareil, appelé *marmite de Papin*, la vapeur qui se produit au début exerce sa pression sur le liquide et empêche de nouvelles bulles de se produire. La température s'élève progressivement sans que le liquide puisse bouillir, et dès qu'on ouvre la soupape, la vapeur sort avec violence et l'eau entre immédiatement en ébullition.

2° *Influence de la profondeur du liquide.* — Puisque la vapeur pour se former doit avoir une tension égale à la pression qui s'exerce sur elle, il est évident que, cette pression augmentant avec la profondeur du liquide, la température d'ébullition devra aussi augmenter.

3° *Influence de la pureté du liquide.* — Lorsqu'un liquide tient en dissolution des substances étrangères, son point d'ébullition change. Ainsi l'eau saturée de sel marin ne bout qu'à 103°,5.

1. Papin (Denis), célèbre physicien, né à Blois en 1650, mourut en 1710.

4° *Influence de la nature du vase.* — La nature du vase a aussi son influence sur le point d'ébullition du liquide. Ainsi l'eau qui, sous une pression de 760^{mm}, bout à 100° dans un vase de métal, ne bout qu'à 101° dans un vase de verre.

C'est qu'en effet la bulle de vapeur, pour se former au contact de la paroi, a non seulement à triompher de la pression qu'elle supporte, mais aussi de la force d'adhérence qui s'exerce entre elle et cette paroi. Or on comprend que cette force puisse varier suivant la nature du vase.

Ajoutons qu'un même liquide peut ne pas mouiller également des vases de natures différentes : moins il les mouillera facilement, plus il restera d'air entre lui et la paroi, et plus l'ébullition se produira facilement. L'expérience

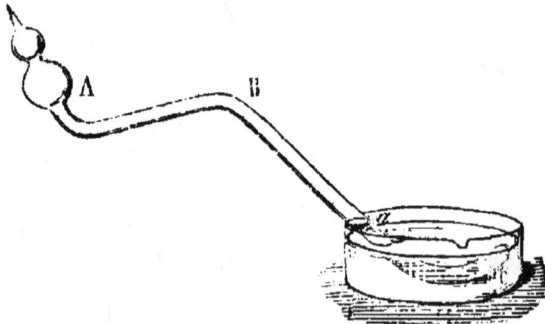

Fig. 159. — Expérience de M. Donny.

suivante due à Gay-Lussac met en évidence l'influence de la nature de la paroi. On fait bouillir de l'eau dans un vase de verre ; on l'éloigne un peu du feu, l'ébullition cesse ; mais si l'on vient à projeter dans l'intérieur du vase des parcelles de cuivre, l'ébullition recommence au contact de ces parcelles, qui forment paroi pour le liquide en contact avec elles et qui ont apporté avec elles une certaine quantité d'air.

Une seconde expérience due à M. Donny met bien en évidence l'influence qu'exerce sur le point d'ébullition l'état de la paroi, en sorte qu'elle confirme la théorie de M. Dufour. L'eau ne mouille pas parfaitement le verre, parce que sa surface présente toujours des matières organiques, des substances grasses, qui l'isolent plus ou moins

du liquide. M. Donny prenait un tube de verre recourbé
ABC comme celui que représente la figure 159. Il le net-
toyait parfaitement avec de l'éther, de l'alcool et de l'acide
sulfurique étendu d'eau ; puis il le remplissait à moitié
d'eau distillée, et par une longue ébullition de cette eau
chassait complètement l'air. Il fondait ensuite au chalu-
meau la pointe effilée du tube et enfermait ainsi dans le
tube au-dessus de l'eau une atmosphère de vapeur qui, à
la température de l'air ambiant, prenait une tension très
faible ; le liquide était d'ailleurs privé du contact de l'air,
puisque le gaz n'existait plus en quantité appréciable ni
dans l'atmosphère du tube, ni contre ses parois. Il put
alors échauffer l'eau du tube juqu'à 130° sans qu'il se
produisît de bulles de vapeur. Vers 135° seulement il se
forma de grosses bulles qui projetèrent le liquide dans
les boules : ces boules ont pour but d'empêcher un choc
trop brusque qui briserait l'appareil.

3° *Influence de la viscosité du liquide.* — La viscosité plus
ou moins grande du liquide exerce aussi une influence sur
l'ébullition. La vapeur ne peut, en effet, se former sans
écarter les molécules ; or, plus le liquide a de cohésion,
plus la résistance qu'elle doit vaincre est considérable ;
par suite, pour qu'elle en triomphe, il faut que la température s'élève. Mais dès que la cohésion est vaincue, la
vapeur se dégage brusquement : de là des mouvements
saccadés, des soubresauts. C'est ce qui arrive avec l'acide
sulfurique, le mercure, les huiles.

220. Chaleur de vaporisation. — La seconde loi
de l'ébullition (217) nous a appris que, pendant l'ébullition du liquide, la température reste constante, *quelle que
soit l'intensité du foyer.* Il faut donc admettre que lorsque
le liquide est arrivé à sa température d'ébullition, toute
la chaleur qu'on lui donne est employée à produire le
travail mécanique correspondant au changement d'état.
c'est-à-dire à l'éloignement des molécules qui amène la
vaporisation. Cette chaleur est désignée sous le nom de
chaleur de vaporisation. On appelle *chaleur latente de vaporisation d'un corps,* ou simplement *chaleur de vaporisation,*
à une température déterminée, la quantité de chaleur,

exprimée en calories, qu'absorbe l'unité de poids de ce liquide *pris à cette température*, pour se transformer en vapeur *saturante* sans changer de température. L'eau à 100° a pour chaleur de vaporisation 537; cela veut dire que lorsqu'un gramme d'eau est arrivé à 100°, il absorbe 537 calories pour se transformer en vapeur saturante à 100°, c'est-à-dire la quantité de chaleur nécessaire pour élever de 1° la température de 537 grammes d'eau.

221. Froid produit par la vaporisation. — Quelles que soient les conditions dans lesquelles se fait la vaporisation d'un liquide, elle nécessite toujours l'absorption d'une certaine quantité de chaleur.

Quand on n'en fournit pas directement au liquide, il en emprunte aux corps avec lesquels il est en contact. Tout le monde sait que l'été, après la pluie, *le temps est souvent rafraîchi.* Cela tient à l'évaporation de l'eau, qui se produit sur de larges surfaces.

Qu'on entoure le réservoir d'un thermomètre d'un peu d'ouate, qu'on y verse de l'éther, le liquide, s'évaporant rapidement à l'air, empruntera au thermomètre une certaine quantité de chaleur, et cet emprunt sera rendu évident par l'abaissement du mercure.

L'emploi des *alcarazas*, dont on se sert pour maintenir l'eau fraîche dans les pays chauds, est fondé sur ce principe. Les alcarazas sont des vases en terre poreuse ; l'eau dont on les remplit, suinte à travers leurs pores, vient s'évaporer à leur surface, et emprunte pour cela au liquide intérieur une certaine quantité de chaleur; par suite, celui-ci se refroidit.

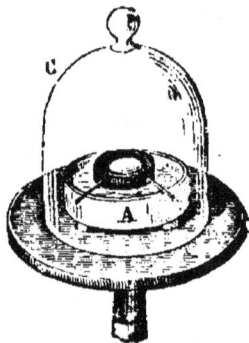

Fig. 160. — Congélation de l'eau dans le vide.

222. Congélation de l'eau dans le vide. — L'expérience suivante peut mettre en évidence la quantité de chaleur absorbée par l'eau pour sa vaporisation. Elle est due à Leslie, physicien écossais, mort en 1832. On place sous le récipient de la machine pneumatique une large capsule A (fig. 160), à demi pleine d'acide sulfurique. Un autre vase beaucoup plus petit, mince et rempli d'eau, est posé à l'aide de trois pieds sur les bords de la capsule.

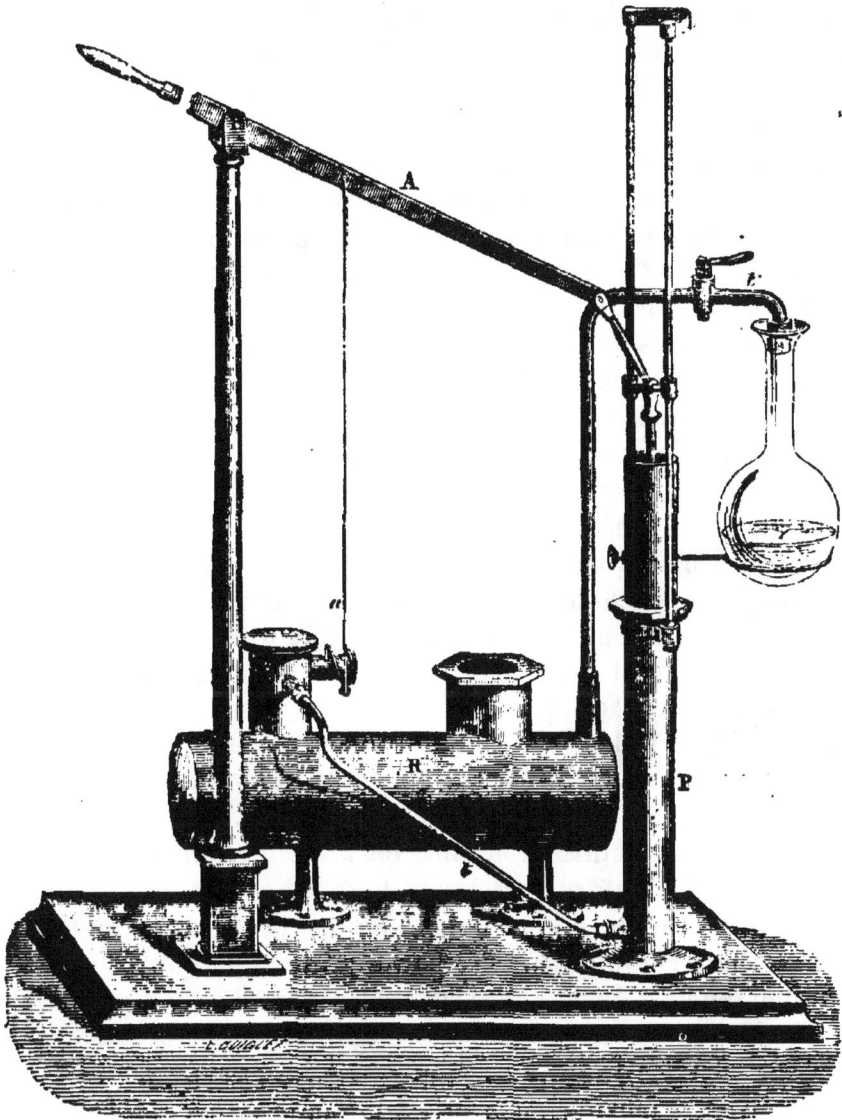

Fig. 161. — Appareil de M. Edmond Carré pour la fabrication artificielle de la glace.

On fait le vide, l'eau s'évapore avec rapidité ; l'acide sulfurique, en vertu de son affinité pour l'eau, absorbe les vapeurs à mesure qu'elles se produisent et maintient le vide. L'eau se congèle bientôt par suite du refroidissement que son évaporation lui a fait éprouver.

223. Fabrication artificielle de la glace. — M. Edmond Carré, en partant de cette expérience, a construit un appareil qui permet de fabriquer artificiellement la glace.

Il se compose d'un réservoir en plomb R (fig. 161), qui contient de l'acide sulfurique ; ce réservoir est mis par le tube t en communication avec une pompe pneumatique P, et par le tube t' avec une carafe remplie d'eau.

La pompe mise en mouvement par la tige métallique A fait le vide dans le réservoir, et dans la carafe l'eau se vaporise d'autant plus vite que ses **vapeurs** sont absorbées par l'acide sulfurique et l'eau se congèle bientôt. Par l'intermédiaire de la tige a qui est reliée à A, un agitateur remue constamment l'acide sulfurique pour faciliter l'absorption de la vapeur d'eau.

224. Caléfaction des liquides. État sphéroïdal. — Lorsqu'on laisse tomber une goutte d'eau sur une plaque de métal chauffée au rouge, elle prend la forme sphérique en restant à l'état liquide, et si la plaque métallique est bien horizontale, on peut l'y maintenir assez longtemps sans qu'il y ait ébullition. Si l'on étudie le phénomène avec attention, on constate que la gouttelette ne touche pas la plaque et qu'elle en est séparée par une petite couche de vapeur qui la maintient à une certaine distance : l'évaporation se fait alors lentement dans les conditions ordinaires. Si l'on n'entretient pas la plaque à la chaleur rouge, la gouttelette retombe sur la plaque et entre en ébullition. Les phénomènes de ce genre sont désignés sous le nom de *caléfaction des liquides*. L'eau est dite à l'*état sphéroïdal*.

Les autres liquides sont susceptibles aussi de prendre l'état sphéroïdal : si on liquéfie l'acide sulfureux par une température inférieure à 10° au-dessous de zéro, et qu'on verse quelques gouttes de ce liquide dans une capsule de platine chauffée au rouge, elles y prennent l'état sphéroïdal et restent liquides; comme elles ne peuvent d'ailleurs conserver cet état liquide qu'à la condition de n'avoir pas une température supérieure à 10° au-dessous de zéro, il arrive que si, l'on verse un peu d'eau sur elles, cette eau se congèle instantanément et on obtient de la glace dans un vase chauffé au rouge.

225. Liquéfaction des vapeurs et des gaz. — Si l'on place une vapeur dans des conditions absolument inverses de celles qui ont présidé à sa formation, il est naturel qu'elle reprenne l'état liquide. C'est ce que l'expérience vérifie de tous points. Pendant l'hiver, la vapeur, qui se trouve dans nos appartements chauffés, reprend l'état liquide au contact des vitres refroidies par l'air extérieur. C'est pour la même raison que la vapeur d'eau, qui sort continuellement de nos poumons par l'acte de la respiration, se transforme en petites gouttelettes, sous l'apparence d'un brouillard, lorsque, pendant l'hiver, elle arrive au milieu de l'air froid.

Une vapeur revient aussi à l'état liquide lorsqu'on augmente assez la pression qu'elle supporte.

Ce changement d'état, que l'on appelle *condensation*, est accompagné d'un dégagement de chaleur; car la vapeur abandonne la chaleur, chaleur latente que le liquide avait absorbée pour se vaporiser.

Les vapeurs présentant, comme nous l'avons vu, des analogies frappantes avec les gaz, il était naturel de supposer qu'en soumettant ceux-ci, soit à un refroidissement, soit à une augmentation de pression, soit enfin aux deux moyens à la fois, on les ramènerait à l'état liquide. C'est ce qu'a fait Faraday, dans une série de remarquables expériences.

L'oxygène, l'hydrogène, l'azote, le bioxyde d'azote, l'oxyde de carbone et l'hydrogène protocarboné avaient résisté pendant longtemps aux efforts que l'on avait tentés pour les liquéfier. En 1878, M. Cailletet et M. Pictet sont parvenus à les liquéfier en combinant la pression et le refroidissement.

Pour bien comprendre les idées qui les ont guidés et le procédé qu'ils ont employé, il est nécessaire d'exposer les phénomènes auxquels donnent lieu les liquides surchauffés en vase clos, phénomènes qui avaient été étudiés par Cagniard-Latour, Thilorier, Drion, Andrews, etc.

226. Liquides surchauffés en vase clos. Point critique. — Si l'on enferme un liquide dans un tube scellé et résistant et qu'on le porte à une température croissante, on constate : 1° que le coefficient de dilatation du liquide va en croissant avec la température, qu'il peut même devenir supérieur à celui des gaz ; 2° qu'il arrive un moment où le liquide et la vapeur n'offrent plus de ligne de démarcation, ce qui avait fait dire qu'à cette température appelée *température critique* ou *point critique* le liquide se vaporisait totalement. Il résulte des travaux de MM. Cailletet et Colardeau que la température critique est celle à laquelle un liquide et l'atmosphère gazeuse, qui le surmonte, deviennent susceptibles de se dissoudre mutuellement en toutes proportions, en formant, après agitation, un mélange homogène.

227. Liquéfaction des gaz considérés comme permanents. — Ce qui précède explique pourquoi certains gaz avaient résisté aux efforts que l'on avait faits pour les liquéfier : l'oxygène, l'hydrogène, l'azote, le bioxyde d'azote, l'oxyde de carbone et l'hydrogène protocarboné étaient considérés comme *permanents*. On les avait refroidis et comprimés ; mais le refroidissement auquel on les avait soumis, les ayant laissés encore à une température supérieure à leur point critique, ces corps avaient conservé l'état gazeux. M. Cailletet pensa que si, après avoir fortement comprimé un gaz, après avoir laissé dégager la chaleur produite par la compression, on le détendait brusquement, cette détente pourrait produire un froid suffisant pour liquéfier le gaz. On peut en effet démontrer que si on détend un gaz de 300 atmosphères à la pression ordinaire, l'abaissement théorique de température sera de 233°. C'est en partant de ces idées que M. Cailletet fit construire l'appareil suivant. Un tube en verre A (fig. 162) recourbé à sa partie inférieure se prolonge par un tube plus mince

Fig. 162. — Liquéfaction des gaz.

11.

et très résistant : il porte un écrou en bronze E. Ce tube
est d'abord rempli du gaz sur lequel on veut opérer ; puis
il est descendu (fig. 163) dans une cuve en fonte très résis-
tante et remplie de mercure : on visse l'écrou de manière à

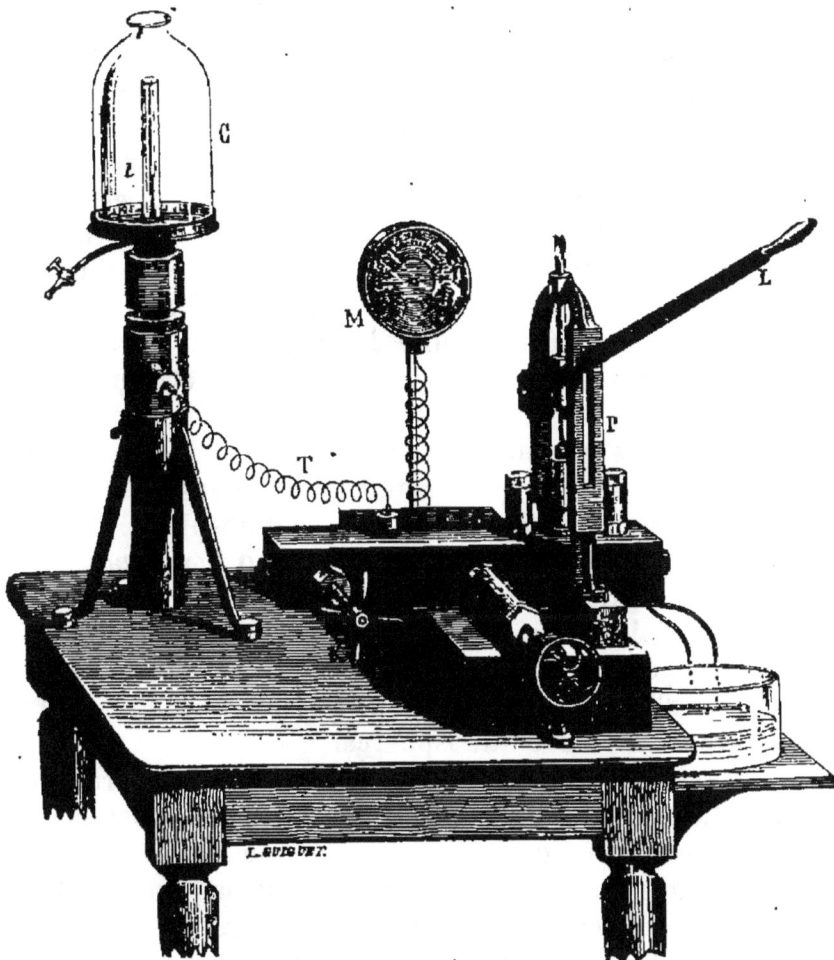

Fig. 163. — Appareil de Cailletet pour la liquéfaction des gaz.

fermer l'appareil hermétiquement. Puis par le tube *t* on met
la cuve en communication avec une presse hydraulique au
moyen de laquelle on injecte de l'eau dans la cuve et on
soumet le mercure à une pression croissante. Il entre dans
le tube A, refoule et comprime le gaz et on le voit bientôt
arriver dans la partie étroite *t* qui seule sort de la cuve. On

laisse alors refroidir le gaz, qui s'est échauffé par la compression : ce refroidissement peut être hâté, si l'on verse de l'eau dans une éprouvette *t* qui enveloppe le tube. Puis on fait brusquement tomber la pression en ouvrant un robinet à vis K, et on voit alors un brouillard parcourir le tube. Ce brouillard est produit par des gouttelettes provenant de ce que le gaz s'est partiellement liquéfié pendant le refroidissement produit par la détente.

M. Pictet a opéré autrement. Un obus très résistant et renfermant la matière capable de produire le gaz est mis en communication avec un tube en fer très épais dans lequel doit se produire la liquéfaction et que, par un procédé spécial, on refroidit aux plus basses températures que l'on puisse obtenir. On chauffe l'obus, le gaz formé se rend dans le tube, sa pression va en croissant et sous l'influence combinée du refroidissement et de l'augmentation de pression, il se liquéfie. Si l'on ouvre le tube en desserrant un bouchon à vis qui fermait l'une de ses bases, on voit un jet liquide s'élancer dans l'atmosphère. Avec l'hydrogène, ce jet était bleuâtre et, quand il arrivait sur le sol, il produisait une crépitation qui fit penser à M. Pictet que le gaz s'était solidifié.

Pour l'oxygène la liquéfaction a lieu à — 130° sous la pression de 237 atmosphères, pour l'hydrogène à — 140° sous la pression de 650 atmosphères.

228. Distillation. — On appelle *distillation* l'opération par laquelle on sépare les substances volatiles de substances qui ne le sont pas ou qui le sont moins que les premières. Ainsi l'eau des fleuves, des rivières, n'est pas pure : elle renferme des sels en dissolution ; pour l'en séparer, on la distille. L'appareil dont on se sert est appelé *alambic*.

Une chaudière en cuivre C (fig. 164), appelée *cucurbite*, contient l'eau à distiller ; elle est échauffée par la flamme du foyer F. Le liquide entrant en ébullition, sa vapeur monte dans le *chapiteau* A, passe par le tube T, qui la conduit dans un tuyau SS' roulé en spirale, appelé *serpentin* et plongeant dans un vase R plein d'eau froide. Refroidie par cette eau, la vapeur se condense, et le liquide provenant de cette condensation coule par l'extrémité B. Les substances solides, que l'eau tenait en dissolution, n'étant pas volatiles, sont restées dans la cucurbite.

Mais la vapeur abandonnant, en se condensant, une grande quantité de chaleur latente, échaufferait bien vite l'eau du réfrigérant R, si l'on n'avait soin de faire arriver au fond de celui-ci un courant d'eau froide par le tube D. L'eau échauffée s'élève en vertu de sa plus faible densité et s'écoule par le trop-plein P.

229. Lorsque la chaudière contient un mélange de deux

Fig. 164. — Alambic.

liquides volatils dont les points d'ébullition sont assez rapprochés pour qu'ils se volatilisent en même temps, on fait passer leur vapeur, avant de la conduire au serpentin, dans un appareil appelé *rectificateur*. La température y est moins élevée que dans la chaudière, de telle sorte que le liquide moins volatil peut s'y condenser et retourner à la chaudière, tandis que la vapeur de l'autre marche vers le serpentin où s'opère la condensation.

C'est sur ce principe que reposent les appareils qui servent à distiller les vins, les liquides alcooliques et à

effectuer la séparation de l'alcool et de l'eau qu'ils renferment

---

CHAPITRE VII

CONDUCTIBILITÉ. — CHALEUR RAYONNANTE.

230. Corps bons et mauvais conducteurs. —
Lorsque, tenant une cuiller d'argent par une de ses extrémités, on plonge l'autre dans l'eau bouillante, la cuiller
s'échauffe bientôt assez pour qu'il devienne impossible de
la tenir plus longtemps. C'est que la chaleur de l'eau bouillante s'est transmise à la partie plongée, et, se propageant
ensuite de molécule en molécule, est arrivée jusqu'à l'autre
extrémité. La propriété qu'ont les corps, à un degré plus
ou moins élevé, de pouvoir transmettre la chaleur de molécule à molécule à travers leur masse est désignée sous le
nom de *conductibilité*. L'argent est dit un corps *bon conducteur*. Si l'on refait l'expérience précédente avec une cuiller
de bois, elle ne s'échauffe pas :
on dit que le bois est *mauvais
conducteur*.

**231. Conductibilité des
corps solides.** — Les corps
solides ne possèdent pas tous au
même degré le pouvoir de conduire la chaleur.

**232. Appareil d'Ingen-
housz.** — L'appareil d'Ingenhousz[1] peut servir à comparer

Fig. 165. — Appareil d'Ingenhousz

les conductibilités des corps solides. Sur l'une des faces
d'une caisse rectangulaire en laiton B (fig. 165) sont implan-

---

1. Ingenhousz, médecin et physicien, né à Bréda (Hollande) en 1730
mort en 1799.

tées des tiges de même longueur et de même diamètre faites avec les substances à comparer entre elles. On plonge tous les cylindres dans un bain de cire fondue et on les retire promptement. Quand la cire est solidifiée à la surface des tiges, on verse dans la caisse de l'eau bouillante : la chaleur pénètre dans les cylindres et fait fondre la cire qui les recouvre. On juge de la conductibilité plus ou moins grande des tiges par la distance à laquelle la fusion de la cire s'étend dans le même temps sur chaque tige.

L'ordre des conductibilités est le suivant :

Argent, cuivre, or, laiton, zinc, étain, fer, acier, plomb, platine, verre, marbre, porcelaine, poterie, charbon, bois.

233. Conductibilité des corps liquides. — Quand on chauffe un liquide par sa partie inférieure, il s'établit dans la masse des courants que l'on peut mettre en évidence, par l'expérience suivante. Un vase de verre (fig. 166) contient de l'eau dans laquelle on a mis de la sciure de bois en suspension. On la chauffe sur une petite portion de sa paroi inférieure, et l'on voit les parcelles de sciure, entraînées par les courants, monter et descendre, comme l'indiquent les flèches de la figure.

Fig. 166. — Echauffement des liquides.

Il est évident dès lors que, pour apprécier la conductibilité des liquides, il faut se mettre à l'abri des courants dont nous venons de parler. On peut le faire en chauffant les liquides par leur partie supérieure. On a constaté ainsi que les liquides sont fort mauvais conducteurs de la chaleur.

Rumford[1] avait même nié leur conductibilité. Murray a prouvé son existence par l'expérience suivante. Après avoir creusé une cavité dans un bloc de glace, il plaça au fond un thermomètre ; puis, emplissant la cavité successivement d'huile et de mercure, il approcha de la surface du liquide

_____
1. Comte de Rumford, physicien célèbre, né dans l'Amérique anglaise, à Rumford, en 1753, mort à Auteuil en 1815.

un corps chaud et constata une élévation de température du thermomètre. La propagation ne s'est pas faite par les parois du vase, puisque ce vase est resté à zéro: elle ne s'est pas faite directement par rayonnement, car, si on ne touche pas le liquide avec le corps chaud, l'effet est moins sensible.

234. Conductibilité des corps gazeux. — Les gaz sont encore plus mauvais conducteurs que les liquides; leur échauffement se fait aussi par des courants intérieurs.

235. Applications. — Les principes que nous venons d'exposer donnent lieu à de nombreuses applications pratiques.

Certains corps paraissent froids à la main qui les touche : les métaux, par exemple. En effet, la chaleur que la main donne à ces corps ne restant pas aux points de contact, mais se transmettant par conductibilité, la main fournira du calorique jusqu'à ce que tout le morceau de métal soit en équilibre de température avec elle ; de là une sensation de froid. Si, au contraire, on touche un morceau de bois, la chaleur, ne quittant guère les points de contact, l'équilibre est bientôt atteint en ces points. Aussi le bois paraît-il moins froid que le métal, quoique ayant la même température que lui.

Pour conserver la glace dans les glacières, on prend des précautions qui reviennent toutes à l'entourer de substances peu conductrices, et, par suite, peu capables de lui transmettre la chaleur du dehors.

Quand on enveloppe un morceau de glace avec une étoffe en laine, on l'empêche de se fondre : car la laine, conduisant mal le calorique, protège la glace contre l'action de la chaleur extérieure. Inversement, quand on veut conserver un liquide chaud dans un vase, il suffit de l'envelopper avec de la laine, qui, par sa mauvaise conductibilité, maintient la chaleur à l'intérieur du vase.

Les vêtements de laine, dont nous nous couvrons pendant l'hiver, ne nous apportent pas de chaleur, mais ils empêchent, par leur mauvaise conductibilité, la chaleur de notre corps de se répandre au dehors. Nous ferons remarquer que le défaut de conductibilité des substances filamenteuses provient en partie de ce qu'elles emprisonnent une couche d'air, qu'une foule de petits obstacles empêchent de se mouvoir. L'édredon, dont nous recouvrons nos lits pendant l'hiver, doit ses effets à sa mauvaise conductibilité et surtout à celle de l'air emprisonné entre les brins de duvet. L'emploi des doubles fenêtres repose aussi sur la mauvaise conductibilité de la couche d'air enfermée entre les deux parois.

On a fait une très ingénieuse application des principes précédents dans l'invention d'appareils destinés à cuire les aliments sans l'action continue d'un foyer de chaleur. Ces appareils, appelés *cuisine automatique*, se composent d'une boîte en bois garnie intérieurement de substances filamenteuses recouvertes de feutre. Au centre se trouve une cavité destinée à recevoir le vase où l'on fera cuire les aliments. Pour faire le potage, on met dans un récipient en fer-blanc les substances nécessaires, eau, viande, légumes, etc., et, après les avoir fait bouillir jusqu'à formation de l'écume, on enlève celle-ci, on ferme le vase et on l'introduit dans la boîte dont nous avons parlé. On ferme avec un couvercle garni comme la boîte, et on abandonne le tout. Au bout de six à sept heures, on peut ouvrir l'appareil ; la chaleur développée pendant l'ébullition s'est conservée, grâce à la mauvaise conductibilité des parois, et l'on obtient un potage encore chaud et ne différant en rien de ceux que l'on fait par les procédés ordinaires.

236. Chaleur rayonnante. — Lorsqu'on s'approche d'une cheminée où se trouve du charbon ou du bois en ignition, on éprouve une sensation de chaleur. Si l'on place devant l'ouverture de la cheminée une bougie allumée, on voit sa flamme s'incliner vers le foyer, ce qui prouve l'existence d'un courant d'air allant de l'appartement dans la cheminée. L'existence de ce courant ne permet pas d'admettre que la chaleur soit arrivée par conductibilité de l'air, puisqu'à mesure que les molécules d'air s'échaufferaient, elles seraient emportées par le courant, sans pouvoir arriver au contact de nos organes.

237. Rumford a, du reste, démontré d'une manière péremptoire que la chaleur peut se transmettre directement d'un corps à l'autre, sans l'intermédiaire de corps interposés.

Il prenait un ballon de verre V (fig. 167), dont le centre était occupé par le réservoir d'un thermomètre, et y soudait un tube AB de 80 cen-
timètres environ ; il emplissait l'appareil de mercure comme pour en faire un ba-romètre, et le ren-versait sur une cu-vette contenant aussi du mercure. Le li-quide s'abaissait, lais-sant le vide au-dessus de lui ; puis, à l'aide du dard du chalu-meau, Rumford sépa-rait le ballon du tube au-dessus du niveau du mercure. Plon-geant alors le ballon dans l'eau chaude (fig. 168), il voyait le thermomètre indi-quer instantanément

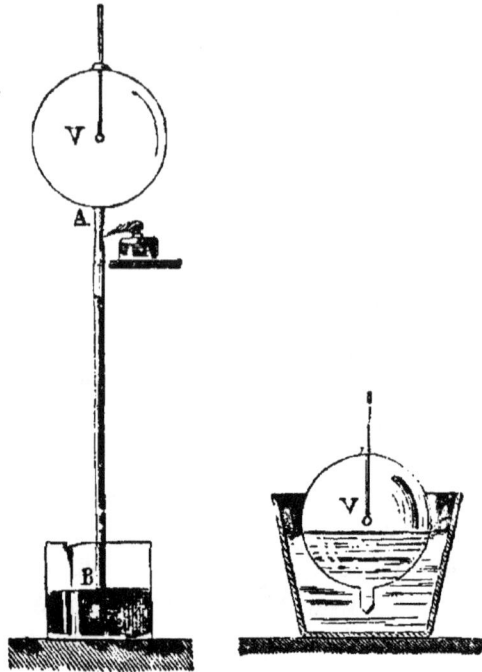

Fig. 167 et 168. — La chaleur se propage dans le vide.

une élévation de température ; ce qui prouve que la chaleur de l'eau chaude (chaleur qui n'est accompagnée d'aucun dégagement de lumière et que l'on nomme, pour cela, cha-leur obscure) traverse le vide barométrique.

La chaleur lumineuse du soleil jouit, du reste, évidem-ment de la même propriété, puisque, avant d'arriver dans les limites de l'atmosphère qui enveloppe la terre, elle a traversé les espaces interplanétaires où il n'existe aucune matière pondérable.

La transmission directe de la chaleur est dite transmis-sion *par rayonnement*.

238. Dans un milieu homogène, la chaleur se transmet d'un point à un autre en suivant une ligne droite. — Soit en S une source de chaleur (fig. 169), en T la boule d'un thermomètre, toutes deux très petites.

Le thermomètre recevant la chaleur, que lui envoie la source, indique une élévation de température ; mais si l'on interpose en un des points de la ligne ST un écran en carton ou en métal, le thermomètre revient aussitôt à la température de l'air ambiant, ce qui prouve que la chaleur de la source S ne lui arrive plus. L'écran interposé en tout autre point de l'espace n'empêche pas la chaleur d'arriver en T ; donc la chaleur suit la ligne droite ST pour aller de S en T et pas d'autre. La ligne droite suivie par la chaleur dans sa propagation est appelée *rayon calorifique*.

239. Émission de la chaleur rayonnante. — Lorsqu'un corps se refroidit, on reconnaît que le temps, qu'il met à s'abaisser d'un certain nombre de degrés, dépend de la nature de sa surface. Rumford prenait, pour le prouver, deux vases cylindriques, suspendus par des fils ou reposant

Fig. 169. — La chaleur se propage en ligne droite.

sur trois pointes en bois, de manière que la chaleur ne pût se perdre par conductibilité du support. Ces vases étaient remplis d'eau bouillante. La surface latérale de l'un était nue, celle de l'autre recouverte d'une toile fine ; un thermomètre, plongé dans chacun, indiquait la température de l'eau qu'il contenait. Ayant versé de l'eau à la même température dans les deux cylindres, Rumford constata que le vase nu se refroidissait beaucoup plus vite que le vase recouvert de toile, ce qui indiquait évidemment qu'il rayonnait plus de chaleur vers l'espace environnant. Ayant recouvert l'un des cylindres de substances différentes, il reconnut que, dans des conditions identiques, la vitesse de refroidissement variait avec la nature de la substance.

240. Pouvoirs émissifs. — On nomme *pouvoir émissif* d'un corps la faculté plus en moins grande qu'il possède de rayonner de la chaleur au dehors.

Les physiciens ont déterminé, par des procédés que nous ne décrirons pas ici, les pouvoirs émissifs des différents corps.

De la Provostaye et P. Dessains[1] ont apporté dans ces recherches une grande précision. Nous indiquerons les résultats auxquels ils sont arrivés.

Noir de fumée...	1	Argent vierge..	0,1309
Colle de poisson.	0,91	Argent bruni...	0,0135
Gomme laque...	0,62	Platine laminé..	0,112

On voit que les métaux ont un très faible pouvoir émissif, c'est ce qui explique pourquoi la vaisselle métallique conserve aussi bien la chaleur des aliments.

Nous ferons aussi remarquer que l'emploi des tubes en cuivre poli, comme tuyaux de poêles ou de cheminées, donne lieu à une émission de chaleur moins grande que l'emploi de tuyaux en tôle noircie.

241. La quantité de chaleur émise par un corps est d'autant plus grande que la température du corps rayonnant surpasse davantage celle du milieu ambiant.

Du reste, le refroidissement d'un corps est un phénomène très complexe ; il ne dépend pas seulement de la température, mais de la nature de l'espace environnant.

242. **Réflexion de la chaleur rayonnante**. — Lorsque la chaleur rayonnante tombe sur un corps dont la surface est polie, elle éprouve un changement de direction qui la rejette en avant de ce corps. On dit alors que la chaleur s'est réfléchie. Soit un rayon calorifique AB (fig. 170) tombant sur une surface parfaitement polie MN ; il est renvoyé par la surface dans la direction BC. Or, si l'on

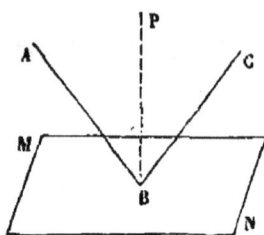

Fig. 170. — Réflexion de la chaleur.

élève une perpendiculaire BP à la surface au point d'incidence B, on constate par l'expérience que : *les deux plans APB et PBC coïncident* ; 2° *l'angle d'incidence APB est égal à l'angle de réflexion PBC.*

---

1. Hervé de la Provostaye, physicien français, né à Redon en 1812, mort à Paris en 1863. — Paul Desains, membre de l'Académie des sciences, professeur de la faculté des sciences de Paris, mort à Paris en 1882.

Nous n'insisterons pas sur la démonstration expérimentale de ces lois; nous indiquerons cependant comment on arrive à se convaincre de leur exactitude, en comparant les effets de la chaleur réfléchie à ceux de la lumière réfléchie.

Nous verrons plus tard que si l'on dispose, en face l'un de l'autre, deux miroirs sphériques concaves AA', BB' (fig. 171), de manière que les centres C, C' des sphères, auxquelles ils appartiennent, soient sur une ligne passant par les points milieux M, M' de leurs surfaces; qu'en un point F de cette ligne, milieu du rayon MC passant par F, on dispose la flamme d'une bougie, les rayons lumineux qui en sortent se réfléchissent sur AA' parallèlement à la ligne des centres, vont ensuite tomber sur BB' qui les réfléchit à son tour de manière qu'ils aillent passer par F', milieu de la ligne M'C'.

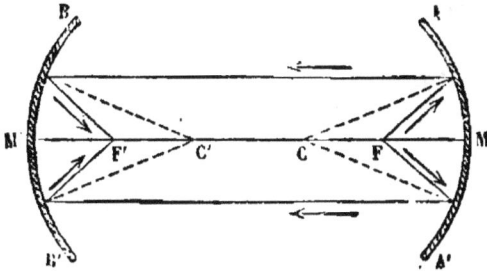

Fig. 171. — Réflexion de la chaleur.

Or, au point F', on peut recevoir sur un écran l'image

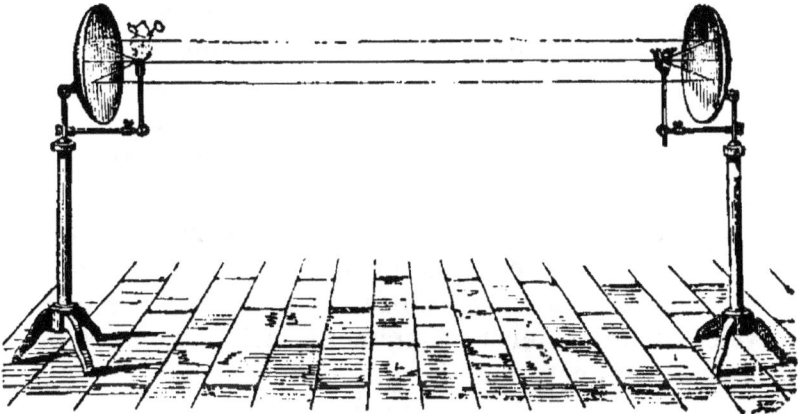

Fig. 172. — Réflexion de la chaleur.

très nette et très brillante de la bougie. Ce fait est une conséquence des lois de la réflexion de la lumière qui sont identiques à celles que nous avons énoncées plus haut pour

la chaleur. Mais si l'on remplace l'écran F' par un thermomètre, on constate une élévation sensible de température, ce qui conduit à admettre pour la chaleur les
mêmes lois de réflexion que pour la lumière.

Pour rendre la démonstration plus frappante, on dispose
souvent en F une grille contenant des charbons incandes-
cents; on peut alors en F' allumer de l'amadou, et comme
le morceau d'amadou commence à noircir du côté BB', on
conclut que c'est bien la chaleur réfléchie qui est cause de
son inflammation (fig. 172).

243. Pouvoirs réflecteurs. — Tous les corps n'ont
pas au même degré le pouvoir de réfléchir la chaleur, et
on nomme *pouvoir réflecteur* d'une surface polie le rapport
de la quantité de chaleur réfléchie à la quantité de chaleur
incidente.

Hervé de la Provostaye et Paul Desains sont arrivés aux
résultats suivants :

Argent	0,96	Acier	0,84
Or	0,95	Platine	0,83
Cuivre	0,93	Zinc	0,91
Laiton	0,75	Fer	0,77

244. Diffusion de la chaleur. — Les substances non
polies ne réfléchissent pas les rayons calorifiques dans une
direction unique et déterminée; elles les rejettent dans toutes
les directions; on dit alors qu'elles *diffusent* la chaleur.

**245. Transmission de la chaleur rayonnante à
travers les substances dites diathermanes.** — De
même que la lumière peut passer à travers certaines substances qui sont dites transparentes, de même la chaleur
peut aussi traverser certaines substances dites *diathermanes*.
Les physiciens ont déterminé pour un certain nombre de
substances le rapport entre la quantité de chaleur transmise et la quantité de chaleur incidente. Ils ont trouvé que
le sel gemme laisse passer les 0,92 de la chaleur qu'il reçoit,
quelle que soit la nature de la source d'où partent les
rayons; que, pour d'autres substances, la proportion de
chaleur transmise variait avec la nature de la source et
celle du corps diathermane.

246. Absorption de la chaleur rayonnante. — Lorsque la chaleur rayonnante tombe sur un corps, elle peut, indépendamment des phénomènes de réflexion, de diffusion et de diathermanéité dont nous venons de parler, être en partie absorbée par le corps et déterminer une élévation de température.

Les corps n'ont pas tous au même degré la faculté d'absorber la chaleur, et on nomme *pouvoir absorbant le rapport qui existe* entre la quantité de *chaleur absorbée* et la quantité de *chaleur incidente*. Il est évident, d'ailleurs, que plus le pouvoir réflecteur d'une substance est grand, plus son pouvoir absorbant est petit, puisque la réflexion rejette une partie de la chaleur incidente et l'empêche d'entrer dans l'intérieur de cette substance. C'est ainsi que les métaux ont un faible pouvoir absorbant, tandis que les substances mates, telles que le blanc de céruse, le papier, dont le pouvoir réflecteur est nul, absorbent toute la chaleur incidente qu'ils ne diffusent pas ; le noir de fumée absorbe à peu près intégralement toute espèce de chaleur incidente. .

247. Lorsqu'on veut qu'un corps s'échauffe rapidement, il faut le recouvrir d'une substance dont le pouvoir absorbant soit considérable, de noir de fumée, par exemple ; si l'on veut, au contraire, qu'il ne s'échauffe pas, on le recouvrira d'un métal poli.

248. Équilibre mobile de température. — Lorsque deux corps A et B de températures différentes sont en présence l'un de l'autre, ils rayonnent de la chaleur l'un vers l'autre jusqu'à ce qu'il y ait égalité de température. Le corps le plus chaud A se refroidit, non parce que l'autre B lui envoie du froid, mais parce qu'il reçoit de B moins de chaleur qu'il ne lui en envoie. On admet que lorsque A et B ont atteint la même température, ils continuent à rayonner l'un vers l'autre ; mais chacun recevant alors autant de chaleur qu'il en émet, la température reste fixe. Cet échange est désigné sous le nom d'*équilibre mobile de température*.

249. Ce qui précède nous explique pourquoi nous ressentons les variations de la température ambiante : lorsque la température de l'atmosphère et des objets placés au milieu d'elle est basse, notre corps rayonne vers eux plus de cha-

leur qu'il n'en reçoit, et il en résulte une sensation de froid. Lorsqu'au contraire cette température est élevée, nous recevons des corps plus de chaleur que nous n'en rayonnons, et nous éprouvons une sensation de chaud.

CHAPITRE VIII

MÉTÉOROLOGIE.

250. La météorologie a pour objet l'étude des phénomènes qui se produisent au milieu de l'atmosphère ; elle les analyse pour en chercher les lois et l'explication. Ces phénomènes nous intéressent au plus haut degré, puisqu'ils ont une influence immédiate sur les êtres qui vivent au milieu de l'atmosphère.

La météorologie comprend l'étude d'un grand nombre de faits souvent de nature assez complexe ; nous ne nous occuperons dans ce chapitre que des phénomènes pouvant s'expliquer par les connaissances que nous avons acquises jusqu'ici. Ils sont relatifs : 1° à la distribution de la chaleur à la surface du globe ; 2° à la mesure de la quantité de vapeur contenue dans l'air, ou hygrométrie ; 3° à la condensation de cette vapeur.

DISTRIBUTION DE LA CHALEUR A LA SURFACE DU SOL.

251. **Température de l'air.** — La température de l'air se mesure à l'aide des thermomètres, que nous avons décrits plus haut. L'instrument doit être placé à environ 2 mètres au-dessus du sol, à l'ombre, exposé au nord.

Les thermomètres à maxima et minima peuvent rendre de grands services dans l'appréciation de la température de l'air. Quand on veut obtenir la température moyenne d'un jour, on peut opérer de plusieurs manières ; ou bien prendre la moyenne des températures maxima et minima, indiquées par des thermomètres enregistreurs ou par le thermométrographe de Six et Bellani, ou bien observer le thermomètre d'heure en heure et prendre la moyenne des observations. On a remarqué que cette moyenne ne diffère pas beaucoup de la moyenne des trois observations faites au lever du soleil, à midi et au coucher du soleil.

Si l'on divise par le nombre des jours d'un mois la somme des moyennes des jours de ce mois, on a la *moyenne mensuelle*.

En divisant par 12 la somme des moyennes mensuelles, ou a la *moyenne annuelle*.

Enfin, on désigne, sous le nom de *température moyenne d'un lieu*, la moyenne des moyennes annuelles de ce lieu pendant un grand nombre d'années.

252. Variations de la température d'un lieu pendant un même jour. — En un même lieu la température n'est pas la même pendant tout le jour. Personne n'ignore qu'en général la température est plus élevée vers le milieu du jour qu'au matin et au soir. Les observations des physiciens ont prouvé que la température la plus basse se produisait en un lieu déterminé un peu après le lever du soleil, et la température la plus élevée vers deux heures de l'après-midi. Ces résultats sont faciles à expliquer. La chaleur que nous recevons nous vient du soleil ; et, à mesure que cet astre monte au-dessus de l'horizon, ses rayons tombent sur nous moins obliquement. Or, lorsqu'un rayon calorifique tombe sur une surface, il l'échauffe d'autant plus qu'il est moins oblique par rapport à elle. C'est à midi que le soleil nous envoie les rayons les moins obliques, et ce n'est cependant pas à cette heure qu'a lieu le maximum ; cela tient à ce que la quantité de chaleur que la terre rayonne de midi à deux heures est moindre que celle qu'elle reçoit ; l'élévation de température doit donc continuer ; ce n'est qu'après deux heures que la chaleur reçue est inférieure à la chaleur rayonnée ; aussi n'est-ce qu'à partir de cette heure que la température décroît. Le minimum n'a lieu qu'un peu après le lever du soleil, parce que dans les instants qui suivent ce lever, la terre continue à perdre de la chaleur par rayonnement, sans que cette perte soit entièrement compensée par les rayons solaires.

253. Saisons météorologiques. — On sait que la température moyenne d'un jour n'est pas la même aux différentes époques de l'année. Cette variation est due à l'inégalité des jours et des nuits : quand les jours sont plus longs, la terre s'échauffe davantage, parce qu'elle reçoit pendant un temps plus long les rayons du soleil. Or, la durée maximum du jour a lieu au 21 juin, et la durée minimum au 21 décembre. Cependant on a observé que le minimum de température n'avait lieu que dans les premiers jours de janvier et le maximum dans les premiers jours de juillet. Cela s'explique par des raisons analogues à celles que nous avons exposées pour le maximum et le minimum d'un même jour. Après le 21 juin, la terre continue à s'échauffer, parce qu'elle rayonne moins de chaleur qu'elle n'en reçoit, et de même, après le 21 décembre, elle en rayonne plus que le soleil ne lui en envoie. Aussi, en météorologie, considère-t-on le mois le plus chaud, c'est-à-dire le mois de juillet, comme le milieu de l'été qui comprendra juin, juillet, août ; le mois le plus froid, c'est-à-dire janvier, comme le milieu de l'hiver qui comprendra décembre, janvier et février ; mars, avril et mai formeront le printemps ; septembre, octobre et novembre formeront l'automne.

254. Causes et variations de la température en différents lieux. — La température moyenne varie d'un lieu à l'autre. Cette variation dépend de plusieurs causes qui sont :

1° La *latitude*. A mesure que la latitude augmente, la température moyenne diminue. C'est pour exprimer ce fait qu'on a divisé le globe en cinq zones. Ce sont : 1° la *zone torride*, comprise entre les tropiques, c'est-à-dire deux parallèles à l'équateur qui sont situés à 23° 28'. A l'équateur les jours étant toujours égaux aux nuits, la température est uniforme et très élevée ; 2° les *zones tempérées*, comprises entre chaque tropique et le cercle de 66° 32' ;

de latitude; 3° les *zones glaciales*, comprises entre le 66° de latitude et le pôle.

2° L'*altitude du lieu*. Plus l'altitude d'un lieu, c'est-à-dire l'élévation au-dessus du niveau de la mer, est grande, plus sa température moyenne est basse. Tout le monde sait qu'il fait plus froid sur le sommet des montagnes qu'à leur pied.

3° La *direction moyenne des vents*. Quand les vents soufflent ordinairement des contrées septentrionales, la température est plus basse; l'inverse a lieu quand ils soufflent des contrées méridionales.

4° Le *voisinage des côtes*. Dans le voisinage des côtes, le climat est ordinairement plus tempéré, les variations de température sont moins grandes, parce que les eaux qui baignent les côtes s'échauffent et se refroidissent plus lentement que la terre.

VENTS

255. Lorsque la densité de l'air est partout la même, l'atmosphère reste en repos; mais dès que cet équilibre est rompu par une cause quelconque, il en résulte un mouvement que l'on appelle *vent*. Supposons qu'une région du globe soit fortement échauffée: les couches d'air voisines du sol deviennent moins denses et s'élèvent; elles doivent donc être remplacées par de l'air froid venant des régions voisines, de là un vent soufflant de la région froide vers la région chaude; il est évident que ce vent se propage autour de la région considérée en sens inverse de sa direction. Lorsque les couches d'air échauffées se sont élevées a une certaine hauteur, elles se déversent de part et d'autre et il en résulte, dans les régions supérieures de l'atmosphère, un vent de direction contraire à celle du vent soufflant dans les régions inférieures.

L'expérience suivante nous rendra compte de la production des vents.

En hiver, ouvrons la porte qui fait communiquer un appartement chauffé avec un autre qui ne l'est pas. Nous sentirons immédiatement un courant d'air, et, si nous plaçons une bougie allumée tantôt à la partie inférieure de l'ouverture, tantôt à sa partie supérieure, nous constaterons, par la direction de la flamme, l'existence d'un double courant d'air, qui, en bas, est dirigé de l'appartement froid vers l'appartement chaud, en haut dans un sens inverse.

La condensation d'une certaine quantité de vapeur d'eau atmosphérique dans un lieu déterminé, ou une baisse barométrique, produit un vide qui est bientôt rempli par les couches d'air voisines; c'est là une nouvelle cause des vents.

256. Vents périodiques. Brises de terre et de mer. Moussons. Alizés. — Sur les côtes, lorsque le temps est calme, on ne sent aucun mouvement dans l'air jusqu'à huit ou neuf heures du matin; mais alors il s'élève peu à peu une brise venant de la mer : c'est *la brise de mer*. En effet, la terre s'échauffant plus vite que les eaux de la mer sous l'influence du soleil levant, l'air qui se trouve au-dessus d'elle s'échauffe aussi plus vite que celui qui est en contact avec la mer, et le courant aérien inférieur doit s'établir de la mer vers la terre. Le soir, le phénomène inverse a lieu, parce que le refroidissement de la terre est plus rapide que celui des eaux de la mer : alors souffle *la brise de terre*.

On appelle *moussons* les vents périodiques qui règnent pendant six mois dans un sens, et pendant six autres mois en sens contraire. On les observe spécialement dans l'océan Indien.

On appelle *vents alizés* des vents qui soufflent du nord-est dans notre hémisphère et du sud-ouest dans l'hémisphère austral. Ils sont dus à l'influence combinée de la rotation de la terre et de l'échauffement des couches d'air situées à l'équateur. Nous n'exposerons pas la théorie qui explique leur formation.

257. Vitesse des vents. — La vitesse des vents est très variable. Les marins appellent *vent frais* (qui tend les voiles) celui qui parcourt environ 6 mètres par seconde, *bon frais* (bon pour la marche des navires) le vent qui parcourt 9 mètres, *grand frais* le vent de 12 mètres, *très grand frais* celui de 20 mètres. Quand la vitesse atteint 25 ou 30 mètres, on a ce que l'on nomme une *tempête*; si elle s'élève à 35 ou 45 mètres par seconde, il en résulte un *ouragan*.

HYGROMÉTRIE.

258. But de l'hygrométrie. — L'atmosphère renferme toujours de la vapeur aqueuse. Il suffit, pour s'en convaincre, d'abandonner à l'air, dans un vase découvert, de l'acide sulfurique, de la potasse caustique, ou toute autre substance avide d'eau ; au bout de peu de temps l'augmentation de poids subie par ces corps prouve qu'ils ont absorbé une certaine quantité d'eau. On sait aussi qu'un vase plein de glace exposé à l'air se recouvre bientôt d'une couche de rosée qui n'est autre que la vapeur condensée. Cette condensation a lieu, parce que les couches d'air qui enveloppent le vase se refroidissent et arrivent bientôt à une température pour laquelle elles sont saturées de vapeur. A partir de cette limite, le refroidissement continuant, la vapeur se condense.

La vapeur d'eau qui se trouve dans l'air, a pour source principale l'évaporation spontanée des masses d'eau qui sont à la surface de la terre. Une nappe d'eau, dans des conditions ordinaires de température, laisse évaporer, en vingt-quatre heures, un litre d'eau environ par mètre carré de surface ; chaque kilomètre carré de la mer fournit donc environ, pendant vingt-quatre heures, 1 000 000 de litres d'eau, ce qui correspond à peu près pour toute la surface des mers à 400 000 000 de fois 1 000 000 de litres d'eau. Si l'on ajoute à cela la vapeur fournie par les nappes d'eau douce, fleuves, lacs, etc., on se rendra compte de l'énorme quantité de vapeur que reçoit constamment l'atmosphère, et on remarquera que l'équilibre ne peut subsister qu'à la condition que l'atmosphère rende à la terre l'eau qu'elle en reçoit ; c'est ce qu'elle fait, comme nous le verrons plus tard, par la pluie, la neige, la grêle, la rosée, etc.

La quantité de vapeur d'eau qui se trouve dans l'atmosphère est très variable ; et comme elle a une influence considérable sur un grand nombre de phénomènes, il était intéressant de rechercher des moyens propres à la déterminer. L'hygrométrie est la partie de la physique qui traite de cette détermination, et les hygromètres sont les appareils à l'aide desquels on l'exécute.

On appelle *état hygrométrique* de l'air le rapport qui existe entre la quantité de vapeur que contient un volume déterminé de cet air et celle qu'il contiendrait s'il était saturé à la même température.

Il y a plusieurs sortes d'hygromètres. Nous ne décrirons que l'hygromètre à cheveu de Saussure.

259. Hygromètre de Saussure. — La plupart des corps plongés dans l'air humide absorbent une quantité de vapeur aqueuse, qui varie avec leur affinité pour l'eau et avec l'état hygrométrique de l'air. Ils rendent à l'air une partie de cette eau, lorsque l'état hygrométrique diminue ; il arrive souvent en même temps que leurs dimensions changent : le bois, par exemple, se gonfle à l'humidité et se contracte en se desséchant. Le cheveu est une des substances les plus sensibles à l'influence de la vapeur d'eau ; il s'allonge dès qu'il se trouve dans l'air humide, et se contracte lorsque l'air se dessèche.

Saussure a profité de cette propriété dans la construction de son hygromètre.

On prend un cheveu fin et doux, coupé sur une tête saine et vivante, et on le débarrasse de la matière grasse qui le recouvre, en le lavant dans une dissolution de carbonate de soude. On peut aussi employer l'éther à cet effet. Ainsi préparé, un cheveu se dilate de 0,0245 de sa longueur totale en passant de la sécheresse absolue à l'humidité extrême.

Le cheveu est ensuite fixé par son extrémité supérieure F (fig. 173 et 174) dans une pince a qu'une vis de pression assujettit vers le haut d'un cadre de laiton. Une poulie à deux gorges D reçoit sur l'une d'elles l'extrémité inférieure E du cheveu qui lui est solidement fixée ; l'autre gorge reçoit un fil suspendant un contrepoids destiné à maintenir le cheveu constamment tendu. Dès que l'humidité fait changer les dimensions de ce dernier, la poulie se trouve entraînée dans un sens ou dans l'autre, et son mouvement est accusé par une aiguille C qui y est fixée et qui peut se mouvoir sur un cadre AB. La pièce c des figures 173 et 174 est une fourchette mobile susceptible d'être fixée par une vis de pression. Quand l'instrument n'est pas en observation, on la relève, elle soutient le poids d et le cheveu ne se fatigue pas inutilement.

Pour graduer l'hygromètre, il faut d'abord déterminer deux points fixes : le point d'extrême humidité et celui de sécheresse absolue. Pour le premier, on suspend l'hygromètre au milieu d'un vase dont les parois intérieures ont été mouillées avec de l'eau et qui repose lui-même sur une

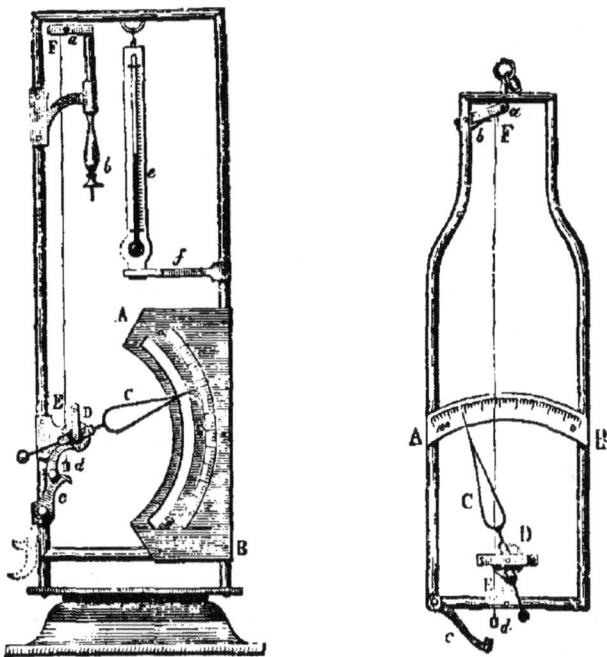

Fig. 173 et 174. — Hygromètre de Saussure.

assiette pleine d'eau ; dans ces conditions, l'atmosphère du vase peut être considérée comme saturée, et la vapeur d'eau qu'elle contient agissant sur le cheveu en produit la dilatation. Au bout de deux heures environ, le cheveu cesse de s'allonger, et on marque 100° au point où l'aiguille s'est arrêtée. Le second point fixe se détermine avec le même appareil, où l'on remplace l'eau par l'acide sulfurique concentré qui dessèche l'atmosphère du vase. L'aiguille rétrograde par suite de la contraction du cheveu, et, au bout d'un certain temps, celui-ci ayant atteint son maximum de contraction, elle s'arrête. On marque 0 en face de cette nouvelle position, et l'intervalle entre 0 et 100 est divisé en cent parties égales, qui forment les degrés de l'hygromètre.

Ainsi gradué, l'instrument ne peut servir qu'à indiquer approximativement le degré d'humidité de l'air. Ses indications n'étant pas proportionnelles à la quantité de vapeur d'eau contenue dans l'atmosphère, il faut, pour qu'il puisse servir à déterminer exactement l'état hygrométrique, avoir des tables que l'on peut construire d'après les méthodes de Gay-Lussac et Regnault.

Nous remarquerons de plus qu'il faut construire une table spéciale pour chaque hygromètre.

260. On a construit d'autres hygromètres reposant sur les mêmes principes. Le cheveu est remplacé par une corde de même nature que celles qu'on emploie pour les instruments de musique. L'une de ces extrémités est attachée à un point fixe, l'autre au petit bras d'un levier que la corde fait tourner dans un sens ou dans l'autre, selon qu'elle s'allonge ou se contracte. L'autre bras du levier a la forme tantôt d'un capuchon qui se relève sur la tête d'un capucin, lorsque l'air est humide, tantôt d'un parapluie qui s'ouvre, dans la même circonstance, sur la tête d'un petit personnage. Ces instruments ne peuvent donner que des indications assez grossières.

261. **Résultats généraux des observations hygrométriques.** — A la surface de la terre, l'hygromètre marque rarement 100°, même lorsqu'il pleut ; jamais non plus il ne descend au-dessous de 40°. La moyenne annuelle de ses indications est d'environ 72°.

Dans son voyage aérostatique, Gay-Lussac a remarqué qu'à 7000^m d'élévation à la température de 10° au-dessous de zéro, l'hygromètre était descendu à 26°.

CONDENSATION DE LA VAPEUR D'EAU ATMOSPHÉRIQUE.
MÉTÉORES AQUEUX.

262. **Brouillards.** — Les brouillards sont des amas de vapeur d'eau condensée, dans le voisinage du sol, en gout-

telettes excessivement fines qui rendent l'atmosphère plus
ou moins opaque. La cause qui les produit est, en général,
le refroidissement d'une masse d'air voisine de son point
de saturation.

Les brouillards se forment surtout le matin dans le voisinage des mers, rivières, lacs, étangs, parce que les eaux,
moins vite refroidies que l'atmosphère, donnent des vapeurs qui, arrivant au milieu de l'air, y subissent un
abaissement de température suffisant pour les rendre
saturantes. Le brouillard disparaît ordinairement après le
lever du soleil, parce que les rayons élèvent la températu-
ture de l'air et augmentent sa capacité pour la vapeur d'eau.

263. Nuages. — Les nuages ne sont autres que des
brouillards parvenus dans les régions supérieures de l'atmosphère. Cette assimilation est de tous points justifiée
par les observations que l'on peut faire dans les pays
montagneux. Lorsqu'on s'élève sur les flancs des montagnes, il arrive qu'à certains moments on se trouve enveloppé de brouillards. Si l'on continue à gravir, on peut
atteindre des couches d'air parfaitement transparentes ; et,
si l'on jette alors les yeux au-dessous de soi, on aperçoit
les brouillards que l'on vient de traverser, courir sous
forme de nuages le long des flancs de la montagne.

Les physiciens ont beaucoup discuté pour connaître les
causes de la suspension des nuages. Deluc admettait la
formation de vésicules enfermant dans leur sein des gaz
d'une densité moindre que l'air. Mais on a démontré que
cette explication est erronée. Des observations plus précises ont prouvé que si un nuage paraît suspendu au milieu de l'atmosphère, il n'en est pas moins animé d'un
mouvement descendant. C'est ce que l'on constate en se
plaçant sur une montagne, à la hauteur même des nuages
qui flottent au-dessus d'une plaine. Si, dans sa course
descendante, le nuage rencontre une couche d'air plus
chaude que celle au milieu de laquelle il a pris naissance,
l'eau en partie condensée qu'il renferme repasse à l'état
de vapeur invisible, et il se dissipe à sa partie inférieure,
tandis qu'il se reforme à sa partie supérieure. Si l'on
ajoute à cette circonstance qu'il peut aussi rencontrer des

Fig. 175 — Nuages.

couches d'air animées d'un mouvement ascendant, on comprendra facilement pourquoi les nuages nous paraissent souvent suspendus à une hauteur constante. C'est pour cette raison qu'à midi, heure à laquelle le courant d'air ascendant est plus fort, les nuages sont plus élevés que dans la matinée. Vers le soir, au contraire, quand ce courant devient plus faible, ils s'abaissent et disparaissent souvent en arrivant dans les régions chaudes de l'atmosphère.

La hauteur des nuages est très variable; la région moyenne est comprise entre 500 et 1500 mètres; mais il en est qui sont quelquefois à une hauteur de plus de 7000 mètres.

On appelle *cumulus* les gros et magnifiques nuages blancs à contours arrondis, qui s'entassent sur l'horizon pendant les chaleurs de l'été. Leur apparition présage l'orage. On les voit en B (fig 175).

On nomme *cirrus* des nuages qui ont tantôt l'aspect de légers flocons, tantôt celui de filaments déliés et qui donnent au ciel l'aspect *pommelé*. On les voit en A. Dans nos contrées ils apparaissent quand le vent du midi commence à souffler, après une période de beau temps. L'apparition des cirrus précède le plus souvent un changement de temps. En été ils annoncent la pluie; en hiver, la gelée ou le dégel. Les cirrus sont les nuages les plus élevés.

Les *stratus*, que l'on a représentés en C, sont des nuages dispersés en bandes horizontales, qui se forment au coucher du soleil et disparaissent à son lever. Les stratus rouges du soir annoncent en général le beau temps.

Enfin on appelle *nimbus* des nuages qui, comme D, sont tellement confondus ensemble qu'il est impossible de les distinguer l'un de l'autre. Ils se résolvent ordinairement en pluie.

264. **Pluie.** — Quand la température d'un nuage s'abaisse, la condensation de la vapeur s'y produit et les vésicules se transforment en véritables gouttes d'eau qui tombent vers la terre et constituent la pluie. Lorsque dans leur chute ces gouttes d'eau rencontrent des couches parfaitement sèches, elles se vaporisent à leur surface, et la

vaporisation peut être assez complète pour que la pluie n'arrive pas jusqu'au sol, ou n'y arrive qu'à l'état de pluie fine. Si, au contraire, les couches inférieures de l'atmosphère sont à peu près saturées, les gouttes d'eau qui les traversent, se trouvant plus froides qu'elles, condensent à leur surface une portion de la vapeur, et les gouttes de pluie grossissent à mesure qu'elles approchent du sol.

On appelle *udomètres* ou *pluviomètres* des appareils qui servent à mesurer la quantité de pluie qui tombe dans un lieu déterminé. Un udomètre est tout simplement un vase en fer-blanc ouvert à sa partie supérieure. Pour éviter que l'eau tombée dans le vase ne s'évapore, depuis l'instant où elle y arrive jusqu'à celui où l'on observera l'épaisseur de la couche qu'elle y forme, on recouvre l'udomètre avec un entonnoir. L'entonnoir reçoit la pluie, la laisse pénétrer dans le vase par un trou étroit et l'empêche, une fois entrée, de se dissiper en vapeur. C'est ainsi qu'on a reconnu que, si l'eau ne s'infiltrait pas dans le sol, la pluie pourrait constituer au bout d'un an une couche épaisse, à Paris, de 60 cent., à Bordeaux, de 89 cent., à Rouen, de 99 cent., à Toulouse, de 64 cent., à Nantes, de 135 cent.

265. Serein. — En été, dans la vallée, il tombe quelquefois après le coucher du soleil, sans qu'il y ait de nuages au ciel, une petite pluie extrêmement fine, qu'on appelle *serein*. Cette pluie résulte du refroidissement que la disparition du soleil provoque dans l'air de la vallée et de la condensation partielle de la vapeur d'eau atmosphérique.

266. Verglas. — Pendant l'hiver, il arrive quelquefois qu'à de longues gelées succède brusquement un temps pluvieux. Si la pluie vient à toucher le sol alors que la température de celui-ci est encore au-dessous de zéro, elle se gèle et forme sur la terre une couche mince de glace que l'on appelle *verglas*.

267. Neige. — La neige provient de la solidification de la vapeur d'eau dans les régions élevées de l'atmosphère ; chaque flocon est formé par la réunion de petits cristaux, dont la figure 176 représente les formes variées. La neige n'arrive pas toujours jusqu'à nous ; si elle rencontre dans sa chute des couches d'air moins froides que celles où elle a pris naissance, elle peut se liquéfier et nous arriver à l'état de pluie. Dans ce cas il neige sur les montagnes élevées et il pleut dans la plaine. Mais dans l'hiver les régions inférieures de l'atmosphère peuvent être assez

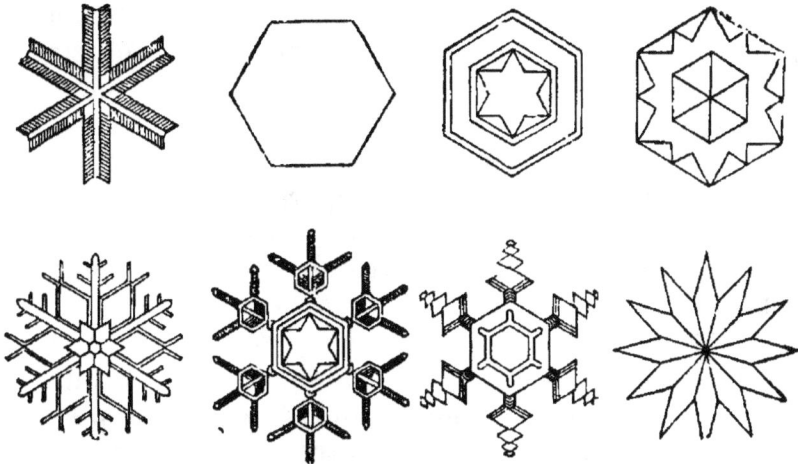

Fig. 176. — Cristaux de glace.

froides pour que la neige les traverse sans se liquéfier, et arrive à l'état solide à la surface du sol, où elle forme une couche qui, par sa mauvaise conductibilité, protège les végétaux de gelées funestes.

268. Grésil. — Le grésil est formé de petites pelotes beaucoup plus compactes que la neige, et paraît dû à une congélation brusque de la vapeur vésiculaire se mélangeant avec un vent très froid et animé d'une grande vitesse.

269. Grêle. — Quant à la grêle, qui accompagne souvent les pluies d'orage, on l'attribue à des phénomènes électriques; mais on ne se rend pas compte encore d'une manière parfaite de tous les faits auxquels elle donne lieu.

270. Rosée. — On donne le nom de *rosée* à des gouttelettes d'eau que l'on trouve sur la plupart des corps exposés à l'air libre, *à la suite des nuits calmes et sereines.*

Un grand nombre d'hypothèses ont été faites pour expliquer sa formation. Les alchimistes recueillaient avec soin la rosée, qu'ils regardaient comme une exsudation des astres, dans laquelle ils espéraient trouver de l'or; d'autres

ont admis que c'était une pluie très fine venant des régions
élevées de l'atmosphère ; d'autres enfin ont prétendu qu'elle
s'élevait de terre. Les expériences du docteur Wells[1], con-
firmées plus tard par celles de Melloni, sont venues fixer
l'opinion des physiciens sur cette question importante.

Wells, rapprochant le phénomène de la rosée du dépôt
de vapeur condensée qui se forme à la surface des objets
refroidis au milieu d'une atmosphère humide, les carreaux
de vitre, par exemple, prétendit que la rosée ne se produisait sur un corps que lorsque celui-ci se refroidissait assez
par rayonnement pour abaisser la température de l'air ambiant et l'amener à l'état de saturation ; qu'à partir de cet
instant, si l'air continuait à se refroidir, la vapeur d'eau
qu'il contenait se condensait en partie à l'état de rosée.

Wells a commencé par prouver que la rosée ne tombe
pas comme une pluie. Pour cela, pendant une nuit calme
et sereine, deux flocons de laine de poids égaux furent placés l'un sur le sol et à l'air libre, l'autre au fond d'un cylindre de terre cuite. Au bout d'un certain temps le premier
pesait plus que l'autre, et cependant si la rosée était tombée sur eux sous forme de pluie, celui qui était au fond
du cylindre aurait reçu cette pluie en quantité égale à
celle qu'aurait reçue l'autre, et l'augmentation de poids eût
été la même dans les deux cas. L'hypothèse de Wells est
parfaitement en rapport avec les résultats de l'expérience
précédente ; en effet, le flocon placé à l'air libre rayonne
dans tous les sens et l'atmosphère ne lui rend guère de chaleur, tandis qu'au contraire le second flocon rayonnant vers
les parois du cylindre, une partie du calorique qu'il
rayonne lui est renvoyée par ces parois, et le refroidissement doit être moindre pour lui que pour l'autre. Il en résulte qu'il produit une condensation moindre de la vapeur
et par suite l'augmentation de poids qu'il subit est moindre
aussi.

Du reste, Wells, pour montrer que les corps situés à la
surface du sol se refroidissent par rayonnement beaucoup

1. Wells, médecin et physicien, né à Charlestown, en 1653, mort à
Londres en 1817.

plus que l'atmosphère, plaça des thermomètres sur l'herbe courte, et d'autres à un mètre au-dessus du sol; ces derniers marquèrent une température supérieure de 4°, 5° et même 8° à celle qu'indiquaient les autres.

Nous ne décrirons pas toutes les expériences du docteur Wells, et nous citerons une expérience fort élégante de Melloni, qui confirme la théorie de Wells et réduit les autres à néant.

Il prit un disque en fer-blanc DD' (fig. 177) dont la partie centrale CC' était couverte d'une couche épaisse de vernis, dans une longueur égale au tiers du diamètre. Un autre disque en fer-blanc moins large que le cercle verni était maintenu à une distance

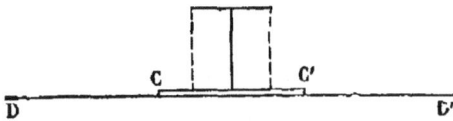

Fig. 177. — Formation de la rosée.

de 5^{mm} au-dessus de ce dernier par un fil de fer. Cet appareil fut exposé horizontalement à l'air libre, par une nuit calme et sereine. La partie vernie, qui avait un pouvoir émissif plus grand que le métal, se refroidit et se couvrit la première de rosée; puis, le refroidissement se propageant par conductibilité, le dépôt de rosée se propagea aussi vers la circonférence et jusqu'à une certaine distance du centre. Quant à la face inférieure du disque DD', elle se couvrit de rosée exactement de la même manière que la face supérieure.

Le disque supérieur restant sec, il est évident que la rosée ne tombe pas du ciel; car, dans ce cas, elle le recouvrirait comme le disque DD'. D'autre part, puisque le centre du disque DD' reste sec, *même sur sa face inférieure*, il est certain que la rosée ne s'élève pas du sol.

271. Circonstances qui influent sur le dépôt de rosée. — La théorie précédente permet d'expliquer toutes les circonstances qui influent sur le dépôt de rosée.

1° *Nature des corps.* Tous les corps n'ayant pas le même pouvoir émissif ne se refroidissent pas également, et, par suite, la rosée doit se déposer fort inégalement sur eux; c'est pour ce motif que les métaux, surtout lorsqu'ils sont polis, se recouvrent rarement de rosée; le verre, l'herbe,·

le bois, les tuiles, dont le pouvoir émissif est plus grand, produisent une condensation plus abondante de la vapeur d'eau.

2° *Influence de l'exposition des corps.* Quand un corps est abrité, qu'une partie du ciel lui est cachée, le dépôt de rosée à sa surface est faible ; car s'il rayonne dans tous les sens, la chaleur qu'il envoie vers l'abri lui est renvoyée par celui-ci, et son refroidissement est moindre que s'il n'était pas abrité. Les murs, les édifices abritent les objets placés auprès d'eux ; aussi la rosée est-elle bien moins abondante dans les villes qu'en rase campagne.

3° *Influence de l'état du ciel.* Quand le temps est couvert, les nuages jouent aussi le rôle d'abri par rapport aux corps situés sur le sol, et le dépôt de rosée est plus faible.

4° *Influence du vent.* Si l'air est parfaitement calme, la même couche demeure toujours en contact avec le sol, et dépose seule la vapeur qu'elle contient : il en résulte que la rosée sera peu abondante. Si d'autre part l'air est très agité, il en sera de même, parce que cette agitation facilite l'évaporation de la couche d'eau, à mesure qu'elle prend naissance. Une faible agitation de l'air présente donc les conditions les plus favorables au dépôt de la rosée.

5° *Influence de la saison.* Il est évident, d'ailleurs, que la quantité de rosée déposée sera d'autant plus grande que la différence entre la température du jour et celle de la nuit sera plus considérable ; elle est plus abondante à l'automne et au printemps qu'en hiver et en été.

272. Givre ou gelée blanche. — L'origine de la gelée blanche est la même que celle de la rosée. La gelée blanche se produit lorsque la température des corps, à la surface desquels s'est formée la rosée, est assez basse pour que celle-ci se congèle.

Les gelées tardives produites par le rayonnement pendant les nuits de printemps ont de funestes effets sur les végétaux ; un préjugé populaire attribue ces désastres à l'influence de la lune, et on l'appelle *lune rousse*, parce que les bourgeons et les feuilles rougissent lorsqu'elle brille, tandis que, si elle reste masquée par les nuages, on ne remarque aucune désorganisation dans les végétaux. Est-il besoin d'ajouter que la lune n'a aucune influence en pareil cas, et que si les plantes ne souffrent pas lorsqu'elle est cachée, cela tient uniquement à ce que les nuages diminuent les effets du rayonnement et par suite le refroidissement des végétaux?

INDICATIONS DU BAROMÈTRE.

273. Nous avons vu, en nous occupant du baromètre, que cet instrument servait à étudier les variations de la pression atmosphérique. Ces variations sont intimement liées à l'état de l'atmosphère ; aussi les météorologistes enregistrent-ils avec soin les indications barométriques, et voici quelques-uns des résultats généraux auxquels ils sont parvenus.

Le baromètre est soumis, dans chaque lieu, à des oscillations continuelles. On appelle *hauteur moyenne* du jour la moyenne des hauteurs observées à chaque heure du jour et de la nuit. La moyenne mensuelle s'obtient en faisant la moyenne des moyennes des jours du mois, et la moyenne annuelle est la moyenne des moyennes mensuelles.

En chaque lieu la moyenne annuelle est constante, mais elle varie d'un point à l'autre du globe avec la différence des altitudes et avec celle des latitudes. Les moyennes mensuelles varient en un même lieu, dans le cours de l'année ; elles sont généralement plus grandes en hiver qu'en été.

Quant aux hauteurs barométriques observées pendant une même journée, elles sont soumises à des oscillations très régulières. Il y a deux minima, à quatre heures du matin et à quatre heures du soir, séparés par deux maxima, qui s'observent à dix heures du matin et à dix heures du soir.

Outre ces variations régulières, il est des perturbations continuelles que le baromètre éprouve dans les climats tempérés. Elles ont un rapport remarquable avec l'état du ciel. Le mauvais temps a lieu ordinairement lorsque le baromètre baisse, le beau temps lorsqu'il monte. C'est de

là que vient l'un des plus fréquents usages de l'instrument
dont nous parlons. Aussi, comme nous l'avons remarqué
plus haut (115), lui adapte-t-on souvent une graduation spéciale qui indique l'état de l'atmosphère.

Depuis un certain nombre d'années les différentes nations
ont installé chez elles des *bureaux météorologiques*, qui
échangent chaque jour des dépêches télégraphiques donnant la direction du vent, la pression barométrique qui
règne au bureau expéditeur, la température. En rassemblant
toutes ces indications, chaque bureau peut en tirer sur le
temps des pronostics, sinon certains, au moins utiles.

En effet, les perturbations atmosphériques sont produites le plus souvent par des tourbillons : en même temps
qu'une certaine masse d'air se met à tourner sur elle-même,
elle se déplace avec une vitesse variable, souvent très
grande, mais incomparablement plus petite que celle de
l'électricité qui transmet la dépêche. La pression est minimum au centre du tourbillon, maximum à la périphérie ;
si bien que chaque bureau météorologique, pouvant savoir
où se trouve le centre et la périphérie d'un tourbillon,
pourra savoir chaque jour sa marche, se rendre compte de
sa vitesse de déplacement, prévoir l'époque probable de
son arrivée et, jusqu'à un certain point, les changements
atmosphériques qu'il apportera.

Remarquons toutefois que les météorologistes n'ont pas
encore de lois assez sûres pour qu'il leur soit possible de
prédire le temps à longue échéance. Les bureaux météorologiques n'en rendent pas moins de grands services aux
cultivateurs, aux marins, etc., par les indications qu'ils
leur donnent.

CHAPITRE IX

MACHINES A VAPEUR ET APPAREILS DE CHAUFFAGE.

274. Les applications de la vapeur d'eau comme force motrice sont tellement importantes et tellement nombreuses qu'il ne sera pas inutile, avant d'étudier les machines que nous possédons actuellement, de jeter un coup d'œil sur les principales inventions qui, de perfectionnements en perfectionnements, ont conduit à la solution d'un problème si important pour les progrès de l'industrie.

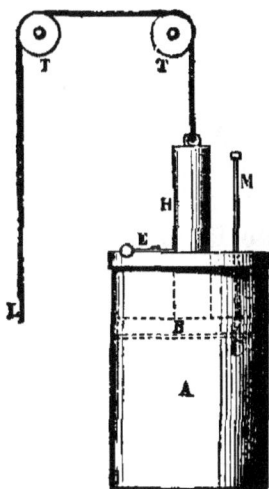

Fig. 178. — Machine à vapeur.

Salomon de Caus a le premier indiqué, en 1625, la vapeur d'eau comme pouvant agir par pression pour produire l'élévation de l'eau. Le marquis de Worcester publia en Angleterre, en 1663, un ouvrage dans lequel il parle aussi d'un moyen qu'il a inventé pour élever l'eau par la pression de la vapeur. Denis Papin est le premier qui ait eu l'idée, en 1690, de faire agir la vapeur sur un piston destiné à recevoir sa pression et à l'employer à vaincre une résistance.

Un cylindre A (fig. 178) contient un piston B qui peut se mouvoir dans toute sa longueur. On verse au fond du cylindre une couche d'eau avant d'introduire le piston, puis on descend celui-ci jusqu'au contact de cette couche; un trou percé en C permet à l'air de s'échapper; ce trou est ensuite fermé avec une tige M. On fait alors du feu sous le cylindre; l'eau se vaporise, et la force élastique de la vapeur soulève le piston jusqu'en haut du cylindre. Si on l'arrête dans cette position à l'aide d'un cliquet E, et qu'on éteigne le feu, la vapeur se condense, et, dès qu'on retire le cliquet, la pression atmosphérique fait descendre le piston et peut alors soulever un poids attaché à l'extrémité d'une corde ou chaîne L, qui passe sous les poulies T.

C'est sur le principe précédent qu'a été construite la première machine à vapeur qui ait rendu de véritables services à l'industrie, celle de Newcommen[1], que l'on désigne sous le nom de machine atmosphérique. Le progrès qu'elle réalisa fut de permettre de ne pas laisser éteindre le feu et d'avoir toujours de la vapeur prête à agir sur le piston.

275. Machine à vapeur à simple effet, de Watt. —La machine de Newcommen, malgré tous les perfectionnements apportés à l'idée de Papin, ne servait encore qu'à l'élévation de l'eau. Elle devait bientôt, entre les mains de Watt[2], devenir un moteur universel.

Le dernier perfectionnement apporté par Watt consiste dans l'invention du condenseur. Dans la machine de Newcommen, l'injection d'eau froide au-dessous du piston a pour inconvénient de refroidir chaque fois le cylindre, et, par suite, la vapeur qui arrive à nouveau de la chaudière se condense jusqu'à ce que le cylindre ait repris une température suffisamment élevée. Watt remédia à ce défaut en liquéfiant la vapeur dans un espace séparé. Pour cela, il s'appuya sur le principe suivant :

Lorsque deux espaces inégalement chauds sont en communication, la vapeur que contient le plus chaud se précipite dans le plus froid et acquiert partout une tension correspondante à la température de la partie la plus froide. Supposons donc que, lorsque le piston est arrivé en haut de sa course, la partie inférieure du corps de pompe soit mise en communication avec un espace appelé *condenseur*, dans lequel arrive constamment l'eau froide d'un grand réservoir ; la vapeur se précipitera dans cet espace, s'y condensera en partie, et celle qui échappera à la liqué-

---

1. Newcommen, serrurier à Darmouth, inventa en 1665 la machine qui porte son nom.
2. Watt, habile mécanicien, né en 1736 à Greenock, en Écosse, mort en 1819.

faction ne conservera que la tension correspondant à la température du condenseur. Le piston, poussé par la pression atmosphérique, descendra donc jusqu'au fond du corps de pompe, pour remonter ensuite sous l'action de la vapeur arrivant à nouveau de la chaudière.

L'eau de condensation et l'air qui se dégage de l'eau injectée sont enlevés continuellement par une *pompe à air*. Cette pompe est mise en mouvement par la machine elle-même, ce qui occasionne une dépense de force et par suite une perte de vapeur ; mais cette perte est beaucoup plus petite que celle que l'on évite par l'emploi du condenseur. On conçoit facilement que si l'on n'enlevait pas cet air, il acquerrait bientôt une force élastique qui s'opposerait à la descente du piston.

Nous nous bornerons à ces indications sur la machine à simple effet, de Watt, qui n'est plus employée.

276. Machine à vapeur à double effet de Watt. — La machine à vapeur à simple effet de Watt présentait un inconvénient considérable qu'il est facile de comprendre : puisque le piston dans cette machine descend sous l'influence de la pression atmosphérique, il faudra pour augmenter la puissance de la machine augmenter la surface du piston dans des proportions qui pourront n'être pas pratiques. C'est à cet inconvénient que remédia Watt par l'invention de la machine à double effet, dans laquelle la vapeur agit successivement sur les deux faces du piston. Pour augmenter la puissance de cette machine il suffira d'augmenter la pression de la vapeur dans la chaudière.

La machine à double effet est le type des machines à vapeur de formes diverses qu'emploie maintenant l'industrie, ainsi que des appareils moteurs des bateaux à vapeur et des locomotives.

Nous venons de dire que dans la machine à double effet, la vapeur vient agir successivement sur la face supérieure et sur la face inférieure du piston. Pour cela le cylindre est fermé à ses deux extrémités et la tige du piston traverse le fond supérieur en passant dans une boîte à étoupes, qui empêche la vapeur de se perdre au dehors.

Pour distribuer la vapeur, c'est-à-dire pour la faire agir

successivement sur les deux faces du piston, on emploie la disposition suivante :

A côté du corps de pompe se trouve une cavité FG appelée *boîte à vapeur* (fig. 179) qui reçoit la vapeur venant de la chaudière ; par les conduits *a* et *b* elle peut être mise en communication avec la partie inférieure du corps de pompe ; d'autre part elle peut communiquer avec l'atmosphère par un conduit perpendiculaire au plan de la figure dont la base est en K. Dans la boîte à vapeur se trouve une

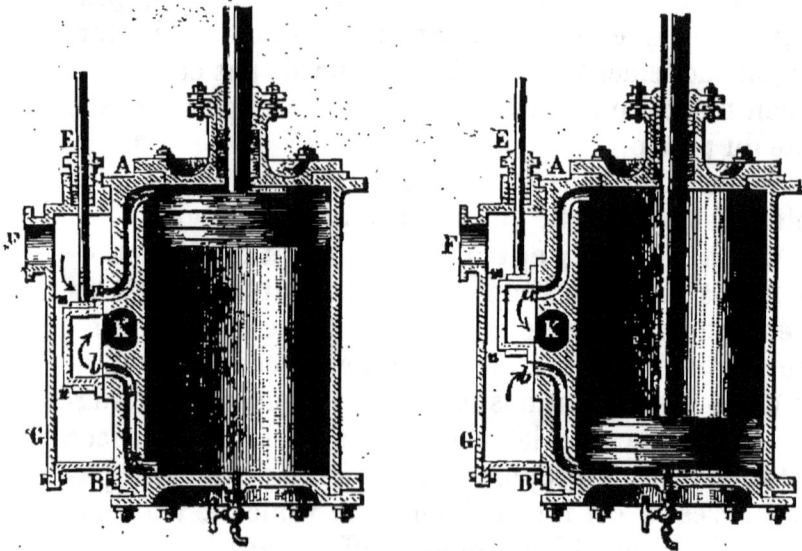

Fig. 179 et 180. — Tiroir.

pièce *mn* qui a la forme d'un tiroir de table, et de là lui vient son nom de tiroir. Elle porte une tige E qui est mue par la machine elle-même et qui peut lui communiquer un mouvement de va-et-vient vertical, c'est-à-dire que tantôt elle monte et tantôt elle descend. Le mouvement du tiroir a pour effet de produire la distribution de la vapeur, c'est-à-dire de faire arriver la vapeur de la chaudière tantôt au-dessus, tantôt au-dessous du piston. La figure 180 représente le tiroir au moment où, dégageant l'ouverture *a*, il permet à la vapeur de la boîte à vapeur d'entrer dans la partie supérieure du corps de pompe, de presser sur la face supérieure du piston et de le faire descendre. En ce moment

13.

l'intérieur du tiroir est en communication par l'ouverture b avec la partie inférieure du corps de pompe : la vapeur

Fig. 181. — Machine à vapeur à double effet.

située au-dessous du piston se rend alors dans le tiroir et de là dans l'atmosphère par le conduit K. La figure 181 représente la position inverse. Le tiroir a dégagé l'ouverture b; la vapeur entrant au-dessous du piston le fait remonter pendant que celle qui se trouve au-dessus s'échappe dans l'atmosphère par le canal K, qui est maintenant en communication par l'ouverture a avec la partie supérieure du corps de pompe. Le piston remonte sous l'effet d'excès de pression que supporte la face inférieure.

277. Nous allons maintenant décrire l'ensemble d'une machine à vapeur. Nous prendrons pour type la machine horizontale, qui est maintenant très employée.

278. **Machine à vapeur horizontale à double effet.** — La machine repose sur un bâtis en fonte MN (fig. 181) reposant lui-même sur une fondation en pierre PQ. Elle se compose essentiellement du cylindre C dans lequel un piston peut avoir un mouvement alternatif de va-et-vient dans toute la longueur du cylindre. Le tiroir T est disposé sur le côté du cylindre et distribue la vapeur, comme nous l'avons vu (276) et l'envoie agir alternativement sur les deux faces du piston qui se meut tantôt de gauche à droite, tantôt de droite à gauche. La tige T du piston prend par suite le même mouvement; l'extrémité de cette tige est reliée à une bielle BB′, et le mouvement rectiligne alternatif du piston et de la tige T se trouve transformé en un mouvement circulaire et continu de rotation de la bielle. A celle-ci est fixé l'arbre de rotation, qui tourne avec elle et qui commande tous les appareils que la machine doit faire mouvoir. Une grande roue V, appelée *volant*, est fixée sur cet arbre et tourne avec lui : elle sert à régulariser le mouvement de la machine. Voici comment on peut rendre compte d'une manière élémentaire de l'action du volant. Quand la machine tend à augmenter de vitesse, l'inertie et la grande masse du volant lui permettent de résister à cette augmentation de vitesse et de la diminuer. Quand au contraire, la machine tend à se ralentir, l'inertie du volant lui permet au contraire de rendre de la vitesse à l'arbre sur lequel il est fixé. On peut dire que le volant emmagasine de la vitesse quand la machine s'accélère, et qu'il la lui rend quand elle se ralentit. Ces accélérations et ces ralentissements de la machine, auxquels le volant

porte remède, proviennent des variations dans les résistances dont elle a à triompher.

Ajoutons que l'eau du condenseur, grâce à la petite
pression qui s'exerce sur elle et aussi à son échauffement
par la vapeur condensée, laisse dégager l'air qu'elle tient
en dissolution. Cet air par sa pression empêcherait le passage de la vapeur du cylindre au condenseur. Aussi la machine est-elle munie d'une pompe qui fonctionne automa-
tiquement et qui fait le vide dans le condenseur en même
temps qu'elle y prend l'excès d'eau qui s'y produirait par
la condensation. Cette eau et cet air sont rejetés au dehors.
Cette pompe est la *pompe à air*. Une autre pompe appelée
pompe alimentaire est aussi adjointe à sa machine. Elle sert,
quand on veut remplacer dans la chaudière l'eau vaporisée,
à prendre, dans un réservoir d'eau froide ou dans le condenseur, de l'eau qu'elle envoie dans la chaudière. Cette
pompe ne fonctionne que lorsque la machine fonctionne
elle-même.

Quand on veut alimenter, lorsque la machine est au repos,
on se sert d'un appareil appelé *injecteur* Giffard, que nous
ne décrirons pas et dont la plupart des moteurs à vapeur
sont actuellement pourvus.

279. Excentrique. — Nous avons admis jusqu'ici que
le tiroir recevait un mouvement de va-et-vient nécessaire
à la distribution de la vapeur. Voyons maintenant comment
ce mouvement lui est communiqué.

L'arbre O de la machine (fig. 182) porte un disque circu-

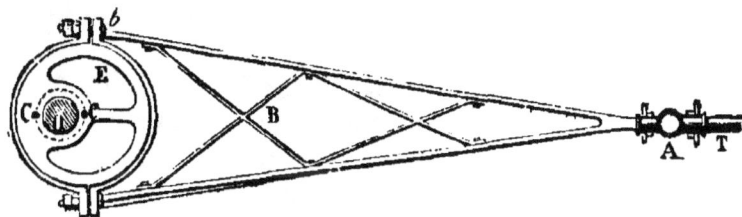

Fig. 182. — Excentrique.

laire E qui fait corps avec lui, mais qui a son centre C en
dehors de l'axe O. C'est ce qui fait donner à cette pièce le
nom d'*excentrique*. Le disque E est entouré par un collier dans

lequel il peut tourner en glissant, et qui est relié par un système de tringles convergentes à un levier coudé *abc* (fig. 183). L'axe O en tournant entraîne avec lui le disque E dans sa rotation, et porte son centre C (fig. 183) tantôt à sa droite, tantôt à sa gauche ; il s'ensuit que le collier qui entoure le disque E, tout en permettant à ce dernier de glisser dans son intérieur, se trouve reporté tantôt à droite, tantôt à gauche, et par suite fait prendre au levier coudé *abc* tantôt la position marquée en lignes pleines sur la figure 183, tantôt celle qui est marquée en lignes ponctuées. La première position correspond au cas où le centre C du disque E se trouve à gauche de O, le second correspond

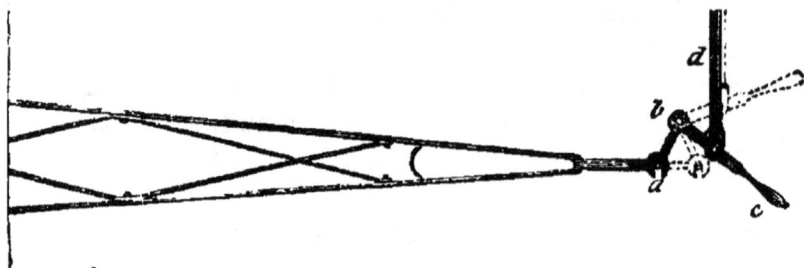

Fig. 183. — Excentrique.

au cas où C se trouve à droite. Mais d'autre part en un point du bras *bc* se trouve articulée une tige *d* dont l'autre extrémité s'articule elle-même avec la tige du tiroir. Il en résulte que le tiroir se déplace de gauche à droite lorsque le mouvement de rotation de la machine fait passer le levier *abc* de la première à la seconde position, qu'il se déplace de droite à gauche lorsque le levier revient de la première à la seconde position.

280. Régulateur à force centrifuge. — Le volant, dont nous avons parlé, ne suffit pas pour régulariser le mouvement de la machine, et il est cependant de la plus haute importance que ce mouvement soit aussi régulier que possible, malgré les variations dans les résistances à vaincre. Pour y arriver, il suffit d'avoir des appareils qui, lorsque la vitesse de la machine varie, fassent varier aussi la force motrice en fermant plus ou moins les valves qui donnent entrée à la vapeur. Il existe bien des appareils de

ce genre, nous ne citerons que le régulateur à force centrifuge, qui est peut-être le plus employé.

Supposons une tige AB (fig. 184) capable de recevoir un
mouvement de rotation autour de son axe et à laquelle se
trouvent articulées des tiges MM, portant des sphères métalliques à leurs extrémités. Supposons de plus que d'autres
tiges NN soient articulées d'une part avec les tiges MM,
d'autre part avec une ba-
gue DC capable de glisser
le long de la tige verti-
cale. Si l'on éloigne à la
main les boules, de ma-
nière que l'angle en B du
parallélogramme MMNN
augmente, on voit que la
bague remontera; si on les
rapproche, elle descendra.
Or, si l'arbre B est mis en
mouvement de rotation,
il se développe dans les
boules une force appelée
en mécanique *force cen-
trifuge*, et qui tend à les
écarter d'autant plus de
l'axe que le mouvement

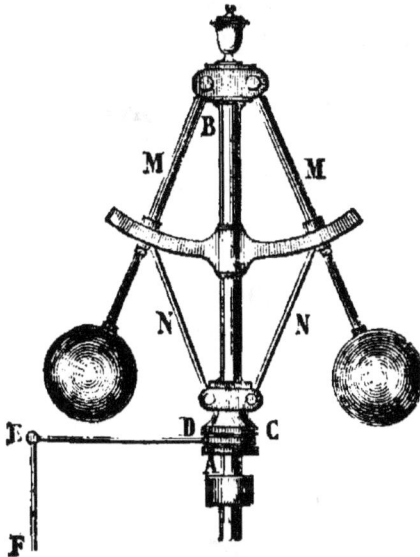

Fig. 184. — Régulateur à force centrifuge.

est plus rapide. Cette force fera donc ce qu'on faisait tout
à l'heure à la main. On conçoit alors que si l'arbre est mis
en mouvement par la machine elle-même, cet arbre tournera
d'autant plus vite que la vitesse de la machine sera plus
grande ; par suite, la bague DC se soulèvera d'autant plus,
et comme elle est reliée par un levier DEF à la valve d'admission de la vapeur, elle pourra fermer la valve en partie.
Si, au contraire, la vitesse de la machine vient à décroître,
les boules retombent, la bague DC s'abaisse, la tige ouvre
la valve et laisse arriver la vapeur en plus grande quantité.

Sur la figure 181 le régulateur est représenté en RR' et
on voit en *f a b* la tige qu'il fait agir sur la valve d'admission de la vapeur, *p* est la poulie du régulateur.

281. Détente de la vapeur. — La machine à vapeur a

reçu depuis Watt un perfectionnement important au point de vue économique. Au lieu de laisser entrer la vapeur dans le cylindre pendant toute la course du piston, on a imaginé de ne la laisser entrer que pendant une partie de cette course, la moitié, le quart ou moins encore. Lorsque la communication avec la chaudière est interrompue, la vapeur, en se détendant, fait achever au piston sa course : il est vrai que la force va sans cesse en décroissant, mais le calcul et l'expérience montrent qu'il y a cependant grand avantage à employer ce système. Nous ne décrirons pas les dispositions variées qu'on donne au tiroir pour produire la détente.

Sur la figure 181 on voit en *v* une aiguille par laquelle on peut faire varier la détente.

282. Machine sans condenseur. — L'emploi d'un condenseur n'est indispensable qu'autant que l'on ne donne pas à la vapeur dans la chaudière une force élastique supé-

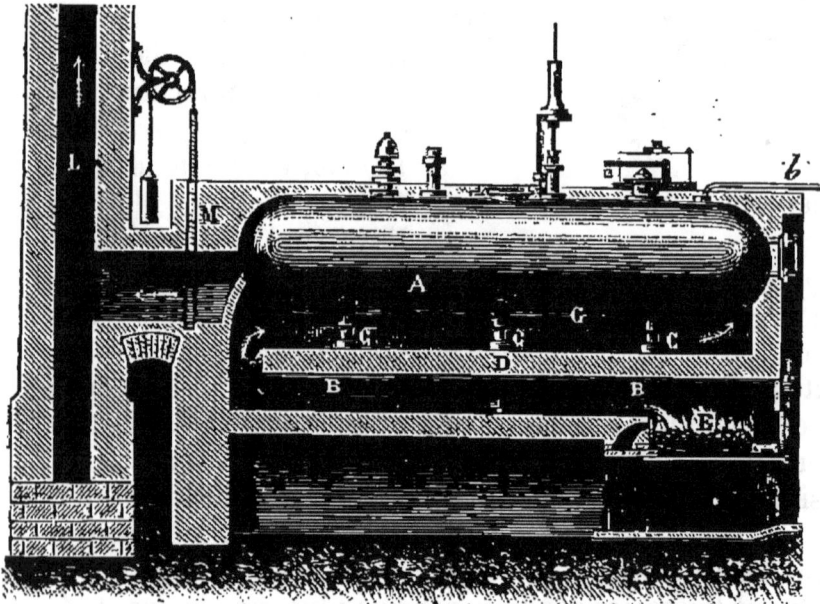

Fig. 185. — Chaudière à vapeur.

rieure à une atmosphère. Mais lorsque la vapeur agit avec une pression notablement plus forte, il devient inutile : il

suffit alors de mettre alternativement en communication
avec l'air extérieur chacune des parties du cylindre ; la vapeur s'échappe au dehors et le piston se meut sous l'influence des différences de pression qu'il supporte sur ses
deux faces.

283. Chaudières à vapeur. — La production de la vapeur s'effectue dans des appareils appelés *chaudières*, qui
ont en général la forme d'un cylindre
allongé. Depuis Watt, Woolf a notablement perfectionné la forme des
chaudières par l'emploi des bouilleurs.

La chaudière A (fig. 185 et 186, qui
représentent, la première une coupe
longitudinale, la seconde une coupe
transversale) communique par les
tubulures C, C avec deux cylindres
B, B, nommés *bouilleurs*, situés au-
dessous d'elle et ayant à peu près la
même longueur qu'elle, mais un diamètre plus petit. Le fourneau est construit de manière que la flamme soit
forcée de venir successivement lécher
les différentes parties de la surface de
chauffe. Pour cela, une cloison horizontale D en maçonnerie, établie à la
hauteur des bouilleurs, sépare le fourneau en deux étages : l'étage supérieur
est lui-même divisé par deux cloisons verticales en trois
parties H, G, H ; les parties H, H sont appelées les *carneaux*. La flamme, en sortant du foyer E, se rend dans le
conduit F, où elle échauffe les bouilleurs, passe ensuite dans
l'étage supérieur, où elle traverse le conduit G en léchant
la partie inférieure de la chaudière, et de là dans les carneaux H, H, en suivant les parties latérales de la chaudière. En sortant des carneaux, les produits de la combustion
passent dans la cheminée L. Le tirage est réglé par un re-
gistre M.

Les dispositions des chaudières, des fourneaux, la conduite du feu par le chauffeur, sont d'une importance capi-

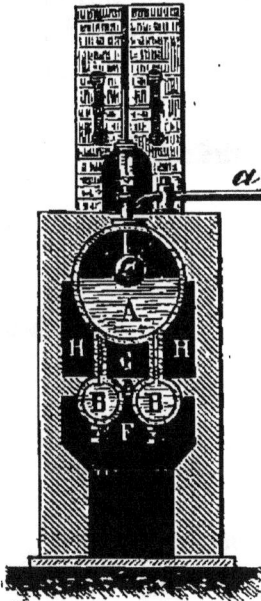

Fig. 186. — Chaudière à
vapeur.

tale, au double point de vue de la quantité de vapeur produite et de la quantité de combustible employé. Les industriels ne sauraient apporter une trop grande attention dans le choix et dans la surveillance de leurs chauffeurs.

284. Soupape de sûreté. — Pour permettre à la vapeur de sortir, quand elle acquiert un excès de pression dans la chaudière, des soupapes de sûreté sont installées sur celle-ci. La figure 187 en représente la disposition. Sur la tête de la soupape A s'appuie un levier mobile autour de O, et à l'extrémité duquel se trouve un poids P, dont la

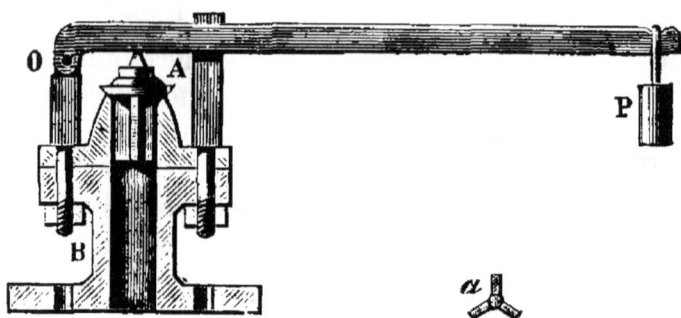

Fig. 187. — Soupape de sûreté.

valeur et la distance au point C sont réglées de manière que la soupape se soulève, lorsque la vapeur a atteint la pression qu'elle ne doit pas dépasser relativement à la résistance de la chaudière.

Il est important, pour la conduite du feu, que le chauffeur connaisse à chaque instant la force élastique de la vapeur. Un manomètre installé sur la chaudière le renseigne à cet égard.

285. Flotteur. Sifflet d'alarme. — On doit éviter de laisser le niveau de l'eau baisser trop dans la chaudière. Parmi les systèmes employés pour avertir le chauffeur, nous citerons le suivant. Une boule A (fig. 188), servant de flotteur et reliée par une tige à un point de rotation B, flotte à la surface de l'eau. Elle est équilibrée par un contrepoids C. Ce flotteur suit l'eau dans ses variations de niveau. La tige du flotteur, tant que le niveau est suffisamment

éleve, pousse un bouchon conique *a* contre un conduit *b*
qui correspond avec l'extérieur. Dès que le niveau baisse
trop, le bouchon *a* s'abaisse, la vapeur sort et, en s'échap-

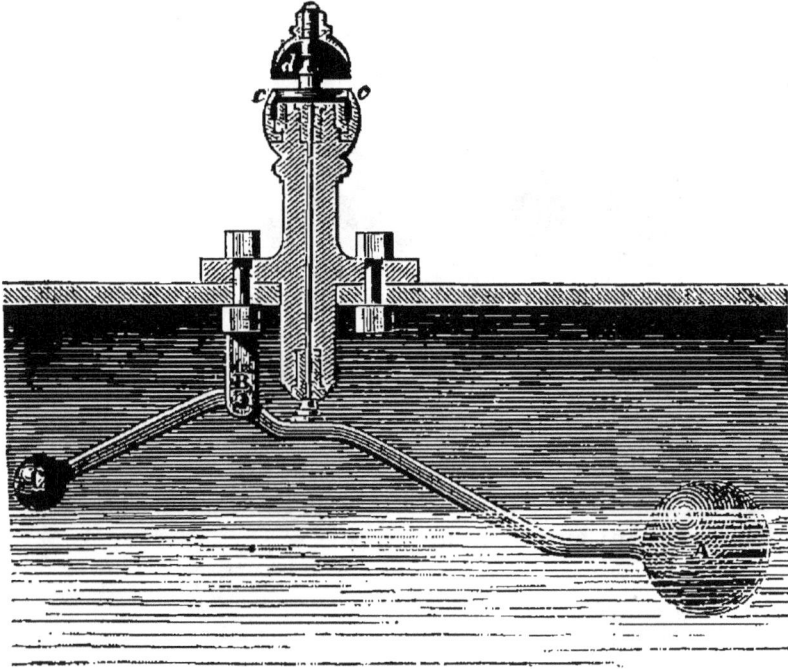

Fig. 188. — Flotteur.

pant par l'ouverture annulaire *cc*, rencontre le timbre *d*
sur sa tranche et produit un sifflement aigu qui avertit le
chauffeur.

286. Chaudières tubulaires. — On emploie beaucoup aussi maintenant, même pour les machines fixes, les
chaudières tubulaires. Ces chaudières, qui donnent d'ex-
cellents résultats, sont telles que les produits de la combustion, avant de se rendre dans la cheminée, parcourent
une série de tubes en cuivre qui sont immergés dans l'eau
de la chaudière. On comprend que la surface de chauffe se
trouve ainsi très augmentée. Ce système est exclusivement
employé dans les locomotives.

287. Bateaux à vapeur. — C'est en 1695 que Papin
émit l'idée de faire mouvoir les bateaux au moyen de ma-

chines à vapeur; mais ce n'est qu'en 1807 que Fulton [1]
construisit à New-York un bateau qu'on put employer avec
succès à la navigation. Les machines employées ne diffèrent

Fig. 189. — Bateau à roues.

pas de celles que l'on vient de décrire; on les emploie à
faire tourner un arbre qui porte deux roues à palettes ou
une hélice. On emploie ordinairement des machines à double effet qui agissent sur le même
arbre.

La figure 189 représente un bateau à roues. L'une de ces roues
est disposée sur le flanc droit du
bateau, l'autre sur le flanc gauche. Leurs aubes viennent tour à
tour choquer l'eau et prennent
ainsi un appui sur le liquide pour
pousser le bateau en avant.

Fig. 190. — Hélice marine.

L'idée d'employer l'hélice
comme agent propulseur dans la
navigation appartient à Daniel
Bernoulli, à Paucton et au capitaine français Delisle.
Reprise par Dallery, Sauvage, etc., elle ne fut définitivement
appliquée avec succès que par MM. Smith et Rennie (1838).

La forme des hélices est assez variable : elles se composent cependant toujours d'un axe horizontal parallèle à la

1. Fulton, célèbre mécanicien, né en 1765 aux États-Unis, à Little
Britain, en Pensylvanie, mort en 1815.

quille du bâtiment, mis en mouvement par la vapeur et portant vers son extrémité libre, en dehors du bateau, des ailes inclinées à la manière des ailes d'un moulin (fig. 190), Lorsque l'axe tourne, les ailes tournent en même temps. s'appuient sur l'eau et poussent le bateau en avant.

L'hélice en tournant dans l'eau se comporte à peu près

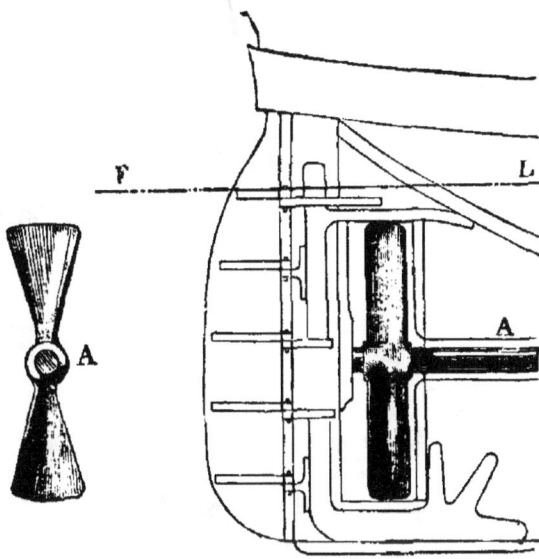

Fig. 191. — Bateau à hélice.

comme un tire-bouchon, qui ne progresse dans le liège que parce que la spirale qui le forme trouve appui dans la masse de liège.

Sauvage a proposé de substituer à l'hélice ordinaire une hélice formée de deux segments M héliçoïdaux, formant chacun une demi-révolution autour de l'axe et inclinés d'un angle moyen de 45° environ. MM. Smith et Rennie ont appliqué le système Sauvage au navire l'*Archimède* (fig. 191).

288. **Locomotives.** — On appelle *locomotives* les machines à vapeur qui entraînent à leur suite, sur les rails des chemins de fer, une file de voitures appelées *wagons*. Les locomotives sont des machines à haute pression. La chaudière B (fig. 192) forme la majeure partie de la machine; elle est tubulaire. Une déchirure faite sur la figure dans le corps de la chaudière laisse voir les tubes qui conduisent

Fig. 192. — Locomotive.

les produits de la combustion dans la cheminée. De chaque côté de la machine, un cylindre A contient un piston mû par la vapeur : un tiroir met les deux parties du cylindre alternativement en communication avec la cheminée par laquelle s'échappe la vapeur. La tige du piston transmet son mouvement par une bielle, ou tout autre système, aux roues de la machine. La manivelle, que le mécanicien tient à la main, sert à régler l'entrée de la vapeur proportionnellement à la vitesse qu'il veut obtenir. Les deux tubes placés, au bas de la machine, au-dessous du foyer, amènent du *tender*, ou voiture située derrière la locomotive, l'eau que des pompes mises en mouvement par la machine, ou un injecteur Giffard, injectent dans la chaudière.

289. Cheval-vapeur. — On évalue ordinairement la force d'une machine à l'aide d'une unité appelée *cheval-vapeur*. On appelle cheval-vapeur le travail nécessaire pour élever 75 kilogrammes, en une seconde, à un mètre de hauteur.

On dit qu'une machine est de la force de 10, 20, 30 chevaux, pour dire qu'elle produit en une seconde un travail équivalent à 10, 20, 30 chevaux-vapeur.

CHAUFFAGE ET VENTILATION DES APPARTEMENTS

290. Lorsqu'un appartement est habité par un certain nombre de personnes, l'air s'y altère et devient incapable, au bout d'un certain temps, de servir à la respiration, par suite de la disparition d'une certaine quantité d'oxygène absorbée dans l'acte respiratoire et de la production de matières organiques appelées *miasmes*.

On admet en général qu'une personne peut vicier 6 mètres cubes d'air par heure, et que, par suite, il faut, dans un lieu habité, introduire par heure et par personne 6 mètres cubes d'air destiné à remplacer le même volume d'air expulsé. Quand l'appartement est éclairé par des lampes, bougies ou becs de gaz, la combustion des corps produisant l'éclairage donne lieu à un dégagement considérable d'acide carbonique, et par suite le renouvellement de l'air doit encore être plus actif. Le nombre de mètres cubes d'air à introduire en plus varie suivant la nature et le nombre des sources de lumière.

Il est donc important, au point vue de l'hygiène, de renouveler continuellement l'air des appartements pour enlever l'air vicié et ramener au dedans l'air pur du dehors. Pendant l'été, ce renouvellement de l'air désigné sous le nom de *ventilation* se fait de lui-même, parce qu'on tient ordinairement ouvertes les portes et les fenêtres. Pendant l'hiver, où l'on est obligé de les maintenir fermées pour se préserver du froid extérieur, la ventilation des appartements se fait, en même temps que le chauffage, par différents systèmes dont nous allons étudier le principe.

291. Des divers appareils de chauffage. — Les divers appareils de chauffage employés se divisent en cinq espèces principales :

1° Les cheminées ordinaires ;

2° Les poêles ;

3° Les calorifères à air chaud ;

4° Les appareils à circulation d'eau ;

5° Les appareils à vapeur.

292. Cheminées. — Dans ce mode de chauffage, qui est le plus ancien et le plus répandu, le combustible brûle dans un foyer découvert au contact de l'air. Un long conduit appelé *cheminée* est en communication avec le foyer et s'élève au-dessus de lui. Quand l'air de la cheminée et celui de l'appartement sont à une même température, une couche d'air, considérée à la partie inférieure du foyer, supporte des pressions égales de bas en haut et de haut en bas, et par suite reste immobile. Dès qu'on allume du feu dans le foyer, l'air de la cheminée s'échauffe, se dilate, devient moins dense, et par suite s'élève dans la cheminée. Il en résulte un vide partiel que l'air de l'appartement vient combler en entrant dans la cheminée, où il active la combustion et où il s'élève lui-même, tandis qu'il est remplacé dans l'appartement par de nouvelles couches venues du dehors. Ce mouvement de l'air est désigné sous le nom de *tirage*. On voit que, dans ce mode dechauffage, on n'utilise que la chaleur rayonnée par le combustible, et comme l'air est diathermane, il ne s'échauffera sensiblement que lorsque les murs et les objets situés dans l'appartement auront absorbé une certaine quantité de chaleur qu'ils rendront ensuite par contact à l'atmosphère. Remarquons de plus qu'une grande quantité de chaleur est perdue par le tirage de la cheminée. Aussi, pour ce double motif, ce mode de chauffage est le moins économique de ceux qu'on peut employer; mais, dans la vie habituelle, l'usage des cheminées est beaucoup plus favorable à la santé, pour la ventilation, que celui des autres appareils connus.

« L'agrément que présente l'aspect d'un bon feu, dit

Fig. 193. — Cheminée.

Fig. 194. — Rideau de cheminée.

M. le général Morin dans ses *Études sur la ventilation*, la facilité qu'il donne de se chauffer momentanément, sont sans doute les motifs qui, dans la vie privée, peuvent faire préférer les cheminées aux autres moyens de chauffage; mais elles exigent des soins d'ordre, de propreté, de prudence, qu'on ne peut toujours observer dans les lieux de réunion, dans les hôpitaux, les écoles... Et l'économie ne permet guère, en France, d'en conseiller l'usage pour les établissements publics. »

293. Conditions d'un bon tirage. — Pour que le tirage d'une cheminée se fasse de manière à pouvoir entretenir la combustion, ventiler l'appartement et donner un libre écoulement à la fumée et autres produits de la combustion, elle doit satisfaire aux conditions suivantes :

1° Il faut que la cheminée ait une hauteur suffisante, 5 mètres au moins. Comme l'air chaud s'élève dans la cheminée en vertu de la poussée qu'exerce sur lui l'air plus froid de l'appartement, il est évident que la force ascensionnelle de l'air chaud, qui est la cause du tirage, est égale à la différence entre le poids de l'air chaud de la cheminée et le poids d'un égal volume d'air froid ; cette différence est d'autant plus grande, toutes choses égales d'ailleurs, que la colonne d'air chaud est plus longue, c'est-à-dire que la cheminée est plus haute. Dans les usines, où l'on a besoin d'un fort tirage, on construit des cheminées dites *cheminées à vapeur*, qui s'élèvent d'autant plus haut que le tirage doit être plus actif. On peut en voir une à Manchester qui a 125 mètres de haut.

2° Il faut qu'une cheminée n'ait pas une trop grande largeur, pas plus de 3 à 4 décimètres carrés de section. Lorsque sa section est trop grande, il peut s'établir par le haut un courant descendant d'air froid, qui ralentit la vitesse du courant ascendant et peut, en le laissant refluer dans l'appartement, y occasionner de la fumée.

3° L'ouverture de la cheminée dans l'appartement ne doit pas avoir une trop grande étendue, et surtout pas trop de hauteur au-dessus du foyer ; car alors une grande partie de l'air qui entre dans la cheminée, passant au-dessus du combustible à une certaine distance, ne peut s'y échauffer, et par suite le tirage se trouve diminué. Il faudrait, autant que possible, que tout l'air froid appelé par le tirage traversât le combustible avant de se rendre dans le canal d'ascension. C'est pour cela que Rumford a conseillé de n'employer que des cheminées dont l'orifice inférieur est rétréci par trois cloisons obliques convergeant vers le foyer (fig. 193). Ces parois obliques ont de plus l'avantage de réfléchir vers l'appartement une partie de la chaleur qui sans elles n'y arriverait pas.

On ajoute aussi maintenant, et toujours dans le but de pouvoir augmenter le tirage, un rideau mobile en tôle qui permet de rétrécir à volonté l'orifice de la cheminée (fig. 194).

4° Il faut que la ventilation soit suffisante dans l'appartement, c'est-à-dire que celui-ci ne soit pas trop bien clos pour empêcher la rentrée de l'air extérieur.

5° Enfin il est bon de surmonter la cheminée d'un chapeau cylindrique percé à froid de trous nombreux dont les bavures, dirigées vers l'extérieur, empêchent le vent, quelle que soit sa direction, de s'engouffrer dans la cheminée et de refouler la fumée jusque dans l'intérieur de l'appartement.

294. Poêles. — Les poêles, dont la construction est si variée et connue de tous, offrent des défauts et des qualités inverses de ceux que présentent les cheminées. Ils chauffent bien, sont économiques, mais ventilent mal.

Les poêles chauffent non seulement par la chaleur qu'ils rayonnent, mais aussi par celle qu'ils cèdent par contact aux couches d'air qui les enveloppent et se renouvellent autour d'eux. Le tirage auquel ils donnent lieu n'est pas assez actif pour que la ventilation se fasse d'une manière convenable, et pour qu'une partie des produits de la combustion ne reste pas dans l'appartement.

295. Poêles-calorifères. — Nous citerons encore les poêles-calorifères, dont la nature est très variée, mais qui reviennent pour la plupart à un foyer central entouré d'une enveloppe dans laquelle l'air extérieur se trouve appelé et s'échauffe pour se répandre ensuite dans l'appartement. L'air fourni par ces appareils est souvent trop chaud, et, comme la combustion n'exige qu'une quantité d'air relativement faible, la ventilation ne s'effectue pas dans les meilleures conditions.

Nous ne parlerons que pour mémoire des appareils calorifères à combustion lente. Ils sont en général très économiques et très commodes; mais leur usage est dangereux et malsain dans la plupart des cas.

296. Calorifères à air chaud. — Le foyer de ces appareils de chauffage est toujours placé soit dans les caves, soit dans les salles inférieures à celles qui doivent être chauffées. Tantôt l'air extérieur traverse des tuyaux métalliques portés à une haute température, s'y échauffe et se répand de là dans les appartements; tantôt cet air ne s'échauffe qu'au contact de tuyaux parcourus, à l'intérieur et en sens inverse, par l'air ayant déjà servi à la combustion.

Ces appareils présentent l'avantage d'une installation facile. Mais ce chauffage n'est pas exempt d'inconvénients au point de vue de la salubrité. Ces inconvénients proviennent : 1° de la température élevée de l'air, qui, lorsque l'alimentation n'est pas régulière, passe souvent de 30° à 40° jusqu'à 60°, 80° et même 100° près des bouches ; 2° du passage de l'air sur des surfaces métalliques fortement chauffées, en présence desquelles la décomposition des matières organiques s'effectue et peut donner lieu à une odeur désagréable, etc.

On remédie en partie à ces inconvénients en joignant à ce mode de chauffage l'usage des cheminées ordinaires ou même de simples cheminées d'évacuation.

Quant à la dépense, le général Morin, auquel nous empruntons une partie de ces données techniques, ne pense pas que l'économie soit aussi grande qu'on l'a souvent prétendu.

297. Calorifères à circulation d'eau chaude. — Ce mode de chauffage, pour lequel Bonnemain prit un brevet d'invention en 1777, repose sur le principe suivant : Soit une chaudière A (fig. 195) pleine d'eau froide, portant à sa partie supérieure un conduit BCDE qui, après s'être élevé au-dessus d'elle, redescend et vient la joindre à sa partie inférieure E. Ce conduit est plein d'eau. Si l'on chauffe la chaudière A, l'eau devenant moins dense s'élève dans le conduit, l'eau froide de DF descend et vient s'échauffer dans la chaudière. Il en résulte une circulation continue, pendant laquelle l'eau chaude de l'appareil cède de la chaleur aux parois du conduit ; cette cession amène chez elle un refroidissement, et par suite une augmentation de densité dont l'effet est de la faire retourner dans la chaudière A, où elle s'échauffe de nouveau. Ces appareils ont reçu bien des modifications ; nous nous contenterons de décrire celui que M. L. Duvoir-Leblanc a construit dans plusieurs grands établissements.

On installe dans les caves de l'édifice une chaudière en forme de cloche à foyer intérieur. La figure 196 montre la flamme du combustible et le trajet que suivent les gaz provenant de la combustion. Ces gaz, après avoir léché les parois de la cloche renfermant l'eau, qui est représentée par des hachures horizontales, s'échappent au dehors par des conduits latéraux. L'eau échauffée dans la chaudière devient plus légère et s'élève par un tuyau BC jusque dans un réservoir D placé à la partie supérieure de l'édifice. De ce réservoir partent des tubes *ef*, *hi*, en nombre égal à celui des appartements à chauffer. Chacun de ces tubes se rend dans un *poêle d'eau*, c'est-à-dire dans un récipient clos, en fonte, disposé au milieu de l'appartement. L'eau chaude du réservoir D descend dans les poêles E, E′ qu'elle échauffe ; après s'être

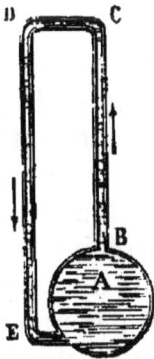

Fig. 195.

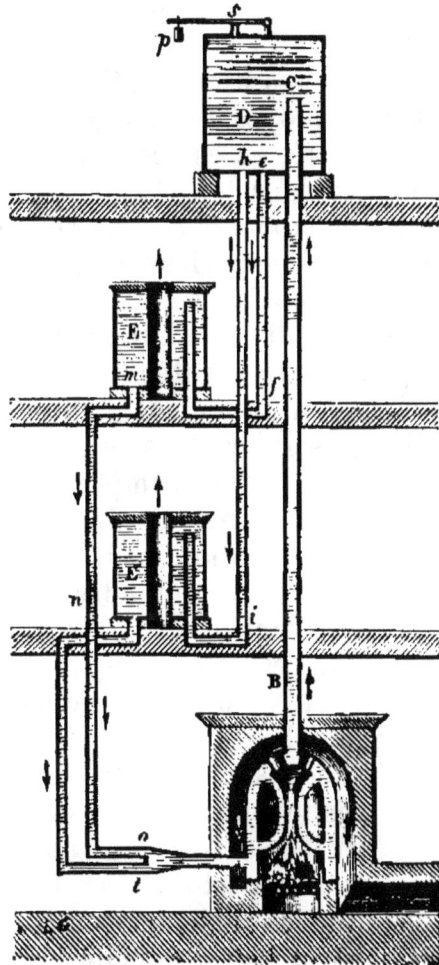

Fig. 196. — Calorifère à circulation d'eau chaude.

refroidie et être devenue plus dense, elle redescend dans la chaudière par les tubes *m n o* et *l*.

Une soupape de sûreté S placée en haut du réservoir D prévient les inconvénients résultant de l'accumulation de la vapeur d'eau.

Les poêles à eau sont ordinairement traversés de part en

part par des tuyaux vides qui sont entourés d'eau et dans lesquels passe et s'échauffe l'air des salles ou même l'air extérieur qui peut y affluer par des ouvertures spéciales. Cette disposition, en même temps qu'elle augmente la surface de chauffage des poêles, permet en même temps l'introduction de l'air pur.

Les calorifères à circulation d'eau chaude sont aujourd'hui très employés. Ils fonctionnent régulièrement et n'exigent que de très rares réparations. L'eau contenue dans la chaudière et dans tout l'appareil y est maintenue à une température modérée qui ne peut dépasser 100°, attendu que le récipient supérieur est en communication avec l'air. Il en résulte que l'air n'éprouve aucune altération sensible, que sa température, au moment de l'introduction dans les salles, est toujours limitée à 40° ou 50° au plus, et que, par conséquent, en se mélant à celui des salles, il y produit un mélange salubre. Le seul reproche qu'on puisse faire à ces appareils c'est la complication de la circulation des tuyaux sous les planchers, dans les épaisseurs des murs... Mais cette complication est bien diminuée maintenant, et, en tous cas, elle est moindre que celle des appareils à circulation de vapeur.

Ce chauffage est économique. Il résulte de calculs approximatifs, faits par le général Morin, qu'à l'hôpital Lariboisière, pour chauffer une capacité de 23 000 mètres cubes, on ne doit dépenser que 122 kilogrammes de charbon par jour. Les frais de ventilation ne sont pas compris dans ce prix.

298. Chauffage à la vapeur. — Le principe de ce mode de chauffage est fort simple. De la vapeur d'eau, produite dans une chaudière spéciale ou fournie par une machine à vapeur dans laquelle elle a servi de moteur, se répand dans des tuyaux où elle se condense, en abandonnant à l'enceinte voisine la chaleur latente qu'elle possède. L'eau provenant de la condensation est reportée à la chaudière par des tuyaux métalliques. La rapidité avec laquelle la vapeur peut se mouvoir sous de très faibles différences de pression, la quantité considérable de chaleur latente abandonnée, les faibles dimensions qu'il suffit de donner aux tuyaux, sont des avantages réels.

14.

On reproche cependant à ce mode de chauffage plusieurs inconvénients, qui en ont beaucoup restreint les applications.

Les fuites de vapeur sont difficiles à éviter. De plus, il faut remarquer que, dès que le feu et par suite la pression dans la chaudière diminuent d'une manière notable, il s'ensuit immédiatement un refroidissement, qui est bien plus longtemps à se produire dans les appareils à eau chaude.

Mais il est un inconvénient plus grave encore. Lorsque le chauffeur, après un ralentissement du feu ou son extinction, le ranime et rétablit la pression dans la chaudière, la vapeur se précipite dans les conduits, dès que la communication est onverte, y rencontre l'eau de condensation, qui les remplit en certains endroits et y détermine des chocs dangereux. Si l'on ajoute à ces inconvénients celui de réparations fréquentes, de dépense considérable de combustible, on concevra que ce mode de chauffage ne doit être employé que dans des cas restreints, lorsque, par exemple, la vapeur produite pour un autre usage peut être utilisée au chauffage.

LIVRE TROISIÈME

ATTRACTION MOLÉCULAIRE ET ACOUSTIQUE

CHAPITRE PREMIER

ATTRACTION MOLÉCULAIRE. — CAPILLARITÉ.

299. Attraction moléculaire. — L'attraction moléculaire est la force qui agit entre les parties infiniment
voisines des corps pour les rapprocher. Elle s'exerce dans
un grand nombre de cas et prend alors différents noms.

300. Cohésion. — Nous avons vu (7) que l'attraction
moléculaire prend le nom de *cohésion* lorsqu'elle s'exerce
entre les particules matérielles d'un même corps pour les
maintenir unies entre elles. Nous avons prouvé l'existence
de cette force et étudié les circonstances dans lesquelles
elle agit.

301. Adhésion. — Lorsque l'attraction moléculaire est
exercée par un liquide soit sur un solide, soit sur un autre
liquide, elle est appelée *adhésion*. L'expérience suivante
peut mettre cette force en évidence. Plaçons à la surface
de l'eau un disque A B (fig. 197) en verre, bien débarrassé,
par des lavages, de matières grasses et de poussière ; relions
ce disque à l'aide d'un fil au plateau D d'une balance, et supposons qu'on en ait fait la tare C. Nous constaterons que,
lorsque nous voudrons séparer le disque du liquide, celui-ci
s'élèvera sensiblement à la suite du disque, et pour le sépa-

rer du liquide il nous faudra mettre des poids dans l'autre plateau C de la balance. Gay-Lussac a montré que lorsqu'on employait un disque de glace ayant un diamètre égal à $0^m,118$, il fallait mettre en B un poids de $59^{gr},40$.

L'expérience précédente prouve aussi que l'attraction mo-

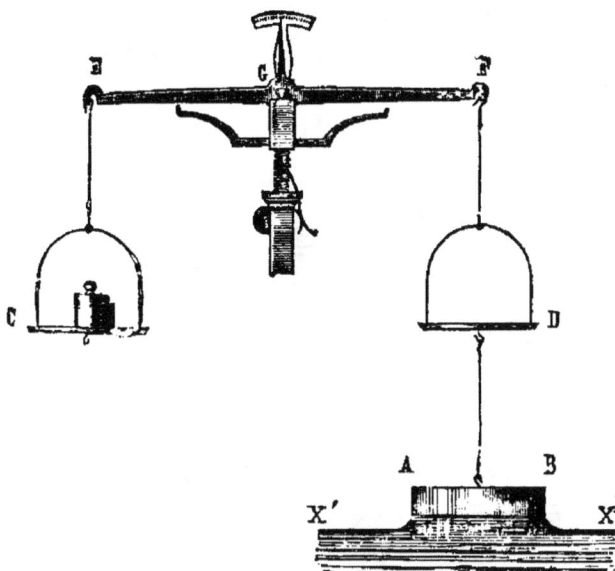

Fig. 197. — Adhésion des liquides et des solides.

léculaire s'exerce entre les molécules d'un même liquide. Car, si elle ne s'exerçait pas, il ne faudrait, pour séparer le disque de l'eau, qu'un poids bien faible égal au poids de la couche excessivement mince de liquide qui est en contact avec lui.

302. **Phénomènes capillaires**. Les attractions dont nous venons de parler sont la cause de phénomènes désignés sous le nom de phénomènes *capillaires*, que nous allons rapidement exposer. — Lorsqu'on verse un liquide dans un tube à deux branches, dont l'une est large et l'autre très étroite (fig. 198), les niveaux dans les deux branches ne sont plus le prolongement l'un de l'autre, comme l'indique la théorie des vases communicants. L'eau, l'alcool, l'éther, s'élèvent dans le tube étroit dit *capillaire*, le mercure s'y déprime; de plus les surfaces terminales ne sont plus planes : celle de l'eau est concave, celle du mercure convexe.

Des phénomènes du même genre s'observent chaque fois qu'on plonge un solide dans un liquide. Si le liquide mouille le solide, il s'élève contre sa surface, en présentant une surface concave, il se déprime dans le cas contraire, en présentant une surface convexe.

Sans donner la théorie de ces phénomènes, nous dirons que les différences de niveau sont inversement proportionnelles aux diamètres des tubes capillaires.

C'est par la capillarité que s'expliquent la circulation de

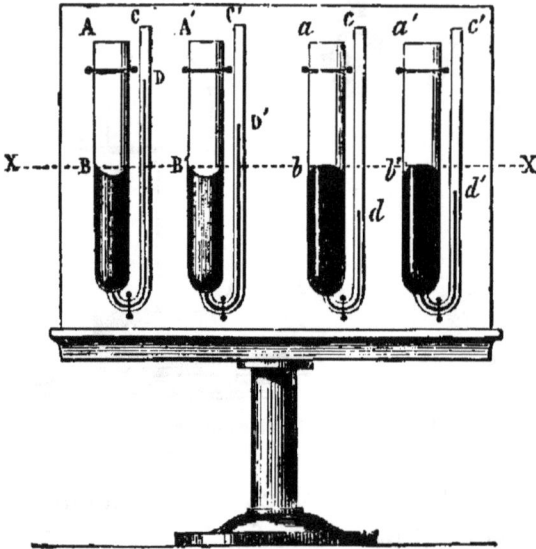

Fig. 198. — Tubes capillaires.

la sève et les mouvements des corps légers flottant à la surface des liquides. Aussi, lorsqu'on diminue suffisamment leur distance, on les voit se rapprocher lorsqu'ils sont tous les deux mouillés par le liquide, ou lorsqu'ils ne peuvent l'être ni l'un ni l'autre. Ils se fuient au contraire quand le liquide mouille l'un sans mouiller l'autre. On peut réaliser cette expérience avec des balles de liège dont les unes ont leur surface nette et sont mouillées par l'eau, dont les autres ont leur surface enduite de noir de fumée et ne peuvent être mouillées par le liquide.

CHAPITRE II

PRODUCTION. — PROPAGATION. — VITESSE DU SON.

303. On appelle *acoustique* la partie de la physique qui s'occupe de l'étude des sons, de leur cause, de leur propagation et des conditions dans lesquelles ils se produisent.

304. Vibrations des corps sonores. — Quand un corps rend un son, ses molécules exécutent de part et d'autre de leur position d'équilibre de petits mouvements de va-et-vient que l'on désigne sous le nom de *vibrations*. Les expériences suivantes vont nous en démontrer l'existence.

305. Vibrations des corps solides. — Lorsque (fig. 199) on serre une verge métallique AB par une de ses extrémités B entre les mâchoires d'un étau E, et qu'on l'écarte de sa position d'équilibre AB, on la voit exécuter des mouvements de va-et-vient de part et d'autre de AB. Lorsque la verge est assez courte, ses vibrations sont accompagnées d'un son qui cesse dès qu'elle revient au repos.

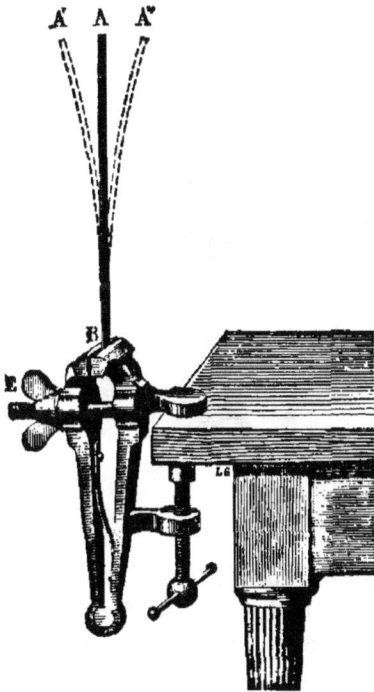

Fig. 199. — Vibrations des corps solides.

Quand une cloche résonne, si l'on approche une pointe fine de sa paroi, on entend très distinctement une série de chocs qui attestent l'existence du mouvement vibratoire. On peut donner à l'expérience une autre forme, en suspendant au sommet et à l'intérieur de la cloche un fil qui soutient une balle de liège ; faisons résonner la cloche et inclinons-la de manière que la balle vienne toucher ses parois. Dès qu'il y a contact, celle-ci se trouve repoussée par le choc qu'elle reçoit de la cloche.

Ébranlons un diapason BC (fig. 200), et pendant qu'il

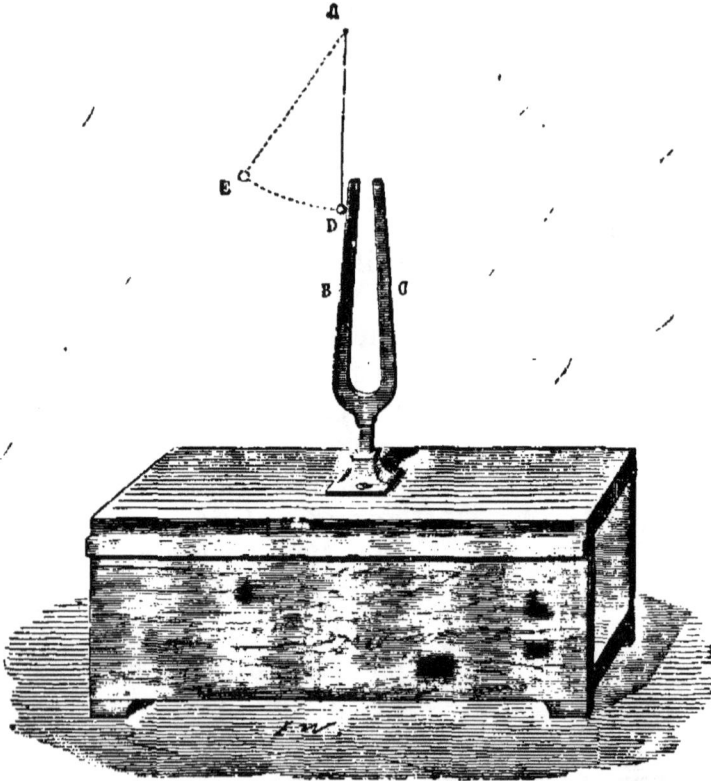

Fig. 200. — Vibrations des corps solides.

parle approchons de l'une de ses branches une bille d'ivoire D suspendue à un fil AD. Dès que la bille touche le diapason, elle est lancée par lui jusqu'en E et revient le toucher pour être lancée de nouveau.

306. Vibrations des corps gazeux. — Un tuyau rectangulaire a l'une de ses faces fermée par une paroi de verre ; il est placé verticalement sur une soufflerie à l'aide de laquelle on lance un courant d'air. Le tuyau rend alors un son, et si, pendant qu'il parle, on descend dans son in-

térieur une membrane mince couverte de sable et tendue
sur un petit anneau de carton soutenu par trois fils, elle
se met en vibration sous l'influence des vibrations de l'air
du tuyau, et le sable est projeté. Ce mouvement vibratoire

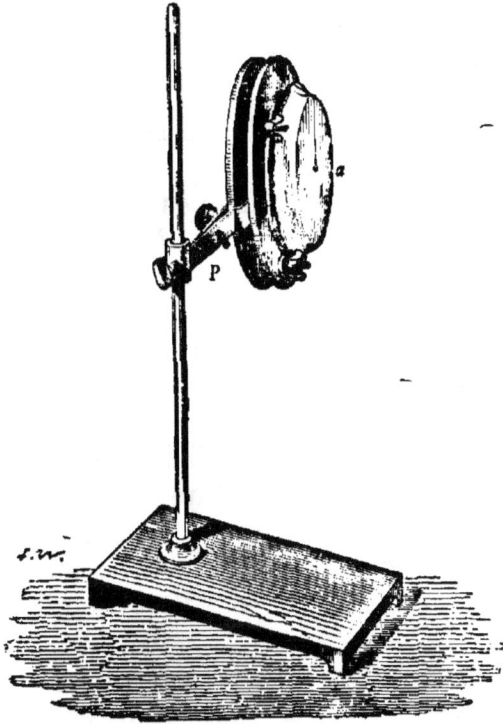

Fig. 201. — Vibrations des corps gazeux.

se transmet au loin en dehors du tuyau, et une autre membrane tendue sur un cadre et placée à distance participe
au mouvement des couches atmosphériques et le communique à un pendule *a* (fig. 201) suspendu à sa surface.

307. Vibrations des corps liquides. — Wertheim
est parvenu à faire parler des tuyaux plongés dans un
liquide, en y injectant un courant de ce même liquide,
dont les vibrations produisaient le son rendu par le tuyau.

308. Le son ne se propage pas dans le vide. —
Les mouvements vibratoires que nous venons d'étudier
ont besoin, pour produire une impression sur l'organe de
l'ouïe, de se transmettre jusqu'à lui par une suite non

interrompue de milieux pondérables. Dans le cas contraire, les vibrations des corps ne produisent pas de son. Otto de Guéricke l'a démontré par l'expérience suivante :

·On dispose sur le plateau de la machine pneumatique une sonnerie à timbre mue par un mouvement d'horlogerie et reposant sur un coussinet en ouate, on la couvre avec la cloche de la machine, puis on fait le vide. A mesure que la raréfaction de l'air augmente, le son s'affaiblit, quoiqu'on voie toujours le marteau frapper le timbre ; quand la pression n'est plus que de quelques millimètres, le son est tout à fait éteint, mais il renaît dès qu'on laisse rentrer l'air sous la cloche. Le coussinet en ouate a pour but d'amortir les vibrations de la sonnerie qui se transmettraient au dehors par la platine de la machine.

309. Propagation du son à travers les solides. — L'expérience suivante prouve la transmission du son par l'intermédiaire des corps solides. Si l'on place l'oreille à l'extrémité d'une longue poutre, et qu'une personne gratte avec l'ongle l'autre extrémité, on peut entendre distinctement le son produit. Ce son est cependant assez faible pour n'être perçu qu'à condition d'avoir l'oreille placée contre la poutre.

On sait que les décharges d'artillerie sont parfaitement entendues au loin, si l'on place l'oreille contre le sol, même dans des cas où le son n'arrive pas à celui qui écoute en se tenant debout.

Le mineur, en creusant sa galerie, entend les coups du mineur qui vient à sa rencontre et juge ainsi de sa direction.

310. Propagation du son à travers les liquides. — Les liquides transmettent aussi le son : lorsque deux plongeurs sont au milieu de l'eau, l'un deux perçoit parfaitement le bruit de deux cailloux choqués par l'autre.

Pour prouver avec quelle facilité se fait cette transmission du son à travers les liquides, on place un vase V (fig. 202) plein de mercure sur une caisse sonore B qui peut renforcer le son d'un diapason A. On fait vibrer le diapason et on lui fait toucher la surface du mercure. Aussitôt la caisse sonore, ébranlée comme elle l'eût été si l'on

avait posé directement le diapason sur elle, renforce le
son produit par ce dernier.

311. Mode de propagation du son. — L'expérience

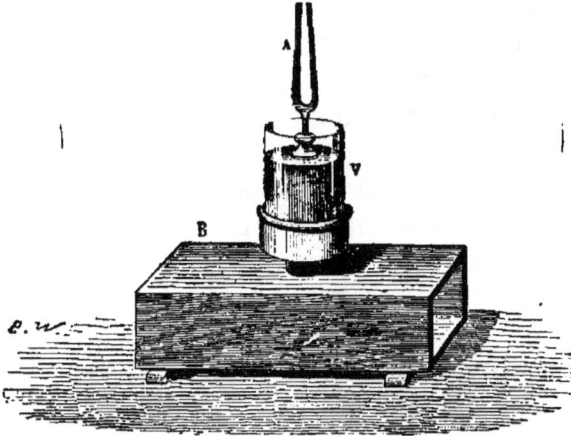

Fig. 202. — Propagation du son à travers les liquides.

suivante rend compte facilement du mode de propagation
du son. Sept boules d'ivoire sont suspendues à une traverse en bois (fig. 203) par des fils de même longueur et se
touchent entre elles. Si
l'on vient à éloigner
l'une d'elles A de la
verticale et qu'on l'a-
bandonne à elle-même
lorsqu'elle sera arri-
vée en A', elle viendra
frapper la seconde, et
l'on verra la dernière
boule B lancée en B', les
autres restant en repos.

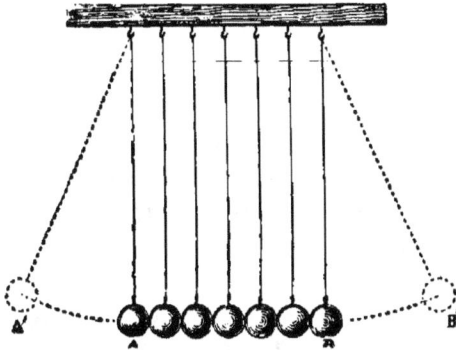

Fig. 203. — Mode de propagation du son.

Voici ce qui a eu lieu :
la seconde bille s'est
comprimée par le choc de A, puis revenant à son volume primitif a réagi sur la suivante qui, après s'être aussi comprimée, a exercé sa réaction sur la quatrième et ainsi de suite
jusqu'à B, qui, poussée par le retour de l'avant-dernière
boule à ses dimensions premières, s'est avancée jusqu'en B'.

La transmission du mouvement vibratoire des corps sonores se fait de la même manière. Les molécules du corps sonore, en s'écartant de leur position d'équilibre, poussent devant elles la couche d'air qui les entoure ; celle-ci se comprime, augmente de force élastique, et réagit sur la couche suivante qui, se comprimant à son tour, communique le mouvement à la troisième et ainsi de suite. Lorsque les molécules du corps sonore reviennent vers leur position d'équilibre, un mouvement en sens contraire se produit dans l'air. La couche d'air dans l'espace abandonné par ces dernières diminue de force élastique, la suivante se détend à son tour, et de proche en proche le mouvement se propage. Ce mouvement des couches d'air a lieu évidemment ici en sens contraire de tout à l'heure. Comme on peut répéter le même raisonnement pour chacune des vibrations du corps sonore, on voit que l'air se trouve alternativement animé de vitesses de sens contraires, qu'il est lui-même en vibration.

Ce raisonnement pourrait s'appliquer à tout autre milieu solide, liquide ou gazeux.

312. Réflexion du son. Échos. — Le mode de propagation du son a la plus grande analogie avec le phénomène qui se produit lorsqu'au milieu d'une nappe d'eau tranquille on laisse tomber un corps solide, une pierre, par exemple. Autour du point où la pierre a touché l'eau, un cercle se forme, puis un second, puis un troisième et ainsi de suite ; tous ces cercles s'élargissent et semblent courir à la file l'un de l'autre, quoique, en réalité, il n'y ait que propagation d'un mouvement vibratoire. Or, lorsque ces ondes, excitées à la surface du liquide, rencontrent les bords du bassin, elles se réfléchissent et on les voit revenir sur elles-mêmes ou se propager dans une direction inclinée sur celle qu'elles avaient suivie pour aller toucher l'obstacle. La propagation du son qui se fait par ondes sonores, semblables aux ondes liquides, dont nous venons de parler, donne lieu à des phénomènes tout à fait analogues, produisant ce que l'on désigne ordinairement sous le nom d'*écho*.

On appelle *écho* la répétition d'un son réfléchi par un

obstacle qui est assez éloigné pour que le son réfléchi ne se confonde pas avec le son entendu directement. On dit qu'un écho est *monosyllabique*, quand on ne peut prononcer qu'une syllabe avant que le son réfléchi de cette syllabe revienne à l'oreille. Il est *polysyllabique* quand on peut prononcer plusieurs syllabes avant que le son de la première revienne à l'oreille. Cela dépend évidemment de la distance où l'on se trouve de l'obstacle réfléchissant.

Quand on est assez près de cet obstacle pour que le son réfléchi revienne alors que la sensation produite par le son primitif dure encore, il y a confusion des deux impressions, et on dit alors qu'il y a renforcement du son, qu'il y a *résonance*. C'est ce qui arrive dans les appartements non tapissés. Les tentures empêchent les résonances et rendent un espace *sourd*, parce que la réflexion du son ne peut se faire à leur surface.

Il y a des échos *multiples*, qui répètent plusieurs fois le même son, par suite de l'existence de plusieurs obstacles qui se renvoient mutuellement les ondes sonores. A mesure que le nombre des réflexions augmente, le son diminue d'intensité et finit par s'éteindre.

Gassendi cite un écho situé près du tombeau de Métella, et qui répète huit fois un vers de l'*Énéide*. Un écho observé au château de Simonetta, en Italie, répète quarante à cinquante fois le bruit d'un coup de pistolet. A trois lieues de Verdun, on trouve un écho qui répète un son douze ou treize fois.

Nous citerons comme application de la réflexion du son le phénomène observé dans certaines salles, auxquelles on a donné la forme ellipsoïdale. Quelques paroles prononcées à voix basse, en un point de l'ellipsoïde appelé *foyer*, s'entendent distinctement à l'autre foyer, quoiqu'on ne puisse les entendre en aucun autre point, même plus rapproché de celui où le son a été produit. Il y a au Conservatoire des arts et métiers, à Paris, une salle dont les angles opposés offrent la même particularité.

On peut ici citer encore une expérience analogue à celle que nous avons décrite — à propos de la réflexion de la chaleur rayonnante. Les deux miroirs courbes, dont nous avons parlé, étant disposés comme nous l'avons indiqué, on place au foyer de l'un d'eux une montre, et, si l'on met l'oreille au foyer de l'autre, on perçoit très distinctement le tic-tac de la montre, que l'on ne peut entendre en un point intermédiaire.

L'usage des porte-voix et des cornets acoustiques est aussi fondé sur la réflexion du son.

313. Vitesse du son. — « Lorsque nous voyons, dit Mersenne, un bûcheron abattre du bois à une distance un peu considérable, nous reconnaissons immédiatement que le bruit de chaque coup de hache met un temps sensible pour arriver à notre oreille ; de même encore, lorsque nous observons de loin l'explosion d'une pièce de canon, nous apercevons la lumière avant d'entendre le bruit. »

De même encore il s'écoule toujours un intervalle de temps plus ou moins long entre l'instant où nous voyons l'éclair et celui où nous entendons le bruit du tonnerre, intervalle qui peut servir à calculer la distance à laquelle se trouvent les nuages orageux. Plus il est grand, plus ces nuages sont éloignés.

La propagation du son n'est pas instantanée. Les premières expériences faites pour mesurer la vitesse du son dans l'air furent exécutées en 1738 aux environs de Paris, entre Montmartre et Montlhéry, par une commission de l'Académie des sciences. Elles établirent que le mouvement de propagation est uniforme, c'est-à-dire qu'en temps égaux le son parcourt des espaces égaux.

Il résulte de là que la vitesse du son dans l'air doit être définie par la distance que le son parcourt dans ce milieu pendant l'unité de temps.

La détermination de cette vitesse repose sur le principe suivant : Lorsqu'à une petite distance nous voyons se produire un phénomène lumineux, celui qui accompagne la détonation d'une arme à feu, par exemple, nous pouvons, vu la vitesse considérable de la lumière (77000 lieues par seconde), regarder l'instant de la perception de ce phénomène par notre œil comme coïncidant avec celui où il a été produit. Si le phénomène lumineux est accompagné d'un son, nous pouvons considérer l'intervalle qui sépare l'instant de la sensation lumineuse de celui où le son arrive à l'oreille, comme sensiblement égal à celui que le son a mis pour arriver jusqu'à nous ; si nous connaissons d'ailleurs la distance exprimée en mètres qui nous sépare du lieu où a été produit le son, en divisant cette distance par le temps observé exprimé en secondes, nous aurons l'espace parcouru en une seconde et par suite la vitesse du son.

C'est sur ce principe que s'appuyèrent Prony, Arago, de Humboldt, Gay-Lussac, Bouvier et Mathieu dans les expériences qu'ils firent, en 1822, pour déterminer la vitesse du son dans l'air. Ces observateurs se divisèrent en deux groupes dont l'un se plaça sur les hauteurs de Villejuif, l'autre à côté de la tour de Montlhéry, stations distantes de 18 613 mètres. A une heure fixée d'avance, le feu était mis à une pièce de canon sur les hauteurs de Villejuif : les observateurs de Montlhéry notaient, à l'aide de chronomètres, l'instant où ils apercevaient l'inflammation de la poudre, puis notaient l'instant où le son parvenait à leur oreille. Au bout de cinq minutes, un coup de canon était tiré à Montlhéry, et les observateurs de Villejuif faisaient à leur tour les mêmes déterminations. La moyenne des temps observés fut de 54″,6, à 16°, température de l'expérience. Il est évident que, si le son mettait 54″,6 pour parcourir 18 613 mètres, en une seconde il parcourrait 54,6 fois moins, ou 18 613 divisé par 54,6 c'est-à-dire 340 mètres. On admit donc que dans l'air et à 16° la vitesse du son était de 340 mètres. Dans des expériences plus précises, Regnault a trouvé qu'à 16° la vitesse est de 337^m,2.

La température influe sur la vitesse de propagation du son : quand elle s'abaisse, la vitesse diminue ; à 0° elle n'est que de 330^m,6. L'influence du vent, que les expérimentateurs dont nous venons de parler, avaient voulu éviter par l'alternance de leurs observations, est d'augmenter la vitesse des sons qui suivent la même route que lui et de diminuer la vitesse de ceux qui marchent en sens inverse. Mais la rapidité de la transmission du son étant très grande par rapport à celle des vents les plus violents, l'influence des vents sur la vitesse du son peut être regardée comme négligeable dans la plupart des cas.

La vitesse du son varie avec la nature du gaz au milieu duquel se fait la propagation. Dans l'eau, cette vitesse que MM. Colladon et Sturm ont déterminée par des procédés analogues, sur le lac de Genève, est de 1435 mètres.

Biot a montré que dans la fonte elle était dix fois plus grande que dans l'air.

CHAPITRE III

QUALITÉS DU SON. — INTERVALLES MUSICAUX. — GAMME.
INSTRUMENTS DE MUSIQUE.

314. Les sons se distinguent les uns des autres par trois caractères ou qualités que l'on appelle *intensité*, *hauteur* et *timbre*.

315. **Intensité.** — L'intensité du son dépend principalement : 1° de l'*amplitude des vibrations* du corps sonore. Plus cette amplitude est considérable, plus l'intensité du son est grande. Quand on écarte de sa position d'équilibre une corde tendue, pour l'y laisser revenir par une série de vibrations, on constate que le son qu'elle rend est d'autant plus intense qu'on l'a écartée davantage, et qu'il s'affaiblit à mesure que l'amplitude des vibrations diminue.

2° De la *densité du milieu* dans lequel le son prend naissance. Lorsque, toutes choses égales d'ailleurs, la densité du milieu diminue, l'intensité décroît avec elle. Un coup de fusil tiré sur le sommet d'une haute montagne donne lieu à un bruit moins intense que si, avec la même charge de poudre, il était tiré en plaine. Cela tient à ce que la densité de l'air devient plus faible à mesure qu'on s'élève dans l'atmosphère.

3° De la *distance* à laquelle on se trouve du lieu où a été produit le son. Plus on est éloigné, plus le son perçu est faible.

Des expériences aérostatiques faites, il y a quelques années, prouvent que l'intensité des sons émis à la surface de la terre se propage sans s'éteindre jusqu'à de grandes hauteurs dans l'atmosphère.

Le sifflet d'une locomotive s'entend à une hauteur de	3000^m
Le bruit d'un train de chemin de fer................	2500
Les cris d'une population..........................	1600
Le chant du coq, le son d'une cloche...............	1600
La voix humaine..................................	1000
Le bruit d'un ruisseau............................	1000

La transmission de haut en bas ne se fait qu'avec plus de difficulté : à plus de 100 mètres on n'entend plus la voix humaine.

Les nuages n'opposent pas d'obstacle à la transmission des sons.

4° De la *direction du vent*. Tout le monde sait que certains sons, celui des horloges ou des cloches, par exemple, s'entendent par certains vents à une certaine distance déterminée, tandis que par d'autres on ne les entend plus.

316. Hauteur du son, gravité, acuité. — On sait que les sons diffèrent les uns des autres par leur gravité, leur acuité, leur hauteur. Ainsi le son rendu par une sonnette d'appartement est plus aigu, plus élevé que celui de la cloche d'un beffroi ; les différentes notes d'un piano se distinguent par leur hauteur.

On a reconnu que les sons sont d'autant plus aigus que le mouvement vibratoire des corps qui les produisent est plus rapide, en d'autres termes que le nombre de vibrations exécutées en un temps donné est plus grand.

317. Mesure du nombre de vibrations correspondant à un son donné. — Les physiciens emploient plusieurs méthodes pour déterminer le nombre de vibrations correspondant à un son donné. Nous ne décrirons que celles qui reposent sur les méthodes graphiques et qui sont les plus simples ; nous ne citerons que pour mémoire les méthodes de la roue dentée de Savart et de la sirène de Cagnard-Latour.

318. Méthode graphique. — La méthode graphique

consiste à faire inscrire par le corps vibrant lui-même les vibrations qu'il exécute. Supposons qu'on veuille déterminer le nombre des vibrations exécutées en un temps donné par un corps sonore, on ajuste un diapason qui rende exactement le même son. On arme une de ses branches d'une pointe fine, comme le représente la figure 204, et, pendant qu'il vibre, on fait passer devant elle, au contact, et dans une direction perpendiculaire à celle des

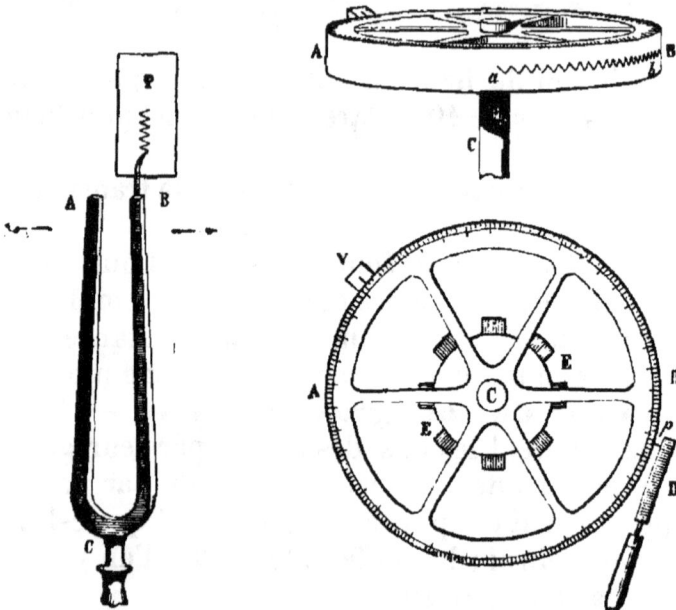

Fig. 204. — Diapason inscrivant ses vibrations.

Fig. 205. — Enregistrement des vibrations.

vibrations, une plaque de verre P recouverte de noir de fumée ou de collodion. La pointe trace alors des zigzags sur la plaque. Il est facile de se rendre compte de la production de ces zigzags. Si la plaque glissait parallèlement aux flèches de la figure, la pointe tracerait à sa surface une série de petites lignes droites superposées, mais, comme elle se déplace dans une direction perpendiculaire, la pointe se trouve à chaque instant à une hauteur différente par rapport au bord inférieur de la plaque et décrit des lignes inclinées, dont la succession donne lieu aux

15.

zigzags. Chacun d'eux correspond à une vibration complète, puisque chaque petite ligne correspond elle-même à une demi-vibration; en comptant alors à la loupe le nombre de zigzags exécutés dans un temps donné, on connaît le nombre de vibrations faites par le diapason dans le même temps.

Pour opérer avec précision, il est nécessaire que la plaque se meuve d'un mouvement uniforme; aussi la remplace-t-on souvent par une roue que met en mouvement un appareil d'horlogerie; la tranche de cette roue est recouverte de noir de fumée et reçoit le tracé des vibrations (fig. 205).

319. **Cordes vibrantes**. — Si après avoir fixé par ses deux extrémités une corde flexible et l'avoir tendue, on l'écarte de sa position d'équilibre pour l'abandonner ensuite à elle-même, ou si on la frotte perpendiculairement à sa longueur à l'aide d'un archet, on entend un son se produire et on voit en même temps la corde exécuter de part et d'autre de sa position d'équilibre et perpendiculairement à sa longueur, des oscillations que l'on désigne sous le nom de *vibrations transversales*. Ces oscillations vont en diminuant d'*amplitude*, aussi l'intensité du son va-t-elle en diminuant aussi; mais sa hauteur reste constante, ce qui prouve qu'elle continue à exécuter le même nombre de vibrations en un temps donné, que ses oscillations sont *isochrones*.

Si l'on frotte la corde dans le sens de sa longueur avec un morceau de drap enduit de colophane, elle rend aussi un son, mais les vibrations s'exécutent dans le sens de la longueur de la corde : elles sont appelées *vibrations longitudinales*.

320. *Lois des vibrations transversales*. — Toutes choses égales d'ailleurs, le nombre des vibrations transversales exécutées en un temps donné par deux cordes est : 1° *inversement proportionnel à leur longueur; 2° inversement proportionnel à leur diamètre; 3° proportionnel à la racine carrée du poids qui les tend; 4° inversement proportionnel à la racine carrée de la densité de la substance qui forme la corde.*

Ces lois se vérifient à l'aide d'un instrument qu'on appelle *sonomètre*, il se compose d'une caisse sonore en bois HH' (fig. 206), portant deux chevalets fixes C et D dont la distance est de 1 mètre. Sur les chevalets passent deux cordes fixées par une extrémité à deux chevilles ou goujons B. A l'autre extrémité elles s'enroulent sur des goujons A, que l'on fait tourner avec une clef, de manière à faire varier la tension : si l'on a intérêt à mesurer cette tension, au lieu de la produire à l'aide de goujons, on passe la corde sur une poulie C et on suspend à son extrémité des poids dont la valeur mesure la tension de la corde. Des chevalets mobiles tels que F sont placés entre les chevalets fixes, et, en les faisant glisser, on pourra faire varier la longueur de la corde, si l'on appuie légèrement celle-ci sur le chevalet mobile. Enfin une division en millimètres permet de mesurer les distances FC et FD pour chaque position du chevalet mobile. Si, pendant qu'on fait vibrer la corde, on mesure à l'aide d'une des méthodes dont nous avons parlé, le nombre de vibrations qu'elle exécute en un temps donné, on vérifiera les lois que nous avons énoncées. Par exemple, si

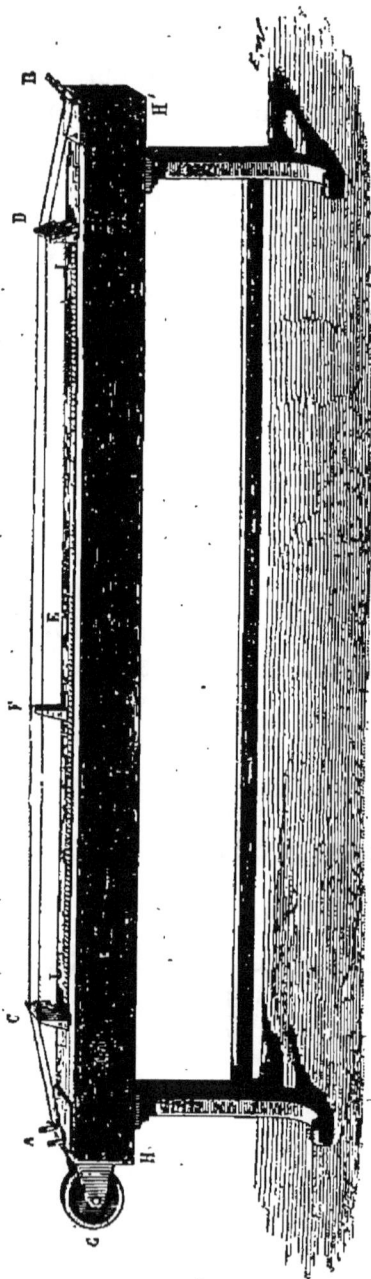

Fig. 206. — Sonomètre.

on donne à la corde successivement les longueurs 1 et,
on verra .que les nombres de vibrations sont entre eux
comme 1 et 2.

Lois des vibrations longitudinales. — Elles sont les mêmes
que celles des vibrations transversales à cela près que le
nombre des vibrations longitudinales est indépendant de
la tension et que, toutes choses égales d'ailleurs, il est beaucoup plus grand que celui des vibrations transversales. Le
son, que rend une corde vibrant longitudinalement, est toujours plus haut que celui qu'elle rend quand elle vibre
transversalement.

Instruments à cordes. — Les instruments à cordes, dont
on se sert en musique, sont des applications des lois des
vibrations transversales des cordes. Le son produit par les
cordes étant faible, elles sont ordinairement tendues en
présence d'une caisse sonore, qui le renforce. Dans le
piano, qui est un instrument à son fixe, chaque corde a
une longueur fixe. Elles sont mises en vibration par le choc
de petits marteaux, mus eux-mêmes par les touches du
clavier, qu'attaque le doigt du pianiste. Dans la harpe les
notes sont pincées par l'artiste pour la mise en vibration.
Dans le violon, le violoncelle, les cordes n'ont pas une longueur fixe, l'artiste en promenant les doigts de la main
gauche sur l'instrument diminue ou augmente à volonté la
longueur de la partie vibrante de la corde : ses doigts
appuient sur la corde, la serrent à des endroits différents
et en l'attaquant par l'archet qu'il manœuvre de la main
droite lui fait rendre des sons de hauteurs différentes.

321. Intervalles musicaux. — Lorsque deux sons ont
la même hauteur on dit qu'ils sont à *l'unisson.* Les corps
sonores, qui les rendent, exécutent par seconde le même
nombre de vibrations.

En acoustique, on appelle *intervalle* de deux sons le rapport des nombres de vibrations exécutées en un temps
donné, une seconde, par les corps sonores qui rendent
ces sons. Supposons par exemple que deux corps exécutent
en une seconde, le premier 522 vibrations, le second 783 :
le rapport de 783 à 522 est celui de 3 à 2 : on dit alors que
l'intervalle des deux sons est $\frac{3}{2}$.

Lorsqu'un son correspond à un nombre de vibrations double de celui qui correspond à un autre son, on dit que le premier est à l'*octave aiguë* du second. Supposons, par exemple, qu'une corde de piano effectue 1 044 vibrations par seconde et qu'une autre corde n'en effectue que 522 par seconde, on dit que la première corde est à l'octave aiguë de la seconde. Le nombre 2 caractérise donc l'intervalle désigné sous le nom d'*octave*.

L'intervalle caractérisé par le rapport $\frac{3}{2}$ est appelé *quinte*.

On se sert en musique d'un certain nombre d'intervalles caractérisés par le rapport de nombres simples.

La *quarte* est caractérisée par le rapport $\dfrac{4}{3}$

La *quinte* — $\dfrac{3}{2}$

La *tierce majeure* — $\dfrac{5}{4}$

La *tierce mineure* — $\dfrac{6}{5}$

322. Gamme. — On appelle *gamme*, une série de huit sons, ou *notes*, employés en musique pour produire des effets agréables à l'oreille, la dernière note de cette série étant à l'octave aiguë de la première : les notes ont été désignées par les noms suivants :

ut, ré, mi. fa, sol, la, si, ut.

Les physiciens ont trouvé que les intervalles de chaque note à la première étaient représentés par des rapports simples qui sont les suivants :

ut	ré	mi	fa	sol	la	si	ut
1,	$\dfrac{9}{8}$,	$\dfrac{5}{4}$,	$\dfrac{4}{3}$,	$\dfrac{3}{2}$,	$\dfrac{5}{3}$,	$\dfrac{15}{8}$,	2.

Toute série de huit sons présentant ces intervalles sera appelée *gamme majeure*.

Précisons bien ce que cela signifie au point de vue physique. Si un son fait une vibration en un temps donné, les sons qui formeront avec lui la gamme, feront dans le même temps :

$$\frac{9}{8}, \quad \frac{5}{4}, \quad \frac{4}{3}, \quad \frac{3}{2}, \quad \frac{5}{3}, \quad \frac{15}{8} \text{ et 2 vibrations.}$$

Pour préciser encore, supposons une gamme dont la première note corresponde à 522 vibrations simples [1] par seconde, les différentes notes de cette gamme correspondront aux nombres suivants :

ut	522	vibrations simples.
ré	$522 \times \dfrac{9}{8} = 587$	—
mi	$522 \times \dfrac{5}{4} = 652$	—
fa	$522 \times \dfrac{4}{3} = 696$	—
sol	$522 \times \dfrac{3}{2} = 783$	—
la	$522 \times \dfrac{5}{3} = 870$	—
si	$522 \times \dfrac{15}{8} = 978$	—
ut	$522 \times 2 = 1044$	—

Ces nombres correspondent à la gamme normale.

323. Proposons-nous maintenant de calculer les intervalles qui existent dans la gamme entre une note et la précédente.

Supposons, par exemple, que la première note d'une gamme, l'*ut* d'en bas, fasse une vibration en un temps donné, *ré* fera $\frac{9}{8}$ de vibration dans le même temps, le *mi* $\frac{5}{4}$,

---

1. On appelle *vibration simple* une vibration formée par un seul mouvement du corps sonore, un aller ou un retour. La vibration double comprend l'aller et le retour.

le *fa* $\frac{4}{3}$, le *sol* $\frac{3}{2}$, le *la* $\frac{5}{3}$, le *si* $\frac{15}{8}$, l'*ut* d'en haut 2 vibrations. Il en résulte que :

L'intervalle de *ré* à *ut* sera $\frac{9}{8} : 1 = \frac{9}{8}$ Ton majeur.

— *mi* à *ré* — $\frac{5}{4} : \frac{9}{8} = \frac{10}{9}$ Ton mineur.

— *fa* à *mi* — $\frac{4}{3} : \frac{5}{4} = \frac{16}{15}$ Demi-ton majeur.

— *sol* à *fa* — $\frac{3}{2} : \frac{4}{3} = \frac{9}{8}$ Ton majeur.

— *la* à *sol* — $\frac{5}{3} : \frac{3}{2} = \frac{10}{9}$ Ton mineur.

— *si* à *la* — $\frac{15}{8} : \frac{5}{3} = \frac{9}{8}$ Ton majeur.

— *ut* à *si* — $2 : \frac{15}{8} = \frac{16}{15}$ Demi-ton majeur.

On peut aussi définir les intervalles qui existent entre chaque note et la première :

L'intervalle de *ré* à *ut* sera $\frac{9}{8} : 1 = \frac{9}{8}$ Ton majeur.

— *mi* à *ut* — $\frac{5}{4} : 1 = \frac{5}{4}$ Tierce majeure.

— *fa* à *ut* — $\frac{4}{3} : 1 = \frac{4}{3}$ Quarte.

— *sol* à *ut* — $\frac{3}{2} : 1 = \frac{3}{2}$ Quinte.

— *la* à *ut* — $\frac{5}{3} : 1 = \frac{5}{3}$ Sixte.

— *si* à *ut* — $\frac{15}{8} : 1 = \frac{15}{8}$ Septième.

— *ut* à *ut* — 2 à $1 = 2$ Octave.

324. La normal. — Nous avons vu dans ce qui précède qu'une gamme majeure est la succession d'une série de huit sons ayant entre eux les intervalles que nous avons indiqués.

Parmi toutes les gammes qui présentent ce caractère,

il en est une que l'on désigne sous le nom de *gamme normale*, c'est celle dont le *la* fait 870 vibrations simples par seconde; l'*ut* de la même gamme correspond à 522 vibrations et nous avons calculé (322) le nombre de vibrations correspondant à chaque note. Le diapason normal donne le *la* de cette gamme. Le nombre 870 a été fixé par une commission nommée par le gouvernement. Le *la normal* est aussi appelé *la de l'Opéra* ou *la du Conservatoire*.

325. Notations des diverses gammes naturelles. — On représente ordinairement par ut_1, l'*ut* le plus grave de la basse, par ut_2 celui qui le suit en montant et qui correspond à un nombre double de vibrations, par ut_3 celui qui suit ut_2, etc. Le *la* normal dont nous venons de parler appartient à la gamme qui commence par ut_3, ce qui donne 522 vibrations pour ut_3, $\frac{522}{2}$ ou 261 pour ut_2, $\frac{261}{2}$ ou 130,5 pour ut_1, qui est l'*ut* grave du violoncelle.

Enfin en musique, on emploie encore les notes plus graves $ut-_1$, $ut-_2$, cette dernière étant la plus grave des notes usitées et correspondant à 32 vibrations.

326. Accords parfaits majeurs. — On appelle *accord* le résultat de la production simultanée de plusieurs sons. Lorsque l'impression reçue par l'oreille est agréable on dit que l'accord est *consonant;* dans le cas contraire, il est *dissonant*. Les accords peuvent embrasser deux, trois, quatre notes et même plus. L'accord le plus simple est évidemment l'*unisson*, que l'oreille la moins exercée apprécie facilement : à une vibration de l'un des corps sonores correspond une vibration de l'autre. Après l'unisson viennent : l'*octave*, caractérisée par deux vibrations pour une, la *quinte* définie par trois vibrations pour deux, la *tierce majeure* par cinq vibrations pour quatre.

Enfin l'accord de trois sons simultanés le plus agréable à l'oreille est *l'accord parfait majeur*, produit par trois sons, dont les nombres de vibrations sont entre eux comme les nombres 4, 5 et 6. Tels sont : *ut, mi, sol; fa, la, ut; sol, si, ré*.

La note la plus grave d'un accord est la *tonique*, la plus élevée est la *dominante*.

327. Dièzes. Bémols. — On se sert souvent en musique de notes autres que celles dont nous venons de parler. Ce

sont les *dièzes* et les *bémols*. *Dièzer* une note c'est multiplier le nombre qui la représente par $\frac{25}{24}$. Ainsi le *fa* de la
gamme normale correspond à 696 vibrations, le *fa dièze*
correspond à $696 \times \dfrac{25}{24}$ ou à 725 vibrations. *Fa dièze* s'écrit

fa #. *Bémoliser* une note c'est multiplier le nombre qui la
représente par $\frac{24}{25}$. Le *si* de la gamme normale correspond

à 976 vibrations, le *si bémol* à $696 \times \dfrac{24}{25}$ ou à 938 vibrations.

Si bémol s'écrit si ♭.

328. Gamme tempérée. — La gamme telle que nous
venons de la décrire comprend vingt et une notes différentes, sept notes naturelles, sept dièzes et sept bémols.
Dans la construction des instruments à sons fixes, comme
le piano, cette multiplicité des notes constituerait une véritable difficulté au point de vue de la construction et de
l'usage de l'instrument. Aussi les musiciens se servent-ils
maintenant de ce qu'on appelle la *gamme tempérée*, dans
laquelle l'intervalle d'octave est divisé en douze demi-tons
égaux.

329. Gamme mineure. On emploie aussi en musique
des gammes appelées *mineures* parce que l'intervalle de la
première note à la troisième est une tierce mineure.

330. Timbre des sons. — Les sons se distinguent aussi
les uns des autres par une qualité que l'on appelle *timbre*.
On peut tirer d'un cor, d'un violon, d'une flûte, d'un hautbois, d'un piano, des sons identiques pour la hauteur, mais
complètement différents au point de vue de leur timbre.

M. Helmholtz a publié de remarquables travaux sur le
timbre des sons. Il a prouvé qu'en général, lorsqu'un instrument de musique rend un son, indépendamment du son
principal qui en détermine la hauteur, il se produit en
même temps d'autres sons accessoires qui se superposent
à lui. Ces sons accessoires varient, suivant les cas, de nature
et d'intensité, et c'est ce qui explique pourquoi plusieurs
instruments rendant successivement un son de même hauteur, on en distingue parfaitement le timbre : indépendamment du son principal qui a déterminé la hauteur du son,
il s'en est produit d'autres, accessoires et variables d'un

intsrument à l'autre, qui, par leur superposition avec le son principal, ont fait varier la nature de l'impression produite sur l'organe de l'ouïe.

331. L'usage d'un certain nombre d'instruments de musique repose sur la mise en vibration de la colonne d'air qu'ils renferment. On les appelle des *instruments* à vent. Tels sont les orgues, le cornet à pistons, la flûte, etc.

332. Tuyaux sonores. — On distingue deux sortes de tuyaux sonores : 1° les tuyaux à embouchure de flûte ; 2° les tuyaux à anches.

333. Tuyaux à embouchure de flûte. — La figure 207 représente la coupe d'un tuyau à embouchure de flûte. A est la cavité du tuyau qui est prismatique ou cylindrique; P est le pied qui donne entrée au courant d'air lancé par un soufflet. Dans sa partie inférieure le tuyau est réduit à un canal *i* qui se termine par une fente laissant sortir le courant et qu'on nomme *lumière*. L'air, en sortant, va frapper un biseau *b* et s'échappe par l'ouverture *ob* qu'on appelle *bouche*. Il résulte des chocs de l'air contre le biseau que cet air se met en vibration, que ses vibrations se communiquent à l'air renfermé dans le tuyau et le font résonner.

Fig. 207. — Tuyau sonore.

334. Tuyaux à anches. — Souvent, pour mettre en vibration l'air d'un tuyau, on se sert d'anches, ou lames élastiques que l'air soulève, qui retombent par leur élasticité et permettent ou interrompent le passage du gaz. Un tuyau à anches se compose en général de trois parties : du porte-vent B (fig. 208), de l'anche *o* et du cône A. Le cône peut être supprimé, mais il donne beaucoup d'éclat au son.

L'anche est une sorte de soupape *l* que l'on place à la

partie supérieure du porte-vent. Les trois parties essentielles de l'anche sont : la *rigole*, ou canal par lequel s'échappe l'air ; la *languette*, *l*, ou petite lame de cuivre qui, fixée à l'une de ses extrémités et libre à l'autre, vibre sous l'influence du courant d'air ; la *rasette*, *rr*, ou tige de cuivre que l'on descend à volonté et qui, pressant sur la languette, la raccourcit ou l'allonge.

La rasette permet d'accorder facilement le tuyau en faisant varier le son qu'il produit.

Lorsque la languette est plus large que la rigole et bat sur ses bords, on dit que l'anche est *battante*. Souvent l'anche est plus petite que la rigole et (fig. 209) bat dans son intérieur, on dit alors que l'anche est *libre*. Dans la figure 209 on voit un cône A d'une forme différente de celui de la figure 208.

335. Lois des vibrations des tuyaux sonores. — Comme l'embouchure adaptée aux tuyaux ne sert qu'à mettre l'air en vibration, la nature de cette embouchure n'a pas d'influence sur la hauteur du son ; elle ne fait qu'en modifier le timbre. Les lois suivantes, dues à Bernoulli et trouvées par lui sur des tuyaux longs, étroits et rectilignes, sont applicables à tous les instruments à vent. On peut faire rendre à un même tuyau différents sons en variant la vitesse du courant d'air injecté ; le plus grave de tous ces sons est appelé le *son fondamental*, les autres sont appelés *harmoniques*.

Fig. 208.   Fig. 209. — Tuyau à anche.

1° *Pour des tuyaux de même espèce, les nombres de vibrations, qui correspondent au son fondamental, varient en raison inverse des longueurs de ces tuyaux;* c'est-à-dire qu'un tuyau de longueur déterminée donne l'octave aiguë du tuyau de longueur double.

Ainsi pour obtenir toutes les notes de la gamme, il faut employer une série de tuyaux de même espèce dont les longueurs soient représentées par 1, $\frac{8}{9}$, $\frac{4}{5}$, $\frac{3}{4}$, $\frac{2}{3}$, $\frac{3}{5}$, $\frac{8}{15}$, $\frac{1}{2}$.

2° *Le son fondamental d'un tuyau fermé à sa partie supérieure est toujours l'octave grave de celui du tuyau ouvert de même longuenr.* C'est pour cela que dans les orgues on substitue quelquefois le *bourdon* ou tuyau fermé de 5 mètres de longueur au tuyau ouvert de 10 mètres.

3° *Les nombres de vibrations, correspondant aux harmoniques d'un tuyau ouvert, sont entre eux comme les nombres* 1, 2, 3, 4, 5, 6, 7, *et pour un tuyau fermé comme les nombres impairs,* 1, 3, 5, 7, *etc.*

336. Dans la colonne d'air en vibration d'un tuyau sonore, il existe en certains points des tranches d'air appelées *nœuds*, perpendiculaires à la longueur du tuyau et qui demeurent immobiles pendant tout le temps que le tuyau rend le même son. La distance de deux nœuds consécutifs est divisée en deux parties égales par des régions appelées *ventres* où la vitesse de l'air est maximum. Lorsqu'on pratique une ouverture sur la paroi d'un tuyau, le son n'est pas changé, si elle est pratiquée à l'endroit d'un ventre; il varie si elle est pratiquée à l'endroit d'un nœud.

337. **Instruments à embouchure de flûte.** — Les instruments à vent sont les uns à embouchure de flûte, les autres à anche. Parmi les premiers nous citerons la flûte traversière, le fifre, la flûte de Pan, le flageolet. Dans la flûte l'air est lancé suivant une direction tranversale à la longueur de l'instrument. Cette circonstance influe sur la qualité du son. Quand tous les trous de la flûte sont bouchés, on obtient, comme dans les tuyaux ouverts, les harmoniques du son fondamental en faisant varier la vitesse du courant de l'air et la distance des lèvres au bord du trou qui sert de biseau. Pour obtenir les sons intermédiaires entre les harmoniques, on ouvre des trous pratiqués

en dehors des ventres. Dans le flageolet, l'embouchure est faite comme celle du tuyau d'orgue.

338. Instruments à anches. — On peut les diviser en instruments à anches proprement dits ou à *bec* et en instruments à *bocal*. Parmi les premiers nous citerons la *clarinette*, le *hautbois*, le *basson*. Tous ces instruments ont des trous, qui, ouverts ou fermés par les doigts ou par des clefs, servent, comme dans la flûte, à modifier la hauteur des sons rendus. Dans la clarinette l'anche est formée d'une lame de roseau que l'on fait vibrer par le souffle. On fait varier le son en limitant plus ou moins par la pression des lèvres la longueur de la partie vibrante : les lèvres jouent alors le rôle de la rasette dans les tuyaux d'orgue. Dans le hautbois et le basson, le bec est formé de deux lames minces et élastiques entre lesquelles on souffle, et que les lèvres pressent en des points plus ou moins voisins de l'extrémité libre.

Parmi les instruments à bocal, nous citerons le *cor*, la *trompette*, le *clairon*, le *trombone*, l'*ophicléide*, le *cornet à pistons*, la *trompette à pistons*. Dans tous ces instruments ce sont les lèvres de l'exécutant qui jouent le rôle d'anche double, à tension variable au gré du musicien. Elles vibrent dans une cavité qui se trouve à l'entrée de l'instrument et qu'on appelle l'*embouchure*. La colonne d'air vibre à l'unisson des lèvres. Le tube ordinairement en laiton s'élargit de plus en plus et se termine par une partie qui s'évase brusquement et qu'on nomme le *pavillon*. Dans le cor, qui donne les harmoniques d'un tuyau ouvert, 1, 2, 3, 4, 5, 6, 7, etc., on modifie les sons en obstruant plus ou moins avec la main l'ouverture du pavillon.

Dans le trombone, on allonge et on raccourcit le tuyau au moyen d'un tirage qui glisse dans l'instrument. Dans le cornet à pistons, dans la trompette à pistons, le jeu des pistons a pour effet d'introduire dans la colonne d'air des longueurs supplémentaires qui modifient la hauteur des sons.

339. De la voix. — L'appareil vocal de l'homme se compose de plusieurs parties : les poumons qui fournissent le vent, la trachée-artère qui l'amène dans le larynx, le larynx où se forme le son, l'arrière-bouche et la bouche qui renforcent le son produit.

Les poumons se voient en P (fig. 210). Ce sont des organes spongieux divisés en une infinité de petites cellules, dont chacune communique avec une division d'un tube T appelé trachée-artère, qui entrant en B dans les poumons s'y ramifie. La trachée-artère est composée d'une série d'anneaux élastiques superposés. Elle vient aboutir dans l'arrière-bouche. C'est par elle que l'air nécessaire à la respiration entre dans les poumons, c'est par elle aussi que cet air, après avoir exercé sur le sang

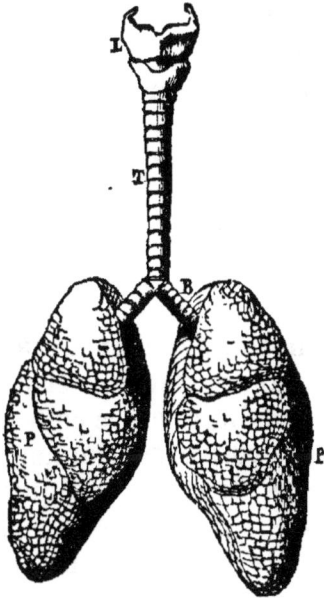

Fig. 210. — Poumons.

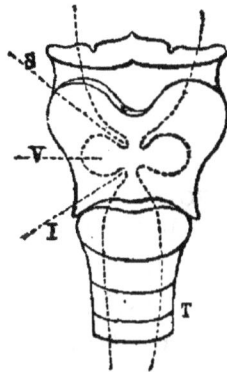

Fig. 211. — Larynx.

son action vivifiante, sort vicié, pour être rejeté au dehors en passant par la bouche et par les fosses nasales.

La trachée-artère, en arrivant au larynx L, se rétrécit brusquement en forme de fente étroite comprise entre deux lamelles élastiques appelées *cordes vocales inférieures* I (fig. 211). Cette fente peut être comparée à une boutonnière dont les deux bords forment les cordes vocales. Le larynx s'élargit ensuite et présente deux renflements V appelés *ventricules* du larynx. Un nouveau rétrécissement se trouve au-dessus des ventricules et forme les cordes vocales supérieures S ; immédiatement après, le larynx communique avec l'arrière-bouche.

Les sons de la voix sont produits par les cordes vocales mises en vibration par le courant d'air venant des poumons qui jouent le rôle de soufflet; ils sont renforcés par les ventricules, et, lorsqu'ils arrivent dans la bouche, sont articulés par le jeu de la langue et des lèvres, qui les divisent en syllabes et produisent la parole.

340. Etendue de la voix humaine. — La voix d'un même individu embrasse généralement deux à trois octaves. Mais la hauteur des sons varie suivant les individus. Voici, d'après Muller, le tableau des intervalles que peuvent parcourir les voix de diverses hauteurs en prenant pour ut_1, l'ut grave du violoncelle ou 130 vibrations par seconde.

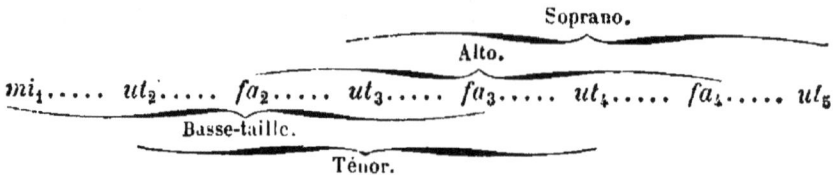

Soprano.

Alto.

mi_1 ..... ut_2 ..... fa_2 ..... ut_3 ..... fa_3 ..... ut_4 ..... fa_4 ..... ut_5

Basse-taille.

Ténor.

Les voix de basse-taille et de ténor appartiennent aux hommes, et celles d'alto et de soprano aux femmes et aux enfants. La voix de baryton est intermédiaire entre celle de ténor et celle de basse-taille. Quelques voix exceptionnelles sortent des limites extrêmes que nous venons d'indiquer.

341. De l'oreille ou organe de l'ouïe. — Il nous reste maintenant, pour terminer l'étude des parties principales de l'acoustique, à décrire l'organe que la nature nous a donné pour recueillir les sons, qui deviennent alors la cause d'impressions transmises au cerveau et appréciées par lui. Cet organe est désigné sous le nom d'organe de l'ouïe ou de l'audition : il est double et placé de chaque côté de la tête.

Chez l'homme et chez les mammifères, il est composé de trois chambres distinctes et successives, l'oreille externe, l'oreille moyenne et l'oreille interne.

L'oreille externe se compose du *pavillon* P (fig. 212) et du *conduit auditif* A. Le pavillon P est une lame composée de fibres et de cartilages, irrégulièrement contournée et dont les replis servent à réfléchir les ondes sonores dans le conduit auditif. On y remarque une espèce d'entonnoir arrondi C, appelé *conque auditive*. Le pavillon, dans le langage ordinaire, est désigné sous le nom d'oreille. Les ondes sonores réfléchies par les replis du pavillon entrent dans le conduit A et viennent frapper une membrane T tendue obliquement à l'extrémité de ce conduit et servant à le séparer de l'oreille moyenne. Cette membrane est appélée *tympan*. Derrière le tympan vient l'oreille moyenne,

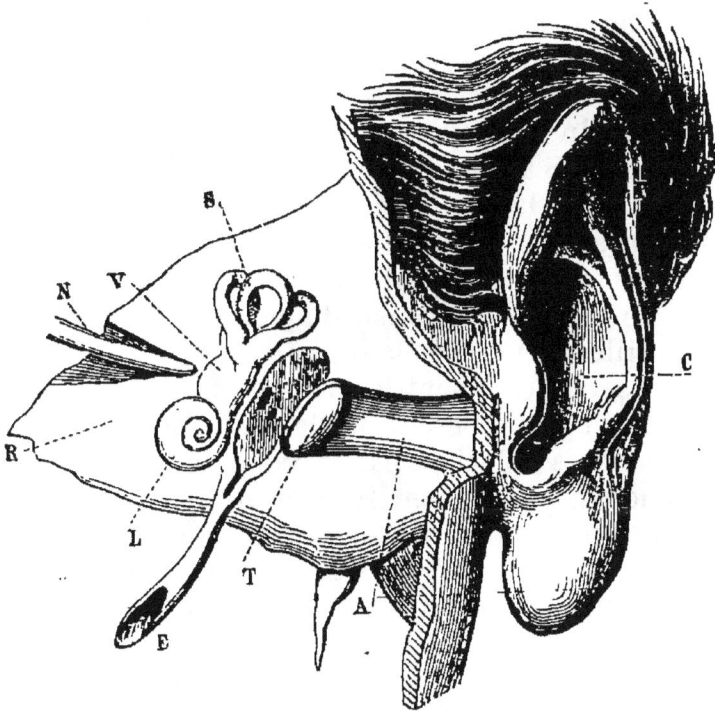

Fig. 212. — Appareil auditif.

sorte de caisse creusée dans la partie la plus dure de l'os temporal R, appelé *rocher*. On y remarque deux ouvertures appelées *fenêtre ovale* et *fenêtre ronde* à cause de leur forme : ces ouvertures sont fermées par des membranes. Une autre ouverture fait communiquer l'oreille moyenne par un conduit E, appelé *trompe d'Eustache*, avec l'arrière-bouche, de sorte que l'air contenu dans l'oreille moyenne est toujours à la pression atmosphérique. Dans l'oreille moyenne une chaîne d'osselets appelés *marteau* M 213), *enclume* E, *os lenticulaire* L, *étrier* E, relie les membranes du tympan et de la fenêtre ovale sur lesquelles elle s'appuie.

L'*oreille interne* est une cavité irrégulière où vient se rendre le nerf acoustique N chargé de transmettre au cerveau les impressions qu'il reçoit. Il se distribue dans des appareils osseux à l'extérieur, membraneux à l'intérieur. Les différentes parties de l'oreille interne sont le vestibule V (fig. 212), sac de forme ovoïde irrégulière présentant deux ouvertures communiquant avec les fenêtres ovale et ronde. Sur la paroi supérieure du vestibule sont adaptés trois tubes courbes S appelés *canaux semi-circulaires*, et sur la partie inférieure s'adapte un organe L appelé *limaçon*, à cause de sa forme. Toute l'oreille interne est remplie de liquide au milieu duquel flottent les fibrilles du nerf acoustique.

Fig. 213. — Osselets.

Ceci posé, voyons comment les sons se transmettent à l'oreille interne et y sont perçus par le nerf acoustique.

Les ondes sonores réfléchies par le pavillon entrent dans le conduit auditif, et viennent frapper la membrane du tympan qu'elles mettent en vibration. Les vibrations sont transmises alors par la chaîne des osselets et par l'air renfermé dans l'oreille moyenne aux membranes des fenêtres ovale et ronde, qui, vibrant elles-mêmes, font vibrer le liquide de l'oreille interne. L'ébranlement communiqué au nerf acoustique produit alors la sensation du son.

342. Phonographe. — Le phonographe, inventé par M. Edison, a pour but d'enregistrer les vibrations sonores et de faire servir le tracé graphique obtenu à la reproduction des sons qui en sont l'origine.

Cet appareil se compose d'un cylindre E en cuivre (fig. 214) porté sur un axe horizontal et fileté à l'une de ses extrémités. La partie filetée passe dans un écrou fixe. Lorsqu'on fait tourner la manivelle, le cylindre prend donc un mouvement de déplacement suivant son axe; si le pas du filet de vis est d'un millimètre, un tour complet de la manivelle M fera déplacer le cylindre horizontalement d'une quantité égale à un millimètre. Une spire du même pas,

un millimètre par exemple, est gravée à la surface du
cylindre, qui est recouverte d'une feuille de papier d'étain.
Une membrane se trouve placée devant ce cylindre et porte
un stylet qui appuie sur la feuille d'étain.

Par suite de l'égalité du pas de filet de vis et de la rainure, si le stylet a été placé au-dessus de la rainure, il
restera toujours au-dessus d'elle pendant le mouvement du
cylindre.

Supposons maintenant qu'on fasse tourner le cylindre et
qu'en même temps on parle à voix forte devant la membrane,
elle se mettra à vibrer et le stylet, appuyant à faux sur la

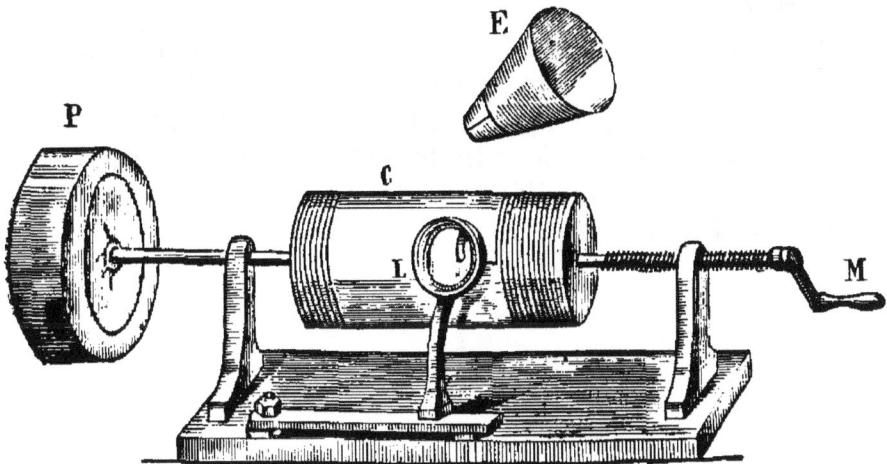

Fig. 214. — Phonographe.

feuille d'étain, y produira des dépressions correspondant au
moment où la membrane sera le plus près du cylindre. Ces
dépressions seront séparées par des intervalles lisses correspondant aux instants où le stylet est écarté ; ces dépressions et ces intervalles seront disposés en hélice.

Imaginons maintenant qu'après avoir ramené l'appareil
à sa position primitive par un mouvement inverse de la
manivelle, on rapproche la membrane de manière que la
pointe du stylet appuie sur le fond de la première dépression, et faisons tourner de nouveau le cylindre dans le premier sens. Lorsque le premier intervalle non déprimé
passera devant le stylet, il le repoussera et par suite la

membrane; lorsqu'une dépression se présentera, le stylet n'étant plus soutenu, l'élasticité de la membrane la ramènera en sens inverse, et ainsi de suite. On voit donc que tous les mouvements exécutés par la membrane lors de l'émission de la parole, seront identiquement reproduits par elle, et elle émettra un son semblable au son primitif. On amplifiera ce son à l'aide d'un cornet acoustique E.

Il est évident que si l'on produit devant le phonographe un son musical et qu'on fasse tourner le cylindre avec une vitesse double de celle qu'il avait au moment de l'enregistrement, un nombre de vibrations double se fera en un temps donné et le son rendu sera à l'octave supérieure du son primitif.

M. Édison a remplacé la feuille d'étain et le cylindre sur lequel elle repose, par un cylindre fait avec une matière plastique sur laquelle le stylet produit les dépressions dont nous venons de parler. Ce cylindre est d'une conservation plus facile que la feuille d'étain et donne une reproduction plus exacte des sons.

LIVRE QUATRIÈME

OPTIQUE

CHAPITRE PREMIER

PROPAGATION DE LA LUMIÈRE. — OMBRE ET PÉNOMBRE CHAMBRE OBSCURE. — VITESSE DE LA LUMIÈRE.

343. L'optique est la partie de la physique qui s'occupe de l'étude des phénomènes lumineux. Deux théories ont été émises pour l'explication des phénomènes lumineux Newton admettait la *théorie de l'émission :* il essayait de rendre compte des phénomènes de l'optique en supposant que les corps lumineux lancent à chaque instant dans l'espace des particules lumineuses, qui sont douées d'une très grande rapidité, viennent frapper notre œil et lui font subir une impression que le nerf optique transmet au cerveau. Descartes admit une autre théorie, qui fut plus tard soutenue par Huyghens et Young, enfin développée et établie par les travaux de Fresnel : c'est la *théorie des ondulations*, qu'admettent aujourd'hui tous les physiciens. Elle consiste à supposer que l'agent lumineux est un fluide impondérable appelé *éther*, répandu partout dans l'espace, remplissant tous les corps, immobile, mais capable de transmettre les vibrations exécutées à la surface des corps lumineux, de même que l'air et les milieux pondérables transmettent les vibrations des corps sonores. Ce sont ces vibrations qui, en arrivant sur l'organe de la vision, y produisent la sensation de lumière. La théorie des ondulations permet d'expliquer tous les phénomènes lumineux et de prévoir des conséquences que l'expérience vérifie; c'est ce qui l'a fait adopter par les physiciens, tandis qu'ils rejetaient celle de l'émission, qui est incompatible en plusieurs points avec les résultats de l'observation.

344. Parmi les corps de la nature, les uns sont lumineux par eux-mêmes (soleil, étoiles, flamme de bougie, etc.); les autres ne le sont pas, mais deviennent. visibles pour nous en nous renvoyant la lumière qu'ils reçoivent des premiers.

Les corps non lumineux par eux-mêmes se subdivisent en quatre groupes : 1° les corps *opaques*, qui sont imperméables à la lumière ; 2° les corps *diaphanes* ou *transparents incolores*, qui se laissent traverser par la lumière et au travers desquels on distingue nettement la couleur, les détails des objets (air, verre poli); 3° les corps *transparents colorés*, qui donnent une teinte particulière à la lumière qui les traverse (verres colorés, dissolutions colorées); 4° enfin les corps *translucides*, qui, n'ayant qu'une demi-transparence, laissent passer la lumière à travers eux, mais ne permettent pas de distinguer les détails (papier huilé, verre dépoli...).

345. **La lumière se propage en ligne droite dans un milieu homogène.** — On démontre ce principe par l'expérience, en disposant une source lumineuse vis-à-vis d'un écran E (fig. 215) percé d'un petit trou *a* et placé de telle manière que S*a* soit perpendiculaire au plan de l'écran. Puis on place un second écran E percé d'un trou *a'*, et de telle sorte que les points S, *a*, *a'* soient en ligne droite; si l'on applique l'œil en O derrière le trou *a*, on voit la source lumineuse, ce qui prouve que la lumière a suivi la ligne droite S*aa'* ; mais si l'on dérange l'un des écrans de manière que les trois points ne soient plus en ligne droite, l'œil n'aperçoit plus la source lumineuse, ce qui prouve que la lumière ne suit pas dans sa propagation la ligne brisée ainsi formée. Le milieu homogène, dans lequel se propage ici la lumière, est l'air.

16.

La ligne droite suivie par la lumière est appelée *rayon lumineux*.

Le mode de propagation de la lumière va nous per-

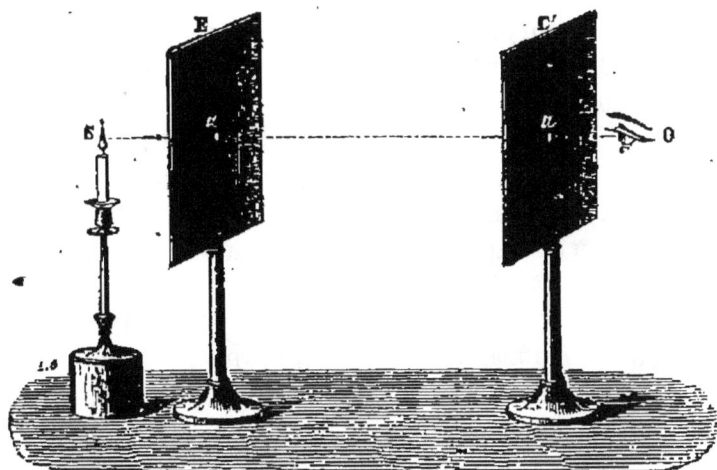

Fig. 215. — La lumière se propage en ligne droite.

mettre d'expliquer le phénomène des ombres et celui de la chambre obscure.

346. Ombre. — Quand un corps opaque est placé sur

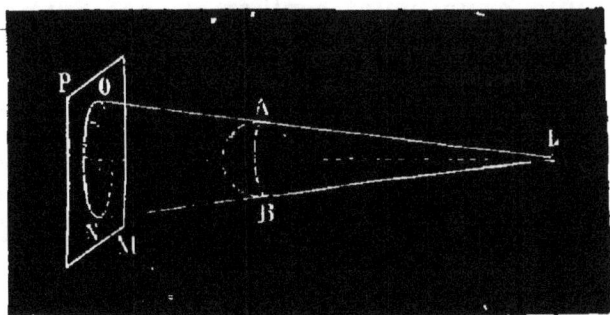

Fig. 216. — Ombre.

le trajet des rayons lumineux, il les arrête dans leur marche, et derrière lui se produit une ombre, c'est-à-dire que les corps, qui le suivent et qui sans lui recevraient les rayons de la source lumineuse, en sont privés et restent dans l'obscurité. Suivant que la source lumineuse se réluit à un point ou possède des dimensions finies, les phénomènes sont différents.

Supposons d'abord le premier cas. Le point lumineux L (fig. 216) envoie des rayons dans tous les sens; si l'on vient à placer un corps opaque AB entre lui et l'écran PM, ce dernier, qui auparavant était complètement éclairé, reste obscur dans la partie ON, qui est dite *l'ombre portée* par le corps F. On voit que, si l'on suppose le corps AB enveloppé par les rayons lumineux, on obtiendra un cône dont le sommet sera en L, qui sera lumineux dans toute la partie située à droite de AB, obscur dans la partie située à gauche.

La région de l'espace située dans la partie gauche du cône étant dans *l'ombre*, tous les points qui sont dans cette région seront privés de la lumière émise par le point L. L'intersection de ce cône avec l'écran PM détermine les limites de l'ombre portée par le corps AB sur l'écran. Ces limites sont parfaitement définies; il y a obscurité complète dans la partie ON de l'écran, éclairement partout ailleurs. On voit aussi que toute la partie gauche de la sphère sera privée de lumière et toute la partie droite éclairée.

347. Pénombre. — Nous avons supposé la source lumineuse réduite à un point mathématique. Supposons maintenant qu'elle ait des dimensions qui ne soient pas négligeables. Alors le phénomène change, et, au lieu d'avoir sur l'écran deux régions seulement, l'une éclairée, l'autre privée de lumière, on en a trois : la partie extérieure qui est éclairée, une partie centrale FF' (fig. 217) qui est totalement privée de lumière, c'est *l'ombre*; entre ces deux régions une partie intermédiaire FDF'D', qui est moins éclairée que la partie extérieure et plus éclairée que la partie centrale : cette région moyenne s'appelle la *pénombre*; elle présente une teinte *grise*. Pour expliquer ce phénomène, nous supposerons que le corps lumineux AA' et le corps opaque BB' sont des sphères.

On voit que, si l'on suppose les deux sphères enveloppées par le cône, qui leur est tangent extérieurement et qui est représenté sur la figure en AA'BB', ce cône contient

tous les rayons qui, partis de la sphère lumineuse, tombent
sur la sphère opaque BB′ ; tous ces rayons sont arrêtés par
la sphère opaque, et ce cône découpe sur l'écran une région FF′ absolument privée de lumière, c'est l'*ombre*. Imaginons maintenant un cône D*b*A′D′*b*′A tangent intérieurement aux deux sphères : il découpe sur l'écran une région

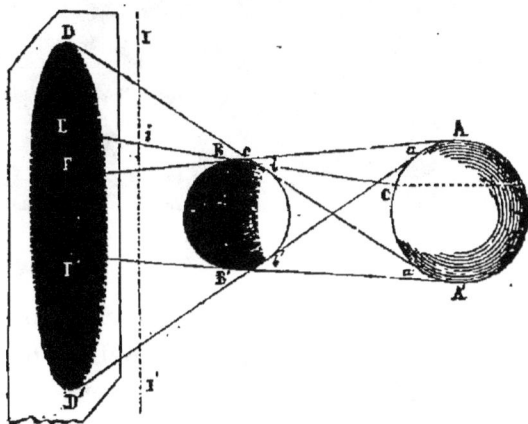

Fig. 217. — Ombre et pénombre.

DD′, qui ne sera pas uniformément éclairée : FF′ sera toujours privée de lumière, mais la partie DF recevra de la
lumière venant de la partie *a*A de la sphère ; la quantité de
lumière va en croissant de F vers D. Il en sera de même en
D′F′ qui recevra de la lumière venant de la partie inférieure
a′A′ de la sphère lumineuse.

    348. Images dans la chambre obscure. — Le
principe de la propagation rectiligne de la lumière
conduit à l'explication des phénomènes observés dans
une chambre obscure, où la lumière pénètre par une
ouverture étroite. Si l'on reçoit sur un écran blanc les
rayons venant d'une source de lumière, ou renvoyés par
les objets qu'elle éclaire au dehors, on voit se peindre
l'image de cette source ou de ces objets, image bien définie quand l'ouverture du volet est petite, devenant plus
vague et disparaissant même quand les dimensions de
cette ouverture augmentent. Ces images sont du reste renversées par rapport aux objets éclairés et conservent les
couleurs des points représentés.

La figure 218 nous permet d'expliquer ces phénomènes. Soient AB la source lumineuse, AC, AD des objets éclairés par elle, O l'ouverture du volet. Les rayons, qui partent des différents points A, B, C, D, viennent faire dans la chambre obscure sur un écran de petites taches lumineuses A′, B′,

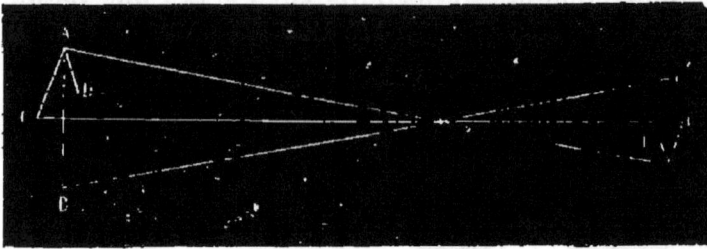

Fig. 218. — Chambre noire.

C′, D′, qui conservent la teinte des objets correspondants et la forme de l'ouverture. Si celle-ci est petite, toutes ces taches se réduisent à des points lumineux dont l'ensemble reproduit l'image des objets, et, comme on le voit, le point A, qui est au-dessus de la ligne horizontale CC′, donne son

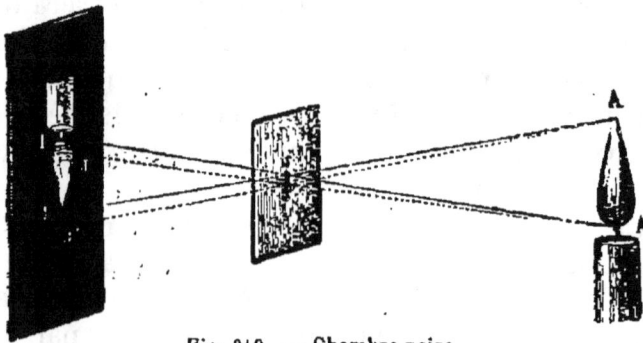

Fig. 219. — Chambre noire.

image en A′ au-dessous de cette ligne. Si l'ouverture devient plus grande, les taches lumineuses acquièrent des dimensions finies, empiètent l'une sur l'autre et la netteté disparaît.

La figure 219 montre ce qui se passe sur le fond d'une boîte obscure, dans la paroi de laquelle on a pratiqué une petite ouverture SS′ : la bougie AA′ placée en avant de cette ouverture donne son image renversée.

349. Images du soleil. — Le soleil peut donner son image dans la chambre obscure. Si l'écran est perpendiculaire à la direction des rayons lumineux, l'image sera ronde ; elliptique, quand il sera incliné sur eux.

On se rend compte de la même manière des images fournies par le soleil, quand sa lumière passe à travers les intervalles que laissent entre elles les feuilles des arbres.

Pendant les éclipses de soleil, quand la partie visible de cet astre a la forme d'un croissant, par exemple, les images que donnent sur le sol les rayons lumineux, qui traversent les interstices des feuilles, ont aussi la forme d'un croissant.

350. Vitesse de la lumière. — En 1675, Rœmer, astronome danois, appelé par Louis XIV à l'Observatoire de Paris, détermina, par des méthodes astronomiques, la vitesse de la lumière. M. Fizeau est parvenu, par des méthodes directes et très élégantes à confirmer les résultats obtenus par Rœmer. Foucault a déterminé la vitesse de la lumière par d'autres procédés que celui de M. Fizeau. M. Cornu a repris ces expériences avec plus de précision et a trouvé que la vitesse parcourue par seconde était de 75 000 lieues de 4000 mètres ou 300 000 kilomètres. Ce nombre est d'accord avec de récentes observations astronomiques.

351. Intensité de la lumière. — On dit que deux sources lumineuses ont la même intensité, lorsque ces sources, supposées d'égales dimensions et placées· dans les mêmes conditions de distance et d'inclinaison, par rapport à deux surfaces de même nature, éclairent ces deux surfaces de manière que chacune d'elles produise sur l'œil la même sensation. Si la sensation produite par les deux surfaces n'est pas la même, on dit que les deux sources A et B n'ont pas la même intensité lumineuse. On admet de plus que, lorsque deux, trois ou quatre sources identiques éclairent une surface, l'éclairement produit, ou la quantité de lumière reçue par cette surface est deux, trois, quatre fois plus grande que s'il n'y avait qu'une source.

La quantité de lumière reçue par une surface de grandeur déterminée, l'unité de surface, par exemple, varie avec la distance de la source lumineuse à la surface. Notre expérience de chaque jour nous montre la vérité de cette assertion. Quand le soir nous voulons lire, nous nous approchons d'une lampe, parce que la surface de notre livre est plus éclairée à petite distance qu'à grande distance. Les quantités de lumière reçues par une surface donnée, à des distances de deux et trois mètres de la source, sont quatre fois et neuf fois plus petites que la quantité de lumière que recevrait cette surface à la distance d'un mètre. On exprime cela d'une manière générale, en disant que *la quantité de lumière reçue par une surface est en raison inverse du carré de la distance de la source à la surface.*

On peut établir cette loi par l'expérience.

On prend une caisse ABCD (fig. 220) noircie en dedans et partagée en deux par une cloison opaque FE ; sur la face CD est une fenêtre *ab* bouchée avec un verre dépoli ou avec une feuille de papier huilé. Cette fenêtre est divisée en deux parties par la cloison FE qui vient la toucher. On voit donc que, si l'on place une source

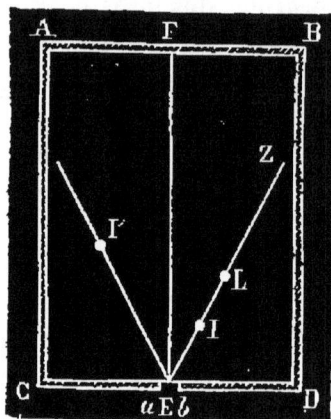

Fig. 220. — Loi du décroissement de l'intensité de la lumière.

lumineuse dans chaque compartiment, chacune des moitiés de la fenêtre sera éclairée par une source et ne recevra pas de lumière de la part de l'autre. En EZ, EZ' sont deux règles divisées, également inclinées sur FE. Cela posé, si l'on place en I une bougie, cette bougie produira un certain éclairement sur la moitié E*b* ; si l'on place une bougie identique en I', point situé à une distance de E double de IE, on constate que E*a* n'est pas aussi éclairé que E*b*, ce qui prouve que l'intensité décroît quand la distance croît. De plus, on voit que, pour produire un éclairement égal sur E*a* et sur E*b*, il faut mettre en I' quatre bougies identiques à celles qui sont en I. Donc l'intensité lumineuse produite par chacune des quatre bougies placées en I' est quatre fois plus petite que l'intensité produite par la bougie identique placée en I.

La mesure des intensités lumineuses de deux sources se fait à l'aide d'appareils que nous ne décrirons pas et qui sont appelés *photomètres*. Elle repose sur le principe que nous venons de développer.

CHAPITRE II

RÉFLEXION DE LA LUMIÈRE. — MIROIRS PLANS. — MIROIRS SPHÉRIQUES.

352. Réflexion de la lumière. — Lorsqu'un rayon lumineux EC (fig. 221) tombe sur une surface polie AB, il est renvoyé par elle dans une direction CF, qui est soumise à deux lois que nous allons étudier. Ce phénomène constitue la *réflexion* de la lumière.

On appelle *normale*, au point d'incidence, la perpendicu-

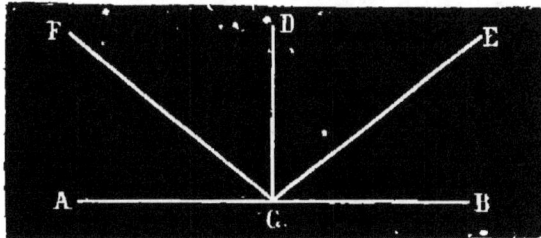

Fig. 221. — Réflexion de la lumière.

laire CD, élevée sur la surface polie au point C, où le rayon lumineux vient la frapper. L'*angle d'incidence* est l'angle ECD formé par le rayon incident et la normale, l'*angle de réflexion* est l'angle DCF formé avec la normale par le rayon réfléchi.

353. Lois de la réflexion de la lumière. — Le phénomène de la réflexion de la lumière est soumis aux deux lois suivantes :

1° *Le rayon réfléchi reste dans le plan de l'angle d'incidence*

2° *L'angle d'incidence est égal à l'angle de réflexion.*

Ces lois peuvent se démontrer à l'aide de l'appareil de Silbermann.

Un cercle divisé (fig. 222), est fixé à la colonne P que porte un trépied muni de vis calantes, qui permettent de mettre l'appareil bien vertical ; en *a* et *a'* sont des alidades mobiles autour du centre du cercle et portant des diaphragmes *b'b*.

Ces diaphragmes sont perpendiculaires aux alidades et percés, en leurs milieux, de trous égaux dont les centres sont à égale distance du cercle divisé. En M, est un miroir plan, que l'on fixe de manière que sa surface soit exactement horizontale. Pour démontrer à l'aide de cet appareil les lois qui nous occupent, après avoir rendu bien verticaux le plan du cercle et le diamètre perpendiculaire

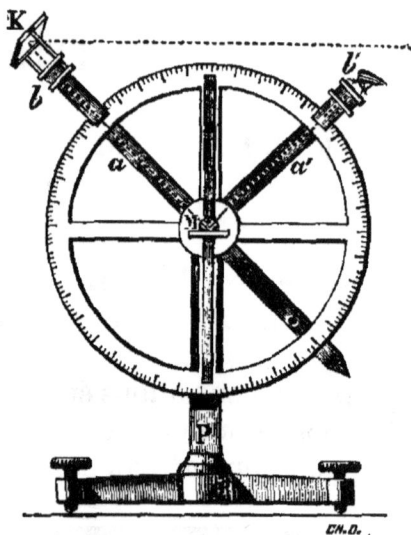

Fig. 222. — Appareil de Silbermann.

au miroir, qui est la ligne 0°-180° de la graduation, on incline un miroir placé en K, de manière à recevoir sur lui un rayon lumineux qu'il renvoie parallèlement au plan du cercle à travers le trou du diaphragme *b*. Ce rayon vient tomber au milieu du miroir M et se réfléchit. On fait alors varier la position de l'alidade *a'*, et on trouve toujours pour elle une position telle que le rayon réfléchi vienne passer à travers le trou du diaphragme *b'*. Ce premier fait nous démontre la première loi de la réflexion, puisque le rayon lumineux, après avoir frappé le miroir, s'est réfléchi de telle sorte qu'il vienne passer par le trou du diaphragme *b'*, situé, comme nous l'avons dit, à une distance du cercle égale à celle qui sépare de ce cercle le centre du diaphragme *a*. De plus, on remarque que l'alidade mobile a pris une position telle, que les angles compris entre les alidades et le diamètre 0°-180° soient égaux entre eux. Si, par exemple, l'alidade *a* a été placée à 45°, l'alidade *a'*, lorsque le rayon réfléchi passe à travers le diaphragme *b'*, se trouve aussi à 45° de l'autre côté.

354. Diffusion ou réflexion irrégulière. — Les corps non polis, tels que les murs blancs, le papier, ont aussi la propriété de renvoyer les rayons lumineux qui tombent sur leur surface ; mais, au lieu de les renvoyer dans une direction unique, ils les renvoient dans tous les sens.

Ce phénomème n'est autre en réalité que celui de la réflexion : seulement les corps non polis présentant des aspérités orientées dans toutes les directions, ces aspérités renvoient de la lumière dans toutes les directions, les lois de la réflexion restant vraies pour chaque rayon.

C'est grâce à la diffusion des rayons lumineux produits à la surface des corps que nous pouvons voir ces corps. Supposons-nous au milieu d'une chambre parfaitement obscure, les objets qu'elle renferme ne sont pas vus par nous ; allumons une lampe, et les rayons lumineux qu'elle émet, allant frapper les corps situés dans la chambre, sont diffusés par eux dans tous les sens et renvoyés à notre œil, qui peut alors voir des objets tout à l'heure invisibles pour lui.

355. Miroirs plans. — On appelle *miroir* un corps dont la surface parfaitement polie peut réfléchir les rayons lumineux. Suivant que leur surface est plane ou courbe, les miroirs sont dits eux-mêmes plans ou courbes ; les effets produits sont du reste différents dans ces deux cas.

356. Un miroir plan nous fait voir les objets dans une position symétrique de celle qu'ils occupent par rapport à sa surface. Ainsi, si nous présentons devant un miroir MM' (fig. 223) un objet A*a*, en l'inclinant par rapport à ce miroir, l'image A'*a'*, que nous apercevons derrière le miroir est aussi inclinée et située de telle sorte que A', image de A, soit à une distance A'D, derrière le miroir, égale à la distance AE du point A à ce miroir. Il en est de même des images de tous les points du corps A*a*.

Ce fait expérimental résulte de ce que tous les rayons lumineux émis par un point L (fig. 224) se réfléchissent de

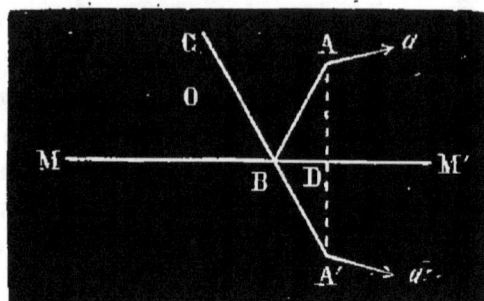

Fig. 223. — Miroirs plans.

manière que les prolongements des rayons réfléchis aillent
tous se couper derrière le miroir en un point L', symétrique

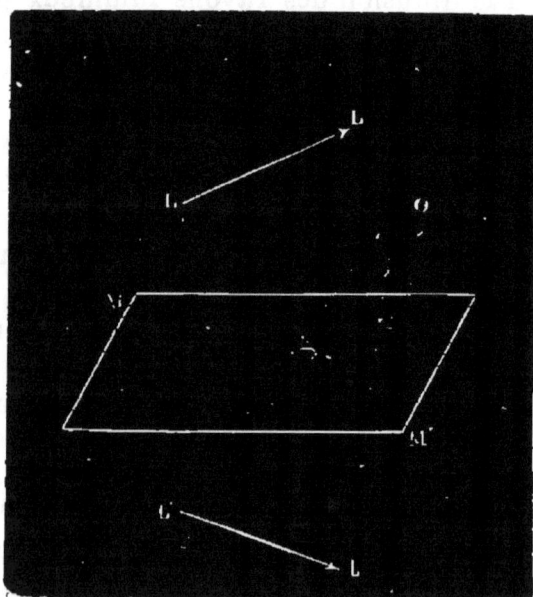

Fig. 224. — Miroirs plans.

de L, c'est-à-dire situé derrière le miroir sur la perpendiculaire LR, à une distance L'R égale à LR. Nous admettrons
ce principe, dont la démonstration se trouve en note et

pourra être étudiée par les personnes ayant quelques notions de géométrie[1]. L'œil, recevant une série de rayons dont les prolongements vont tous se couper en un même point, suppose qu'en ce point se trouve une source lumineuse, et c'est de là que résulte pour nous la sensation d'une *image symétrique de l'objet*. La figure 224 montre la marche des rayons émanés des deux points L, L_1, et donnant pour l'œil O des images virtuelles en L',L_1'.

Nous remarquerons que l'image donnée par un miroir plan ne constitue pas un véritable objet lumineux ; elle n'existe que pour l'œil placé sur le trajet des rayons réfléchis ; elle est dite *virtuelle*, par opposition avec les images *réelles* fournies dans d'autres circonstances, et que l'on peut recevoir sur un écran, toucher de la main ; ces images sont alors de vrais corps lumineux.

357. Miroirs parallèles inclinés. — Lorsqu'un point lumineux L (fig. 225) est placé entre deux miroirs plans parallèles, il donne une série indéfinie d'images d'intensités décroissantes et qui sont toutes situées sur la perpendiculaire commune abaissée sur les miroirs par le point L. La figure montre comment un œil placé en O peut apercevoir ces différentes images : c'est qu'il reçoit des rayons ayant subi une, deux, trois réflexions. On voit, du reste, que l'image L' formée par le miroir NN joue le rôle d'objet lumineux par rapport au miroir MM, puisque les rayons réfléchis par NN, dont les prolongements passent au point L', vont rencontrer le miroir MM, s'y réfléchissent et donnent en A l'image de L' symétrique de L par rapport à MM, et ainsi de suite.

Quand les miroirs, au lieu d'être parallèles, sont inclinés

---

1. Soit BC l'un des rayons réfléchis (fig. 223) : si nous le prolongeons, il ira rencontrer en A' la perpendiculaire AD, abaissée du point A sur ce miroir ; et les triangles ABD, BDA' seront égaux. En effet, ils sont rectangles et ont le côté BC commun. De plus, les angles ABD, DBA', sont égaux, car DBA' = CBM comme opposés par le sommet. CBM et ABD sont de plus égaux comme compléments des angles égaux d'incidence et de réflexion ; donc les triangles rectangles ABD, DBA sont égaux et AD = DA'. Mais le raisonnement pouvant se répéter pour tout rayon émané du point A et réfléchi par le miroir, le principe se trouve démontré.

l'un sur l'autre, les images se disposent autour du sommet
de l'angle et forment ces figures que nous fournit le kaléi-
doscope.

358. Les miroirs dont on se sert ordinairement donnent
lieu à deux images. Ce sont des miroirs de glace formés
d'une certaine épaisseur de verre et d'une couche métallique ou *tain* situé derrière le verre. Le tain des miroirs
est un amalgame d'étain, c'est-à-dire une combinaison de

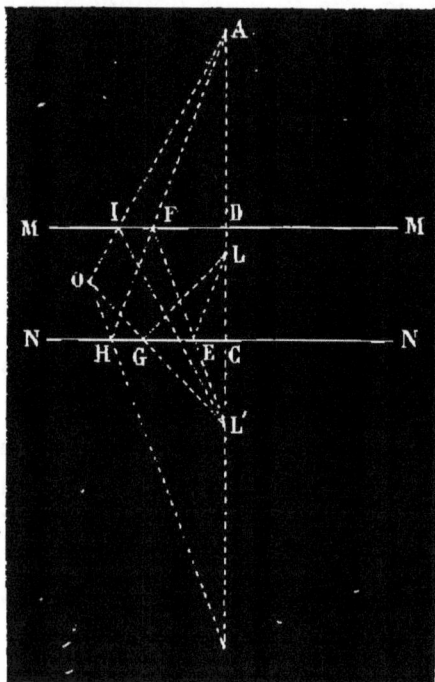

Fig. 225. — Miroirs parallèles.

mercure et d'étain ou une couche d'argent déposé par procédé chimique. Les miroirs de glace, ayant ainsi deux
surfaces réfléchissantes, donnent lieu à deux images, l'une
assez faible formée par la surface extérieure du verre,
l'autre par la couche métallique. Cette dernière est celle
que l'on voit ordinairement. Pour apercevoir bien distinctement la première, il faut se placer très obliquement par
rapport au miroir.

On peut constater l'exactitude de ce qui précède en plaçant une bougie près d'un miroir de glace. On observera quelquefois plus de deux images dues à ce que les deux surfaces réfléchissantes jouent l'une par rapport à l'autre le rôle de miroirs parallèles.

359. Formation des spectres au théâtre. — On a fait une application assez ingénieuse des lois de la réflexion et des propriétés des miroirs plans pour faire apparaître sur la scène d'un théâtre des spectres immatériels, dont les mouvements et les gestes produisent sur la foule un saisissant effet.

Une grande glace sans tain m (fig. 226), d'une transparence

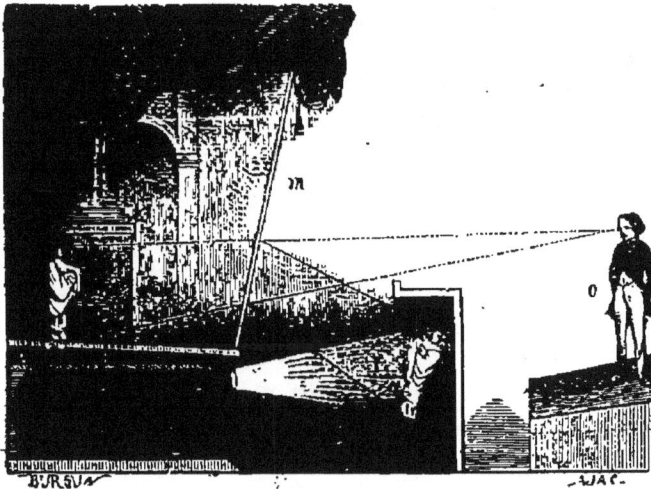

Fig. 226. — Spectres au théâtre.

parfaite et inclinée à 45°, est disposée sur la scène entre les spectateurs et les acteurs. En avant de cette glace une déchirure du sol de la scène permet aux objets situés au-dessous d'elle et que l'on éclaire fortement à la lumière électrique, d'envoyer sur la glace des rayons lumineux qui, réfléchis par elle, iront frapper l'œil du spectateur et produiront pour lui une image située derrière la glace à une distance symétrique. On comprend, d'après ce qui précède, qu'un acteur enveloppé, par exemple, d'un linceul et se promenant sous la scène apparaîtra comme un fantôme se promenant lui-même au milieu des acteurs, mêlant ses gestes aux leurs et pouvant être impunément frappé ou saisi par eux.

Pour que l'expérience réussisse bien, il faut que la glace soit très transparente, afin que les spectateurs ne se doutent pas de sa présence : de plus, comme une telle glace ne réfléchit que peu de lumière, il faut que les objets situés sous la scène soient eux-mêmes fortement éclairés à la lumière électrique. Nous ajouterons que les miroirs plans donnant des images symétriques, il faut de la part de l'acteur qui fait le fantôme une certaine habitude pour exécuter de la main gauche tous les gestes qui, sur la scène, doivent paraître exécutés de la main droite.

MIROIRS SPHÉRIQUES.

360. On appelle *miroir sphérique* une portion de surface de sphère, dont on a poli la concavité ou la convexité. Le miroir est *concave*, lorsque c'est la concavité de la surface sphérique qui est polie ; il est *convexe*, quand c'est au contraire la convexité.

MIROIRS SPHÉRIQUES CONCAVES.

361. La figure 227 représente un miroir sphérique concave. Le petit cercle BC, qui limite ce miroir, est appelé la *base* du miroir : la perpendiculaire OA, abaissée du centre O de la surface sphérique sur ce cercle, est appelée l'*axe principal* du miroir : elle va couper le miroir en un point A, qui est le pôle de la calotte sphérique et qu'on appelle le *sommet* du miroir. Nous supposerons de plus,

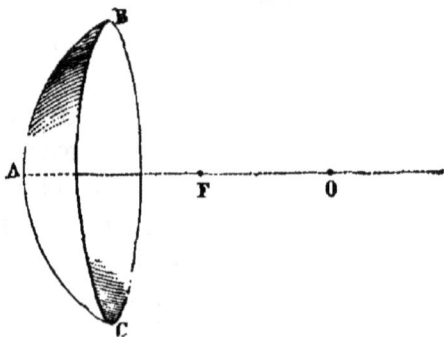

Fig. 227. — Miroir sphérique concave.

dans tout ce qui va suivre, que le miroir n'est qu'une très faible partie de la sphère à laquelle il appartient, c'est-à-dire que le cône, ayant pour sommet le point O et pour base la base du miroir, a un angle au sommet fort petit; cet angle du cône est appelé l'*amplitude* du miroir.

362. Foyer principal. — *Lorsque des rayons lumineux tombent sur un miroir concave parallèlement à l'axe principal, ils vont tous, après réflexion, couper l'axe en un point unique, appelé foyer principal et situé sur l'axe au milieu du rayon.*

Ce fait peut être démontré expérimentalement. A cet effet, on fait arriver sur un miroir concave un faisceau de rayons lumineux parallèles II′MM′ (fig. 228). Le miroir concave a été disposé de manière que son axe soit parallèle à la direction des rayons lumineux. Si l'on promène alors sur l'axe

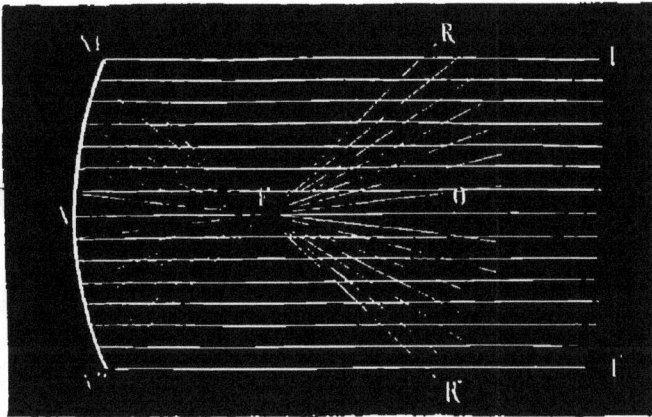

Fig. 228. — Foyer principal.

principal une petite lame de verre dépoli, on constate que, lorsqu'on est arrivé au milieu F du rayon du miroir, les rayons lumineux viennent former sur la plaque un point lumineux très brillant, qui est le point d'intersection de tous ces rayons. La marche des rayons lumineux, que représente la figure 228, peut être rendue sensible par l'expérience en projetant de la poussière dans l'air : les grains de poussière s'illuminent et permettent à l'œil de suivre les rayons lumineux avant et après leur réflexion.

363. Foyers conjugués sur l'axe principal. — *Lorsqu'un point lumineux est situé sur l'axe principal d'un miroir, tous les rayons lumineux qu'il envoie sur le miroir viennent, après réflexion, se couper sur un même point de l'axe, et ce*

*point d'intersection est appelé le foyer conjugué du point
lumineux.*

On peut démontrer ce fait par l'expérience. On place
sur l'axe principal d'un miroir une petite source lumineuse P (fig. 229). Cette source lumineuse envoie sur le
miroir un cône de rayon lumineux qui a pour sommet la
source et pour base le miroir. On peut rendre visible ce
cône en projetant de la poussière dans l'atmosphère. On
verra alors les rayons se réfléchir, former un second cône
et aller se couper tous en un point P' de l'axe que l'on
appelle le *foyer conjugué* du point lumineux P. Si, en ce

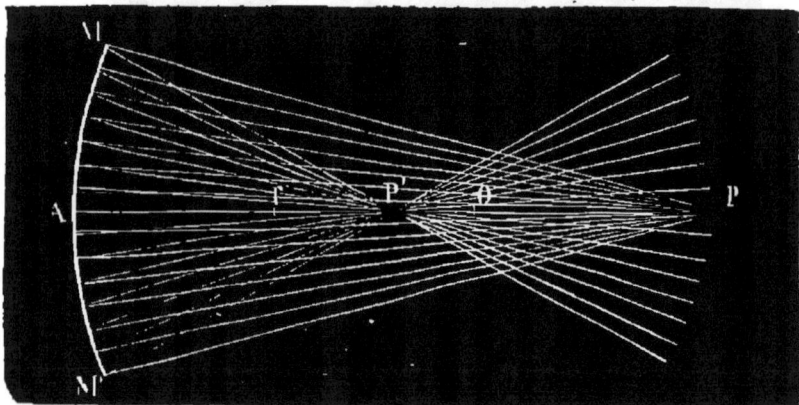

Fig. 229. — Foyer conjugué réel.

foyer, on place un petit écran en papier, on verra sur
l'écran un point lumineux, parce que les rayons se diffu-
seront en ce point sur le papier.

Il existe entre la position du point lumineux P, et celle
de son foyer conjugué P', une relation étroite que l'expérience suivante met en évidence.

On place sur l'axe principal une source lumineuse de
très petite étendue et, en promenant sur cet axe un écran
en verre dépoli ou en papier, on constate que : 1° si le
point lumineux est au foyer principal, on ne trouve pas
de point lumineux comme foyer : l'écran reçoit un faisceau
cylindrique de rayons ; 2° si le point lumineux est entre le
centre et le foyer principal, on peut recevoir sur l'écran

un foyer conjugué situé au delà du centre ; 3° si le point
lumineux est au delà du centre, il faut placer l'écran entre
le foyer principal et le centre pour trouver le foyer conjugué ; 4° si le point lumineux est entre le miroir et le
foyer principal, l'écran ne reçoit plus qu'un faisceau divergent : car la tache lumineuse que l'on constate à la surface de l'écran, est d'autant plus grande que cet écran est
placé plus loin du miroir. Dans ce cas le foyer conjugué
est *virtuel* comme ceux que nous ont offerts les miroirs

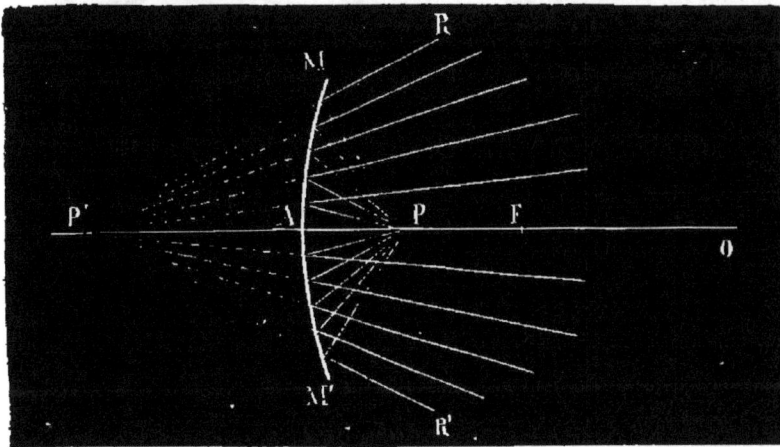

Fig. 230. — Foyer conjugué virtuel.

plans, et ce sont les prolongements des rayons lumineux
et non ces rayons eux-mêmes qui vont se couper en ce
point. La figure 230 montre quelle est alors la marche des
rayons.

364. Foyer conjugué sur les axes secondaires.
— Quand le point lumineux P est en dehors de l'axe principal, l'expérience montre que le foyer conjugué P' (fig. 231)
est situé sur la ligne POP', appelée *axe secondaire du point* P
et obtenue en joignant le point P au centre du miroir.

Une construction géométrique permet, du reste, de déterminer directement la position du foyer conjugué P'. En
effet, parmi tous les rayons qui partent du point P, il
en est un qui est parallèle à l'axe principal : menons ce
rayon PI. Après réflexion, il doit passer au foyer principal.

Le rayon réfléchi PF ira couper l'axe secondaire au point P', qui est le même pour tous les rayons partis du point P. Il suffit donc, pour déterminer le foyer conjugué, de mener par P une parallèle à l'axe principal; cette parallèle coupe le miroir en I; on joint IF et on prolonge jusqu'à l'axe secondaire: le point d'intersection de IF et de PA' donne le foyer conjugué P'.

La figure 232 montre que tous les rayons que le point P

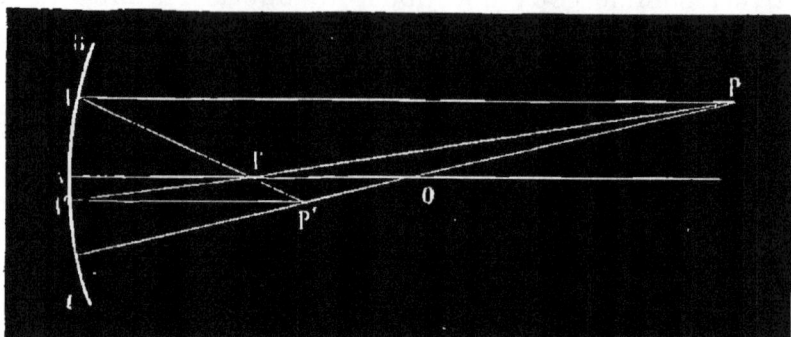

Fig. 231. — Foyer conjugué réel d'un point situé en dehors de l'axe.

envoie sur le miroir, vont, après réflexion, se couper au point P' situé sur l'axe secondaire.

L'expérience montre aussi que, si un faisceau de rayons parallèles à l'axe secondaire POP' tombait sur le miroir, ces rayons iraient, après réflexion, couper l'axe secondaire au milieu du rayon.

Enfin, on peut vérifier aussi par l'expérience qu'il existe sur l'axe secondaire, entre les positions du point lumineux et celles du foyer conjugué, une relation identique à celle que nous avons trouvée sur l'axe principal (363).

365. Formation des images réelles dans les miroirs sphériques concaves. — Lorsqu'on place un objet lumineux devant un miroir sphérique concave, chacun des points lumineux dont se compose l'objet, donne un foyer conjugué, et l'ensemble de ces foyers constitue l'image de l'objet. Pour démontrer cela par l'expérience, on place devant un miroir concave une bougie, et, en promenant sur l'axe principal du miroir un écran, on obtient

l'image réelle et renversée de la bougie. En faisant varier
la position de la bougie, on constate les résultats suivants :
1° quand l'objet est au delà du centre du miroir, l'image

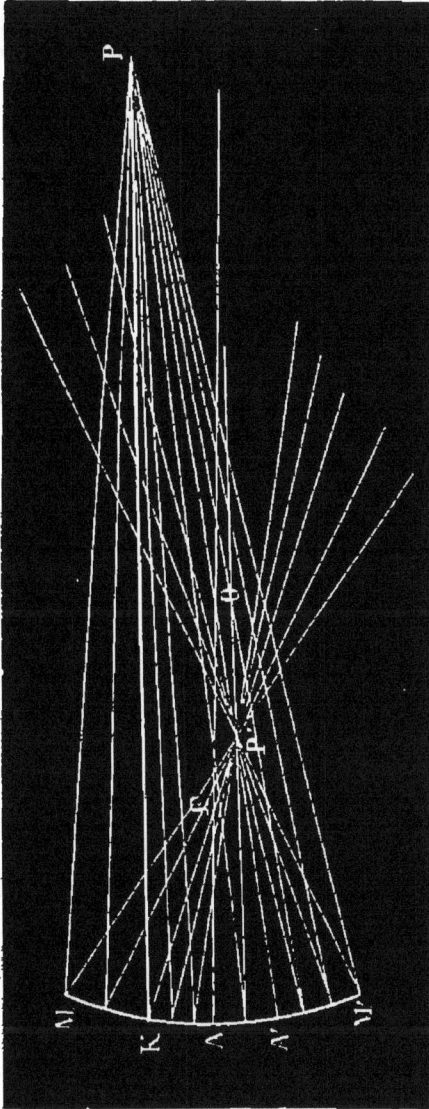

Fig. 232. — Foyer conjugué réel d'un point situé en dehors de l'axe.

est réelle, renversée et plus petite que l'objet ; 2° quand l'objet est au centre, l'image est *réelle, renversée et égale à
l'objet* ; 3° quand l'objet est entre le centre et le foyer principal, *l'image est réelle, renversée et plus grande que l'objet.*

Nous remarquerons que, lorsqu'on place l'écran en une région autre que celle qui correspond au foyer conjugué, l'image n'est pas nette, parce qu'alors chacun des cônes de rayons réfléchis, correspondant à chacun des points de l'objet, au lieu d'avoir son sommet sur l'écran et d'y donner un point lumineux, y donne un petit cercle qui est l'in-

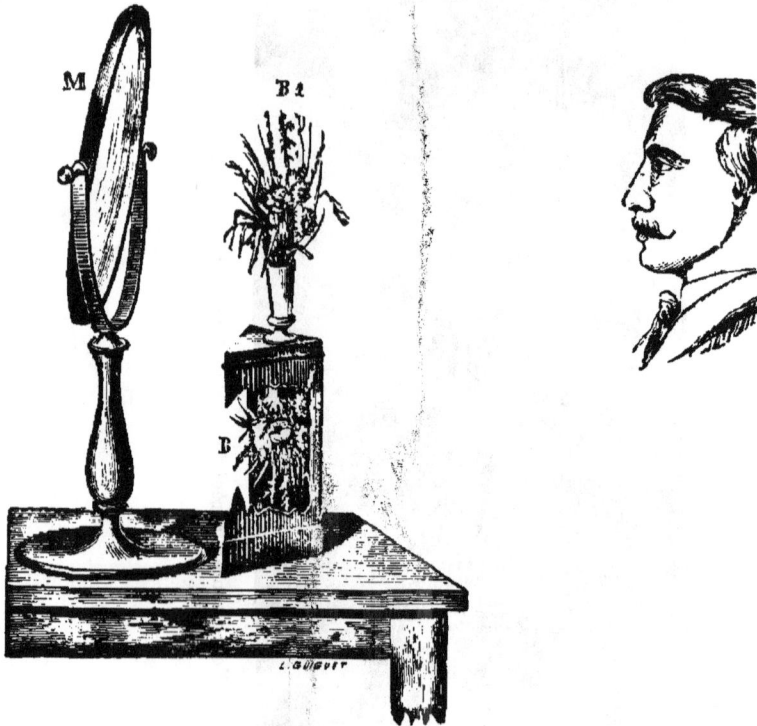

Fig. 233. — Image égale à l'objet.

tersection du cône par l'écran. Tous ces petits cercles empiétant l'un sur l'autre donnent une image confuse.

On fait ordinairement dans les cours une expérience reposant sur l'égalité qui existe entre l'image et l'objet, lorsque celui-ci est au centre du miroir. On dispose en avant d'un miroir concave M (fig. 233) une caisse à parois opaques et ouverte sur la face qui regarde le miroir : dans cette caisse on place un bouquet renversé, de manière qu'il soit dans la région correspondante au centre du miroir. Sur la caisse, on place un vase vide, et si la hauteur du vase, la position du bouquet et l'inclinaison du miroir ont été convenablement choisies, le bouquet vient faire son image au-dessus du vase. Cette image est égale à l'objet ; elle est renversée par rapport au bouquet, et, comme celui-ci est déjà renversé lui-même, l'observateur placé dans l'axe du faisceau réfléchi voit le bouquet sur le vase.

366. Images virtuelles dans les miroirs concaves. — Lorsque l'objet est placé entre le foyer principal et le miroir, l'image doit être virtuelle, puisqu'alors le foyer conjugué de chacun des points de l'objet est virtuel.

Pour vérifier cela expérimentalement, on place une bougie devant un miroir, entre lui et son foyer principal, et si l'on place l'œil de manière qu'il puisse recevoir les rayons réfléchis, on aperçoit une image droite et plus grande que l'objet. Cet image est virtuelle ; elle n'existe que pour l'œil et ne peut être reçue sur un écran.

MIROIRS SPHÉRIQUES CONVEXES.

367. Un miroir sphérique convexe est une portion de sphère dont on a poli la convexité. Ces miroirs donnent lieu à des phénomènes de réflexion suivant les lois de la réflexion de la lumière. Mais leurs effets sont bien différents de ceux auxquels donne lieu la réflexion de la lumière sur les miroirs concaves. Les foyers et les images fournies par ces miroirs sont en général virtuels, c'est-à-dire que les rayons lumineux provenant d'un point se réfléchissent en divergeant et ne se coupent que par leurs prolongements géométriques. En plaçant l'œil dans le cône des rayons réfléchis on voit un point lumineux en ce point d'intersection ; on a ainsi un foyer *virtuel*, qui n'existe que pour l'œil et qu'on ne pourrait recevoir sur un écran.

368. **Foyer principal.** — Si des rayons lumineux IM, I'M' tombent sur un miroir convexe parallèlement à son axe, ils se réfléchissent suivant IR, I'R', et, après réflexion, *leurs prolongements géométriques* vont tous couper l'axe en un point F, situé au milieu du rayon du miroir et derrière le miroir. Ce point est appelé *foyer principal* et il est virtuel.

La figure 234 permet de se rendre compte de ce fait. Puisque le foyer est *virtuel*, il est impossible de démontrer *expéri-*

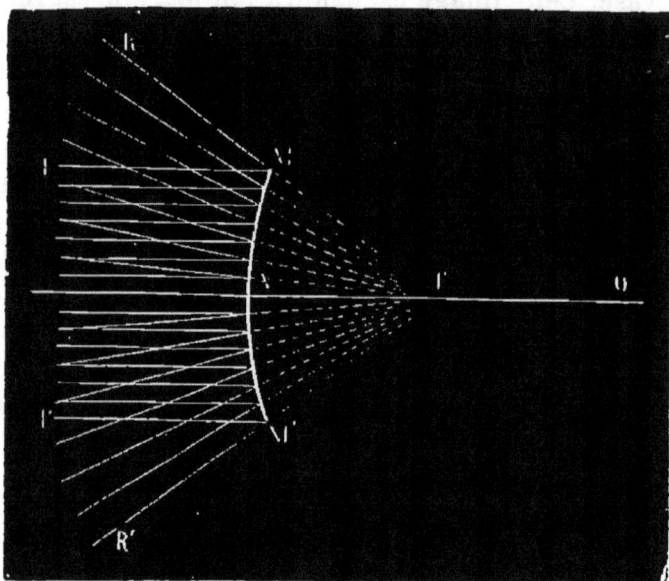

Fig. 234. — Foyer principal.

mentalement que ce foyer est en F au milieu du rayon;

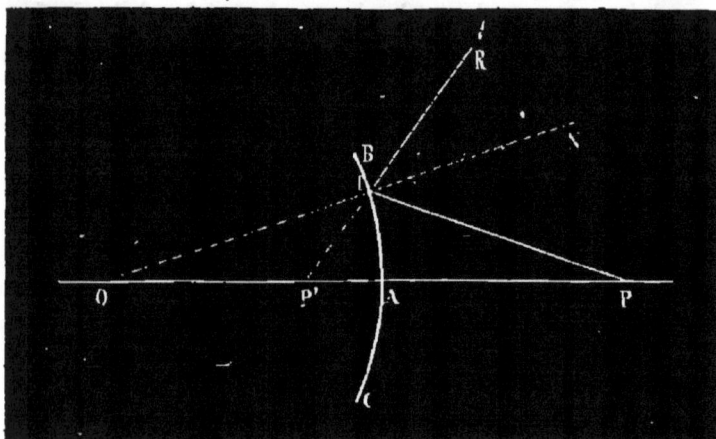

Fig. 235. — Point lumineux situé sur l'axe.

mais c'est là une conséquence *théorique* des lois de la réflexion de la lumière.

369. Foyers conjugués. — Les miroirs convexes donnent lieu, comme les miroirs concaves, à des foyers conjugués. Mais ces foyers sont en général virtuels. Lorsque le point lumineux est sur l'axe principal (fig. 235), le foyer conjugué virtuel y est aussi. Lorsqu'il est en dehors de l'axe principal (fig. 236), le foyer conjugué P' est sur l'axe

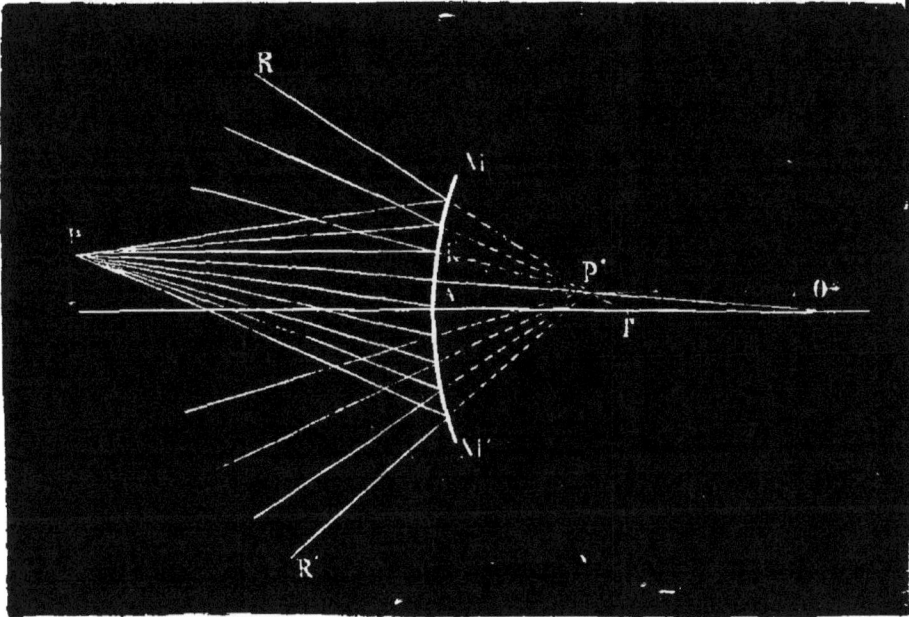

Fig. 236. — Foyer conjugué virtuel.

secondaire PO. La position dépend de celle du point lumineux P.

Ces résultats ne sont pas susceptibles d'une vérification expérimentale, puisque les foyers, étant virtuels, ne peuvent être reçus sur un écran. Tout ce que l'on peut constater par l'expérience, c'est que les rayons réfléchis forment un cône dont le sommet est derrière le miroir, car la tache lumineuse faite sur un écran placé devant le miroir va en grandissant à mesure qu'on éloigne l'écran du miroir.

370. Images données par les miroirs convexes. — Les images données par les miroirs convexes sont le plus souvent *virtuelles, droites et plus petites que l'objet.*

CHAPITRE III

RÉFRACTION DE LA LUMIÈRE. — PRISMES.

371. Réfraction. — Lorsqu'un rayon lumineux rencontre sur son passage des corps transparents, il peut y pénétrer, et on dit qu'il change de milieu. Lorsque le rayon est oblique à la surface de séparation des deux milieux, ce changement de milieu est accompagné d'une déviation dans la direction du rayon. On dit alors qu'il *se réfracte*. La valeur de cette

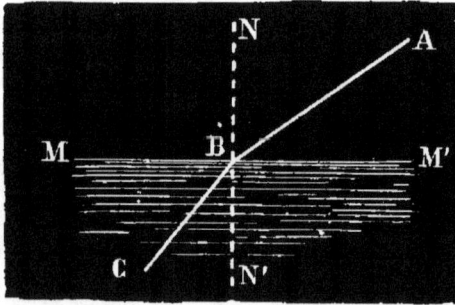

Fig. 237. — Réfraction de la lumière.

déviation varie avec la nature des milieux. Si le rayon AB (fig. 237), en pénétrant dans le second milieu, se rapproche de la normale NN' élevée, au point d'incidence B, sur la surface MM' de séparation des deux milieux, on dit que le second milieu est *plus réfringent* que le premier. C'est ce qui arrive quand le rayon lumineux passe de l'air dans l'eau, par exemple : l'eau est plus réfringente que l'air. Quand, au contraire, le rayon s'éloigne de la normale, on dit que le second milieu est *moins réfringent* que le premier. C'est ce qui arrive lorsque le rayon passe de l'eau dans l'air. Si nous supposons que le rayon lumineux, après avoir traversé l'eau suivant BC, sorte dans l'air, il s'éloignera de la normale et sortira suivant BA.

Si le rayon tombait perpendiculairement à la surface

de séparation, il continuerait sa route sans déviation.

On appelle *plan d'incidence* le plan déterminé par le rayon incident et la normale menée, au point d'incidence, sur la surface de séparation des deux milieux.

On peut vérifier tous ces faits à l'aide de l'appareil que nous avons employé (353) pour démontrer les lois de la réflexion de la lumière : il suffit de substituer au miroir un demi-cylindre ABC (fig. 238) en verre, disposé de manière que son axe soit horizontal et que sa base coupe le plan suivant l'horizontale AB. Si l'on fait tomber en O un rayon FO passant par le centre du diaphragme CB, ce rayon se réfracte en passant dans le verre et prend la direction OE : arrivé au point E, comme il s'est propagé dans le verre suivant le rayon OE du cylindre, il est normal à la surface courbe et en sort sans déviation suivant EG, de telle sorte qu'en observant la direction du rayon EG, on a celle du rayon réfracté. Or, le rayon réfracté passe par le centre du diaphragme de la seconde alidade convenablement placée pour le recevoir. Ce premier fait démontre que le rayon réfracté reste dans le plan d'incidence. Si de plus on fait varier la position du rayon incident, il faudra, pour recevoir le rayon réfracté, déplacer la seconde alidade, ce qui prouve qu'il y a une relation entre la valeur de l'angle d'incidence et celle de l'angle de réfraction. Quand l'un augmente, l'autre augmente aussi. On peut remplacer le cylindre de verre par une cuvette cylindrique en verre, dans laquelle on met de l'eau, dont le niveau passe par le centre du cercle divisé.

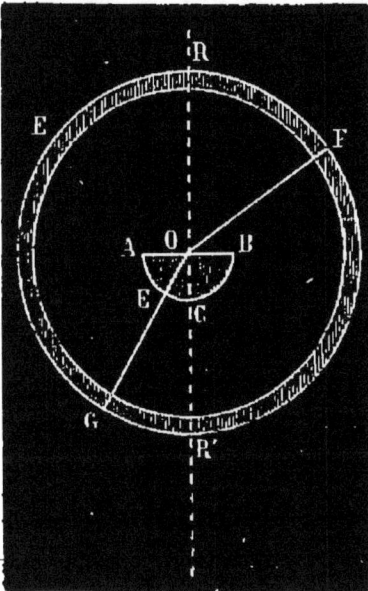

Fig. 238. — Lois de la réfraction de la lumière.

372. Déplacement des objets vus par réfrac-

tion. — Les principes précédents servent à expliquer des faits qui se présentent souvent.

Lorsqu'on est plongé sous une eau bien claire et bien tranquille, les objets placés sur les bords semblent relevés au-dessus de leur véritable place. Le point B (fig. 239), par exemple, envoyant un rayon BA, celui-ci se réfracte suivant AO, et l'œil qui, placé en O, le reçoit, voit le point B en B′ sur le prolongement AB′ de OA.

L'expérience suivante se fait souvent.

On pose à terre un vase à parois non transparentes, et au fond une pièce de mon-

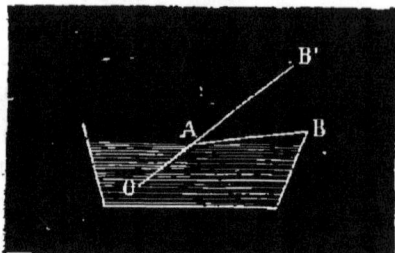

Fig. 239. — Déplacement des objets vus par réfraction.

naie en A (fig. 240). On se place de manière que le rayon visuel BA rasant le bord du vase arrive juste à la pièce de monnaie : si l'on recule un peu à partir de cette position jusqu'en O, la pièce cesse d'être visible. Mais, si alors

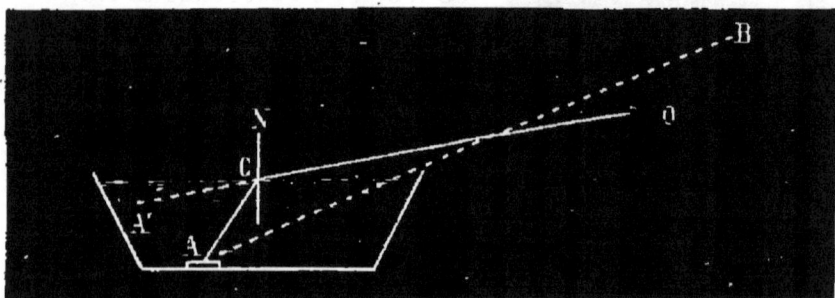

Fig. 240. — Déplacement des objets vus par réfraction.

une autre personne remplit d'eau la terrine, la pièce devient visible, quoiqu'elle n'ait pas changé de position. Voici comment on explique ce fait. Dès qu'on a versé de l'eau dans le vase, un certain nombre de rayons lumineux qui, lorsque le vase était vide, passaient au-dessus de l'œil O peuvent maintenant y arriver, le rayon lumineux AC, par exemple. Quand le vase est plein d'eau, le rayon en arrivant en C se réfracte, s'écarte de la normale, va frapper l'œil en O, et celui-ci voit la pièce de monnaie en A′, suivant la direction prolongée du rayon réfracté.

Un bâton plongé dans l'eau (fig. 241) paraît coudé au point d'immersion, et l'œil placé en O voit la partie extérieure dans sa position réelle : quant à la partie plongée, il la voit dans une position angulaire par rapport à la partie extérieure. Pour expliquer cette apparence, remarquons

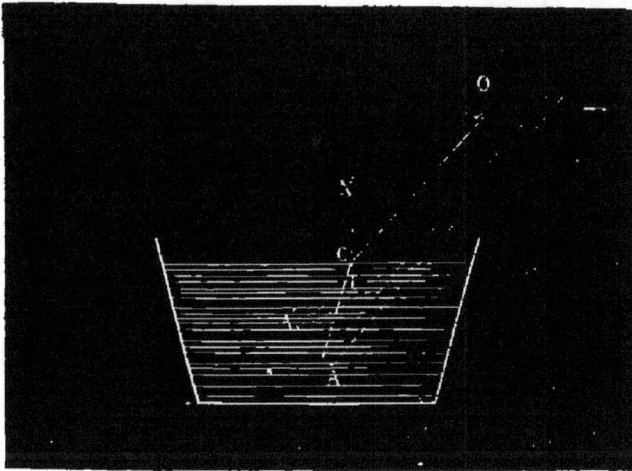

Fig. 241. — Effets de la réfraction.

que les rayons émanés de la partie extérieure ne subissent pas de réfraction avant d'arriver à l'œil O, qui voit les points d'où ils émanent dans leur position réelle ; mais les rayons émanés des points situés dans l'eau subissent une réfraction qui change leur direction : le faisceau émané du point A, arrivé à la surface, se réfracte en s'éloignant de la normale, et l'œil, qui le reçoit, voit l'extrémité du bâton non pas en A, mais plus haut, en A′, sur la direction prolongée du rayon réfracté. Il en est de même pour tous les points situés dans l'eau, de sorte que la partie immergée se trouvant relevée par l'œil, le bâton paraît coudé et raccourci.

373. Réfraction atmosphérique. — Le phénomène de la réfraction de la lumière a pour effet de nous faire voir les astres dans une position différente de celle qu'ils occupent réellement, et même de nous permettre de les voir encore pendant quelque temps après qu'ils sont descendus au-dessous de l'horizon du point où nous nous trouvons. En effet, supposons qu'un astre S (fig. 242) soit déjà au-dessous de l'horizon AH du lieu A de l'observation ; soit SB un rayon lumineux qu'il envoie sur la première couche de l'atmosphère qui enveloppe la terre T. En entrant dans cette couche il se réfractera suivant BC. Mais les couches

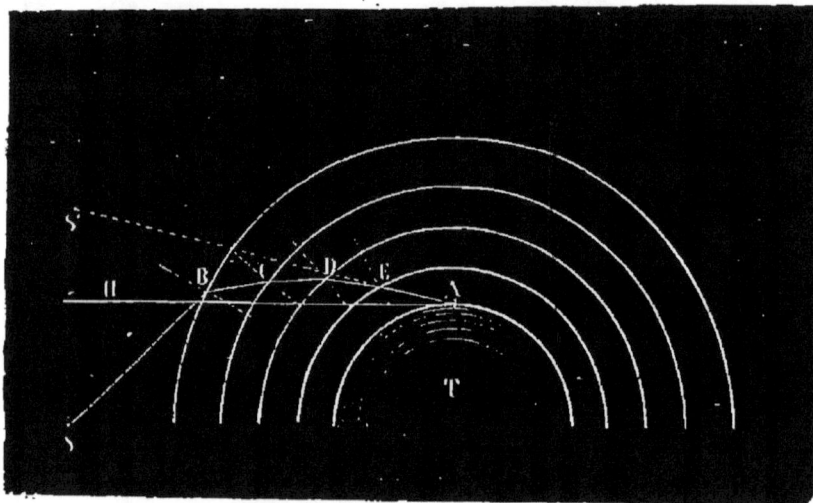

Fig. 242. — Réfraction atmosphérique.

de l'atmosphère augmentent de réfringence à mesure qu'on s'approche du sol : en entrant dans la seconde couche, le rayon lumineux BC se réfractera de nouveau suivant CD en se rapprochant de la normale, et ainsi de suite. L'observateur placé en A recevra le rayon lumineux EA et verra l'astre en S' sur le prolongement de ce rayon EA. En réalité, comme les couches de l'atmosphère augmentent de réfringence par degrés insensibles, la ligne suivie par le rayon lumineux n'est pas une ligne brisée comme celle que représente la figure, mais une ligne courbe, et l'observateur voit l'astre dans le prolongement du dernier des éléments rectilignes dont cette courbe est composée.

374. Réflexion totale. — Angle limite. — Quand

un rayon lumineux se présente à la surface de séparation

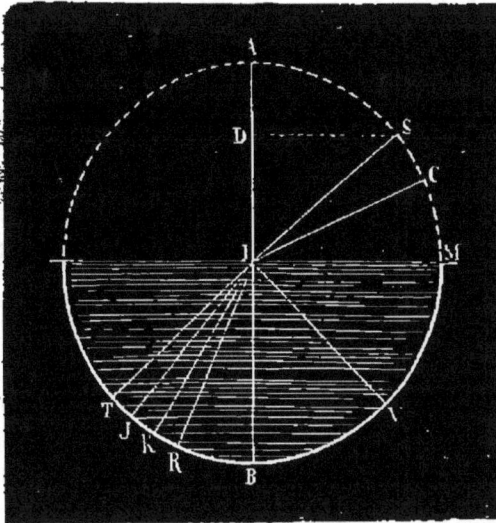

Fig. 243. — Réflexion totale.

de deux milieux, si le second milieu est plus réfringent

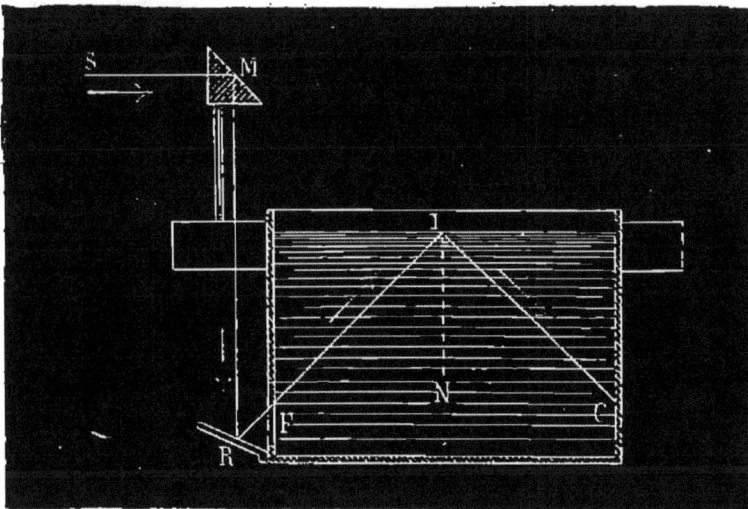

Fig. 244. — Réflexion totale. Appareil de M. P. Poiré.

que le premier, il peut toujours pénétrer dans ce second
milieu. Mais si le second milieu est moins réfringent que

le premier, le rayon ne peut pas toujours traverser la surface de séparation.

Soit un rayon lumineux RI cheminant dans l'eau (fig. 243) et faisant avec la normale un angle d'incidence RIB, il sort en faisant un angle de réfraction AIS : si RIB croît et devient KIB, l'angle de réfraction croît et devient AIC. L'angle d'incidence continuant à croître atteint une valeur JIB pour laquelle l'angle de réfraction AIM est droit, et le rayon sort en rasant la surface de l'eau. Si, à partir de cette valeur, l'angle d'incidence croît encore, l'expérience apprend que le rayon sera réfléchi totalement en suivant les lois de la réflexion de la lumière.

L'angle d'incidence, de valeur telle que l'angle de réfraction soit 90°, est appelé *angle limite*.

L'appareil suivant, que nous avons fait construire pour le cabinet de physique du lycée Condorcet, nous permet de démontrer le fait énoncé. Faisons entrer dans une cuve pleine d'eau R un rayon lumineux qui après réflexion sur un miroir prend la direction RI (fig. 244) et traverse une lame à faces parallèles F placée sur une des parois de la cuve ; le rayon voyageant dans l'eau va se présenter à la surface de séparation de l'eau et de l'air. Si le miroir R est placé dans une position telle que l'angle d'incidence dans l'eau soit plus petit que l'angle limite, le rayon sortira dans l'air. Mais si, inclinant le miroir, on donne à l'angle en I une valeur plus grande que l'angle limite, le rayon se réfléchit et l'illumination des poussières qui sont en suspension dans l'eau permet de suivre, à travers la lame de glace qui forme la paroi antérieure de la cuve, la marche du rayon incident et du rayon réfléchi.

375. **Mirage.** — Le phénomène de la réflexion totale sert à expliquer un effet très intéressant qui se produit surtout dans les plaines arides, échauffées par un soleil brûlant et qui est désigné sous le nom de *mirage*. Il a été souvent observé par nos soldats de l'expédition d'Égypte. Il consiste en ce que les objets qui, à une certaine distance, s'élèvent au-dessus du sol, donnent une image d'eux-mêmes renversée et symétrique. L'observateur, recevant à la fois les rayons venus directement de l'objet et ceux qui con-

courent à la formation de son image, croit à l'existence
d'une couche d'eau jouant le rôle de miroir.

Voici l'explication que Monge a donnée de ces phénomènes.

Les couches d'air en contact avec le sol brûlant
s'échauffent et prennent une densité et une réfringence
moindres que celles des couches supérieures, de telle sorte
que la densité et la réfringence de l'air vont en croissant
jusqu'à une certaine hauteur pour laquelle l'atmosphère se

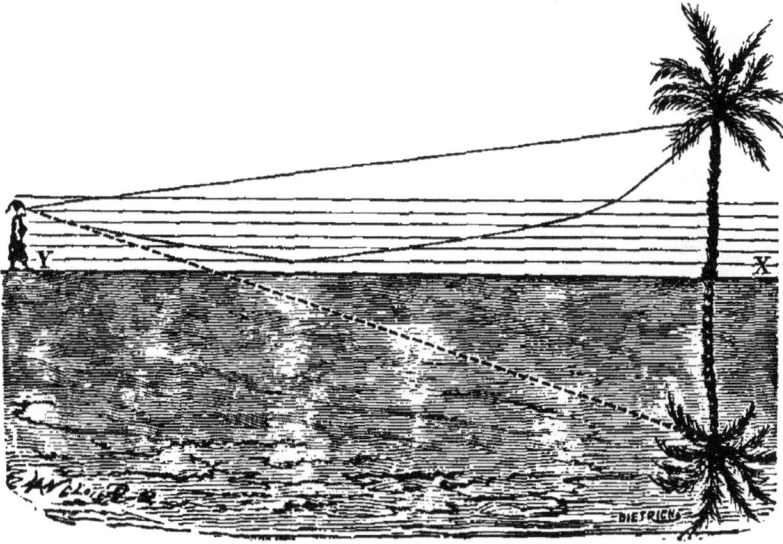

Fig. 245. — Mirage.

trouve soustraite à l'influence du sol. A partir de ce niveau,
la densité et la réfringence de l'air vont en décroissant,
comme cela arrive ordinairement.

Ceci posé, supposons un point élevé (fig. 245) et un
observateur placé en Y. Cet observateur verra le point par
le faisceau direct qui lui arrivera dans l'œil, mais il pourra
recevoir des rayons qui lui viendront après avoir suivi
une marche bien moins directe. Considérons, par exemple,
le rayon qui tombe obliquement sur la couche d'air à
partir de laquelle la réfringence va en diminuant à mesure
qu'on s'approche du sol. Cette couche étant moins réfringente que la précédente, le rayon, en y pénétrant, s'écarte

de la normale ; de même ce rayon réfracté doit encore s'éloigner de la normale en pénétrant dans la couche suivante. On voit que ces réfractions ont pour effet de donner aux rayons lumineux une direction de plus en plus voisine de l'horizontalité. Mais comme il arrivera un moment où l'angle d'incidence aura dépassé la valeur de l'angle limite, le rayon ne pourra plus pénétrer dans la couche moins réfringente qui suit celle où il se trouve ; il éprouvera le phé-

Fig. 246. — Mirage latéral.

nomène de la réflexion totale sur XY, et à partir de là se réfractera en sens inverse, puisqu'il traversera des couches de plus en plus réfringentes. L'observateur recevant le rayon suivant sa dernière direction qui a été tracée en caractères pointillés, verra un point lumineux sur cette direction, en une position symétrique du point considéré. Comme ce raisonnement peut être répété pour tous les points de l'objet lumineux, on apercevra une image renversée de cet objet et semblable à celle que donnerait une nappe d'eau.

Pour reproduire artificiellement le phénomène du mirage, il suffit de chauffer un peu fortement une grande plaque de tôle, et de la regarder dans une direction très inclinée ; on voit alors l'image des objets éloignés se former par réflexion sur la couche d'air qui la touche.

Le mirage a été observé souvent dans d'autres lieux que l'Égypte : il est fréquent dans les plaines de la Crau, près des bouches du Rhône. Biot et Mathieu l'ont souvent observé à Dunkerque, sur la plaine sablonneuse qui s'étend au bord de la mer.

Ce phénomène peut aussi se produire dans d'autres circonstances que celles que nous venons d'étudier. Il peut avoir lieu sur la mer, quand l'air plus froid que l'eau se trouve dans un calme parfait et s'échauffe à son contact. On voit alors les navires éloignés présenter leur image renversée d'une manière plus ou moins distincte.

Il peut arriver près des côtes, ou dans les pays de montagne, que l'air soit séparé jusqu'à une certaine hauteur, par un plan vertical, en deux parties, l'une échauffée par le soleil, l'autre dans l'ombre du rivage ou de quelque colline. Il pourra se faire alors qu'un œil placé près de la couche de séparation reçoive des rayons qui, partis d'objets situés dans la partie froide, ont pénétré dans les couches chaudes et y ont subi la réflexion totale. Cet œil verra alors l'image de ces objets dans une position symétrique à celle de l'objet. On a donné à ce phénomène le nom de *mirage latéral* (fig. 246).

Si la surface de séparation des couches chaudes et des couches froides est horizontale, on pourra voir, en l'air, l'image d'objets situés sur le sol ou sur la mer. Un jour, dans les mers du Groenland, Scoresby, séparé de son père par une tempête, vit dans l'atmosphère le vaisseau que celui-ci montait. C'est là un exemple de mirage *inverse* ou *renversé*.

376. Passage d'un rayon lumineux à travers un milieu transparent à faces parallèles. — Lorsqu'un rayon lumineux I*a* (fig. 247) traverse un milieu transparent, une lame de verre ABCD, par exemple, à faces parallèles, il sort suivant *a'*R, parallèlement à sa direction primitive, mais en subissant un déplacement latéral, dont la valeur dépend et de l'épaisseur du milieu et de sa nature.

Pour vérifier par l'expérience le fait du parallélisme du

rayon incident et du rayon émergent, on peut remarquer

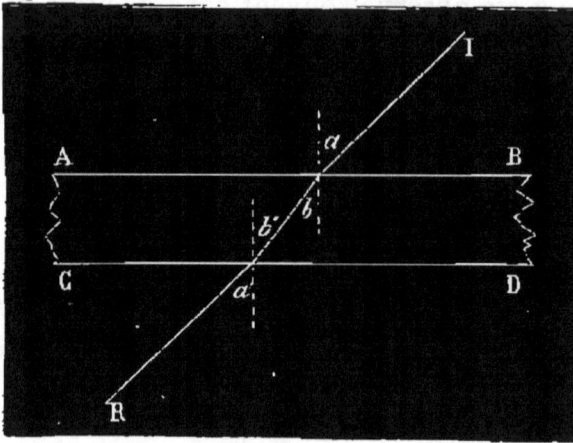

Fig. 247. — Milieu à faces parallèles.

que si l'on regarde une étoile à travers une lame de verre

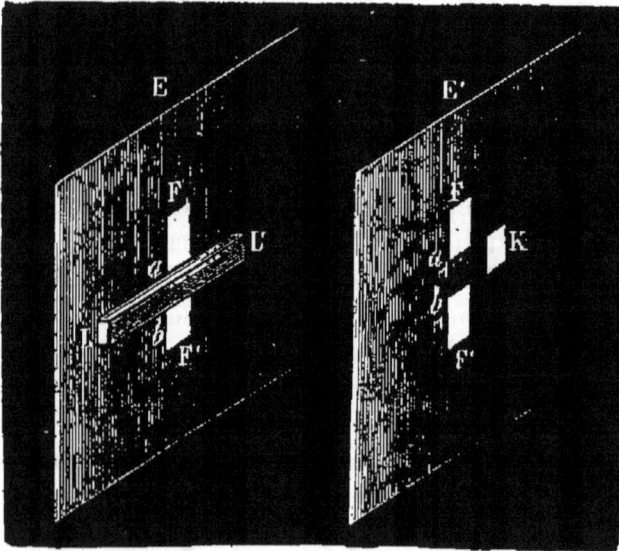

Fig. 248. — Milieu à faces parallèles.

à faces parallèles, sa position dans le ciel est sensiblement
la même que lorsqu'on la regarde à l'œil nu.

On peut aussi faire l'expérience suivante : on projette sur un écran E′ (fig. 248), à l'aide d'une lentille, une fente lumineuse F*ab*F′ pratiquée dans la paroi E. Si alors on vient placer obliquement sur le trajet du faisceau lumineux une lame de verre assez épaisse, à faces parallèles, mais moins larges que la fente, on constate que la bande lumineuse n'est plus rectiligne, mais que, sur la partie *ab* correspondante à la lame de verre, elle est reportée latéralement et parallèlement à elle-même en K.

377. Prismes. — On nomme *prisme* en optique un milieu transparent limité par deux plans qui se coupent. La ligne d'intersection des deux faces planes est appelée l'*arête réfringente* du prisme, et l'angle qu'elles comprennent l'*angle réfringent* du prisme. Toute section déterminée par un plan perpendiculairement à l'arête réfringente est appelée *section principale*. Les prismes destinés aux expériences de physique sont ordinairement des morceaux de verre bien homogènes, taillés en prismes triangulaires droits. La section principale est alors un triangle, et celui de ses sommets qui se trouve sur l'arête réfringente, est appelé *sommet* du prisme; le côté opposé s'appelle *base*.

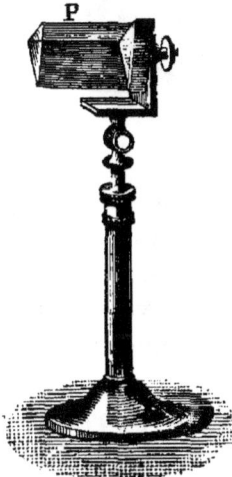

Fig. 249. — Prisme.

La figure 249 représente un prisme P monté sur un pied, de manière qu'on puisse lui faire prendre différentes positions.

Lorsque la lumière traverse un prisme, elle subit une déviation qu'il est facile d'expliquer[1].

Supposons que ABC (fig. 250) représente la section principale d'un prisme en verre, et considérons ce qui se passe dans son plan. Soit SI un rayon incident de lumière mono-

---

1. Tout ce que nous allons dire s'applique à de la lumière monochromatique ou d'une seule couleur. Nous verrons plus tard ce que signifie cette expression. S'il s'agissait de lumière hétérogène, comme celle du soleil, le phénomène de déviation se compliquerait d'un phénomène de coloration qui sera étudié au chapitre v.

chromatique, rouge par exemple; lorsqu il pénètre dans le prisme au lieu de continuer suivant IL, il se réfracte suivant II′ en se rapprochant de la normale IO ; arrivé en I′, il se réfracte suivant I′S′ en s'éloignant de la normale I′O,

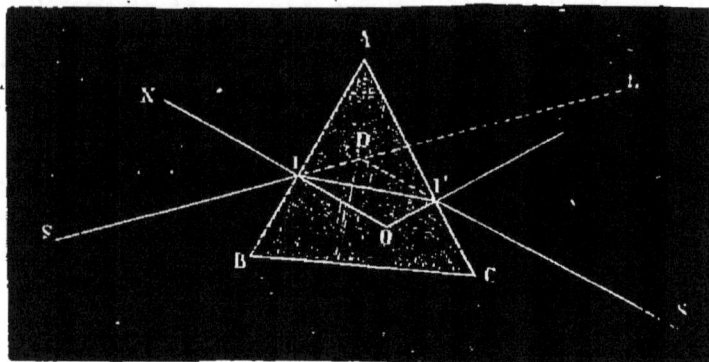

Fig. 250. — Prisme.

puisqu'il passe d'un milieu plus réfringent dans un milieu moins réfringent. On voit que ces deux réfractions ont pour effet de reporter les rayons vers la base BC du prisme et les objets vus à travers lui semblent reportés vers son sommet A : car l'effet que nous observons dans une seule section s'observe dans toutes les autres.

378. La valeur de la déviation produite par un prisme dépend de l'angle d'incidence, de l'angle réfringent du prisme et de la nature de la substance qui a servi à faire le prisme. — On peut démontrer ce qui précède par l'expérience.

1° *La déviation dépend de l'angle réfringent du prisme.* — Pour mettre ce fait en évidence, on se sert d'un prisme à angle variable, qui n'est autre qu'une espèce de cuvette (fig. 251). Entre les deux faces *aa′*, *bb′*, qui sont en cuivre, sont des lames de verre *oc*, *o′c*, montées dans des cadres de métal et mobiles autour de charnières *o* et *o′*, qui permettent de faire varier l'angle qu'elles forment. Après avoir versé dans l'intervalle des deux lames un liquide transparent, de l'eau par exemple, on fait arriver par la face *oc* qu'on laisse fixe un rayon lumineux de direction constante, et on constate que la déviation produite dépend de la position de la lame $o'c'$, et par suite, de la valeur de l'angle réfringent du prisme ainsi formé.

2° *La déviation dépend de la nature du prisme.* — On

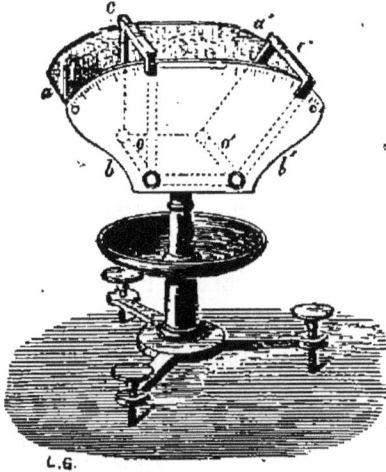

Fig. 251. — Prisme à angle variable.

Fig. 252. — Polyprisme.

vérifie ce fait expérimentalement de deux manières. On peut mettre successivement dans l'appareil que nous venons de décrire des liquides différents, et constater que les dé-

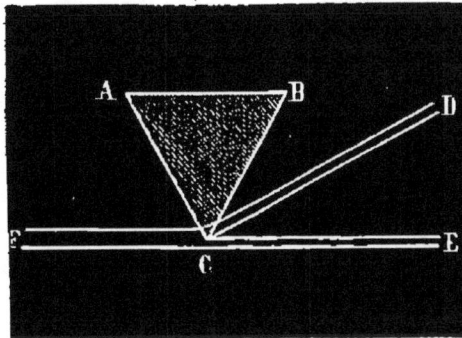

Fig. 253. — La déviation dépend de l'angle d'incidence.

viations ne sont pas les mêmes dans chaque cas. On peut aussi se servir du *polyprisme*, appareil formé par l'assemblage de lames prismatiques de natures différentes et superposées (fig. 252). Si l'on reçoit un faisceau lumineux sur ce prisme multiple, on constate à l'émergence que les déviations produites par les différentes lames ne sont pas les mêmes.

3° *La déviation dépend de la valeur de l'angle d'incidence.* — Pour le prouver, on reçoit un faisceau lumineux de direction constante sur un prisme que l'on fait tourner de manière à faire varier l'angle d'incidence : on constate alors que la déviation varie avec l'angle d'incidence. On peut adopter la disposition que représente la figure 253. Elle montre que le faisceau lumineux F est partagé en deux parties, l'une E qui n'a pas subi de déviation et qui va produire une tache lumineuse E sur un écran, l'autre D qui a été déviée par le prisme. En faisant varier la position du prisme, on constate que la distance qui sépare D et E, et qui mesure la déviation, varie et qu'elle est susceptible d'un minimum. Newton a reconnu par l'expérience que ce minimum correspondait à la position du prisme pour laquelle les angles d'incidence et d'émergence étaient égaux.

CHAPITRE IV

LENTILLES SPHÉRIQUES.

379. On apppelle *lentilles sphériques* des masses transparentes, généralement en verre, terminées par deux surfaces sphériques, ou par une surface sphérique et une surface plane. On en distingue deux espèces :

1° Les lentilles *convergentes* ou lentilles à bords tranchants, dont l'épaisseur est croissante depuis les bords jusqu'au milieu : D, E, F (fig. 254) représentent des lentilles convergentes. Elles ont la propriété de faire converger vers un point unique F les rayons parallèles qui tombent sur elles (fig. 255).

2° Les lentilles *divergentes* ou lentilles dont l'épaisseur diminue depuis les bords jusqu'au milieu ; elles ont la propriété de faire diverger les rayons qui les traversent. A, B, C (fig. 254) représentent des lentilles divergentes.

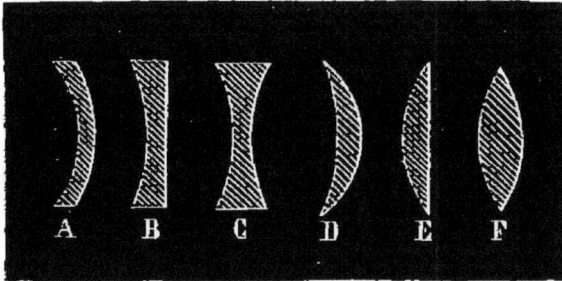

Fig. 254. — Lentilles.

Elles ont la propriété de faire diverger les rayons parallèles qui tombent sur elles (fig. 256).

Nous prendrons pour type des lentilles convergentes la

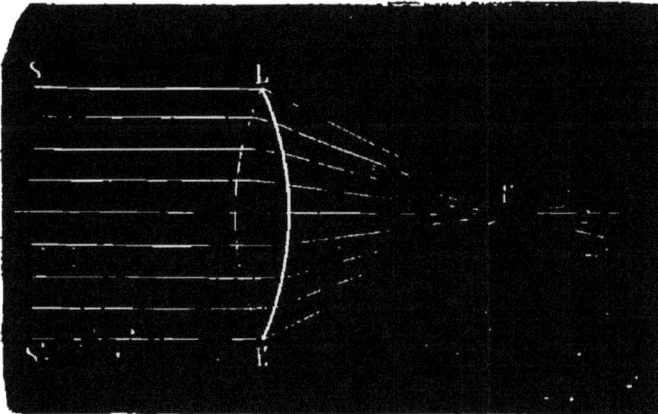

Fig. 255. — Propriété fondamentale des lentilles convergentes.

lentille biconvexe F, et pour type des lentilles divergentes la lentille biconcave C.

LENTILLES CONVERGENTES.

380. On nomme *axe principal* d'une lentille biconvexe ou biconcave la ligne qui joint les centres des deux sur-

faces sphériques formant les faces de la lentille. Soient
C, C′ (fig. 256) les deux centres en question, la ligne CC′
sera l'axe principal.

381. Toute lentille convergente tend à ramener

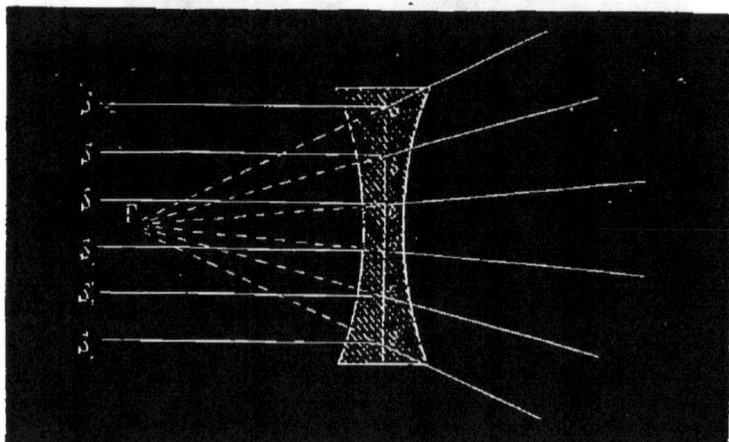

Fig. 256. — Propriété fondamentale des lentilles divergentes.

vers son axe les rayons lumineux qui la rencontrent. — Soit PI (fig. 258) un rayon lumineux rencontrant en I la première face de la lentille : en pénétrant

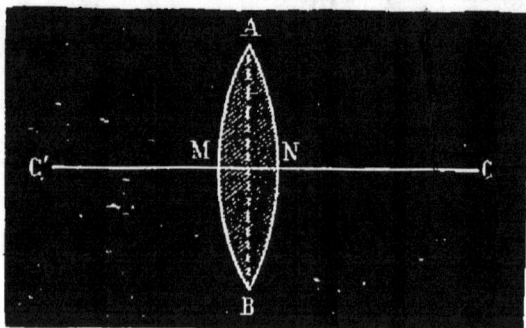

Fig. 257. — Lentille convergente.

dans la lentille, au lieu de continuer suivant IS, il se rapproche de la normale IC à la surface sphérique et prend la

_____

1. La normale en un point I d'une sphère est le rayon IC de la sphère.

direction II′. Quand il arrive en I′ à la seconde face, au
lieu de continuer suivant le prolongement de II′, il s'éloigne de la normale C′N′ et, prenant la direction I′P′, se rapproche encore de l'axe.

Il y a plus, l'expérience va nous prouver que tous les
rayons lumineux partis d'un même point vont après réfraction se couper en un même point.

382. Foyer principal. — Si les rayons sont parallèles
à l'axe, comme ceux du faisceau SL S′L′ (fig. 256), l'expé

Fig. 256. — Toute lentille convergente ramène vers son axe les rayons qui
la rencontrent.

rience prouve qu'ils vont tous se couper en un même point
F de l'axe principal. Ce point est appelé *foyer principal.*

Pour démontrer ce fait, on reçoit un faisceau de rayons
parallèles sur une lentille convergente, que l'on oriente de
manière que son axe principal soit lui-même parallèle
aux rayons incidents. On constate que tous ces rayons,
après avoir traversé la lentille, viennent se croiser sur
l'axe en un même point F (fig. 256).

Il est évident qu'il y a un foyer principal de chaque
côté de la lentille.

Ajoutons que réciproquement, si l'on place un point
lumineux au foyer principal d'une lentille biconvexe,
les rayons qu'il envoie sur la lentille en sortent parallèles
entre eux et à l'axe principal.

Enfin, nous remarquons que, lorsqu'un rayon lumineux
tombe sur une lentille après avoir suivi l'axe principal, il

en sort en suivant encore cet axe ; car l'angle d'incidence étant nul à l'arrivée sur la première face, l'angle de réfraction doit l'être aussi, et par suite le rayon doit continuer sa route sans déviation. Il en est de même à la seconde face de la lentille.

383. Foyers conjugués. — L'expérience montre aussi que des rayons partis d'un même point P (fig. 259)

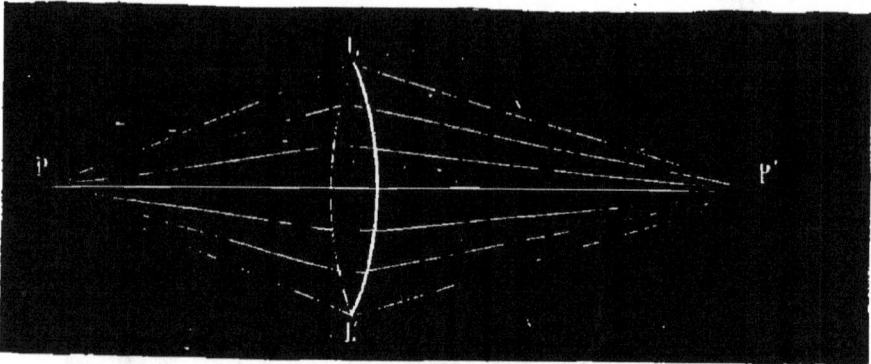

Fig. 259. — Foyer conjugué réel d'un point situé sur l'axe principal.

situé sur l'axe principal donnent des rayons émergents qui se rencontrent tous en un autre point P', situé sur cet axe et au delà du foyer principal.

Pour démontrer ce fait, à l'aide d'un miroir concave on fait converger des rayons vers un point P, et on oriente une lentille de manière que son axe principal passe par ce point P. Celui-ci envoie sur elle des rayons lumineux qui vont, après réfraction, se couper au point P', qui est appelé le *foyer conjugué* du point P. Ces deux points P et P' sont liés l'un à l'autre de telle sorte que si un point lumineux était placé en P', les rayons partis de ce point iraient, après leur réfraction, converger en P.

384. Relation de position du point lumineux et du foyer conjugué. — Il existe une relation étroite entre les distances qui séparent de la lentille le point lumineux et son foyer conjugué.

L'expérience mène aux résultats suivants :

1° Si le point lumineux est, par rapport à la lentille, à une distance plus grande que le double de la distance focale principale, le foyer conjugué est, de l'autre côté de la lentille, à une distance moindre que le double de la distance focale principale; 2° si le point lumineux se rapproche de la lentille, tout en restant à une distance plus grande que le double de la distance focale principale, le foyer conjugué s'éloigne de la lentille; 3° si le point lumineux est à une distance égale au double de la distance focale principale, le foyer conjugué est à la même distance de l'autre côté de la lentille; 4° si le point lumineux est au foyer principal, le foyer conjugué se trouve à l'infini, c'est-à-dire que les rayons sortent parallèlement à l'axe.

Il suffit, pour démontrer expérimentalement tous ces résultats, de placer une petite source lumineuse sur l'axe principal de la lentille et de chercher, de l'autre côté de la lentille, où il faut placer un écran pour y recevoir le point de concours des rayons réfractés. En mesurant dans chaque expérience les distances du point lumineux et de l'écran à la lentille, on vérifie tous les résultats que nous venons d'énumérer.

385. Le point lumineux est situé en dehors de l'axe. — Lorsque le point lumineux est situé en dehors de l'axe, son foyer conjugué est situé en dehors de l'axe sur une ligne appelée *axe secondaire* et menée par le point lumineux et par un point nommé *centre optique*. Ce point, dans une lentille biconvexe, est situé sur l'axe et dans l'intérieur de la lentille. L'expérience du n° 384 répétée, en plaçant le point P en dehors de l'axe, montre que si P est au-dessus de l'axe, le foyer conjugué P′ est au-dessous et réciproquement. La relation de position du point lumineux et du foyer conjugué (384) est la même sur l'axe secondaire que sur l'axe principal.

Pour déterminer la position du foyer conjugué P′ (fig. 261) sur l'axe secondaire, il suffit de remarquer que, parmi tous les rayons émanés du point P, il en est un, P*a*, qui est parallèle à l'axe principal et doit, après réfraction, aller passer par le foyer principal F avant d'aller couper l'axe secondaire. Il suffira donc de mener le rayon parallèle P*a*, de réduire, comme on le fait ordinairement, la lentille au plan LL′ en supposant que les deux réfractions se font sur ce plan, de joindre le point *a* au foyer principal et de prolonger jusqu'à la rencontre en P' avec l'axe secondaire POP'.

386. Foyer réel. — Dans tout ce qui précède, ce sont les rayons lumineux eux-mêmes qui vont se couper au foyer; ce foyer est *réel*. Si le point lumineux est situé *au-dessus* de l'axe principal, le foyer réel est situé *au-dessous* et réciproquement.

La figure 260 montre la marche des rayons dans une lentille convergente pour le cas du foyer réel. Le point P envoie

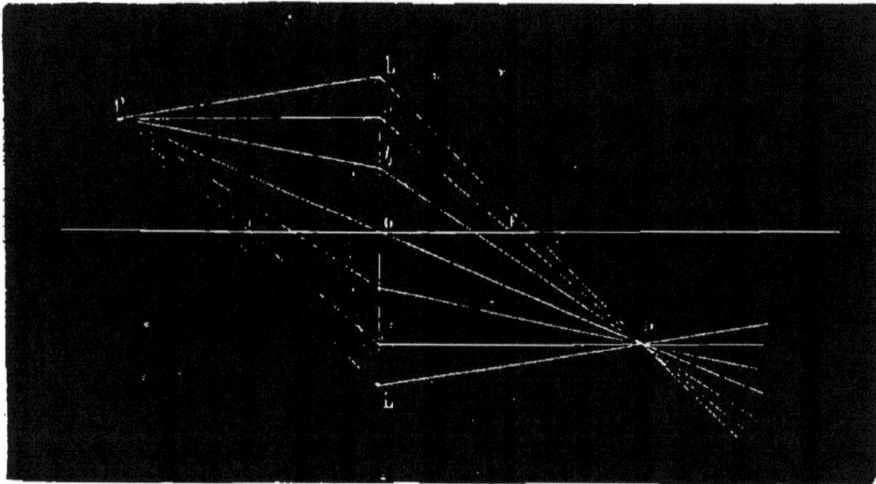

Fig. 260. — Foyer conjugué réel d'un point situé hors de l'axe principal.

sur la lentille un cône de rayons : si nous supposons la lentille réduite à un plan, les différents rayons PL, P*a*, P*b*, PO, P*c*, P*d*, PL' donnent des rayons réfractés LP', *a*P', *b*P', OP', *d*P', L'P', qui se coupent tous au foyer conjugué P' qui est réel. Un œil placé dans la seconde nappe du cône émergent verra un point lumineux en P'. Si l'on place un écran en P', cet écran diffuse les rayons, et le foyer est visible de tous les points situés autour de lui.

387. Foyers virtuels. — Lorsque le point lumineux P (fig. 261) est situé entre la lentille et le foyer principal, l'expérience prouve que les rayons lumineux, en sortant de la lentille, au lieu d'aller en convergeant, vont en divergeant. Quand on déplace l'écran derrière la lentille, en l'é-

loignant d'elle, on constate que la tache lumineuse, que
produisent sur lui les rayons, va en grandissant, ce qui
prouve que ces rayons divergent. Ils forment un cône dont
le sommet P' est, par rapport à la lentille, du même côté que
le point lumineux. Ce sommet est un foyer *conjugué virtuel*.
L'œil placé dans le cône voit ce point lumineux, mais on
ne peut le recevoir sur un écran : car ce sont seulement
les prolongements géométriques des rayons qui vont s'y
couper.

**388. Images réelles des objets données par les
lentilles convergentes.** — Un objet lumineux devant

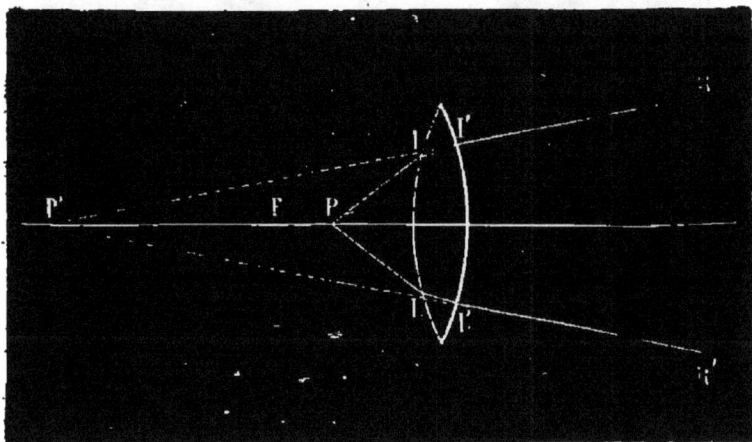

Fig. 261. — Foyer conjugué virtuel.

être considéré comme formé par l'ensemble d'un certain
nombre de points lumineux, il suffit, pour avoir l'image
d'un objet, de chercher les foyers conjugués de chacun de
ces points. Nous supposerons ici que l'objet lumineux est
de dimensions telles que tous ses points sont voisins de l'axe.

Voici les résultats auxquels mène l'expérience.

En plaçant un objet lumineux, la flamme d'une bougie,
par exemple, en avant d'une lentille et au delà du foyer
principal, on constate qu'on peut recevoir sur un écran
convenablement placé de l'autre côté de la lentille l'image
réelle et renversée de la flamme. On peut d'ailleurs
vérifier toutes les relations de position que nous avons
indiquées.

Nous avons dit qu'il fallait que l'écran fût *convenablement* placé, c'est-à-dire au foyer conjugué de l'objet. Lorsqu'on le met en avant ou en arrière de ce foyer, l'image n'est pas nette. En effet, si nous considérons (fig. 260) le cône de rayons lumineux envoyés par le point P, le cône de rayons réfractés aura son sommet en P′, foyer conjugué de P, et l'écran placé en P′ présentera en P′ un point lumineux formé par l'intersection de tous les rayons qui viennent y converger. Il en sera de même pour chacun des points d'un objet MN (fig. 262), et l'image sera nette. Si, au

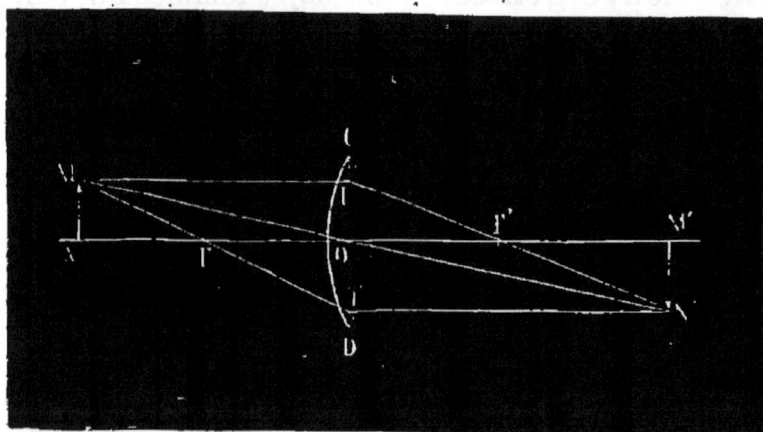

Fig. 262. — Images des objets.

contraire, on place l'écran soit en avant, soit en arrière de M′N′, l'écran coupera le cône venant du point M suivant un petit cercle lumineux, qui se superposera en partie avec le petit cercle donné par un point voisin, et l'image n'aura plus de netteté.

On constate que : 1° si la distance, qui sépare l'objet de la lentille, est *plus grande que le double de la distance focale principale*, l'image est *réelle*, *renversée* et *plus petite* que l'objet; 2° si la distance, qui sépare l'objet de la lentille, est *égale* au *double de la distance focale principale*, l'image est *réelle*, *renversée* et *égale* à l'objet; 3° si *la distance, qui sépare l'objet de la lentille est plus petite que le double de la distance focale principale*, l'image est *réelle*, *renversée* et *plus grande* que l'objet.

389. Images virtuelles données par les lentilles convergentes. — Si la bougie est placée entre le foyer principal et la lentille, il n'y a plus d'image réelle, mais

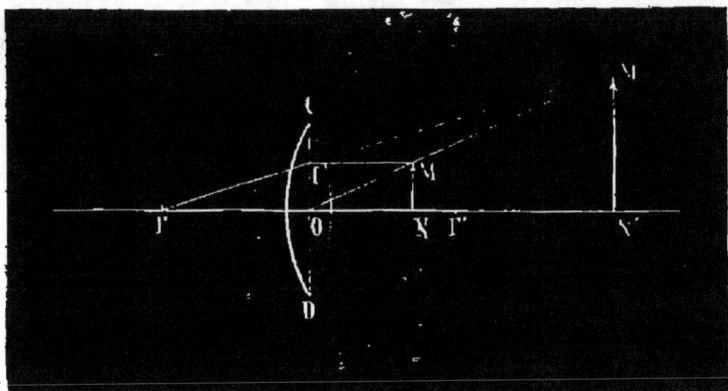

Fig. 263. — Image virtuelle d'un objet.

l'œil placé de l'autre côté de la lentille, de manière à recevoir les rayons réfractés, apercevra une image *virtuelle*, *droite* et plus *grande* que la bougie.

La figure 263 montre comment on peut construire l'image M'N de l'objet MN.

LENTILLES DIVERGENTES.

390. — Nous prendrons pour types des lentilles divergentes la lentille biconcave. Il est facile de voir qu'un rayon lumineux qui tombe sur une lentille de cette espèce au lieu d'être rapproché de l'axe par la réfraction à travers la lentille, en est au contraire éloigné.

Soit P un point lumineux (fig. 264), PI un rayon envoyé par lui sur la lentille : après avoir traversé la première face, il se rapproche de la normale CN et se réfracte suivant II', cette première réfraction l'écarte déjà de l'axe. En arrivant à la seconde face en I', il se réfracte, s'éloigne de la normale C'N' et prend la direction I'S, qui l'éloigne encore davantage de l'axe. Aussi ce rayon n'ira couper l'axe que par son prolongement géométrique en P'.

391. Foyer principal. — Si des rayons lumineux tom-

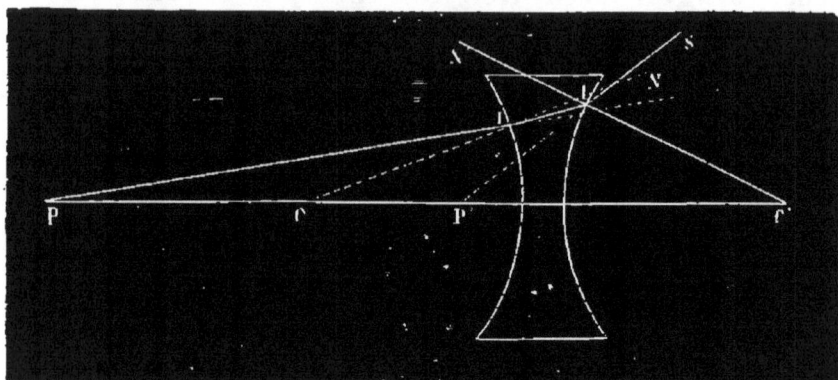

Fig. 264. — Toute lentille divergente éloigne en général de l'axe des rayons qui la rencontrent.

bent sur une lentille divergente parallèlement à son axe

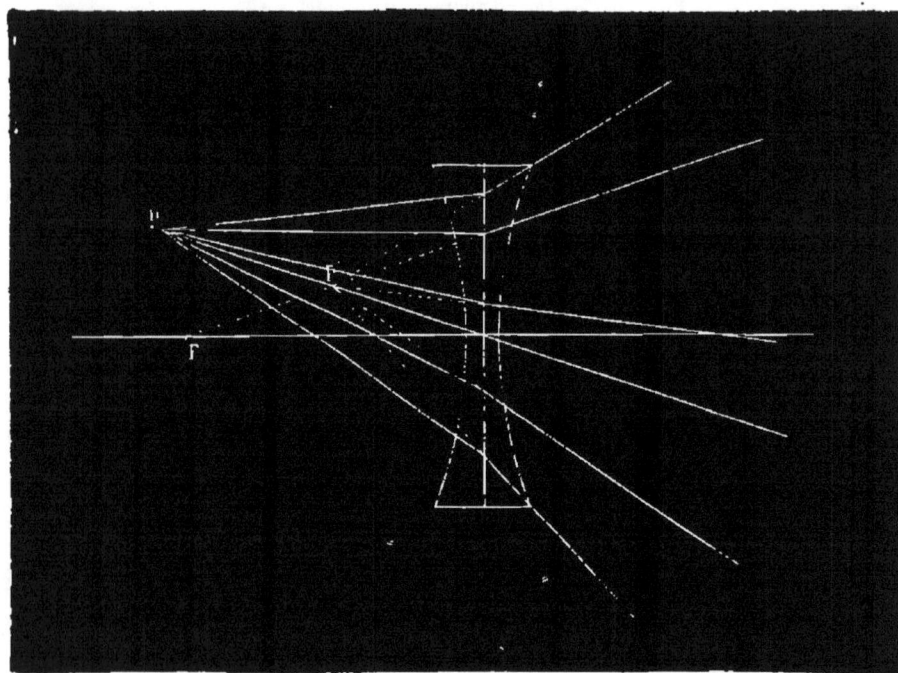

Fig. 265. — Point situé en dehors de l'axe, marche des rayons.

principal, après s'être réfractés, ils divergent et leurs prolongements géométriques vont couper l'axe en un seul et

même point, qui est le foyer principal F (fig. 256) de la lentille. Ce foyer est *virtuel*.

Pour constater expérimentalement cette divergence, il suffit de faire tomber sur une lentille divergente, parallèlement à son axe, un faisceau de rayons solaires. En plaçant un écran derrière la lentille, on constate que la tache lumineuse, qui s'y produit, est plus grande que la section du faisceau cylindrique, et qu'elle va en grandissant à mesure que l'écran s'éloigne. Des raisonnements, qui ne peuvent trouver place ici, prouveraient d'ailleurs que les rayons en divergeant vont se couper en un seul et même point F, par leurs prolongements géométriques. C'est ce point que nous avons appelé *foyer principal*.

392. Si l'on place un point lumineux en face d'une lentille divergente, on constate que le cône de rayons lumineux, qu'il envoie sur cette lentille, va en divergeant davantage après l'avoir traversée. Car si l'on reçoit sur un écran le cône émergent, la tache lumineuse qu'il y produit est plus grande que la lentille elle-même : elle va en augmentant à mesure qu'on éloigne l'écran.

La théorie montre que tous ces rayons vont, par leurs prolongements géométriques, se couper en un seul et même point situé, par rapport à la lentille, du même côté que le point lumineux. Ce point d'intersection est le *foyer conjugué virtuel* du point lumineux. Il est visible pour un œil placé dans le cône des rayons réfractés par la lentille.

Si le point lumineux est en dehors de l'axe, le foyer conjugué est situé sur l'axe secondaire correspondant, c'est à-dire sur la ligne qui joint le point lumineux au centre optique de la lentille. Il s'obtient par une construction semblable à celle que nous avons indiquée (385) à propos des lentilles convergentes.

Soit un point P (fig. 265) : pour avoir son foyer conjugué, on joint le point P au centre optique : on mène par ce même point P une parallèle à l'axe, et on joint le point d'intersection de la parallèle avec la lentille, supposée réduite à un plan, au foyer principal F. Le point d'intersection de cette ligne avec l'axe secondaire donne le foyer conjugué P' du point P.

On voit que ce foyer est toujours plus près de la lentille que le point lumineux lui-même. La figure montre la marche des rayons lumineux émanés du point P, tombant sur une lentille divergente et donnant après réfraction un foyer conjugué virtuel en P′.

393. Images données par les lentilles divergentes. — L'image d'un objet MN (fig. 266) donnée par

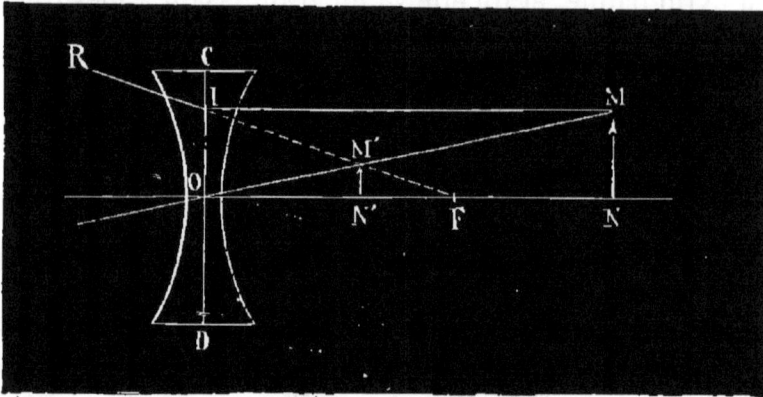

Fig. 266. — Image donnée par une lentille divergente.

une lentille divergente est l'ensemble des foyers conjugués des différents points de l'objet. Cette image M′N′ est *virtuelle*, quand la lumière qui tombe sur la lentille est divergente, et c'est le cas général. Elle est *droite* et *plus petite* que l'objet.

CHAPITRE V

DÉCOMPOSITION DE LA LUMIÈRE. — SPECTRE SOLAIRE.

394. Spectre solaire. — Si on laisse pénétrer par le trou circulaire du volet d'une chambre noire un faisceau cylindrique de lumière solaire, et qu'on reçoive ce faisceau sur un écran, on obtient une image ronde et blanche. Mais, si l'on interpose un prisme sur le trajet du faisceau lumi-

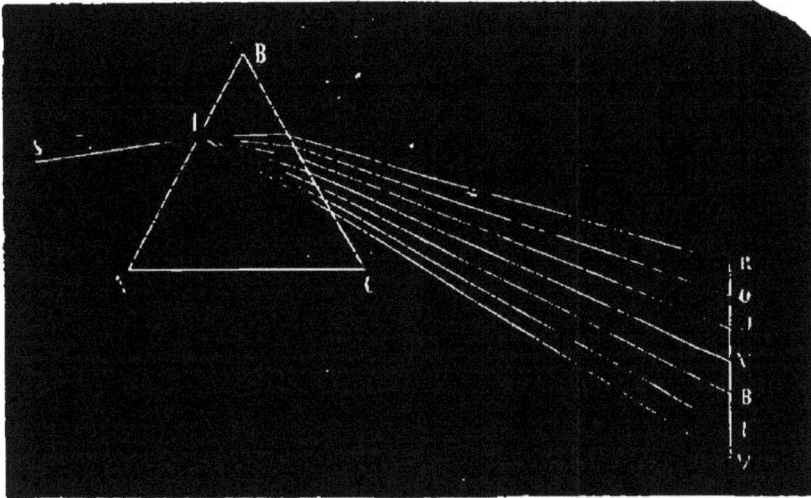

Fig. 267. — Décomposition de la lumière.

neux, on aperçoit (fig. 267), sur l'écran, une image oblongue RV et présentant sept couleurs principales : *violet*,

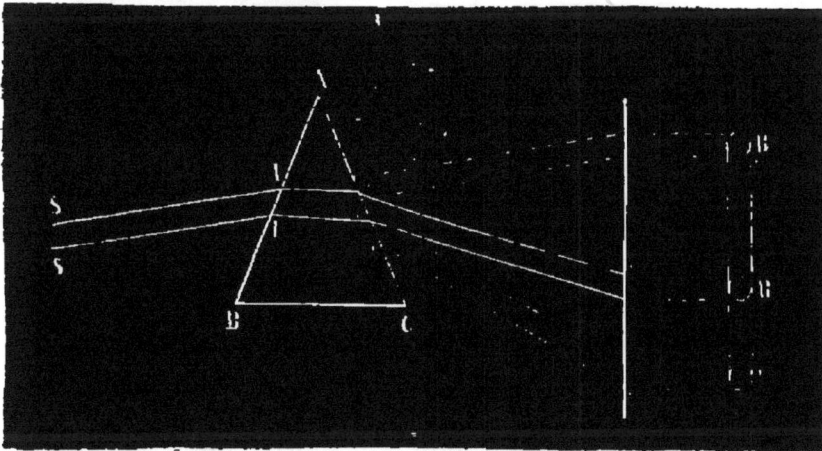

Fig. 268. — Spectre solaire.

indigo, bleu, vert, jaune, orangé, rouge. Cette image est désignée sous le nom de *spectre solaire* : elle est représentée par la planche placée au commencement du volume.

Nous ferons remarquer que, dans la figure 268, la partie inférieure V du spectre est violette, la partie supérieure R est rouge.

395. Génération du spectre solaire. — Newton expliqua ce phénomène, que l'on désigne sous le nom de *dispersion* ou de *décomposition de la lumière*, en admettant que la lumière est composée de rayons *diversement colorés* et *inégalement réfrangibles*. Lorsque ces rayons se superposent, ils produisent sur l'œil la sensation de lumière blanche; mais, lorsqu'on vient à les séparer, ils déterminent des sensations diverses, celles de la couleur qui est propre à chacun d'eux.

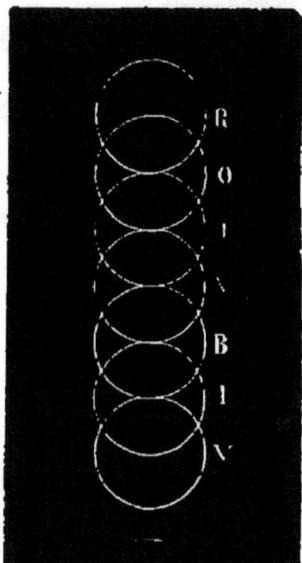

Fig. 269. — Spectre solaire.

Dans cette hypothèse, que nous prouverons par différentes expériences, il est facile d'expliquer la génération du spectre solaire. Supposons un instant que la lumière solaire ne contienne que des rayons rouges et des rayons violets, les premiers étant moins réfrangibles que les seconds. Si nous recevons sur un prisme horizontal ABC (fig. 268) un faisceau cylindrique SIS_1I_1 de lumière, les rayons violets et les rayons rouges étant inégalement réfrangibles, vont être inégalement déviés par le prisme, les rayons violets subiront une déviation plus grande que les rayons rouges, et nous aurons à l'émergence deux faisceaux cylindriques, l'un rouge rr_1rr_1, l'autre violet vv_1vv_1 qui donneront sur un écran, le premier une tache lumineuse rouge, le second une tache violette: ces deux taches seront circulaires, auront la même longueur et se trouveront comprises entre les mêmes verticales. La violette v_1 sera au-dessous de la rouge r_1. La partie droite de la figure montre l'écran rabattu et l'on y voit les deux taches circulaires R et V. Si la lumière solaire est composée de sept couleurs, on obtiendra sept taches lumineuses se super-

posant en partie (fig. 269), et l'ensemble offrira une image
allongée et sinueuse sur les bords verticaux. Si enfin,
comme le suppose Newton, chaque lumière simple contient
une infinité de rayons inégalement réfrangibles, on obtiendra une infinité de cercles et le bord de l'image
paraîtra rectiligne.

**396. — Les sept couleurs du spectre sont inéga-
lement réfrangibles.** — Newton a démontré par différentes expériences l'inégale réfrangibilité des rayons du
spectre. Nous ne citerons que la suivante.

On reçoit sur un écran percé d'une petite ouverture le
spectre formé par un premier prisme P, et on place derrière cet écran un second prisme P′. Puis, on déplace l'écran
de manière que l'ouverture qu'il présente vienne se placer
successivement dans chacune des couleurs du spectre, et
laisse, par conséquent, tomber successivement chacune
d'elles sur le prisme P′. On constate alors que la déviation
produite sur le prisme P′ va en augmentant en allant du
rouge au violet. On peut aussi laisser l'écran fixe et faire
tourner le prisme P de manière à faire successivement
passer par le trou chacune des couleurs du spectre.

397. Recomposition de la lumière blanche. — Pour
achever de montrer l'exactitude de l'explication qu'il donnait de la formation du spectre solaire, Newton fit une série d'expériences prouvant que la superposition des sept
couleurs du spectre reproduit la lumière blanche.

Nous citerons seulement la suivante.

Recevons sur un premier prisme A (fig. 270) un faisceau
solaire SB, qui, en passant à travers A, se décompose et
vient produire un spectre sur un écran. Plaçons sur le trajet du faisceau coloré CDEF, et, à une petite distance du
premier prisme, un second prisme A′ de même angle réfringent, de même substance, et de manière que ces faces soient
parallèles à celles du premier et dirigées en sens contraire.
Le faisceau, qui émerge du second prisme, est blanc et
donne sur un écran une image blanche et seulement irisée
sur ses bords. Chacun des faisceaux colorés subit en effet,
en passant dans le second prisme, une déviation de bas en
haut égale à la déviation de haut en bas qu'il avait subie par

son passage à travers le premier prisme : tous les faisceaux vont donc se trouver superposés ; et c'est pour cela qu'ils reproduisent la lumière blanche. Il n'y a que les deux fais-

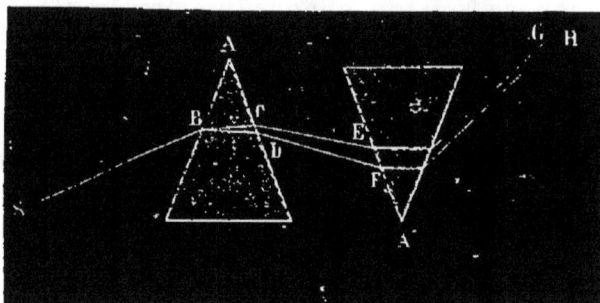

Fig. 270. — Recomposition de la lumière blanche.

ceaux extrèmes qui ne se superposent pas dans toute leur largeur et c'est pour cela que les bords de l'image sont irisés.

398. Couleurs des corps. — La coloration qu'ont les divers corps n'est pas une propriété propre à ces corps : elle provient des modifications qu'ils font subir à la lumière.

La coloration d'un corps transparent tient à ce que ce corps absorbe certains rayons et laisse passer les autres. Ce sont ces derniers, qui donnent au corps transparent sa coloration. Lorsqu'en effet on analyse la lumière qui a traversé un corps transparent, on observe que certaines couleurs du spectre ont éprouvé une diminution considérable dans leur éclat ou même ont disparu complètement. Il en est de même si l'on regarde un spectre solaire à travers une lame d'un corps coloré et transparent.

Les corps transparents colorés sont *monochromatiques* ou *dichromatiques*. Les corps *monochromatiques* sont ceux qui présentent un minimum d'absorption très marqué pour les rayons d'une région peu étendue du spectre : aussi, quand la lumière blanche les traverse, ces rayons ne tardent pas à devenir dominants et à les colorer de leur couleur. Tels sont le verre coloré en rouge par le protoxyde de cuivre et la liqueur bleue obtenue en versant un excès de carbonate d'ammoniaque dans une dissolution de sel de bioxyd de cuivre.

Les corps *dichromatiques* sont ceux qui donnent au faisceau qu'ils transmettent une couleur ou une autre, selon l'épaisseur que ce faisceau a traversée. Les solutions de sel de chrome versées dans un verre à pied conique sont rouges dans la partie supérieure et vertes dans la partie inférieure.

Quant aux corps non transparents, leur coloration provient de ce qu'ils diffusent d'une manière inégale les différents rayons de la lumière blanche ; une partie des rayons est absorbée par les couches superficielles, l'autre est diffusée et donne au corps sa coloration. Un corps blanc est un corps qui diffuse tous les rayons ; un corps noir les absorbe tous.

399. Raies du spectre. — Lorsqu'on produit un spectre très pur au moyen de la lumière solaire, on constate que ce spectre présente des espaces obscurs très étroits et très nombreux, distribués sans aucune loi régulière dans les diverses régions du spectre, et qui ont reçu le nom de *raies de Frauenhofer*, du nom de l'opticien de Munich, qui les a observées et classées en sept groupes principaux désignés par les lettres B, C, D, E, F, G, H, et en trois groupes accessoires A, *a* et *b*. La figure placée au commencement du volume représente ces raies.

Depuis Frauenhofer, différents physiciens, Léon Foucault, Swann, et en dernier MM. Kirchoff et Bunsen, ont fait voir que les spectres produits par différentes sources de lumière pouvaient donner lieu à des raies, dont la coloration, l'éclat et la position variaient avec la nature des substances, qui se trouvaient dans la source lumineuse.

400. Raies métalliques. — MM. Kirchoff et Bunsen, en introduisant dans la flamme à peine visible que donne le gaz de l'éclairage, lorsque sa combustion est complète, de faibles quantités de divers sels métalliques, ont vu la flamme se colorer diversement et donner naissance à un spectre formé de bandes brillantes et colorées, plus ou moins nombreuses, identiques pour les divers sels d'un même métal, mais *variables avec la nature de l'élément métallique*. La planche placée au commencement du volume fait voir différents spectres obtenus avec des corps différents. N*a* est la raie du sodium.

MM. Kirchoff et Bunsen ont démontré en outre un fait de la plus haute importance : c'est que les flammes *absorbent les rayons de même réfrangibilité que ceux qu'elles émettent*.

L'interposition d'une de ces flammes sur le trajet d'un faisceau de lumière solaire fait apparaître dans le spectre des bandes obscures exactement correspondantes aux bandes brillantes que représenterait le spectre de la flamme. Ce renversement des raies de la flamme peut se montrer à l'aide d'une expérience remarquable due à M. Fizeau. On place un fragment de sodium sur l'électrode positive de l'arc voltaïque : la chaleur dégagée par le courant détermine la formation d'une abondante atmosphère de vapeurs de sodium autour du charbon incandescent, et le pouvoir absorbant de ces vapeurs fait apparaître dans le spectre la double raie obscure D. Au bout de quelques instants, cette vapeur se dissipe ; il ne reste plus qu'une petite quantité de vapeur de sodium dans l'arc voltaïque, et la raie obscure se trouve remplacée par la double bande brillante et jaune du sodium [1].

L'appareil suivant, dû à M. Pellin, permet de démontrer ce fait d'une manière frappante. Plusieurs flammes de gaz disposées à la suite les unes des autres et dans lesquelles sont des coupelles en platine contenant du chlorure de sodium, donnent une belle flamme jaune. Si l'on reçoit sur elle les rayons du spectre, la lumière jaune est absorbée et la raie noire apparaît.

401. Conséquences des découvertes de MM. Kirchoff et Bunsen. — Les découvertes de MM. Kirchoff et Bunsen ont eu les conséquences les plus importantes. Elles ont fourni à l'analyse qualitative la plus délicate méthode d'investigation. Grâce à l'observation des raies, qui se fait à l'aide d'un appareil appelé *spectroscope* et que nous ne

---

1. Il faut, pour que le renversement des raies ait lieu, que la température de la flamme absorbante soit suffisamment inférieure à celle du corps incandescent qui produit le spectre.

décrirons pas, MM. Kirchoff et Bunsen ont pu découvrir deux métaux nouveaux, le *cæsium* et le *rubidium*. Lamy en a découvert un troisième, le *thallium*, dans les résidus boueux des chambres de plomb employées à la fabrication de l'acide sulfurique. M. Lecoq de Boisbaudran a découvert le gallium par le même procédé. La présence, dans les flammes, de particules impondérables échappant à l'analyse chimique suffit pour faire apparaître des raies, qui décèlent la présence de ces particules.

L'expérience du renversement des raies permet maintenant d'expliquer l'origine des raies obscures du spectre solaire. On admet que le globe solaire est entouré d'une atmosphère, dont la température est moins élevée que celle du globe lui-même, mais assez élevée pour contenir à l'état de vapeurs certaines substances qui se trouvent elles-mêmes dans le noyau. Ces substances en vapeur absorbent les rayons émis par les mêmes substances existant dans le globe.

Les corps lumineux des espaces célestes ont été analysés de cette manière. C'est ainsi que l'on a reconnu dans le soleil la présence du potassium, du calcium, du baryum, du magnésium, du zinc, du fer, du chrome, du cobalt, du nickel et du cuivre. Au contraire, le lithium, le strontium, l'aluminium, le plomb, l'étain, le mercure, l'argent, l'or, etc., semblent y manquer.

Des expériences de M. Janssen ont montré que la vapeur d'eau donnait aussi des raies spectrales ; dans une ascension aérostatique, M. Crocé-Spinelli a trouvé que les raies dues à la vapeur d'eau allaient en diminuant jusqu'à disparaître à mesure qu'on s'élevait dans l'atmosphère. M. Janssen en conclut que le soleil n'est pas encore arrivé à cette période critique de refroidissement, où la vapeur aqueuse commencerait à se former dans ses enveloppes extérieures.

402. Phosphorescence. — Fluorescence. — On appelle *substances phosphorescentes* des corps qui, exposés aux rayons solaires, conservent pendant quelque temps la propriété de rester lumineux dans l'obscurité. Tels sont le *phosphore de Canton*, qui est du sulfure de calcium préparé en calcinant du soufre avec des écailles d'huître pulvérisées ; le *phosphore de Bologne*, qui est un sulfure de baryum obtenu en calcinant avec une matière organique une variété de sulfate de baryte que l'on trouve aux environs de Bologne.

On appelle *substances fluorescentes* des corps chez lesquels la phosphorescence ne dure que pendant un temps très court : tels sont le spath fluor, le verre d'urane, le sulfate de quinine.

CHAPITRE VI

INSTRUMENTS D'OPTIQUE. — LANTERNE MAGIQUE. — CHAMBRE NOIRE. — ŒIL. — MICROSCOPES. — LUNETTES. — TÉLESCOPES. — PHARES. — PHOTOGRAPHIE.

403. Les propriétés des lentilles sont appliquées dans la construction des instruments d'optique, loupes, microscopes, lunettes, etc. ; celles des miroirs sont appliquées dans la construction des télescopes.

404. Lanterne magique. — La lanterne magique est une application de la formation des images réelles données par les lentilles convergentes. Inventée par le Père Kircher, elle a été notablement perfectionnée par Duboscq, qui a construit un appareil à l'aide duquel on projette commodément sur un tableau les images amplifiées de vues photographiques prises sur verre, ou plus généralement de figures tracées sur des lames transparentes. Une lanterne MPN (fig. 271), à parois opaques, est soutenue par des colonnes K et K' ; elle renferme une source lumineuse, une lampe ou un régulateur de lumière électrique I. Un miroir concave A réfléchit les rayons et les renvoie sur une lentille C, d'où ils sortent parallèles. La pièce représentée par la figure 272 est fixée sur la paroi antérieure de la lanterne,

et une coulisse FF reçoit les lames sur lesquelles sont tracées les images à projeter. Ces images, fortement éclairées

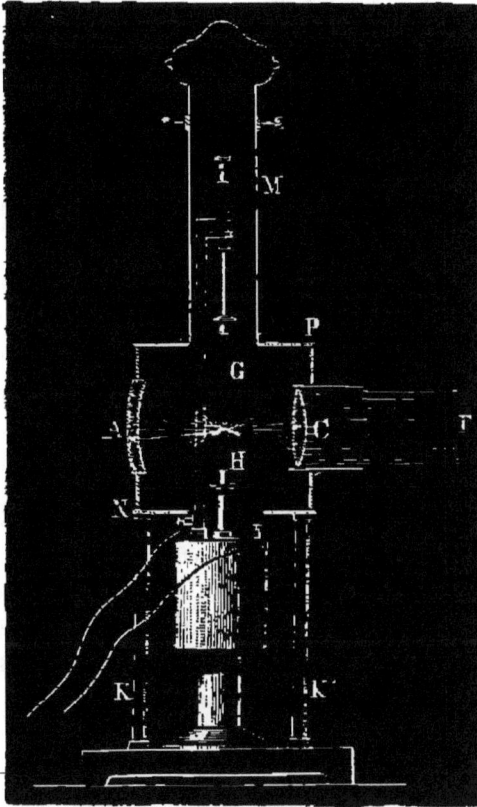

Fig. 271. — Lanterne d'optique.

par les lentilles qui les précèdent, deviennent de véritables objets lumineux dont les lentilles L et M projettent
les images agrandies sur un tableau.

405. **Microscope solaire.** — Le microscope solaire, le
microscope à gaz, le microscope électrique, sont des appareils destinés aussi à former des images agrandies d'objets
très petits. Ils ne diffèrent guère que par la source lumineuse
employée. Le microscope solaire, fixé sur les volets d'une
chambre obscure, est éclairé par les rayons solaires ; les
deux autres, fixés sur la lanterne de Duboscq, sont éclairés
soit par une lampe à gaz, soit par la lumière électrique.

Tous ces appareils rendent dans les cours les plus grands

services, depuis qu'ils ont été appropriés à cet usage par les soins habiles de Duboscq.

Le microscope solaire représenté par la figure 273 se fixe sur les volets d'une chambre obscure; un miroir placé en dehors projette les rayons du soleil sur une large lentille C

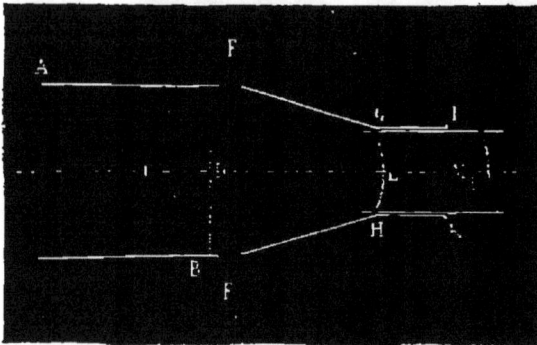

Fig. 272. — Lanterne magique.

placée à l'une des extrémités du tube AB. Une deuxième lentille I reçoit le faisceau et le fait converger près de l'ouverture du diaphragme N, et un peu en deçà de cette ouverture : la lentille I est mobile dans le tube GH et reçoit le mouvement de la crémaillère K. L'objet microscopique est

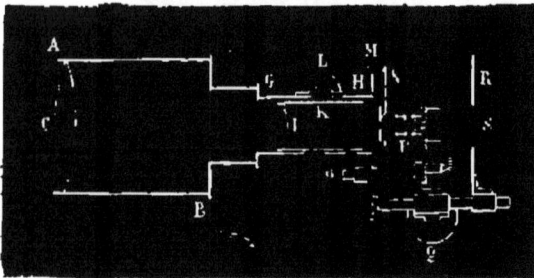

Fig. 273. — Microscope solaire.

placé dans la pince à ressort OHMN. Les deux premières lentilles servent à faire converger sur lui les rayons lumineux : il se trouve ainsi fortement éclairé, et une ou plusieurs lentilles placées en P donnent de l'objet une image agrandie, réelle, qui se projette renversée sur un écran placé à une certaine distance.

406. Chambre noire. — La chambre noire, dont on se sert en photographie, est encore une application des mêmes principes. Une boîte CDS à parois opaques (fig. 274) porte sur sa partie antérieure un tube O muni d'une lentille biconvexe. Dans la coulisse AB peut se fixer un verre dépoli. Un objet éclairé, placé en avant de l'appareil,

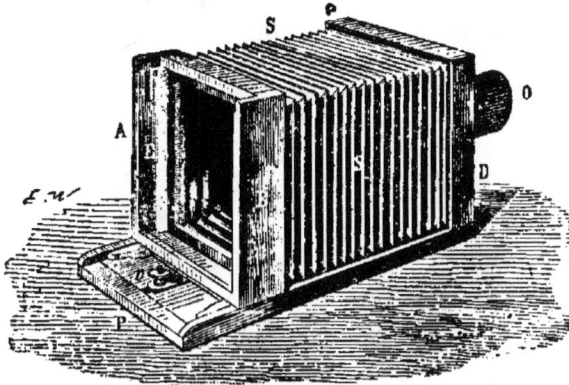

Fig. 274. — Chambre noire.

envoie des rayons sur la lentille, et une image réelle et renversée de cet objet vient se peindre sur le verre dépoli. A l'aide d'un soufflet S ou d'un tirage, on avance ou on recule AB de manière à placer le verre dépoli exactement à l'endroit où se forme l'image, c'est-à-dire au foyer conjugué de l'objet. Cette opération s'appelle la *mise au point*.

407. Organe de la vue. — **OEil.** — L'œil est un véritable instrument d'optique construit avec cette perfection et cette admirable sagesse que nous rencontrons partout dans les œuvres de la nature. C'est une chambre noire où l'écran en verre dépoli est remplacé par l'épanouissement du nerf optique, sur lequel vient se peindre l'image des objets extérieurs. Il en résulte une sensation qui produit la vision.

Pris dans son ensemble, l'œil a la forme d'un globe contenu dans une cavité osseuse appelée *orbite*. En allant du dehors au dedans, ses parois sont : 1° une membrane opaque S (fig. 275), appelée *cornée opaque* (c'est elle qui, en diffusant les rayons tombant sur l'œil, forme ce qu'on appelle le *blanc* de l'œil); 2° la *choroïde* C ; 3° la *rétine* R. Cette dernière, formée par l'épanouissement du nerf optique O, tapisse le fond de l'œil ; elle est douée d'une sensibilité exquise pour la lumière. A la partie antérieure du globe, la cornée opaque manque et se trouve remplacée par une membrane transparente A, qui fait saillie comme un verre de montre et que l'on appelle *cornée transparente*. Au point, où la cornée transparente se fixe à la cornée opaque, se trouve tendue une

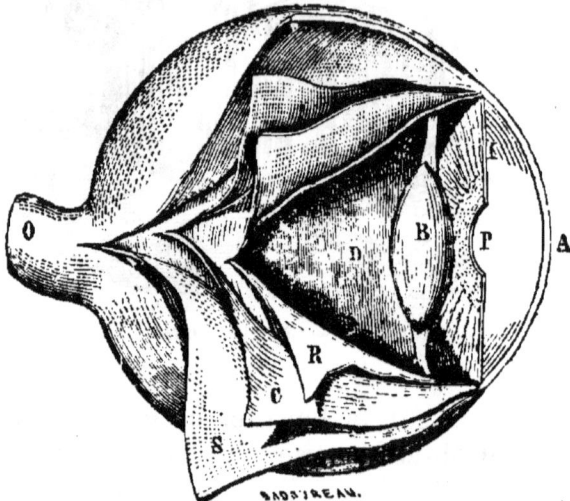

Fig. 275. — Œil.

membrane I, appelée *iris*, qui varie de couleur chez les différents individus : elle est percée en son centre d'un trou P, appelé *pupille*. Derrière l'iris est placée une lentille biconvexe B, à courbures inégales sur ses deux faces, et que l'on désigne sous le nom de *cristallin*. La partie de l'œil comprise depuis la cornée transparente jusqu'à l'iris est désignée sous le nom de *chambre antérieure* ; elle est remplie d'un liquide appelé *humeur aqueuse*, qui remplit aussi l'espace compris entre le cristallin et l'iris, espace désigné sous le nom de *chambre postérieure*. La partie de l'œil située derrière le cristallin est remplie d'un autre liquide appelé *humeur vitrée* ; cette dernière est plus réfringente que l'humeur aqueuse.

Cela posé, expliquons en quelques mots le mécanisme des

la vision. Supposons pour cela un objet lumineux qui, placé en avant de l'œil, envoie sur celui-ci un faisceau de rayons. Parmi ces rayons, les uns se réfléchissent, et se diffusent sur la cornée opaque et la rendent visible, d'autres pénètrent à travers la cornée transparente, vont frapper l'iris qui les diffuse et les renvoie au dehors avec la couleur qui lui est propre et qui varie avec les individus. D'autres enfin, après s'être réfractés dans l'humeur aqueuse, pénètrent à travers la pupille, s'engagent dans le cristallin et dans l'humeur vitrée, et la série de réfractions qu'ils subissent a pour effet de les envoyer former sur la rétine l'image de l'objet. La rétine, impressionnée par eux, transmet au cerveau une sensation qui consiste pour nous dans la vision de l'objet extérieur.

Une expérience très connue confirme ce qui précède. Si l'on extrait de son orbite un œil encore sain, un œil de bœuf, par exemple, qu'on l'enchâsse dans un écran après avoir aminci la sclérotique dans les portions en regard de la cornée transparente, et qu'on place vis-à-vis de lui une bougie, on verra se former sur la rétine l'image renversée de la bougie.

En résumé l'œil équivaut à une lentille et pour qu'il voie nettement, il faut que l'image réelle d'un objet, que donne cette lentille, se fasse sur la rétine.

Mais les objets n'étant pas tous à la même distance de l'œil donnent des images dont la distance au cristallin varie. Pour les amener sur la rétine, l'œil a la propriété de modifier la courbure du cristallin ; c'est ce qu'on appelle la faculté d'accommodation.

408. **Myopes**. — **Presbytes**. — Pour que la vision soit nette, il est nécessaire que l'objet lumineux vienne former son image sur la rétine, en d'autres termes, que son foyer conjugué coïncide avec cette membrane. C'est ce qui n'arrive pas toujours, parce que les courbures de la cornée et du cristallin varient suivant les individus. Les myopes ne distinguent nettement que les objets situés très près d'eux, parce que la courbure exagérée de leurs yeux produit une trop grande convergence des rayons, et que les objets un peu éloignés ont leur foyer conjugué en

avant de la rétine et trop près du cristallin pour que la faculté d'accommodation puisse suffire à rendre la vision nette; les presbytes, au contraire, dont l'œil est trop peu convergent, ne voient que les objets éloignés, ceux qui sont plus proches ayant leur foyer conjugué derrière la rétine. Pour remédier à ces inconvénients, les myopes arment leurs yeux de verres biconcaves qui sont divergents, et qui en diminuant la convergence des rayons donnent à l'image la place qu'elle doit occuper; les presbytes emploient, au contraire, des verres biconvexes ou convergents qui, en augmentant la convergence des rayons, font avancer l'image et l'amènent sur la rétine.

409. **Loupe ou microscope simple.** — On donne le

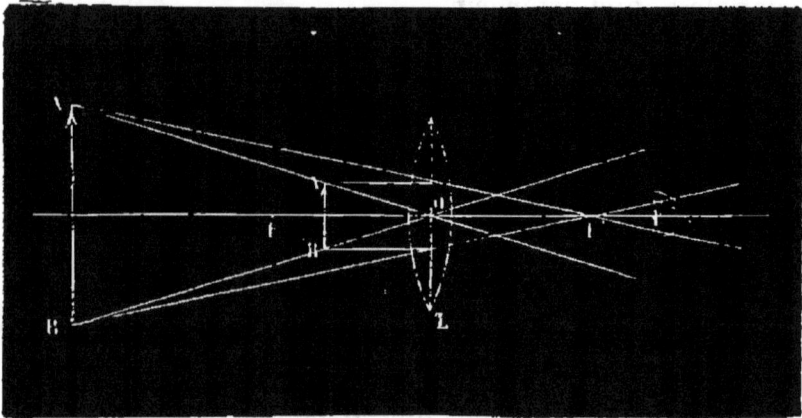

Fig. 276. — Loupe.

nom de *loupe* ou de *microscope simple* à une lentille convergente destinée à observer des objets petits et à avoir d'eux une image agrandie. L'objet à observer AB (fig. 276) est placé entre la lentille L et son foyer principal F. Les rayons lumineux, qu'il envoie sur la lentille, se réfractent à travers elle et donnent, pour un œil placé de l'autre côté, une image agrandie, droite et virtuelle de l'objet. Pour obtenir l'image A'B', on applique la construction indiquée au n° 389.

L'œil ne voit pas également bien à toutes les distances : pour chaque personne, il y a une distance minimum à laquelle elle voit le mieux possible. C'est ce qu'on appelle la *distance minimum de la vision distincte*. Par conséquent, pour voir le mieux possible dans une loupe, il faut que l'image A'B' (fig. 276), que nous substituons à l'objet soit placée à cette distance minimum. La distance de l'image à la lentille dépend évidemment de celle de l'objet : il faut donc, l'objet étant supposé fixe, que l'on fasse varier la position de la loupe jusqu'à ce que l'image soit reportée à la distance minimum de la vision distincte : c'est ce qu'on appelle *mettre la loupe au point*.

Grossissement dans la loupe. — Le grossissement dans un instrument d'optique consiste en ce qu'à travers l'instrument l'œil voit l'objet sous un angle plus grand, ou ce qui revient au même sous un diamètre apparent plus grand. Le grossissement de la loupe est d'autant plus grand, que sa distance focale est plus petite.

410. Microscope composé. — Le microscope composé, qui sert à avoir des images agrandies d'objets très pe-

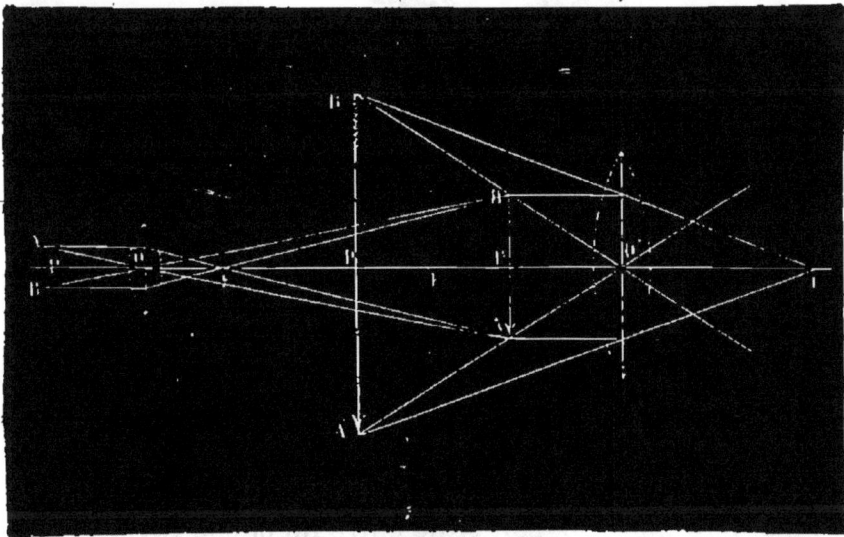

Fig. 277. — Microscope composé.

tits, se compose essentiellement : 1° d'un système convergent appelé *objectif* et formé d'une lentille O (fig. 277), ou de plusieurs lentilles. L'objectif O donne en A'B' une image réelle, renversée et agrandie de l'objet AB; 2° d'un système convergent appelé *oculaire*, formé d'une lentille O' ou de plusieurs lentilles. Cet oculaire fonctionne comme une loupe par rapport à l'image A'B'; c'est-à-dire qu'il est

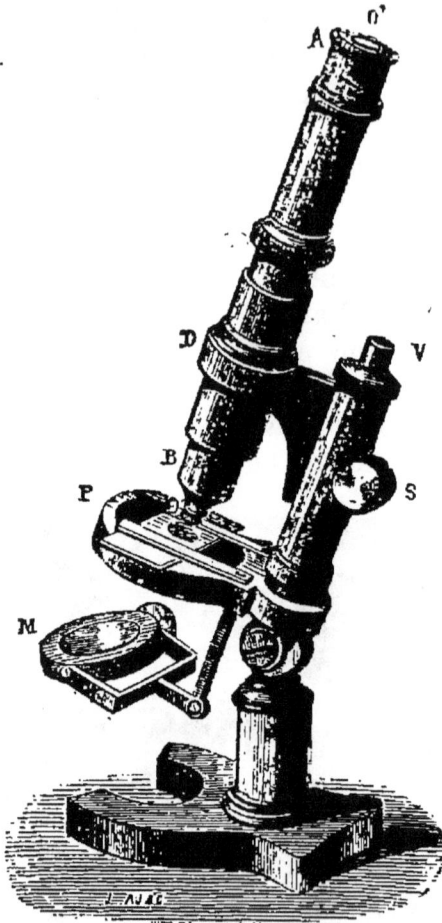

Fig. 278. — Microscope composé.

placé de manière que A'B' soit situé entre lui et son foyer principal. L'œil placé de l'autre côté de l'oculaire aperçoit donc une image A"B" *agrandie*, *virtuelle* et *renversée* par rapport à l'objet. Il faut mettre le microscope au point pour que A"B" soit à la distance minimum de la vision distincte.

Dans les microscopes, que l'on construit aujourd'hui, l'objectif et l'oculaire sont invariablement liés entre eux ; ils sont placés dans un tube AB (fig. 278) qui passe à frottement dans un tube D fixé à un support très solide. L'objet est placé sur une espèce d'anneau P appelé *porte-objet*, et se trouve éclairé par les rayons que réfléchit un miroir sphérique M. Pour mettre l'instrument au point, on fait descendre le tube AC d'abord à l'aide du pignon C qui engrène avec une crémaillère fixée au support de D ; puis à l'aide de la vis V, qui communique à D un mouvement très lent, on achève la mise au point.

Grossissement dans le microscope composé. — Le grossissement dans un microscope peut se mesurer expérimentalement par le procédé suivant : sur le porte-objet du microscope, on place un micromètre, c'est-à-dire une règle de verre divisée en centièmes de millimètres : pendant que l'expérimentateur observe de l'œil droit, par exemple, ce micromètre à travers le microscope, il observe de l'autre œil, une règle divisée en millimètres placée à côté du microscope. Il voit alors les deux images se superposer. Supposons qu'une division du micromètre semble recouvrir dans l'image rétinienne, *n* divisions de la règle : cela signifie qu'une longueur égale à $\frac{1}{100}$ de millimètre paraît, à travers le microscope, aussi grande que *n* millimètres, c'est-à-dire que le grossissement est égal à 100 *n*.

411. Lunette astronomique. — La lunette astronomique est un instrument destiné à l'observation d'objets très éloignés : elle a été découverte par Zacharias Jansen à la fin du xviie siècle.

Elle se compose d'un objectif convergent O (fig. 279), qui, vu l'éloignement des objets, donne en A'B' et très près de son foyer principal *f* une image réelle et renversée de l'objet. Cet objet, à cause de sa distance à l'instrument, ne peut être représentée ici que par l'angle AOB des axes secondaires de ses extrémités. L'image A'P'B' est comprise dans l'angle A'OB'. On l'observe avec une lentille fonctionnant comme loupe et on obtient une image virtuelle A″P″B″. Pour que l'image A″P″B″ soit vue nettement, il faut qu'elle soit placée à la distance minimum de la vision

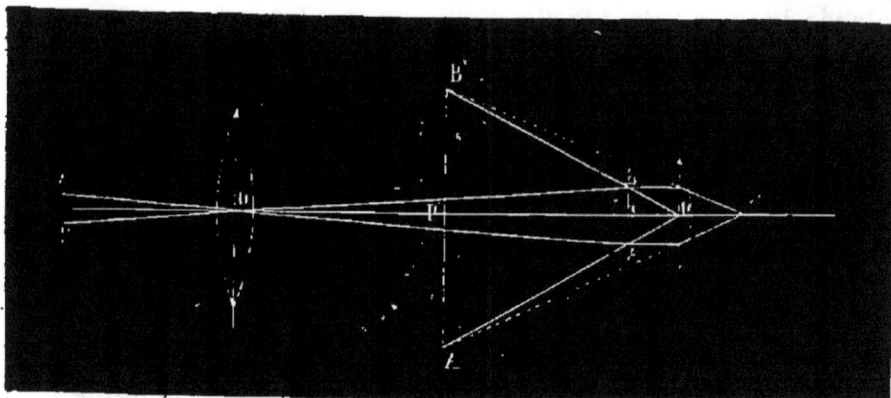

Fig. 279. — Formation des images dans la lunette astronomique.

distincte : on obtient ce résultat en déplaçant l'oculaire ; c'est ce qui s'appelle *mettre la lunette au point.*

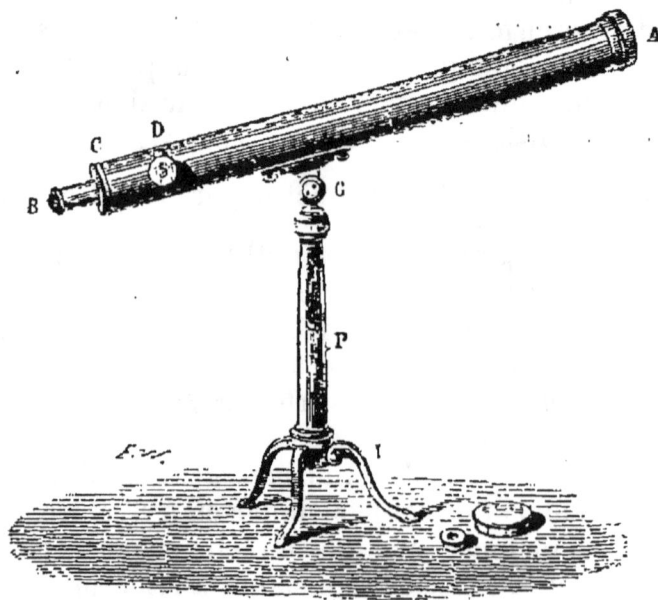

Fig. 280. — Lunette astronomique.

Pour cela l'objectif (fig. 280) est fixé à l'extrémité d'un large tube cylindrique qui se termine à son autre extrémité par un tube plus étroit dans lequel glisse à frottement un autre tube qui porte l'oculaire.

Grossissement dans la lunette astronomique. — Le grossissement dans la lunette astronomique est le rapport des angles ou diamètres apparents sous-tendus par l'image et par l'objet. Quand notre œil regarde un objet à travers une lunette astronomique, il le voit sous un diamètre apparent plus grand que s'il le regardait directement, il en résulte que l'objet nous paraît plus près. C'est pour cela qu'on dit que la lunette *rapproche les objets de nous.*

On mesure expérimentalement le grossissement d'une lunette astronomique par un procédé, qui a été indiqué par Galilée et qui est analogue à celui que nous avons employé pour le microscope. On place à une grande distance une mire graduée, et tandis que d'un œil on observe la mire à travers la lunette, on la regarde directement de l'autre œil. Le grossissement est donné par le nombre de divisions vues directement, qui se trouvent recouvertes par une division vue à travers la lunette.

412. Lunette terrestre. — La lunette astronomique a l'inconvénient de donner des images renversées. On y remédie à l'aide de la *lunette terrestre* qui donne les images droites, grâce à deux lentilles convergentes qu'on dispose en avant de l'oculaire et en arrière du point où se formerait l'image réelle donnée par l'objectif. Ces deux lentilles sont disposées de manière à redresser l'image réelle sans changer sa grandeur.

Cet instrument est souvent désigné sous le nom de *longue-vue.*

413. Lunette de Galilée. — La lunette de Galilée produit le redressement de l'image avec une seule lentille divergente qui sert d'oculaire. Elle se compose d'un objectif convergent O (fig. 281) à long foyer et d'un oculaire divergent O′, qui sont disposés de manière que leurs axes principaux coïncident; l'objectif donnerait en A′B′ une image renversée de l'objet, si les rayons qui viennent concourir en A′B′ ne rencontraient sur leur passage la lentille divergente O′. Pour déterminer l'image aperçue par l'œil situé derrière l'oculaire, il suffit de faire la construction habituelle : mener par les points A′ et B′ des rayons parallèles à l'axe de la lentille et les faire passer après réfraction par le foyer principal f de O′ : leur intersection avec les axes secondaires correspondants donne l'image A″B″.

Dans la lorgnette de théâtre, on accouple ordinairement

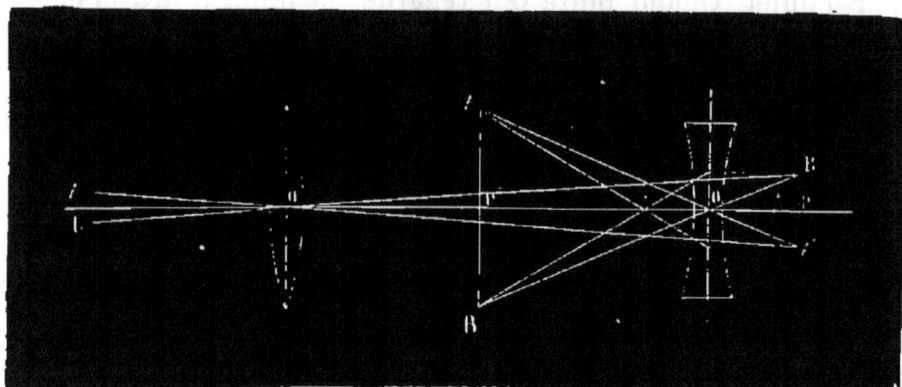

Fig. 281. — Lunette de Galilée.

deux lunettes de Galilée, de manière à donner la vision binoculaire. Une crémaillère permet de déplacer l'oculaire de manière à effectuer la mise au point.

Grossissement dans la lunette de Galilée. — Le grossissement est toujours le rapport du diamètre apparent de l'image au diamètre apparent de l'objet. On le mesure par le procédé que nous avons indiqué pour la lunette astronomique.

414. Télescope de Newton. — Les télescopes diffèrent des lunettes en ce que la lentille objective est remplacée par un miroir concave. Dans le télescope inventé par Newton en 1772, un miroir sphérique concave TT′ (fig. 282), est placé au fond d'un tube ouvert à l'autre extrémité. On dirige l'ouverture du tube vers l'objet à observer. Celui-ci viendrait former, grâce au miroir concave, une image réelle et renversée A′B′ de l'objet AB et très près du foyer principal F de TT′ ; mais on a placé sur le trajet des rayons réfléchis un miroir plan MM′, qui réfléchit ces rayons une seconde fois et les envoie former en A′₁B′₁ une image égale A′B′. Cette image s'observe avec une lentille

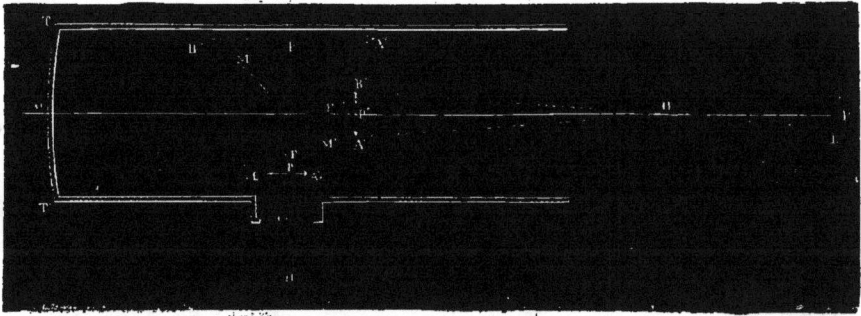

Fig. 282. — Télescope de Newton.

convergente C qui sert d'oculaire et qui est placée de telle sorte que $A'_1B'_1$ soit entre elle et son foyer principal F; elle donne alors une image $A''B''$ virtuelle et agrandie de l'objet.

CHAPITRE VII

PHOTOGRAPHIE.

415. La photographie est l'art de reproduire l'image des objets à l'aide de substances chimiques sensibles à l'action de la lumière.

Cette admirable application des sciences physiques est due à Joseph-Nicéphore Niepce[1] et à Daguerre[2].

L'image des objets est obtenue au moyen de la chambre noire que nous avons décrite (406).

Pour faire la *mise au point*, l'opérateur met la tête sous un voile noir qui recouvre la chambre et qui, en arrêtant la lumière extérieure, lui permet de mieux distinguer l'image. La chambre peut être montée sur un pied comme le représente la figure 284.

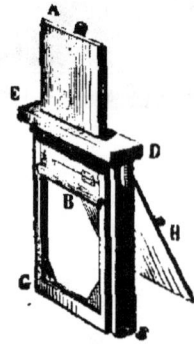

Fig. 283. — Chàssis.

A la place du verre dépoli, on place ensuite un châssis (fig. 283), qui contient la plaque sensible sur laquelle se reproduira l'image. Ce châssis est construit de telle sorte qu'une portelette H permet l'introduction de la plaque. (On charge le châssis dans une

---

1. Joseph-Nicéphore Niepce, né à Chalon-sur-Saône en 1770, mort en 1833.

2. Daguerre, né à Cormeilles en 1787, mort en 1831.

chambre obscure éclairée par une lanterne à verre rouge). Lorsque le châssis est en place, l'objectif étant fermé par un bouchon et la portelette H étant en dehors, on soulève un rideau S qui met la plaque à nu dans l'intérieur de la chambre. Cela fait, on découvre l'objectif et l'image vient se faire sur la plaque sensible, qui par la construction du châssis se trouve exactement à l'endroit où était le verre dépoli lors de la mise au point.

Les plaques ordinairement employées sont des plaques de verre sur lesquelles est étendue une couche de gélatine où se trouve disséminé, en grains fins, du bromure d'argent, substance sensible à l'action de la lumière. On les trouve dans le commerce prêtes à servir.

416. Avant d'aller plus loin dans la description des procédés, nous exposerons les principes mêmes de ces opérations et, pour plus de simplicité, nous supposerons que l'objet à reproduire est une feuille de papier noir au centre de laquelle se trouve un cercle blanc.

La partie blanche de la feuille de papier à reproduire envoie des rayons lumineux sur la plaque sensible et agit sur le bromure d'argent suivant un cercle, qui est la reproduction du cercle blanc. Quant à la partie noire, elle n'envoie pas de rayons et le bromure d'argent, dans toute la partie qui lui correspond, reste intact.

Lorsque le temps de pose est jugé suffisant, on ferme la fenêtre A, et la plaque enfermée dans le châssis est emportée dans la chambre obscure éclairée à la lumière rouge. Quand on sort la plaque du châssis, il n'y a rien encore d'apparent à sa surface. Si l'on trempe alors la plaque dans un bain réducteur, c'est-à-dire avide d'oxygène, par exemple, une dissolution de carbonate de soude et d'acide pyrogallique, l'image apparaît.

Voici comment nous nous expliquons la production de l'image. Suivant le cercle blanc, la lumière, pendant la pose, a commencé la décomposition du bromure d'argent en brome et en argent; mais la séparation des deux éléments n'est pas faite encore. Dès que la plaque est dans le bain, l'eau se décompose sous la double influence du brome, qui prend l'hydrogène pour faire de l'acide bro-

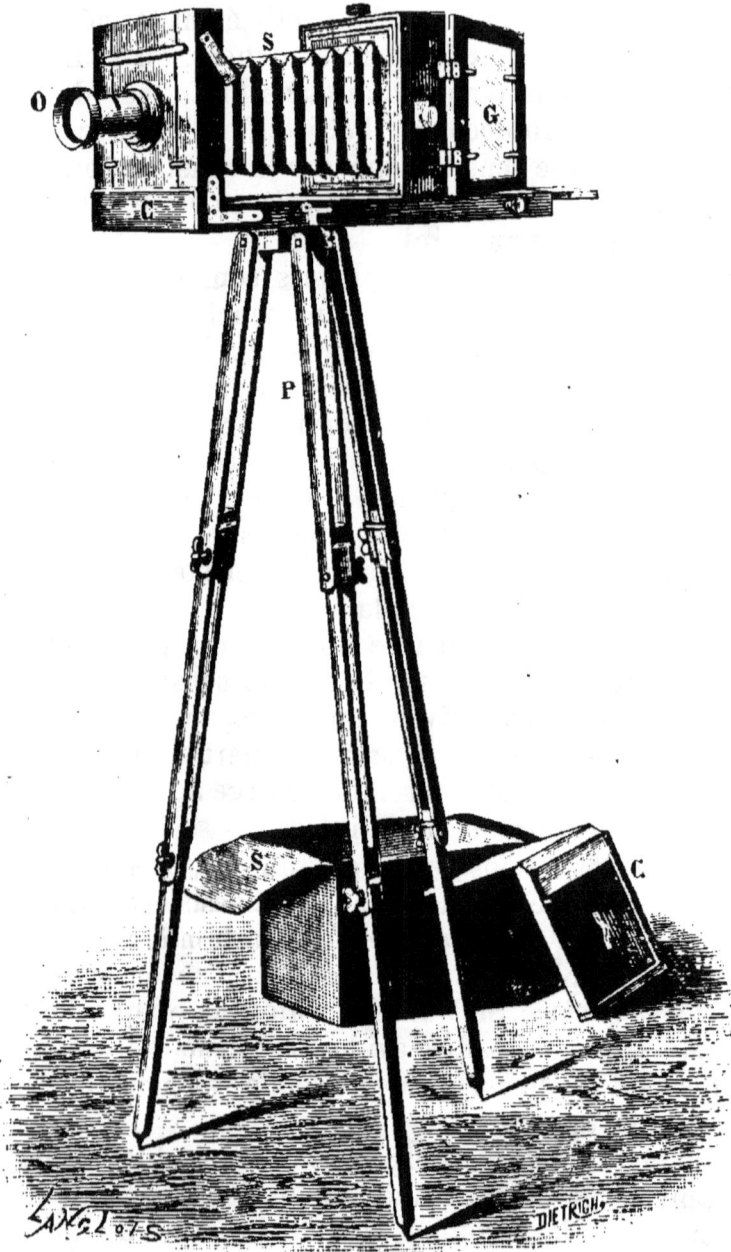

Fig. 284. — Chambre noire du photographe.

mhydrique et du réducteur (pyrogallate de soude) qui s'empare de l'oxygène. L'acide bromhydrique s'unit d'ailleurs au carbonate de soude pour former du bromure de sodium. Quant à l'argent, il reste sur la plaque où il forme un cercle opaque.

On comprend que, si la plaque était transportée au grand jour et abandonnée dans l'état actuel à l'action prolongée de la lumière, le bromure d'argent s'attaquerait profondément, noircirait sur toute la partie restée intacte et elle prendrait un aspect à peu près uniforme, au milieu duquel disparaîtrait l'image du cercle central. Il faut donc arrêter la sensibilité de la plaque, en un mot *fixer l'image*. Pour

Fig. 285. — Châssis positif.

cela, après avoir lavé la plaque, on la plonge dans une dissolution d'hyposulfite de soude à 15 p. 100. L'hyposulfite dissout le bromure dans tous les points où la lumière n'a pas agi. Quand l'action est complète, on lave la plaque, et si, sortant au grand jour, on la regarde par transparence, on voit au centre un cercle noir et autour de lui une région blanche et transparente. C'est l'*inverse* de l'objet à reproduire ; c'est pour cela que l'on dit que l'*épreuve* est *négative*.

417. Cette épreuve va maintenant nous servir à reproduire autant d'épreuves *directes* ou *positives* que nous voudrons. Elle est devenue un véritable *cliché*.

Pour obtenir une épreuve positive, on place derrière le cliché négatif une feuille de papier imprégnée de chlorure

d'argent, on met le tout dans une presse dite *châssis positif*
dont le fond est en glace (fig. 285), et on expose aux rayons
solaires. La lumière, ne pouvant passer à travers les parties opaques, n'attaque pas le chlorure d'argent situé sur
la partie correspondante de la feuille de papier ; mais passant au contraire à travers les parties transparentes, elle
décompose le chlorure d'argent et le noircit. Au bout d'un
certain temps, on retire la feuille du châssis, et on constate qu'elle reproduit l'objet primitif en présentant un cercle blanc sur un fond noir.

Pour arrêter la sensibilité de la feuille et fixer l'image,
il suffit alors de dissoudre le chlorure d'argent non attaqué
en plongeant l'épreuve dans l'hyposulfite de soude.

Nous avons essayé, dans ce qui précède, de donner une
idée simple et facile à saisir des principes de la photographie.

La note ci-dessous, qui entre dans plus de détails, pourra
être utile à ceux de nos lecteurs qui s'occupent de photographie[1].

Ajoutons que le procédé, que nous venons de décrire, ne
reproduit pas l'image des objets avec leurs couleurs, et ne
présente que du blanc et du noir. La reproduction des couleurs est un problème de la plus haute importance, qui
était resté sans solution complète. Dans ces derniers
temps M. Lippmann, grâce à une méthode des plus élégantes, est parvenu à reproduire sur une plaque sensible,
avec une fidélité parfaite et d'une manière durable, les
couleurs les plus délicates de la nature.

---

1. *Temps de pose.* — On ne peut rien dire d'absolu à ce sujet. Tout
dépend des circonstances dans lesquelles on se trouve et de la sensibilité des plaques. Elle peut varier depuis plusieurs minutes jusqu'à
une très petite fraction de seconde. M. Marey estime que, dans les
études photographiques qu'il a faites des mouvements de l'homme et
des animaux, la durée de la pose ne dépasse pas $\dfrac{1}{1200}$ de seconde. Il
faut, bien entendu, pour faire la photographie dite *instantanée*, des
systèmes spéciaux d'obturation pour les objectifs.

Sans vouloir donner de règle pour le temps de pose, nous dirons
que deux à trois secondes sont presque toujours suffisantes pour
faire un portrait.

Développement de l'image. — Bien des procédés ont été indiqués : les procédés à l'oxalate de fer, à l'acide pyrogallique et au carbonate de soude, à l'hydroquinone, à l'iconogène, etc. J'ai fait connaître, il y a quelques années, le procédé suivant qui me réussit très bien et qui est d'une pratique très facile.

J'ai démontré par des expériences directes qu'un bain de sulfite de soude *chimiquement pur* et d'acide pyrogallique a la propriété de développer l'image photographique. Je prends du sulfite de soude pur du commerce (il contient toujours du carbonate de soude), j'en fais une dissolution dans l'eau à 25 p. 100 (25 gr. pour 100 gr. d'eau). Pour une plaque 13 × 18, on mettra dans une cuvette 120 centimètres cubes de cette dissolution et on ajoutera 1gr,5 à 2 grammes d'acide pyrogallique solide. Cette liqueur suffit au développement, mais dans le cas de photographies instantanées, si l'on veut accélérer la venue de l'épreuve et *corser* les noirs, on ajoutera quelques gouttes d'une dissolution de carbonate de soude à 25 p. 100. On immerge la plaque et on laisse l'image se développer. La difficulté pour avoir une bonne épreuve est d'arrêter le développement au moment voulu. Il n'y a pas pour cela de règles bien fixes. Nous dirons toutefois que nous poussons le développement jusqu'à ce que nous mettant à 25 ou 30 centimètres de la lanterne rouge et regardant la plaque par transparence, nous perdions la perception des détails, ce qui équivaut d'ailleurs à faire disparaître complètement les blancs de l'image, quand on regarde la plaque par réflexion.

Le bain de développement, dont nous venons de donner la composition, peut servir à développer successivement plusieurs plaques. Il reste limpide et presque incolore. Quand on le verra faiblir, on y ajoutera un peu d'acide pyrogallique. Si l'on n'a pas mis trop de carbonate, il pourra être conservé dans les flacons bouchés. On obtiendra par ce procédé des clichés très limpides et très fins, *sans voile*.

La finesse des détails, les oppositions que l'on rencontre dans les plaques obtenues par ce procédé, viennent, selon nous, de ce que le sulfite de soude a un léger pouvoir dissolvant pour le bromure d'argent et qu'à mesure que le développement se fait, il sépare les molécules attaquées par la lumière, de celles qui n'ont pas reçu son action. De plus, la matière colorante, qui se produit par l'oxydation de l'acide pyrogallique, étant soluble dans le sulfite, se dissout au fur et à mesure, et sa formation n'encrasse pas la plaque et, par suite, la finesse des détails se trouve conservée.

Après développement, nous plongeons la plaque dans un bain d'alun à saturation. Nous l'y laissons pendant cinq minutes, puis après l'avoir lavée avec soin, nous la fixons dans de l'hyposulfite à 20 ou 25 p. 100. Le fixage est fait quand la plaque regardée par derrière n'est plus blanche.

On ouvre alors la chambre obscure, on lave bien la plaque et on l'abandonne dans une cuvette remplie d'eau pendant douze heures environ. Si on renouvelle l'eau, ce séjour peut être abrégé. Quand on la sort de l'eau, il est bon de nettoyer la couche avec un tampor d'ouate bien mouillé, puis exprimé. Cette opération doit être faite avec délicatesse et en évitant les coups d'ongle. Puis on laisse sécher.

Tirage et fixage de l'épreuve positive. — A la sortie du châssis positif, on lave la feuille de papier sous un filet d'eau jusqu'à ce qu'elle coule limpide. Puis on la plonge dans le bain de virage qui est destiné à donner à l'épreuve des tons différents. On peut se servir d'une dissolution de 1 gramme de chlorure d'or pour un litre d'eau à laquelle on a ajouté une pincée de bicarbonate de soude. Ce bain peut servir aussitôt après sa préparation. On peut aussi employer bien d'autres bains, parmi lesquels nous citerons le suivant : Eau 1000 gr., acétate de soude 30 gr., chlorure d'or 1 gr. Ce bain ne devra être employé que vingt-quatre heures après sa préparation, quand il est décoloré ; pour activer sa décoloration on peut l'exposer au soleil.

Quand l'épreuve a pris dans le bain de virage le ton que l'on désire, on la lave et on la fixe dans un bain d'hyposulfite de 10 à 15 p. 100, Au bout de quinze à vingt minutes l'épreuve est fixée. On la lave et on la laisse dans l'eau pendant vingt-quatre heures. En renouvelant l'eau, le séjour peut être abrégé. Toute épreuve mal lavée ne se conserve pas.

Nous avons laissé de côté dans la question de l'épreuve positive la description des procédés employant d'autres papiers que le papier ordinaire au chlorure d'argent. Ces procédés ont pris depuis quelques années une véritable importance à cause de la mauvaise qualité des papiers à l'argent livrés tout préparés par le commerce. Nous citerons et recommanderons aux amateurs de photographie le papier au platine, qui donne des épreuves d'un ton très artistique et qui est d'un maniement facile et sûr.

LIVRE V

ÉLECTRICITÉ ET MAGNÉTISME

CHAPITRE PREMIER

DÉVELOPPEMENT DE L'ÉLECTRICITÉ PAR LE FROTTEMENT. — NOTIONS SUR LE POTENTIEL ÉLECTRIQUE.

418. Phénomènes généraux. — Si l'on prend un bâton de verre ou de cire d'Espagne, et qu'on le frotte vivement avec un morceau d'étoffe de laine, ou avec une peau de chat, qu'on l'approche ensuite soit de barbes de plumes, soit de petits morceaux de papier, ces corps sont attirés par le bâton de verre ou par le morceau de cire.

On a désigné sous les noms d'*électricité* ou de *fluide électrique* la cause de ces phénomènes, et on dit que le bâton de verre et le morceau de cire d'Espagne sont *électrisés* lorsqu'ils sont capables de produire les effets que nous venons de décrire. On ne devra pas perdre de vue, dans tout ce qui va suivre, que ces expressions ne renferment pas en elles-mêmes l'explication des phénomènes ; que le mot *électricité* en désigne seulement la cause sans rien préjuger sur sa nature ; que le mot *électrisé* exprime seulement un état spécial des corps, qui se manifeste lorsqu'ils ont été frottés.

On crut d'abord que les substances de la nature n'étaient

pas toutes capables d'acquérir par le frottement la propriété d'attirer les corps légers, que cette propriété était l'apanage exclusif de quelques-unes seulement; que les métaux, les pierres, les organes des animaux et des végétaux en étaient dépourvus. On avait alors divisé les corps en corps *idio-électriques* ou électrisables par le frottement, et en corps *anélectriques* ou incapables de s'électriser. Cette distinction était basée, comme on va le voir, sur une observation imparfaite des phénomènes.

419. Corps conducteurs, corps isolants. — En 1727, Gray, frottant un tube de verre fermé par un bouchon de liège, constata avec étonnement que le bouchon devenait capable d'attirer les corps légers; qu'une tige métallique plantée dans. le bouchon acquérait aussi cette propriété, quoique le bouchon et la tige fussent incapables de s'électriser lorsqu'on les frottait en les tenant à la main. Il constata aussi qu'une corde métallique longue de 866 pieds, soutenue par des cordons de soie et électrisée à une de ses extrémités, possédait bientôt les propriétés électriques dans toute sa longueur. L'un des cordons de soie s'étant rompu par accident, il le remplaça par un fil métallique : à partir de ce moment il lui fut impossible de développer de l'électricité à la surface de la corde.

Ces expériences ont conduit à considérer l'électricité comme un fluide subtil que le frottement développe sur les corps; que les uns, appelés corps *mauvais conducteurs* ou *isolants*, comme le verre, la gomme laque, la cire d'Espagne, etc., opposent une grande résistance à la circulation du fluide à travers leur masse, que les autres, appelés corps *bons conducteurs* comme les métaux, les pierres, les organes des animaux et des végétaux, laissent facilement circuler l'électricité.

Cette hypothèse permet alors d'expliquer la variété des effets qui se produisent, lorsqu'on frotte un bâton de verre et une tige de métal.

Lorsque, tenant d'une main une tige métallique, on la frotte de l'autre avec un morceau de laine ou une peau de chat, elle s'électrise; mais l'électricité, pouvant circuler facilement à travers le métal, corps bon conducteur, quitte bientôt les parties frottées, pour gagner les organes de l'opérateur, et se répandre de là dans le sol, que l'on a souvent désigné sous le nom de *réservoir commun*. On voit, dès lors, que l'électricité se disperse à mesure qu'elle se produit, et qu'il n'y a pas de raison pour que la tige métallique attire les corps légers. Dans le cas, au contraire, où l'on opère avec un morceau de verre, substance qui ne conduit pas bien l'électricité, celle-ci ne peut quitter les parties frottées pour se répandre dans le sol, et le bâton de verre conserve ses propriétés électriques.

L'expérience suivante montre avec évidence l'exactitude de l'explication que nous venons de donner.

On prend un cylindre de métal supporté par une colonne de verre enduite de gomme laque, on le frotte ou on le percute avec une peau de chat bien sèche, et on constate qu'il devient capable d'attirer très vivement des corps légers placés à faible distance. C'est qu'en effet la colonne de verre enduite de gomme laque est un corps mauvais conducteur de l'électricité et qui empêche celle-ci de se répandre dans le sol, lorsqu'elle a été développée sur le cylindre. — Le cylindre est dit *isolé*.

Les expériences de Gray s'expliquent alors d'elles-mêmes ; le bouchon et la tige métallique s'électrisaient parce qu'ils étaient supportés par un tube de verre isolant ; la corde métallique, isolée par des cordons de soie, pouvait conserver l'électricité qui lui était communiquée ; mais cette électricité la quittait dès que l'un des cordons de soie était remplacé par un fil métallique.

L'air atmosphérique appartient évidemment à la classe des corps isolants ; car, s'il livrait un passage à l'électricité, aucun corps plongé dans l'atmosphère ne pourrait donner lieu à des phénomènes électriques durables.

L'eau à l'état liquide ou de vapeur est, au contraire, un corps bon conducteur du fluide électrique, et c'est pour cette raison que les expériences d'électricité ne réussissent que difficilement dans un air humide. Nous devons, du reste, ajouter qu'il n'y a pas de substance qui soit entièrement dépourvue de la faculté de conduire le fluide électrique ; que celles que l'on appelle *isolantes* ne sont que des substances le conduisant très mal. Enfin, la plupart des corps mauvais conducteurs deviennent conducteurs lorsqu'ils sont portés à une température suffisamment élevée ; le verre, les cristaux, les gaz, les flammes conduisent l'électricité à la température rouge.

CONDUCTEURS.	ISOLANTS.
Métaux.	Oxydes métalliques secs.
Charbon calciné.	Glace.
Plombagine.	Marbre.
Acides.	Porcelaine.
Solutions salines.	Air et gaz secs
Minerais métalliques.	Papier.
Eau.	Plumes.
Végétaux.	Cheveux, laine.
Animaux.	Soie.
Flamme.	Verre.
Vapeur d'eau.	Cire.
Air raréfié.	Soufre.
Verre pulvérisé.	Résine.
Fleur de soufre.	Ambre.
	Gomme laque.
	Paraffine.

420. **Des deux espèces d'électricités.** — Les attractions électriques se changent en répulsions lorsque le corps léger attiré a touché le corps électrisé. Otto de Guéricke a observé que lorsque la barbe de plume attirée par un morceau de verre électrisé l'a touché, elle est subitement repoussée par lui. Dufay constata plus tard l'exactitude de ces observations, et nous pouvons répéter facilement ses expériences à l'aide du pendule électrique.

Il se compose essentiellement (fig. 285) d'une petite boule de moelle de sureau A, suspendue par un fil de soie E à une tige de verre C enduite de gomme laque. Présentons à la boule A un bâton de verre électrisé par le frottement d'une étoffe de laine, la boule A est attirée ; dès qu'elle a touché le bâton de verre, elle est repoussé par lui comme le montre la figure 286. Pendant la durée du contact, la boule prend de l'électricité qu'elle conserve, puisqu'elle se trouve isolée par le fil de soie et la tige de verre du pendule ; ce qui le prouve, du reste, c'est qu'elle est devenue elle-même capable d'attirer les corps légers. Bientôt elle se détache et fuit le bâton de verre qui l'attirait auparavant. Cette répulsion est due à l'électricité qu'elle a prise ; car si on la touche avec la main pour faire écouler le fluide dans le sol, elle devient de nouveau capable d'être attirée par le bâton de verre.

Mais si, pendant que la boule de sureau est repoussée par le verre, nous lui présentons un bâton de résine élec-

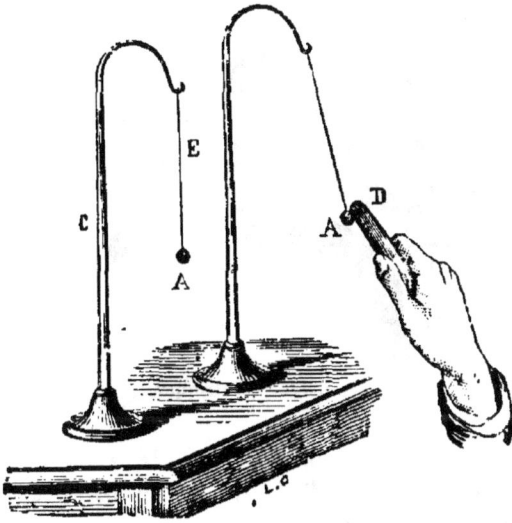

Fig. 286. — Attractions électriques.

trisé par le frottement d'une peau de chat, nous la voyons se précipiter vers lui.

Pareillement, si nous approchons un pendule non électrisé du bâton de résine frotté avec une peau de chat, la balle est attirée, repoussée après le contact, mais attirée de nouveau si nous lui présentons un bâton de verre frotté avec une étoffe de laine.

Ces expériences nous apprennent que le verre et la résine ont des actions opposées, puisque l'un attire ce que repousse l'autre et réciproquement. Aussi les physiciens admettent-ils pour expliquer ces faits, l'existence de deux électricités : l'une se développant sur le verre par le frottement et désignée sous le nom d'électricité *vitrée* ou *positive* ;

l'autre se produisant sur la résine et appelée électricité *résineuse* ou *négative*.

Nous pouvons dès lors énoncer les lois suivantes, qui résument les phénomènes que nous venons d'étudier :

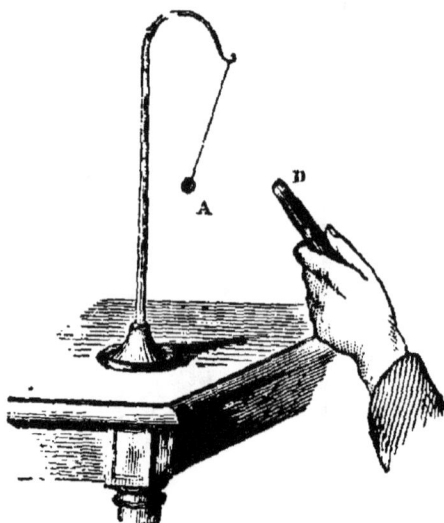

Fig. 287. — Répulsions électriques.

Deux corps chargés de la même électricité se repoussent.

Deux corps chargés, l'un d'électricité résineuse, l'autre d'électricité vitrée, s'attirent.

421. Lois des attractions et des répulsions électriques. — Quand on approche d'un pendule électrique un corps électrisé, on peut constater que l'attraction ou la répulsion ne se fait pas toujours dans les mêmes conditions.

D'une part si le corps est placé à des *distances différentes* du pendule, les écarts, que subit le pendule par rapport à la verticale, ne sont pas les mêmes : si la distance est grande, le pendule s'écarte peu de la verticale, ce qui indique que la force attractive est faible; si l'on rapproche le corps, l'écart augmente, ce qui prouve que la force attractive a augmenté. On pourrait en dire autant s'il y avait répulsion. Il résulte de là que, toutes choses égales d'ailleurs, les forces attractives ou répulsives varient avec la distance, qu'elles augmentent quand la distance diminue, qu'elles diminuent quand elle augmente.

D'autre part, si nous frottons peu un corps et que nous l'approchions du pendule, l'écart sera faible : si nous le frottons plus énergiquement nous constaterons que, pour une même distance, l'écart sera plus considérable. Nous sommes alors conduits à admettre que dans le premier cas, nous avons développé peu d'électricité et que dans le second nous en avons développé une quantité plus considérable.

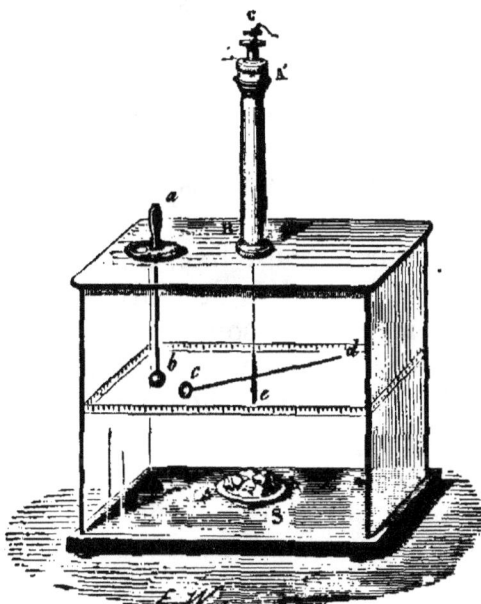

Fig. 288. — Balance de Coulomb.

Ces expériences très simples nous mènent à l'idée de *quantité d'électricité.*

Coulomb a étudié les lois des attractions et des répulsions électriques à l'aide d'un instrument, appelé *balance* de Coulomb, que nous ne pouvons décrire ici dans ses détails et qui se compose essentiellement (fig. 288) de deux petites sphères, l'une *b* fixe et suspendue par un isolateur dans une cage de verre, l'autre mobile *c* et placée à l'extrémité d'une aiguille horizontale de verre, suspendue elle-même dans la cage à l'aide d'un fil vertical. Si l'on électrise les deux sphères, la sphère mobile sera attirée ou repoussée et l'appareil, par les dispositions particulières que lui a données

Coulomb, permettra de mesurer les distances des sphères et la valeur des forces attractives et répulsives. Il a démontré de cette manière les deux lois suivantes : 1° *Les attractions et les répulsions électriques sont inversement proportionnelles aux carrés des distances*, ce qui veut dire que lorsque les distances, qui séparent les corps électrisés, sont représentées par les nombres 1, 2, 3, etc., les forces attractives ou répulsives sont représentées par les nombres 1, $\frac{1}{4}$, $\frac{1}{9}$, etc. ; 2° *Les attractions et les répulsions électriques sont proportionnelles aux produits des quantités ou masses électriques*, c'est-à-dire que, si par un moyen quelconque nous faisons varier les charges électriques, les forces attractives et répulsives varieront, que si dans une première expérience elles sont 2 pour la boule fixe, 3 pour la boule mobile, dans une seconde 4 et 6, les forces attractives ou répulsives seront entre elles comme les produits 2×3 et 4×6. Nous conviendrons de prendre pour unité de *quantité d'électricité* ou de *masse électrique* celle que doit posséder une petite sphère pour qu'agissant sur une sphère égale, également chargée et placée à 1 centimètre, elle la repousse avec une force égale à 1, c'est-à-dire égale à celle que l'on prend en mécanique pour unité de force.

Nous remarquerons que l'*expérience* prouve que si l'on touche une sphère électrisée et isolée avec une seconde sphère identique à l'état neutre, la charge de chacune des sphères après le contact est moitié de ce qu'était avant le contact la charge de la sphère isolée. Si les deux sphères sont chargées, avant le contact, de quantités égales d'électricité de même nom, 2 pour la première et 4 pour la seconde, après le contact la charge commune sera $\frac{2+4}{2} = 3$.

Si l'une est chargée de 4 d'électricité positive et l'autre de 2 d'électricité négative, la charge après contact sera $\frac{4-2}{2} = 1$ d'électricité *positive*. Si l'une est chargée de 4 d'électricité négative et l'autre de 2 d'électricité positive, la charge commune après contact sera $\dfrac{4-2}{2} = 1$ d'électri-

cité *négative*. On voit donc que les sphères se sont partagé dans chaque cas les électricités. Nous affecterons toujours l'électricité positive du signe $+$ et l'électricité négative du signe $-$.

422. Développement simultané des deux électricités. — Puisqu'un corps frotté s'électrise, il est assez naturel d'admettre que le corps frottant s'électrise aussi : c'est, du reste, ce que démontre l'expérience suivante.

On fixe à l'extrémité de deux manches de verre bien isolants P, P′ (fig. 289), les deux substances sur lesquelles on veut opérer, par exemple, un disque de verre A et un disque de bois B couvert de flanelle. On les frotte l'un contre l'autre, puis on les sépare pour les présenter à un pendule électrique chargé d'électricité connue, d'électricité vitrée, par exemple, et l'on constate que le disque de verre A repousse le pendule, tandis que le disque de bois recouvert de flanelle l'attire. On en conclut que les deux disques se sont électrisés à la fois, que le disque A s'est chargé d'électricité vitrée ou positive, le disque B d'électricité résineuse ou négative.

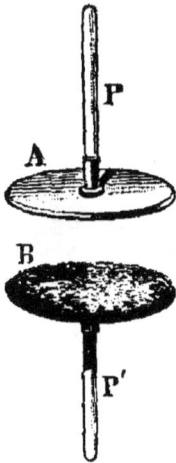

Si le disque de bois avait été recouvert avec une peau de chat, les deux disques se seraient encore électrisés ; mais, cette fois, le disque de verre se serait chargé d'électricité résineuse ou négative, et la peau de chat d'électricité vitrée ou positive. On voit donc qu'une même substance ne reçoit pas toujours la même électricité, quand on la frotte avec des corps différents ; et, pour éviter toute confusion dans les termes, nous désignerons désormais par électricité *positive* celle que la laine développe par le frottement sur le verre, et par électricité *négative* celle qu'elle produit sur la résine. Le tableau suivant offre la liste d'un certain nombre de corps qui ont été rangés de telle sorte que chacun d'eux se charge d'électricité

Fig. 289. — Développement simultané des deux électricités.

positive quand on le frotte avec ceux qui le suivent, et d'électricité négative quand on le frotte avec ceux qui le précèdent :

Peau de chat.	Papier.
Verre poli.	Soie.
Étoffe de laine.	Gomme laque
Plumes.	Résine.
Bois.	Verre dépoli.

423. Hypothèse sur le mode d'électrisation dès corps. — Pour exprimer tous les faits qui viennent d'être exposés, les physiciens admettent les hypothèses suivantes :

1° Tous les corps à l'état naturel contiennent une quantité indéfinie d'une matière impondérable et subtile que l'on a désignée sous le nom de *fluide électrique neutre*; ce fluide est composé à parties égales de fluide positif et de fluide négatif qui se neutralisent;

2° Quand on frotte deux corps l'un contre l'autre, le fluide neutre du système se décompose; le fluide positif passe sur l'un des corps, le fluide négatif sur l'autre.

Il est important de remarquer que ce sont là des *hypothèses* destinées à exprimer les faits d'une manière commode et non pas à les expliquer.

DISTRIBUTION DE L'ÉLECTRICITÉ A LA SURFACE DES CORPS.

424. Les travaux de Franklin ont prouvé que l'électricité donnée aux corps conducteurs isolés se porte tout entière à leur surface. Les expériences suivantes montrent l'exactitude de cette proposition.

425. Un conducteur creux A (fig. 290) est porté sur un pied isolant; il présente en C une petite ouverture. On l'électrise et on vient appliquer en un des points de sa surface extérieure un petit disque de clinquant supporté par une aiguille isolante de gomme laque B. Ce petit disque, appelé *plan d'épreuve*, prend alors, au contact du conducteur, une certaine quantité d'électricité : ce que l'on vérifie en l'approchant d'un pendule électrique qu'il attire. Si, au lieu de toucher la surface extérieure du conducteur, on

21.

introduit le plan d'épreuve par l'ouverture C, afin d'établir le contact à l'intérieur, on constate que le plan d'épreuve ne prend pas d'électricité; il n'exerce plus d'attraction sur le pendule.

426. Souvent aussi on emploie l'appareil suivant, consistant en une sphère métallique isolée A (fig. 291), qui peut être exactement recouverte par deux hémisphères métalliques creux, B et B' soutenus par des manches isolants C et C'. Ces hémisphères portent des échancrures destinées à laisser passer le pied de la boule A. On électrise la boule A ; puis saisissant les deux hémisphères par les manches isolants, on recouvre avec eux la sphère ; on les retire ensuite, et l'on constate qu'ils se sont électrisés, tandis que la boule A a perdu toute son électricité.

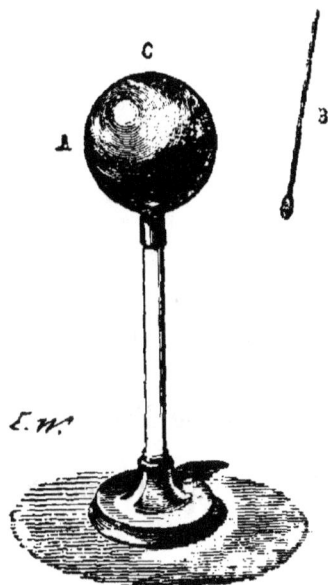

Fig. 290. — L'électricité réside à la surface des corps.

427. Faraday a aussi imaginé l'expérience suivante, remarquable par son élégance et par sa simplicité. Un cercle métallique isolé A (fig. 292) supporte un petit sac conique de mousseline semblable aux filets à insectes. Un fil de soie OP, placé dans l'axe du cône et attaché en B, permet de retourner le sac en tirant par l'extrémité O du fil. On électrise le cercle A et par suite le sac de mousseline. On constate avec le plan d'épreuve que la surface extérieure du sac est chargée d'électricité et que la surface intérieure n'en présente point. On retourne le sac de manière que la surface extérieure devienne intérieure et réciproquement, et l'on constate que la surface extérieure seule du sac ainsi retourné est encore électrisée.

428. **Épaisseur, tension électrique.** — Les expériences précédentes nous prouvent que l'électricité se porte

à la surface des corps. Si l'air est sec, et par suite mauvais conducteur, l'électricité est maintenue par lui à la surface du corps : s'il est humide, et par suite bon conducteur, le

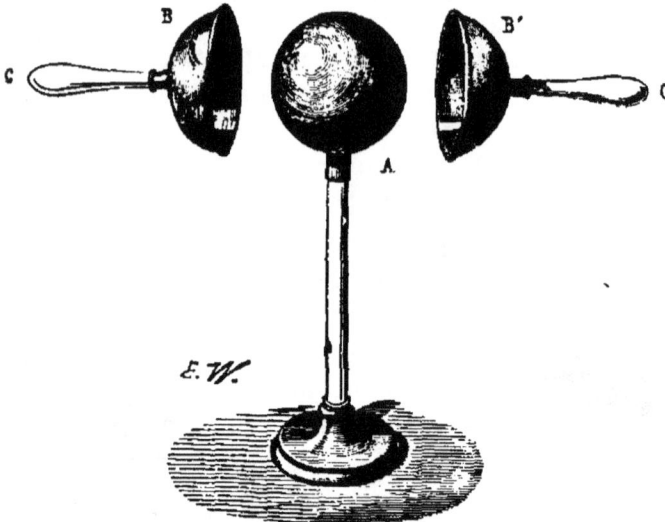

Fig. 291. — L'électricité réside à la surface des corps.

fluide ne s'arrête pas à la surface du corps et se dissémine dans l'atmosphère.

On admet que si l'air est sec, le fluide viendra former à

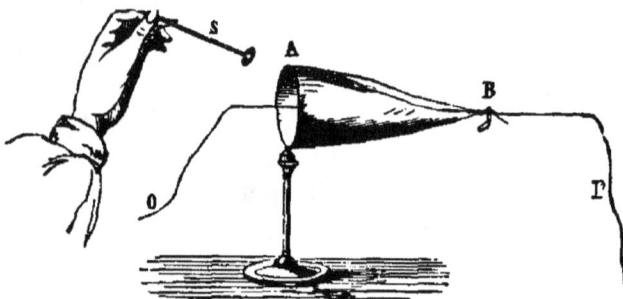

Fig. 292. — Expérience de Faraday.

la surface du corps électrisé une couche dont l'épaisseur ou la densité y augmentera avec la quantité de fluide développée. On emploie indifféremment les mots *épaisseur* ou *densité électrique* pour représenter la quantité de fluide qui, à un moment donné, est répandue sur l'élément de surface que l'on considère. On se sert aussi des mots *tension électrique*, *pression électrostatique*, qui expriment l'effort que fait l'électricité pour s'échapper du corps, effort qui augmente avec la quantité de fluide développée.

429. Distribution de l'électricité à la surface des corps. — Les physiciens se sont demandé si, un corps électrisé étant donné, l'électricité avait, en tous les points de sa surface, la même densité, la même épaisseur ou la même tension. Pour résoudre la question on peut employer la méthode *du plan d'épreuve* de Coulomb, qui est la suivante. Si l'on applique le plan d'épreuve en un point de la surface et tangentiellement, le petit disque se trouve momentanément substitué à l'élément de la surface qu'il recouvre, il lui prend son électricité, puisqu'il devient lui-même un élément de sa surface et que l'électricité se porte à la surface des corps. Si l'on enlève alors le plan normalement à la surface, il emportera avec lui la quantité d'électricité qu'il a prise à l'élément touché, et si on l'apporte dans la balance de Coulomb (421), en l'y substituant à la boule fixe, il y produira, *à une distance donnée*, sur la boule mobile chargée d'une quantité fixe d'électricité, une force répulsive plus ou moins considérable que mesurera l'instrument. Cette force sera d'autant plus considérable que la quantité d'électricité prise au point touché, était elle-même plus grande. On a trouvé ainsi qu'à la surface d'un corps l'électricité ne se distribue pas, en général, d'une manière uniforme : sur une sphère elle est uniforme, c'est-à dire que la densité, l'épaisseur ou la pression électrique est partout la même ; que sur un conducteur de forme ovoïde, elle est plus grande aux extrémités du grand axe qu'aux extrémités du petit axe où elle est minimum ; qu'elle est d'autant plus grande aux extrémités du grand axe que le conducteur est plus effilé.

430. Pouvoir des pointes. — Lorsqu'un corps électrisé présente des pointes ou des arêtes vives, l'électricité se porte en plus grande partie sur ces pointes et arêtes ; elle y acquiert même une tension assez considérable pour triompher de la résistance de l'air et s'écouler au dehors.

L'écoulement de l'électricité par les pointes peut être rendu sensible par quelques expériences.

Une pointe électrisée laissant échapper le fluide, l'air qui la touche s'électrise et se trouve repoussé par elle ; il s'ensuit que, si cette pointe est placée sur un corps où l'électricité se renouvelle à mesure qu'elle s'échappe, sur une machine électrique par exemple, il se produit dans son voisinage un courant d'air

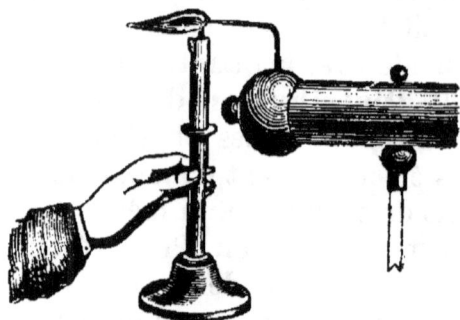

Fig. 293. — Pouvoir des pointes.

que l'on peut mettre en évidence en approchant une bougie dont la flamme se trouve alors courbée et rejetée dans le sens du courant d'air (fig. 293).

431. Tourniquet électrique. — On peut aussi opérer comme il suit : on fixe (fig. 294) au conducteur d'une machine électrique une tige effilée verticale *fe*, sur l'extrémité supérieure de laquelle se trouve placée une aiguille métallique *ab*, libre de tourner sur *fe*. Les deux bouts de l'aiguille sont pointus et recourbés en sens inverse suivant *ac* et *bd*. Au moment où l'on charge la machine, l'aiguille, obéissant à la répulsion qu'exerce l'air sec sur ses extrémités, se met à tourner dans un sens inverse de la

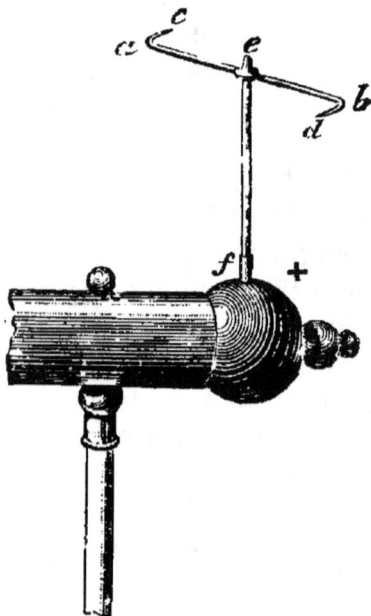

Fig. 294. — Tourniquet électrique.

direction des pointes. On voit aussi des aigrettes lumineuses s'échapper des extrémités *c* et *d*. Cet appareil est souvent désigné par le nom de *tourniquet électrique*.

NOTIONS SUR LE POTENTIEL ÉLECTRIQUE OU NIVEAU ÉLECTRIQUE.

432. Définition du potentiel électrique. — Nous allons essayer de faire comprendre une idée qui a pris dans l'interprétation des phénomènes électriques une place importante. Il convient que l'esprit des élèves se familiarise de bonne heure avec elle. Nous voulons parler de l'idée de *potentiel électrique* ou de *niveau électrique*, qui peut être présentée sous une forme très élémentaire.

Ces mots sont entrés déjà depuis un certain nombre d'années dans le langage ordinaire des électriciens, dans celui des ateliers et l'enseignement de la physique ne peut y demeurer étranger sous peine de rester en arrière du mouvement qui s'est produit et de laisser les élèves dépourvus d'idées, qui sont devenues nécessaires dans la pratique industrielle.

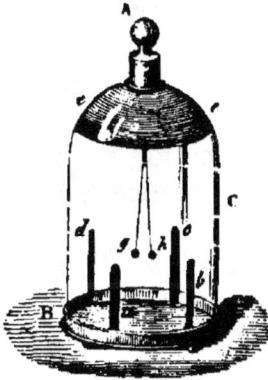

Fig. 295. — Électroscope.

Prenons un électroscope, instrument qui sera étudié bientôt, et qui consiste essentiellement en un double pendule électrique formé soit par deux feuilles d'or, soit par deux boules légères *g* et *h* (fig. 295) suspendues à des fils conducteurs. Les feuilles d'or ou les fils sont attachés à une tige métallique terminée par une boule A et le tout est supporté par la tubulure d'une cloche de verre C destinée à isoler le pendule double. Il est évident que si l'on met la boule A en communication avec un corps conducteur électrisé, les feuilles d'or s'électriseront, se repousseront et divergeront l'une par rapport à l'autre. La divergence sera d'autant plus grande que la charge électrique qu'elles auront reçue sera plus considérable.

Cela posé, supposons l'électroscope à l'état neutre et mettons-le en communication à l'aide d'un fil *long* et *fin* avec un corps conducteur quelconque électrisé, de forme ovoïde par exemple (nous avons dit un fil *long* pour que l'électroscope soit situé à une distance assez grande du conducteur et qu'il ne subisse pas de la part du conducteur des phénomènes d'influence que nous étudierons bientôt (436); *fin* pour que ce fil par son volume ne modifie pas sensiblement l'état électrique du conducteur). Dès que la communication sera établie, nous verrons diverger les lames d'or de l'électroscope. Mais *quel que soit* le point touché sur le conducteur, la divergence sera la *même*, quoique la quantité d'électricité qui se trouve en ces différents points soit bien *différente* (429). Il y a plus : la divergence serait encore la même, si l'on établissait la communication par un point intérieur du conducteur, quoique à l'intérieur la tension électrique soit nulle (424 et suivants). Si l'on double ou l'on triple la charge *totale* du conducteur, l'écart de l'électroscope est celui qui correspond à une charge double ou triple des lames d'or.

Si l'on avait mis l'électroscope en communication avec le sol ou avec un conducteur lui-même en communication avec le sol, l'écart des feuilles d'or eût été nul.

De même que nous avons dit que l'état calorifique d'un corps, ou *sa température*, était caractérisé par l'indication que fournissait un thermomètre mis au contact de ce corps de même nous dirons que l'indication de l'électroscope caractérise l'état électrique du corps conducteur mis en communication avec lui, état électrique que nous désignerons sous le nom de *potentiel électrique*.

De même que si nous donnons à un *même* corps des quantités de chaleur qui soient entre elles comme les nombres 2, 3, 4, ses températures seront entre elles comme 2, 3, 4. De même si nous donnons à un *même* conducteur des quantités d'électricité, qui soient entre elles comme 2, 3, 4, les potentiels seront entre eux comme 2, 3, 4, c'est-à-dire seront proportionnels aux quantités d'électricité.

Il ne faudrait pas pousser trop loin cette comparaison entre le potentiel et la température. Quand on fournit à un corps une quantité de chaleur donnée, sa température né dépend que de son poids et de sa nature (voir *Chaleur spé-*

cifique), mais pas de sa forme, par exemple. Quand on fournit à un corps une quantité donnée d'électricité, son potentiel ne dépend ni de sa nature, ni de son poids. On pourrait voir qu'il n'y a pas que cette différence entre le potentiel et la température.

Le potentiel du sol, qui donne toujours à l'électroscope un écart nul, étant pris pour *zéro* des potentiels, on prendra comme *unité* de potentiel, le potentiel qui correspond à un *écart déterminé choisi arbitrairement* et on appellera potentiel 2, 3, 4... celui qui correspond à un écart de valeur double, triple, quadruple.

433. Potentiels positifs et négatifs. — Dans l'usage du thermomètre nous disons qu'une température est positive ou négative suivant que le liquide du thermomètre s'arrête au-dessus ou au-dessous du zéro. Il y a lieu aussi de considérer des potentiels *positifs* et des potentiels *négatifs*.

Pour le faire comprendre, prenons un électroscope de M. Mascart, instrument qui se compose *essentiellement* d'une aiguille capable de se mouvoir horizontalement entre deux corps chargés de quantités égales d'électricité, l'un A d'électricité positive, l'autre B d'électricité négative. Si l'aiguille est reliée par un fil long et fin avec un *corps communiquant au sol*, elle restera à égale distance de A et B : nous dirons que le corps est au potentiel *zéro*. Si on la met en communication avec un corps conducteur électrisé et qu'elle se dirige vers B, qui est chargé négativement, c'est qu'elle a reçu de l'électricité positive. Nous dirons que le corps était à un potentiel *positif*. Si elle se dirige vers le corps A, c'est qu'elle a reçu de l'électricité négative, nous dirons que le corps était à un potentiel *négatif*. La valeur de la déviation de l'aiguille mesurera dans les deux cas la valeur *absolue* du potentiel; c'est-à-dire sa valeur, abstraction faite du signe du potentiel.

434. Communication entre des corps à potentiels identiques ou différents. — 1° Quand on met en communication, par un fil long et fin, deux corps conducteurs A et B qui sont au même potentiel, c'est-à-dire qui donneraient séparément la même déviation à l'électroscope, on

n'observe aucun mouvement d'électricité de l'un à l'autre :
ils restent dans le même état qu'avant la mise en communication. De même, quand on ouvre le robinet de communi-

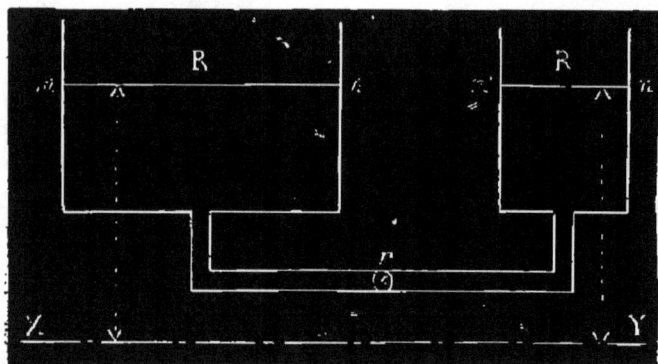

Fig. 296.

cation *r* (fig. 296) entre deux réservoirs R et R′ où se trouve
de l'eau au *même niveau*, par rapport au niveau de la mer
XY, il n'y a pas d'écoulement d'eau de l'un vers l'autre. C'est

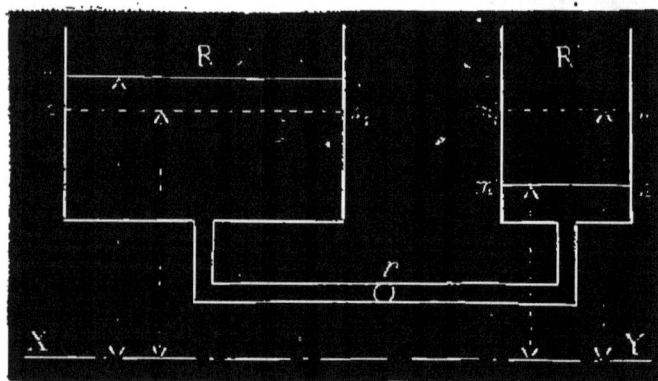

Fig. 297.

en raison de cette analogie que l'on dit que deux corps, qui
sont au même potentiel, sont au même *niveau électrique*.

2° Si le réservoir R contenait de l'eau à un niveau plus
élevé que R′ (fig. 297), l'eau s'écoulerait de R vers R′ jusqu'à ce que les niveaux fussent les mêmes dans les deux. De

même si le corps A est à un potentiel plus grand que le
corps B, l'électricité *positive* s'écoulera de A vers B jusqu'à
ce qu'il y ait égalisation des potentiels, ou égalisation des
niveaux électriques. Le niveau baissera en A et montera
en B.

3° Si les deux corps A et B étaient à des potentiels négatifs tous les deux, l'électricité négative irait du corps à
potentiel le moins négatif, c'est-à-dire le moins au-dessous
de zéro, A par exemple, au potentiel le plus négatif B.

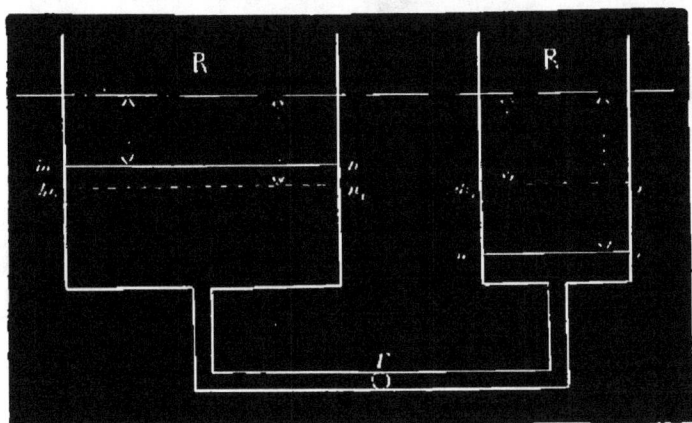

Fig. 298.

L'assimilation avec les réservoirs à eau pourrait se continuer si on les supposait placés au-dessous du niveau de
la mer XY (fig. 298) auquel on rapporte ordinairement le
niveau des liquides.

On voit donc, par ce qui précède, que l'électricité positive
descend vers les potentiels les plus bas, tandis que l'électricité négative va vers les potentiels les plus élevés. De
même l'eau descend vers les niveaux les plus bas, et un
aérostat monte vers les niveaux les plus élevés.

4° Quand on met en communication deux corps A et B,
l'un A à un potentiel positif, l'autre B à un potentiel négatif, l'électricité positive de A va sur B qui était à un
niveau plus bas, et l'électricité négative de B va sur A qui
était à un niveau plus élevé. Le mouvement électrique
s'arrête quand les deux corps sont au même niveau élec-

trique ou potentiel. Quand l'équilibre est établi, le potentiel du système formé par les deux corps est positif ou négatif suivant que le potentiel de A était plus grand ou plus petit que celui de B. La figure 299 représente l'assimilation

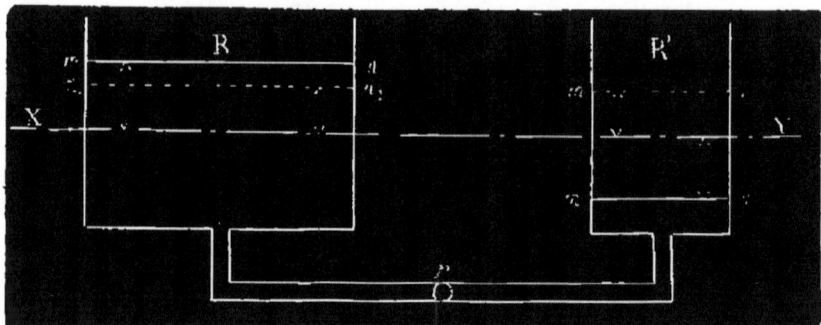

Fig. 299.

avec deux réservoirs R et R'. Dans le premier le niveau primitif de l'eau est positif ou au-dessus de XY; dans le second il est négatif ou au-dessous de XY. Après communication le liquide est au même niveau dans les deux réservoirs.

435. Capacité électrique. — Pour élever de 0° à 1° la température de deux corps de même poids, mais de natures différentes, il faut donner des quantités de chaleur inégales et représentées par leurs chaleurs spécifiques. Il en résulte que deux corps de même poids et de natures différentes, tous les deux à la même température, un degré dans l'exemple choisi, ne contiennent pas la même quantité de chaleur, ce que l'on exprime en disant qu'ils n'ont pas la même *capacité calorifique*. De même en électricité, pour élever de 0 à 1 le potentiel de deux corps A et B, de formes différentes ou dans des conditions électriques différentes, il ne faut pas la même quantité d'électricité. Il en résulte que lorsque deux corps sont à un même potentiel, ils ne contiennent pas nécessairement la même quantité d'électricité, ils peuvent avoir des *capacités électriques différentes*.

On appelle *capacité électrique* d'un corps la quantité d'électricité qu'il faut lui donner pour porter son potentiel de 0 à 1, quand tous les corps qui l'entourent sont au potentiel zéro.

Nous avons vu (432) qu'un même conducteur contenait des quantités d'électricité proportionnelles à son potentiel : nous venons de voir que, pour un même potentiel, les quantités d'électricité contenues par un conducteur sont proportionnelles à sa capacité. Il en résulte que, toutes choses égales d'ailleurs, les quantités d'électricité, que contient ce conducteur, sont proportionnelles au produit de ces deux facteurs et représentées par ce produit. Si l'on appelle Q la quantité d'électricité que renferme un corps électrisé, V son potentiel et C sa capacité électrique, on a : $Q = C \times V$.

CHAPITRE II

ÉLECTRISATION PAR INFLUENCE. — ÉLECTROSCOPE. — ÉLECTROPHORE. — MACHINE ÉLECTRIQUE.

436. Électrisation par influence. — Tout corps A placé dans le voisinage d'un corps électrisé devient lui-même électrisé. Ce mode d'électrisation s'appelle *électrisation par influence* ; A est appelé le corps *influençant*, B le corps *influencé*. Nous allons d'abord énumérer les principales circonstances qui peuvent se présenter dans ce phénomène et nous les vérifierons ensuite par l'expérience.

Soit A (fig. 300) le corps influençant chargé d'une quantité *q* d'électricité positive, et supposons-le complètement entouré par le corps influencé B.

1° Si le corps B est isolé, il se charge, sous l'influence de A, d'une quantité *q* d'électricité *positive* sur sa surface *extérieure* et d'une quantité *égale q* d'électricité *négative* sur sa surface *intérieure*.

2° Le système, ou l'ensemble des deux corps, exerce sur

un point extérieur, la même action que le corps A seul.

3° La distribution de l'électricité positive sur la surface extérieure de B reste la même, quand on fait varier la position de A dans B, mais la distribution de l'électricité négative sur la surface intérieure dépend de la position de A. La charge de A reste fixe, mais la distribution varie quand A change de position.

4° Si l'on met le conducteur B en communication avec le sol, par un point quelconque, la charge positive de la sur-

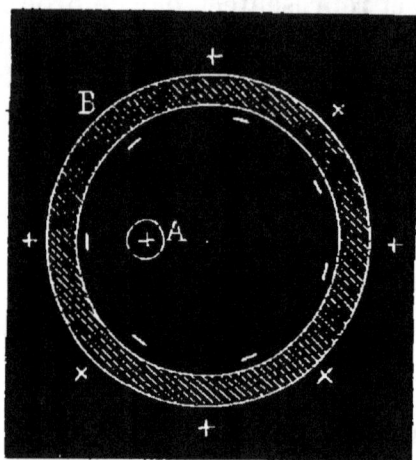

Fig. 300. — Électrisation par influence.

face extérieure disparaît, mais rien n'est changé pour la surface intérieure.

Ces quatre faits peuvent se vérifier à l'aide de l'appareil suivant, qui se compose d'un cylindre métallique creux B (fig. 301) mis en communication avec un électroscope à feuilles d'or E.

1° On descend le corps influençant A, qui sera une petite boule conductrice chargée d'électricité positive et soutenue par un manche isolant. On voit immédiatement les feuilles d'or diverger, ce qui prouve qu'il y a électrisation du cylindre, et, à mesure que l'on descend A, on voit que la divergence augmente ; à partir d'une certaine position de A, la divergence reste fixe. Cela tient à ce qu'au début A influençait non seulement B, mais les corps extérieurs. A partir d'une certaine position, A n'a plus d'action sur les corps extérieurs et B équivaut à un système fermé comme celui de la figure 300.

On peut montrer que la surface extérieure de B est électrisée positivement. Pour cela on la touche en un point quelconque avec un plan d'épreuve, qui, approché ensuite d'un pendule isolé et électrisé positivement, le repousse. Si l'on touchait au contraire la surface intérieure avec le plan d'épreuve, il y prendrait de l'électricité négative ; car, approché d'un pendule isolé électrisé négativement, il le repousserait. Ces faits nous prouvent bien le mode d'électrisation que nous avions annoncé.

Il est facile de voir que les quantités d'électricité positive et négative développées sur B sont égales entre elles et égales chacune à la charge q de A.

Elles sont *égales entre elles*, car si l'on enlève la boule, les feuilles d'or retombent dans la verticale; les électricités se sont donc réunies pour former du fluide *neutre*; elles étaient donc en quantités *égales*. Si l'une était en excès sur l'autre, il y aurait un résidu que ferait diverger les feuilles.

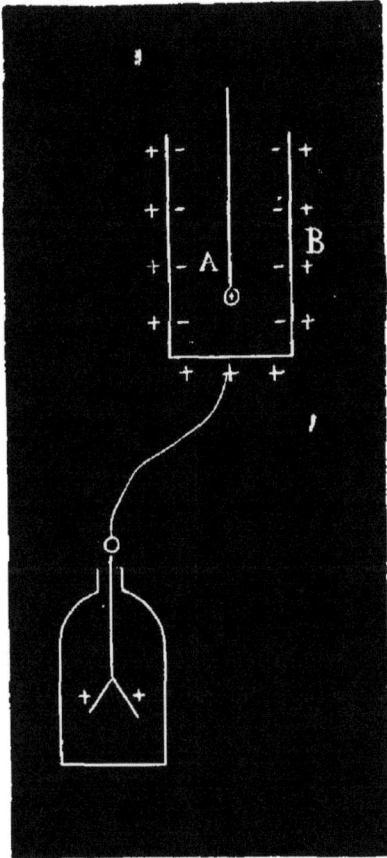

Fig. 301. — Électrisation par influence.

Elles sont *égales* à q; car, si après avoir recommencé l'expérience, on touche avec A la surface intérieure de B, la divergence des feuilles reste la même et toute trace d'électrisation disparaît sur la boule et sur la surface intérieure du cylindre. Puisqu'il y a neutralisation sur la boule et sur la surface intérieure de B, c'est que toutes les deux contenaient des quantités égales et contraires q d'électricité. Puisque la divergence reste la même avant et après le contact, c'est qu'il y avait, avant et après, une quantité q d'électricité positive sur la surface extérieure.

2° On pourrait voir que l'action du système, formé par le cylindre et par la boule, sur un corps léger extérieur est la même que si la boule était seule : on peut en conclure que dans le système les actions de l'électricité positive de la boule et de l'électricité négative de la face interne de B, sur un point extérieur, se neutralisent.

3° En étudiant avec un plan d'épreuve la distribution de l'électricité sur le cylindre et sur la boule, on pourrait vérifier les faits énoncés plus haut sous le n° 3.

4° Si l'on met le cylindre, par un quelconque de ses points, en communication avec le sol, les feuilles retombent : donc l'électricité positive disparaît. Le plan d'épreuve pourrait montrer que la boule A a conservé sa charge positive et la face interne sa charge négative. Quant au potentiel ou niveau électrique du système, il est maintenant celui du sol, c'est-à-dire zéro.

Si, après avoir mis B en communication avec le sol, on enlève A, l'électricité négative développée sur la surface interne de B se répand sur B tout entier qui reste chargé d'électricité négative. C'est un moyen souvent employé pour charger un corps d'électricité connue.

437. On peut démontrer avec le même appareil que le frottement développe toujours sur les corps en contact des quantités égales et contraires d'électricité. Les deux corps frottés introduits simultanément dans le cylindre B et placés d'une manière quelconque ne produisent aucune divergence; introduits séparément ils déterminent des divergences égales.

438. REMARQUE. — Si l'on supposait dans le système fermé de la figure 300 un deuxième corps isolé C, il se chargerait négativement dans sa partie voisine de A et positivement dans sa partie la plus éloignée. Les charges positive et négative seraient plus petites que la charge q de A et les régions positive et négative seraient séparées par une ligne neutre.

439. On démontre souvent dans les cours les phénomènes de l'électrisation par influence de la manière suivante qui est incomplète, comme nous allons le voir, et ne correspond qu'au cas étudié dans la remarque précédente (438).

Soit un cylindre en laiton AB (fig. 302), porté par une colonne de verre et présentant une série de petits pendules formés chacun de deux balles de sureau suspendues à l'extrémité de fils conducteurs. Le cylindre étant à l'état neutre, les pendules sont verticaux. Présentons ce cylindre à un corps V chargé d'électricité positive. Immédiatement les balles de chaque pendule se mettent à diverger; ce qui ne peut s'expliquer qu'en admettant que le cylindre est élec-

Fig. 302. — Électrisation par influence.

trisé et qu'il a cédé de l'électricité aux pendules. Si l'on approche alors lentement du pendule situé en A un bâton de résine frotté, le pendule est repoussé, ce qui prouve qu'il est chargé d'électricité négative. Un bâton de verre approché du pendule situé en B le repousse aussi, ce qui prouve que celui-ci est chargé d'électricité positive.

On voit, d'ailleurs, que l'écart des pendules diminue à mesure qu'on va des extrémités vers une région moyenne appelée *ligne neutre*, et qui est toujours plus rapprochée de l'extrémité A que de l'extrémité B du cylindre.

Si l'on touche le cylindre AB en un quelconque de ses points, les pendules de la partie B retombent puisque le fluide positif va dans le sol, et ceux de la partie A divergent davantage, parce que le fluide négatif de A n'obéit plus qu'au fluide de V et se porte vers lui.

On voit que dans cette expérience AB représente le corps isolé C de la remarque (438) et les parois de la chambre représentent le corps fermé B.

Si au cylindre AB, déjà électrisé par influence on présente un cylindre semblable au premier, les mêmes phénomènes se produisent en lui.

440. Influence sur les corps mauvais conducteurs. — L'électrisation par influence se fait aussi sur les corps mauvais conducteurs ; mais, tandis que dans un corps conducteur les électricités positive et négative séparées par l'influence peuvent facilement circuler à travers le corps conducteur et se localiser dans deux régions opposées, cette circulation n'est plus facile dans un corps

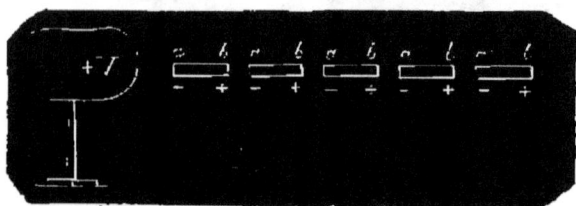

Fig. 303. — Électrisation des corps mauvais conducteurs.

mauvais conducteur et l'on admet que sous l'influence du corps V électrisé les files de molécules ab, $a'b'$, $a''b''$, $a'''b'''$, $a^{iv}b^{iv}$ (fig. 303), sont influencées de telle sorte que chaque molécule soit électrisée comme l'indique la figure, et on peut démontrer que cette disposition revient au même qu'une localisation des électricités positive et négative dans deux régions opposées[1].

1. ATTRACTIONS ET RÉPULSION DES CORPS LÉGERS. — Les phénomènes que nous venons d'étudier permettent d'expliquer les attractions et les répulsions exercées sur les corps légers par les corps électrisés. Pour fixer les idées, nous désignerons par P le corps léger et par M le corps électrisé. Il y a plusieurs cas à distinguer.

1° P et M *sont chargés de fluides de noms contraires.* — Dans ce cas, le fluide de P attiré par celui de M se porte d'abord dans la partie de P la plus voisine de M ; mais arrêté par la mauvaise conductibilité de l'air qui enveloppe P, il ne peut quitter P et l'entraîne avec lui vers M.

2° P *est à l'état neutre, mais communique avec le sol.* — Sous l'in-

441. Communication de l'électricité à distance. Étincelle électrique. — Reprenons la figure 302 et supposons qu'au lieu de maintenir AB à distance de V, on l'approche à petite distance ; une étincelle jaillit entre les deux corps et AB reste chargé d'électricité positive. Il peut sembler alors que AB ait reçu de V par transmission directe et sous forme d'étincelle, une certaine quantité d'électricité ; mais cette transmission directe n'est qu'apparente. Les principes que nous venons d'exposer nous permettent d'analyser le phénomène et d'en donner la véritable explication.

Le fluide neutre de AB a été décomposé comme précédemment ; mais les deux corps ayant été rapprochés, la tension électrique en V et en A a été assez forte pour que le fluide positif de V et le fluide négatif de A aient pu vaincre la résistance de l'air interposé, se précipiter à la ren-

fluence du fluide de M, que nous supposerons être du fluide positif, le fluide neutre de P est décomposé, son fluide positif est repoussé dans le sol : alors P, chargé de fluide de nom contraire à celui de M, est attiré par lui.

3° *P est à l'état neutre et isolé.* — Dans ce cas, la même décomposition de fluide neutre a lieu sous l'influence du fluide positif de M ; mais le fluide positif de P se réfugie dans la partie de P la plus éloignée de M. Le corps léger se trouve alors soumis à l'attraction qu'exerce M sur le fluide positif de P et à la répulsion qu'exerce M sur son fluide négatif. Mais la force attractive, s'exerçant à une plus faible distance que la force répulsive, l'emporte et P se porte vers M.

4° *P et M sont chargés de la même électricité, positive, par exemple.* — Dans ce cas il y a répulsion, comme il est facile de le comprendre d'après ce qui précède. Mais si la distance des deux corps est trop petite, cette répulsion peut se changer en une attraction par suite de la décomposition d'une nouvelle quantité de fluide neutre ; cette décomposition amène dans la partie P la plus voisine de M une dose de fluide négatif, qui détermine l'attraction par suite de la faible distance à laquelle il se trouve de M.

Si P est un corps mauvais conducteur et chargé de la même électricité que M, son électricité sera attirée par celle de M et entraînera P vers M par suite de l'adhérence qui existe dans les corps mauvais conducteurs entre les fluides et les molécules. *Dans le cas contraire,* il y a attraction.

Si le corps léger mauvais conducteur est à l'état neutre, il n'y a dans les premiers instants ni attraction ni répulsion, mais, au bout d'un certain temps, une décomposition a lieu dans le corps léger et il y a attraction.

contre l'un de l'autre et se combiner pour former du fluide neutre. La combinaison des deux fluides a développé de la chaleur et donné lieu à une étincelle. Quant au fluide qui, pendant l'influence et avant l'étincelle, se trouvait relégué dans la région B, il peut, après l'étincelle, se répartir sur tout le cylindre, puisque le fluide positif de V a disparu pour reformer du fluide neutre.

Si le cylindre AB, au lieu d'être isolé, était en communication avec le sol, il y aurait encore production d'une étincelle, mais le fluide positif qui, dans le cas précédent, restait sur le cylindre après l'étincelle, s'écoulerait dans le sol.

442. Lorsqu'on présente à une machine électrique en activité une tige métallique pointue, on voit une aigrette lumineuse sortir de la pointe et la machine se décharger. En effet, le fluide positif de la machine décompose par influence le fluide neutre de la tige, attire le fluide négatif dans la pointe et repousse le fluide positif dans le sol. Le fluide négatif s'écoule par la pointe et va neutraliser l'électricité positive de la machine.

443. **Électroscope.** — Nous pouvons maintenant faire l'étude de l'électroscope, instrument que nous avons pris jusqu'ici comme un appareil destiné à nous révéler l'électrisation des corps.

Cet appareil va nous servir à reconnaître si un corps est électrisé et de quelle électricité il est chargé. Il se compose, comme nous l'avons déjà dit, de feuilles d'or ou de balles légères suspendues à une tige terminée par une boule métallique qui repose sur une cloche en verre (fig. 304). En a, b, c, d sont collées, contre la cloche et à l'intérieur, des lames minces d'étain qui touchent le plateau métallique B. Toute la partie supérieure de la cloche est recouverte en e é d'un vernis isolant à la gomme laque, et la cloche est maintenue dans un état de siccité parfaite par de la chaux vive qu'on y laisse en permanence.

Quand on veut savoir de quelle électricité un corps est chargé, on commence par donner à l'électroscope une électricité connue, et on a recours pour cela à l'électrisation par influence. Voici comment on opère :

On approche de A un bâton de verre électrisé ; il décompose le fluide neutre de A, de la tige et des balles, attire le fluide négatif dans la boule A et repousse le fluide positif dans les balles qui s'écartent l'une de l'autre ; pendant l'influence, on touche avec le doigt la boule A. D'après les principes que nous avons développés dans la théorie de l'électrisation par influence, le fluide positif s'écoule dans le sol, les balles se rapprochent, et il ne reste que l'électricité négative sur la boule A. On éloigne d'abord le doigt et ensuite le bâton de verre ; l'électricité négative accumulée sur A peut alors se répandre dans les balles qui divergent de nouveau. L'appareil reste chargé de fluide négatif.

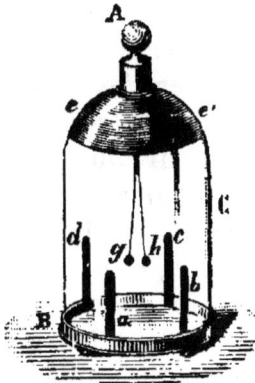

Fig. 304. — Électroscope.

Pour reconnaître de quel genre d'électricité un corps est chargé, on l'approche de la boule. S'il est chargé positivement, il repoussera le fluide négatif de l'électroscope dans les balles, et il y aura augmentation de divergence ; s'il est chargé négativement, il attirera le fluide de l'appareil dans la boule A, et les balles se rapprocheront.

Nous devons toutefois faire observer que de ces deux effets un seul est concluant : c'est l'augmentation de divergence des balles ; car le rapprochement peut avoir lieu sans que le corps approché soit électrisé. Présentons, en effet, à la boule A un corps conducteur à l'état neutre, le doigt, par exemple : il s'électrise positivement sous l'influence du fluide négatif de l'électroscope et réagit alors sur ce fluide pour l'attirer vers lui dans la boule : par suite la divergence des balles diminue.

Il faut aussi observer que le rapprochement des balles, produit par un corps électrisé positivement, peut se changer en une divergence. En effet, un bâton de verre frotté présenté à l'appareil produit une diminution de divergence des balles ; mais si on l'approche encore suffisamment, il les amènera d'abord au contact, puis opérera une décomposition nouvelle du fluide neutre de l'appareil, repoussera le fluide positif dans les balles, et la nouvelle divergence pourra être plus grande que la première. Il résulte de cela que, si dans l'expérience on n'a pas soin d'approcher *lentement* le corps électrisé, les deux effets que nous venons de signaler se produiront nécessairement à un intervalle assez rapproché pour que le premier échappe à l'observateur. On ne constatera qu'une augmentation de divergence et en conclura à tort que le bâton de verre était chargé d'électricité négative. Pour ces motifs, il sera toujours préférable de faire deux épreuves en chargeant l'électroscope d'abord positivement, puis négativement.

Enfin nous remarquerons qu'il arrive souvent, dans les expériences, que les balles vont toucher le verre de la cloche et y adhèrent assez longtemps pour gêner l'expérimentateur, et que, lorsqu'elles s'en détachent, elles laissent à la surface de la cloche du fluide qui peut nuire à l'exactitude des observations. C'est pour remédier à cet inconvénient qu'on a soin de coller contre les parois intérieures de la cloche de petites bandes d'étain *a*, *b*, *c*, *d*, qui communiquent avec le plateau métallique et font écouler dans le sol le fluide que les balles apportent dans leurs écarts extrêmes. Les feuilles d'étain sont souvent remplacées par de petites tiges métalliques fixées verticalement sur le plateau à une petite distance de la cloche.

Graduation de l'électroscope. — Nous remarquerons que cet instrument peut être gradué de manière à pouvoir mesurer des quantités d'électricité. Il suffit pour cela de placer derrière les feuilles d'or un arc de cercle divisé qui permettra d'apprécier leur écart. Pour graduer l'électroscope, il suffira de le mettre en communication avec le cylindre de la figure 301. On touchera le cylindre avec la boule A après l'influence : elle redeviendra neutre et elle aura communiqué sa charge q à l'appareil et on notera la division à laquelle s'arrêtent les feuilles pour une charge q ; on retirera la boule, on la rechargera encore de q et on recommencera l'expérience, on aura une nouvelle déviation qui correspondra à $2q$ et ainsi de suite. Quand, en se servant de l'électroscope, on obtiendra des déviations correspondant à q et $2q$, on dira que le corps expérimenté avait des charges q et $2q$.

444. Remarque. — M. Boudréaux a donné à l'électroscope une grande sensibilité en entourant la tige, qui supporte les lames d'or, avec une gaine de paraffine, substance très isolante et capable de maintenir la charge de l'électroscope pendant un temps très long.

445. Électrophore. — L'électrophore, imaginé par Volta, permet d'obtenir la quantité d'électricité suffisante pour un grand nombre d'expériences. Il se compose d'un gâteau de résine maintenu dans un moule de bois CC (fig. 305), d'un plateau ou disque de bois P, recouvert d'une feuille d'étain et soutenu en son centre par une tige de verre M enduite de gomme laque.

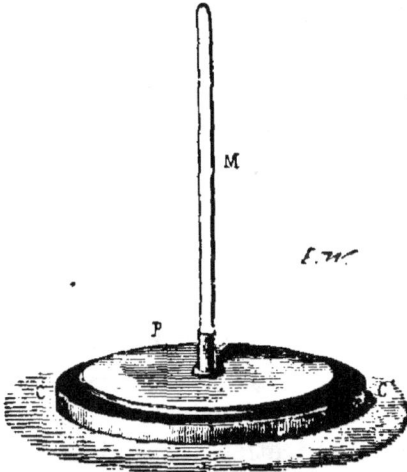

Fig. 305. — Électrophore.

Pour charger cet appareil, on enlève le plateau P, on frotte avec une peau de chat le gâteau de résine, qui se charge d'électricité négative, puis on pose sur lui le plateau. Les phénomènes d'influence se produisent aussitôt : le fluide neutre de P est décomposé : son fluide positif gagne la face inférieure du plateau, son fluide négatif se porte sur la face supérieure. Si l'on soulevait alors ce plateau, les deux fluides soustraits à l'influence se recombineraient; mais si, avant de le soulever, on le met en communication avec le sol, nous savons (439) que le fluide négatif repoussé doit disparaître, et que le plateau doit rester chargé d'électricité positive; cette électricité se répandra également sur les deux faces, dès qu'à l'aide du manche en verre, on l'aura soulevé et soustrait à l'influence du fluide négatif de la résine. Le doigt approché du plateau, après la séparation d'avec le gâteau de résine en retire une étincelle brillante, quand l'électrophore est bien chargé.

On peut ensuite replacer le plateau P sur le gâteau CC', et, comme le fluide négatif de la résine ne s'est pas encore dissipé par suite de la mauvaise conductibilité de cette substance, les mêmes phénomènes pourront se reproduire. Pour que l'électrophore fonctionne bien, il est nécessaire que le moule soit en communication avec le sol.

446. Machines électriques. — Les physiciens ont inventé, pour produire l'électricité, un certain nombre d'appareils que l'on désigne sous le nom de *machines électriques.*

Ces appareils, qui sont de véritables sources d'électricité, ont pour but de produire sur un conducteur, qui en fait partie, un certain potentiel ou niveau électrique. Dès qu'on met la machine en communication avec d'autres conducteurs à un potentiel nul ou moindre, l'électricité s'écoule vers ces conducteurs et les charge d'électricité. Le niveau électrique de la machine baisse, tandis que celui du conducteur s'élève, et le fonctionnement de la machine continuant, de l'électricité passe constamment sur ce conducteur jusqu'à ce que l'égalité de niveau ou de potentiel sur lui et sur la machine, soit atteint.

Ces machines se divisent en deux classes : 1° les machines dans lesquelles un frottement continu de deux de leurs parties produit constamment l'électricité, telle est la machine électrique de Ramsden ; 2° celles où l'une des parties se trouvant primitivement électrisée par le contact avec un corps électrisé, la rotation des pièces entretient, par des phénomènes d'influence la production continue de l'électricité : telles sont les machines de Holtz, de Voss, de Wimshurt, etc.

447. Machine de Ramsden. — La machine électrique de Ramsden se compose de trois parties principales : un corps frotté, un corps frottant et un réservoir d'électricité.

Le corps frotté consiste en une roue ou plateau de verre CC (fig. 306), fixé, à son centre, à un axe métallique D reposant sur des montants en bois BB et pouvant être mis en mouvement par une manivelle E. Les montants sont solidement fixés sur une table en bois. Cette roue passe à frottement entre deux paires de coussins ee', ee', fixés aux montants. Ces coussins constituent le corps frottant.

Le réservoir d'électricité consiste en gros tubes de cuivre AA'G, portés par des colonnes de verre enduites de

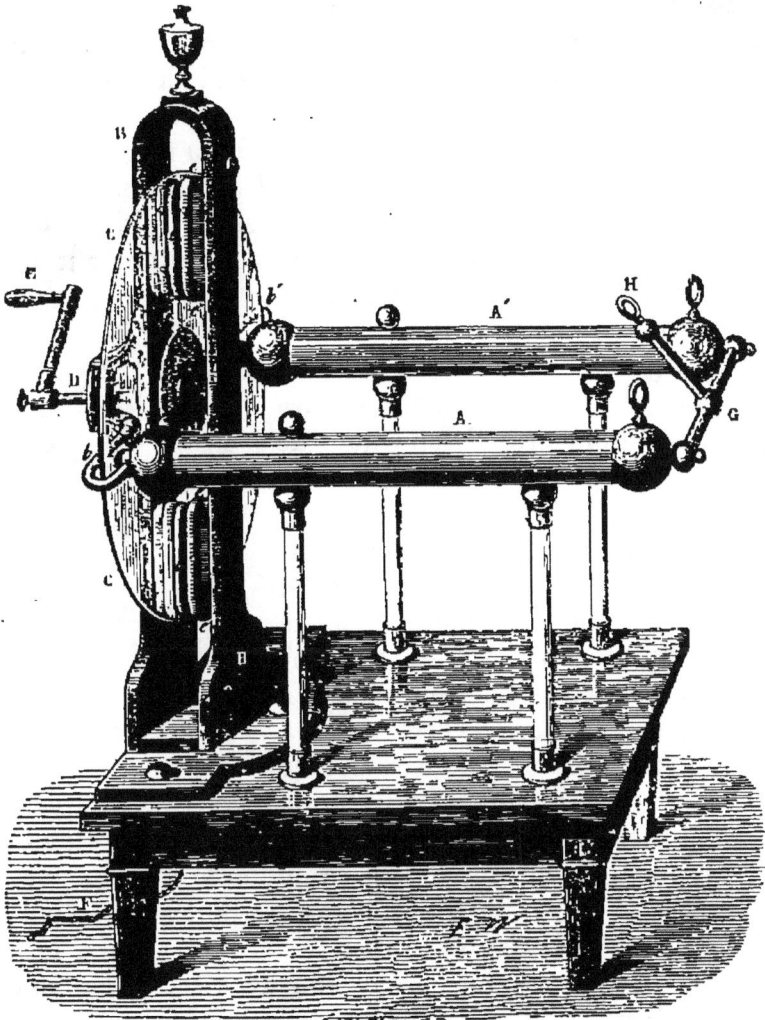

Fig. 306. — Machine électrique de Ramsden.

gomme laque et fixées sur la table en bois. Ces tubes appelés *conducteurs* forment les trois côtés d'un rectangle placé horizontalement au niveau du centre de la roue.

Les extrémités libres des conducteurs portent chacune une pièce courbe en cuivre *b*, *b'*, appelée *mâchoire*, dont les branches sont dans le plan horizontal du rectangle, embrassent chacune un rayon horizontal de la roue et portent à l'intérieur des pointes métalliques horizontales, qui vont aboutir à une faible distance de la roue

La roue étant mise en mouvement, les parties, qui ont passé entre les frottoirs supérieurs, se sont chargées, par le frottement, d'électricité positive. Ces parties sont bientôt amenées par la rotation en présence de la mâchoire *b'*, par exemple. Là, leur fluide positif agit par influence sur le fluide neutre des conducteurs, repousse le fluide positif et attire le fluide négatif. Celui-ci, s'accumulant sur les pointes, y trouve un écoulement facile, se porte sur le fluide positif de la roue et le neutralise. Les parties de la roue, ainsi déchargées, viennent passer entre les coussins inférieurs, s'y chargent de fluide positif et vont produire les mêmes phénomènes sur l'autre mâchoire.

La charge ne s'accroît pas indéfiniment; elle a nécessairement une limite. D'abord, il arrivera un moment où le fluide positif, qui se trouve sur les conducteurs, contrariera l'action influente de l'électricité de la roue, en attirant à lui le fluide négatif qui tend à se porter

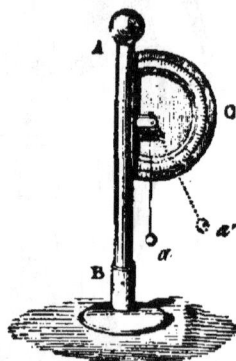

Fig. 207. — Électroscope de Henley.

sur les pointes. Il empêchera ainsi une nouvelle décomposition du fluide neutre des conducteurs. Si les coussins étaient isolés, la limite de charge serait rapidement atteinte; car le fluide négatif, qui se trouve sur eux, pourrait se communiquer à la roue et en diminuer la charge. Aussi a-t-on soin de les mettre en communication avec le sol par une chaîne métallique.

La déperdition du fluide des conducteurs par l'air et par les supports vient encore avancer la limite de charge des machines électriques. On la diminue autant que possible en plaçant des fourneaux sous les conducteurs, afin de dessécher l'air qui les environne. Enfin, on essuie les pieds de verre avec des linges chauds et secs, pour leur enlever l'humidité qui les recouvre. Ces précautions sont surtout indispensables quand l'air est humide.

Pour juger à chaque instant de la charge de la machine, on adapte ordinairement à l'un des conducteurs un électroscope de Henley. Cet appareil, représenté par la figure 307, n'est autre qu'un pendule électrique; il se compose d'une colonne de bois AB, qui porte une petite tige de bois à laquelle est suspendue une boule *a*. Cette tige est mobile, autour de son point de suspension, sur un cadran C. Quand cet appareil est fixé sur la machine, on voit le pendule diverger dès qu'elle se charge, et sa divergence est évidemment d'autant plus grande que la tension du fluide des conducteurs est plus considérable.

448. Machine de Holtz. — M. Holtz a inventé une machine qui donne à la fois les deux électricités. Elle se compose d'un plateau de verre mince M (fig. 308), qui laisse passer l'axe d'un plateau mobile N, un peu plus petit et placé à une petite distance en avant de lui. Le plateau fixe M, qui repose sur des galets isolants, présente aux extrémités du diamètre horizontal deux fenêtres F, F' munies chacunes d'une armature en carton *pq*, portant une dent *ad*. En regard des fenêtres sont des conducteurs isolés D, D', terminés à une extrémité par des peignes qui présentent leurs pointes au plateau mobiles, à l'autre extrémité par des boules qui forment les deux pôles de la machine et peuvent être approchées ou éloignées l'une de l'autre.

Pour mettre la machine en activité, on amène les deux pôles au contact et on électrise négativement l'une des armatures en carton, celle de gauche, par exemple, en la touchant avec une plaque de caoutchouc que l'on a frottée : puis, à l'aide de la manivelle, on donne au plateau mobile un mouvement en sens inverse de celui des dents *a d*; dès qu'on entend un bruissement, qui annonce que la machine est amorcée, on éloigne graduellement les deux boules et des étincelles jaillissent de l'une à l'autre.

Voici comment on explique les effets produits. L'électricité négative de l'armature électrisée décompose par influence le fluide neutre du conducteur D, qui se charge négativement et laisse écouler par le peigne son fluide positif sur la partie du plateau mobile qui lui fait face : cette partie est entraînée par le mouvement de rotation, arrive devant la dent de l'armature de droite, décompose par influence son fluide neutre, et refoule le fluide positif sur l'armature. Quant au fluide négatif, il s'écoule par la pointe de la dent et se rend sur la face interne du plateau mobile : si bien que celui-ci, chargé de fluides de noms contraires

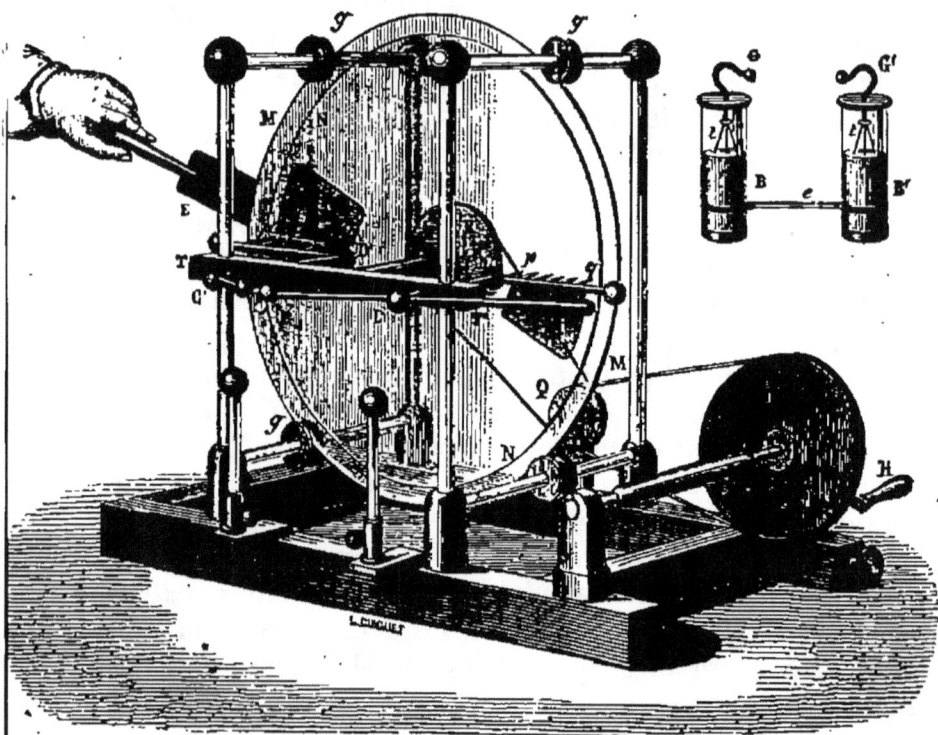

Fig. 308. — Machine électrique de Holtz.

sur ses deux faces, peut être regardée comme étant à l'état neutre. Mais l'armature de droite a décomposé le fluide neutre de D' qui s'est chargé de fluide positif et a laissé écouler du fluide négatif sur la partie du plateau mobile qui lui fait face : ce fluide négatif, en arrivant devant l'armature de gauche, entretiendra son état négatif, et les phénomènes se reproduiront dans le même ordre tant que l'on fera tourner la manivelle.

On a modifié cette machine en y introduisant deux paires

de plateaux, et le peigne, au lieu d'être rectiligne, est courbe et semblable aux mâchoires d'une machine électrique ordinaire. Les effets sont plus intenses et la machine fonctionne plus régulièrement.

CHAPITRE III

CONDENSATEUR ÉLECTRIQUE. — BOUTEILLE DE LEYDE. BATTERIES ÉLECTRIQUES.

449. Quand on met un conducteur A à l'état neutre et isolé en communication avec une machine électrique en activité et produisant, par exemple, de l'électricité positive, le niveau électrique de la machine étant plus élevé que celui du conducteur, l'électricité s'écoule de la machine vers lui et, si la machine continue à fonctionner, cet écoulement continue jusqu'au moment où A a atteint le potentiel ou niveau électrique de la machine. On peut constater cette égalité des potentiels en mettant séparément le conducteur et la machine en communication avec un électroscope : ils y produiront la même divergence des feuilles d'or. On dit alors que le conducteur a été *chargé à refus*.

Si nous approchons maintenant du conducteur A isolé un autre conducteur B en communication avec le sol, B va subir l'influence de A : du fluide négatif se produira sur la face de B voisine de A et le fluide positif s'écoulera dans le sol. Mais, si alors on met A en communication avec l'électroscope, on trouve que la divergence est moindre que tout à l'heure, c'est-à-dire que le niveau électrique ou potentiel de A a baissé. Il en résulte que si l'on mettait maintenant A en communication avec la machine, un nouvel écoulement se produirait vers A, jusqu'à ce que A ait atteint le niveau électrique de la machine, qui, lui, n'a pas varié.

Nous venons donc de trouver le moyen d'accumuler ou

de *condenser* sur un conducteur A mis en communication avec une machine électrique, de potentiel ou niveau électrique déterminé, une quantité d'électricité plus grande que celle qui correspond au potentiel de la machine et à la capacité du conducteur. Il a suffi pour cela d'augmenter sa capacité en le mettant en présence d'un conducteur B relié avec le sol. Dans le produit $Q = C.V$, du paragraphe 433,

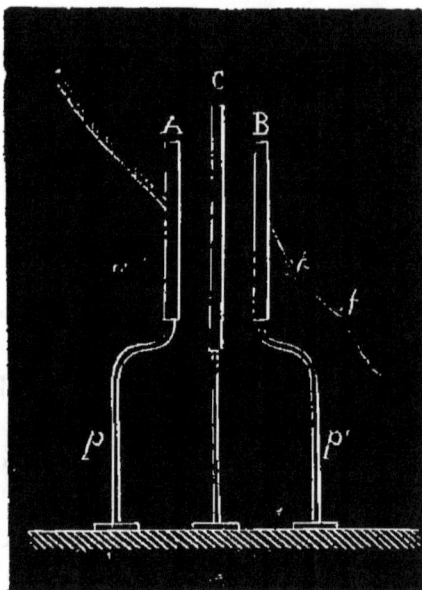

Fig. 309. — Condensateur d'Œpinus.

le facteur V a diminué par l'approche de B, Q est resté constant, donc C a augmenté.

Nous avons dit que nous avions *condensé* l'électricité dans le conducteur A et nous appellerons *condensateur électrique* tout système de conducteurs disposés de manière à augmenter dans une proportion notable la capacité électrique de l'un d'eux. Dans l'exemple que nous venons de prendre, le condensateur est formé par le système des deux corps A et B, et le conducteur A est le corps dont on a augmenté la capacité. Les deux conducteurs sont séparés par une lame isolante d'air.

La forme généralement donnée aux condensateurs est

celle de deux lames conductrices parallèles A et B séparées par une lame isolante C. L'une des lames A est mise en communication avec une source électrique maintenue à un potentiel constant, une machine électrique en activité par exemple : la seconde B est en communication avec le sol. Ces deux lames sont appelées *armatures du condensateur*. A est l'*armature collectrice* ou simplement le *collecteur* ; B est l'*armature condensatrice* ou simplement le *condensateur*. Les deux formes les plus usitées sont le condensateur d'Œpinus et la bouteille de Leyde.

450. Condensateur d'Œpinus. — Le condensateur d'Œpinus se compose de deux plateaux métalliques A et B (fig. 309) portés par des pieds isolants *p*, *p'*. A communique avec une machine électrique par un conducteur, B communique avec le sol par le fil *f*. Les pieds des conducteurs sont mobiles et permettent de rapprocher les plateaux entre lesquels se trouve une lame isolante de verre. Des pendules sont placés sur les faces externes des plateaux.

Quand le condensateur est chargé, la face interne de A est chargée de fluide positif et la face interne de B est chargée de fluide négatif.

451. Bouteille de Leyde. — La bouteille de Leyde, qui a été inventée par Cunéus et Muschenbroeck, n'est autre qu'un condensateur de forme particulière auquel s'applique évidemment tout ce que nous venons de dire. Elle se compose d'une bouteille sur la surface de laquelle est collée une feuille d'étain AE (fig. 310). A l'intérieur se trouvent des feuilles de clinquant, et au milieu d'elles plonge une tige de métal A qui traverse le bouchon.

Il est facile de voir que les plateaux sont représentés, dans la bouteille de Leyde, d'une part par les feuilles de clinquant et par la tige métallique qui plonge au milieu d'elles, d'autre part par la feuille d'étain recouvrant le bocal de verre. Ce dernier représente d'ailleurs la lame de verre interposée entre les deux plateaux.

Pour charger une bouteille de Leyde, on la prend ordinairement à la main par la panse et l'on touche le conducteur de la machine avec le bouton, qui se trouve à l'extré-

mité de la tige métallique, plongeant dans l'intérieur de la
bouteille.

Cunéus et Muschenbroeck avaient opéré sur une bouteille B pleine d'eau dans laquelle descendait une tige métallique C qui servait à la suspendre à la machine électrique.
L'un d'eux, après avoir électrisé la bouteille, toucha d'une

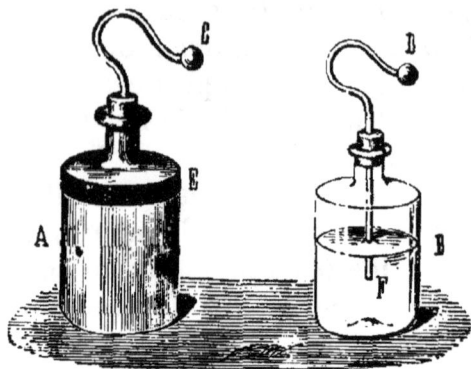

Fig. 310. — Bouteille de Leyde.

main la tige métallique pendant que de l'autre main il
tenait la bouteille par la panse. Il reçut une violente secousse, et c'est ainsi que furent découverts les effets de cet
appareil.

452. Décharge du condensateur. — *1° Décharge
lente.* — Quand le condensateur est chargé, nous pouvons
considérer les électricités qu'il renferme comme réparties de
la manière suivante. L'électricité négative développée par
influence sur B (fig. 309) est sur la face interne de B; l'électricité positive, que A a reçue de la source, est en grande
partie sur la face interne de A, l'excédent est sur la face
externe. Aussi le pendule β ne diverge pas et le pendule α
diverge. Si l'on approche le doigt de la face externe de A une
étincelle jaillit, le pendule α retombe et β diverge. Cela tient
à ce qu'on a pris à A une certaine quantité d'électricité positive sous forme d'étincelle, électricité qui contribuait pour
sa part à maintenir l'électricité négative sur la face interne
de B. Mais alors une certaine portion de cette dernière va
se rendre sur la face externe de B et β divergera. Si nous
approchons le doigt de B, une étincelle jaillira et cette por-

tion va se rendre dans le sol. Mais alors une nouvelle quantité d'électricité positive se rendra, et pour la même raison, sur la face externe de A. Nous pourrons l'enlever sous forme d'étincelle et le pendule α, qui avait divergé de nouveau, retombera et ainsi de suite. Nous pourrons donc décharger le condensateur par ces étincelles successives.

2° *Décharge instantanée* ou *brusque*. — La décharge instantanée s'obtient en mettant les deux plateaux en communication par un corps conducteur. On se sert ordinairement d'un appareil appelé *excitateur*, qui se compose de deux arcs métalliques AC, BD, articulés en E et portés à l'aide de manches isolants F et G (fig. 311). On saisit l'appareil par les manches F et G, on touche le plateau B avec la branche AC, par exemple, et on approche la branche BD du plateau A : une forte étincelle jaillit entre le plateau A et la branche BD. Cette étincelle paraît être unique; cependant, en réalité, il se produit une série d'étincelles comme dans la décharge successive; mais, comme elles se succèdent avec une très grande rapidité, les impressions qu'elles produisent sur l'œil et sur l'oreille se superposent, de telle sorte qu'on croit n'en voir et n'en entendre qu'une seule.

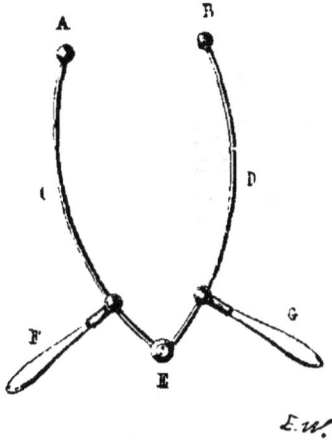

Fig. 311. — Excitateur.

453. Batteries électriques. — Quand on veut obtenir de violentes décharges, on se sert de *batteries électriques*. Ces appareils se composent d'une série de bouteilles de Leyde de grandes dimensions, appelées *jarres*. Ces bouteilles sont placées dans une boîte AB (fig. 312), qui est tapissée d'une feuille d'étain servant à mettre en communication toutes les armatures extérieures; les armatures intérieures sont mises en communication par les tiges métalliques O, H, I, K, L. Quand on veut charger cet appareil, on met les armatures extérieures en communication avec le sol, en accrochant une chaîne métallique D à la poignée C de la boîte, puis on fait communiquer la tige F avec la machine électrique. Un électromètre G placé en L permet d'apprécier

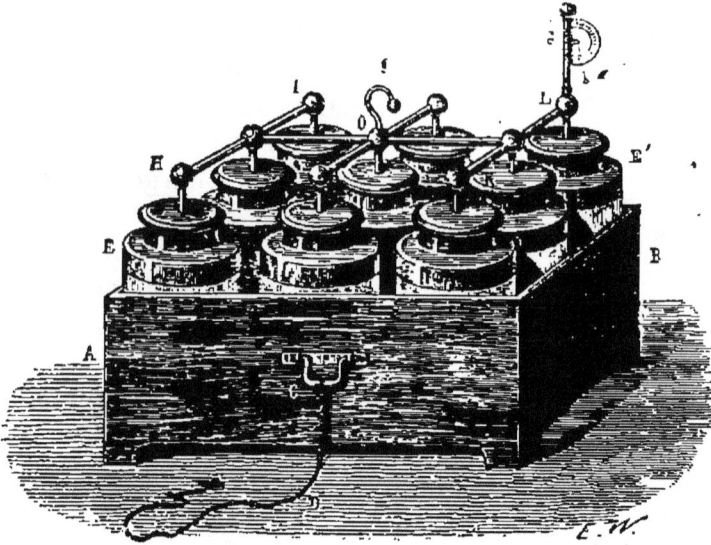

Fig. 312. — Batterie électrique.

par la divergence du pendule *a*, la tension de l'électricité libre.

454. Les électricités résident sur le corps isolant du condensateur. — Une bouteille de Leyde ou une batterie électrique n'est jamais ramenée à l'état neutre par une seule décharge. Si, au bout de quelque temps, on vient de nouveau à toucher les deux armatures à l'aide d'un excitateur, on obtient une nouvelle étincelle ; quelque temps après on peut en obtenir une troisième et ainsi de suite. Cela tient à ce que, pendant que la bouteille se charge, les fluides positif et négatif quittent les armatures et s'engagent à la rencontre l'un de l'autre dans le verre. Au moment de la décharge, la faible conductibilité de la lame isolante les gêne dans leur mouvement, et il en reste toujours une certaine quantité dans le verre.

On peut vérifier l'exactitude de cette explication par l'expérience suivante faite, à l'aide de la bouteille à armatures mobiles. Un vase métallique B (fig. 313) forme l'armature extérieure ; il reçoit un vase en verre C, dans lequel peut lui-même entrer un vase métallique A, formant l'armature intérieure.

Les choses étant ainsi disposées comme en D, on charge cet appareil comme une bouteille de Leyde; on le place sur un gâteau de résine ; on enlève le verre, et on remet à

Fig. 313. — Bouteilles de Leyde à armatures mobiles.

l'état neutre les deux armatures en les touchant avec la main. On remonte ensuite l'appareil, et on obtient encore une vive étincelle à l'aide de l'excitateur : ce qui prouve bien qu'une partie des fluides électriques résidait sur la lame de verre.

455. Électroscope condensateur de Volta. — Volta a appliqué les phénomèmes de condensation à la construction d'un appareil appelé *électroscope condensateur*, et servant à mettre en évidence l'électricité de sources très faibles, mais continues, qui n'agiraient pas sur les électroscopes les plus sensibles. Il se compose d'un électroscope ordinaire

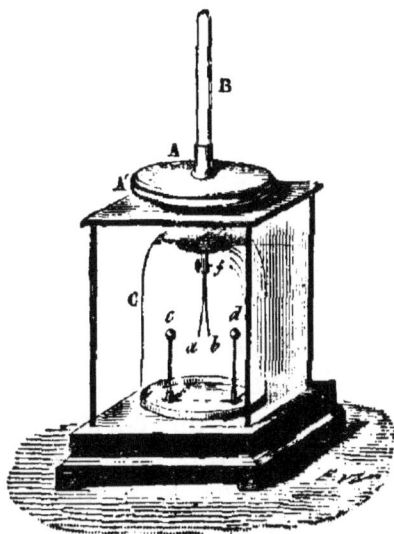

Fig. 314. — Électroscope condensateur.

dans lequel la boule supérieure est formée par un condensateur à plateaux AA' (fig. 314), dont les faces en contact sont recouvertes d'une couche mince de vernis à la gomme laque qui sert de lame isolante. Le plateau supérieur A est muni d'un manche isolant en verre. Si l'on vient à mettre en contact avec la face supérieure de A la source continue, avec laquelle on expérimente, et qu'en même temps, on touche avec le doigt la face inférieure de A', l'électricité de la source entre dans l'appareil, s'y condense et condense du fluide de nom contraire sur la face supérieure de A'. Il est évident que l'électricité de la source entrera dans l'appareil jusqu'à ce qu'il soit chargé à refus, c'est-à-dire jusqu'à ce qu'il soit au potentiel de la source. L'adjonction d'un condensateur à l'électroscope a augmenté sa capacité électrique. Si l'on vient alors à enlever le plateau A, en le prenant par le manche B, l'électricité condensée sur la face supérieure de A, n'y étant plus maintenue par l'action de l'électricité de A, se répandra sur la tige et sur les brins de paille *a* et *b* qui se mettront à diverger. Cet appareil est d'une grande sensibilité.

CHAPITRE IV

EFFETS DE L'ÉLECTRICITÉ STATIQUE. — ÉLECTRICITÉ ATMOSPHÉRIQUE. — PARATONNERRES.

456. Nous avons vu, à propos des notions que nous avons données sur la théorie mécanique de la chaleur (pages 157 et suivantes) : 1° que pour soulever un poids à une certaine hauteur, d'un niveau à un niveau plus élevé, il fallait effectuer un certain travail, que ce travail était égal au produit du poids du corps par la hauteur verticale qui séparait les deux niveaux ; 2° que le poids parvenu à cette hauteur possédait ce que nous avons appelé de l'*énergie potentielle*, c'est-à-dire la faculté d'effectuer lui-même un travail ; 3° que lorsque le corps tombait, son énergie potentielle se transformait en force vive ou énergie actuelle, et que s'il venait à rencontrer un obstacle, un pieu, par exemple, sa force vive se transformait en travail consistant en ce que

le pieu s'enfonçait malgré la résistance du sol, ou bien
que sa force vive se transformait en chaleur.

457. Ces idées peuvent s'appliquer aux phénomènes électriques, comme elles ont été appliquées aux phénomènes
calorifiques. Quand un corps a été électrisé, il a y eu production de travail par actions mécaniques ou autres (frottement, mise en rotation de la roue d'une machine électrique, etc.) : ce travail s'est transformé en énergie potentielle, car le corps est maintenant capable de produire un
travail par la transformation de son énergie.

Quand une quantité d'électricité égale à 3 va d'un conducteur où le niveau électrique est 10 au sol, où le niveau
est zéro, il y a un travail produit égal à 3×10 ou 30.

Quand cette même quantité d'électricité va d'un conducteur où le niveau électrique est 25 à un conducteur où le
niveau électrique est 15, le travail produit est $3 \times (25 - 15)$
ou 3×10; ou 30 encore. Dans les deux cas le corps a dépensé de l'énergie électrique, tout ou partie de ce qu'il possédait.

La dépense d'énergie électrique peut se traduire par des
phénomènes différents, que l'on désigne sous le nom d'*effets
de l'électricité*. Ces effets sont *mécaniques, calorifiques, lumineux*, ou *physiologiques*. Ils sont produits soit par les
décharges d'électricité statique, soit par les courants électriques. Nous étudierons dans ce chapitre les effets de
l'électricité statique.

458. Au moment où l'on établit la communication entre
un corps électrisé et le sol, ou entre les deux armatures
d'un condensateur, il se produit toujours une étincelle.
Dans le cas où la plus grande partie de l'énergie disponible
est dépensée dans les conducteurs, on dit que la décharge
est *conductive*, c'est le cas où la décharge produit des
effets *mécaniques, calorifiques* et *physiologiques*. Dans le cas
où la plus grande partie de l'énergie disponible est employée à la production de l'étincelle, on dit que la décharge est *disruptive*, c'est le cas des effets *lumineux*.
L'étincelle électrique est aussi capable de produire des
effets *chimiques*.

1° EFFETS MÉCANIQUES.

459. Ces effets consistent surtout dans la rupture, la dislocation des corps au milieu desquels on fait passer la décharge électrique. Ils se remarquent principalement sur les corps mauvais conducteurs, à cause de la résistance opposée par eux au passage de l'électricité. Nous allons en donner quelques exemples.

460. Perce-carte. — On dispose une carte entre deux pointes métalliques E et T (fig. 315), isolées l'une de l'autre par une tige de verre montée sur des douilles A et B. Tenant

Fig. 315. — Perce-carte.

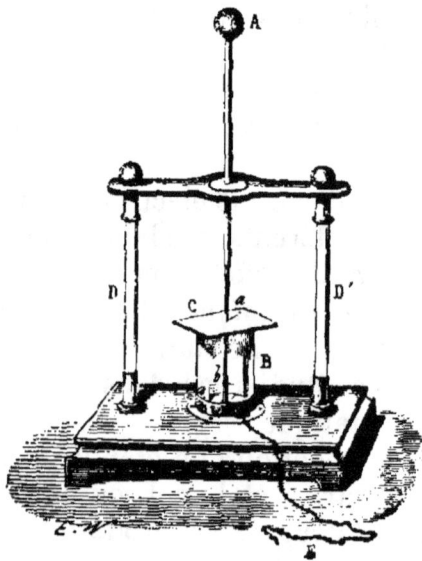

Fig. 316 — Perce-verre.

alors à la main la panse d'une bouteille de Leyde et une chaîne métallique en communication avec la pointe E, on touche le bouton C avec l'armature intérieure de la bouteille; l'étincelle jaillit entre les deux pointes, et la carte est percée d'un trou plus rapproché de la pointe négative que de la pointe positive.

461. Perce-verre. — Pour percer une lame de verre (fig. 316), il suffit de la placer sur le bord d'un vase en verre B, dont le fond est traversé par une pointe *b*, qui est en communication avec la chaîne E, et qui arrive presque au contact de la lame de verre. Une autre pointe *a*, isolée de la première par les colonnes de verre D, D', est disposée au-dessus de la première. En opérant comme avec le perce-carte, ou arrive à percer la lame de verre. Il est bon de mettre une goutte d'huile à l'extrémité de la pointe *a*; ce liquide, mauvais conducteur de l'électricité, force les fluides à passer à travers la lame de verre. Quand on néglige cette précaution, ils contournent quelquefois la lame de verre et se recombinent à travers l'air.

462. Thermomètre de Kinnersley. — Le thermo-mètre de Kinnersley se compose de deux tubes de verre A et B (fig. 317), de diamètre très iné-gaux, qui communiquent entre eux et contiennent un liquide coloré s'élevant au même niveau *xx'*. A travers les douilles E et D du gros tube passent deux tiges métalliques se terminant par des boules *a* et *b*; on fait jaillir l'étincelle d'une bou-teille de Leyde; l'expansion subite de l'air, qui se trouve au-dessus du liquide, déprime celui-ci dans le tube A, et, par suite de la différence des diamètres, une dé-pression même lé-gère s'accuse par une ascension très notable du liquide dans le tube B.

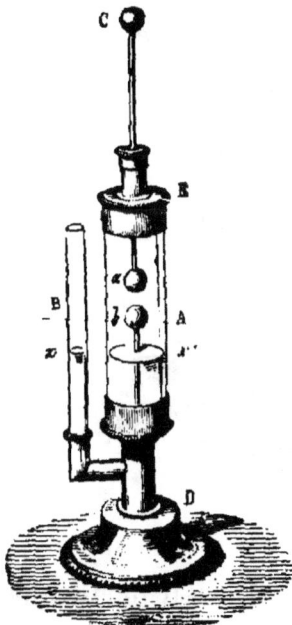

Fig. 317. — Thermomètre de Kinnersley.

Fig. 318. — Mortier électrique.

463. Mortier électrique. — Le mortier électrique se compose d'un petit mortier M (fig. 318) en ivoire, dans la cavité duquel on place une boule A. Au fond de cette cavité viennent aboutir en regard l'une de l'autre, et sans se tou-cher, des tiges métalliques *ab*, *cd*; on fait jaillir entre *b* et *c* l'étincelle d'une bouteille de Leyde, et la boule d'ivoire se trouve projetée hors du mortier.

2° EFFETS CALORIFIQUES.

464. Le passage de la décharge électrique à travers un corps peut déterminer des phénomènes calorifiques, des élévations de température qu'il est intéressant d'étudier.

Une bougie, qui vient d'être éteinte, se rallume à l'instant, lorsqu'on tire une étincelle à travers sa mèche encore chaude.

Lorsqu'on présente à la machine électrique un vase mé-

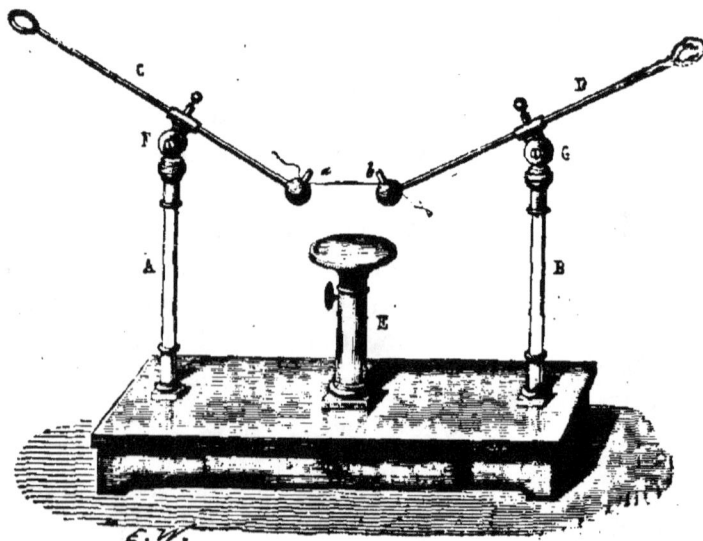

Fig. 319. — Excitateur universel.

tallique rempli d'éther ou d'alcool, et qu'on fait partir une étincelle à la surface du liquide, celui-ci s'enflamme.

Avec la bouteille de Leyde ou les batteries, on produit des phénomènes calorifiques d'une plus grande intensité. On peut faire rougir, fondre et volatiliser des fils ou des feuilles métalliques.

On se sert souvent, à cet effet, de l'appareil représenté par la figure 319, et que l'on appelle *excitateur universel.*

Deux tiges métalliques C et D sont isolées par des colonnes de verre A et B, au-dessus desquelles elles peuvent prendre différentes positions, grâce aux articulations GF, dans lesquelles elles passent à frottement. La tablette E peut servir à recevoir les corps sur lesquels on veut opérer.

Si l'on place sur cette tablette du coton-poudre et qu'on y fasse passer l'étincelle, en mettant les deux tiges C et D en communication avec les armatures d'une batterie, ce corps s'enflamme.

Un fil de fer *ab*, tendu entre les tiges, peut, au moment du passage d'une faible décharge, s'échauffer sensiblement; une plus forte le fait rougir, et peut même le réduire en petits globules fondus qui sont projetés au loin. Les mé-

Fig. 320. — Expérience du portrait de Franklin.

taux les moins conducteurs, comme le platine et le fer, sont ceux sur lesquels on observe les phénomènes calorifiques les plus intenses.

465. On peut, au moyen de l'expérience suivante, mettre en évidence la volatilisation des métaux par le passage de l'étincelle.

Des découpures représentant le portrait de Franklin sont pratiquées à travers une carte qui se termine à ses extrémités par des lames d'étain *p, p'* (fig. 320). On la place entre une feuille d'or qui touche l'étain par ses deux bords et un ruban de satin. Pour bien assurer le contact, on met le tout en presse, en plaçant la pièce de bois A sur la pièce de bois A' et en la serrant fortement à l'aide des vis *v, v'* et des écrous *c, c'* que représente la figure. Les deux bandes d'étain *p, p'* étant mises en communication avec les armatures d'une batterie, l'étincelle part et traverse la feuille d'or : celle-ci se sublime, et sa vapeur, passant à travers les découpures, vient se condenser sur le ruban de satin et y reproduit le portrait de Franklin.

3° EFFETS PHYSIOLOGIQUES.

466. Le corps de l'homme et des animaux est bon conducteur du fluide électrique. Lorsqu'une personne, montée sur un tabouret isolé par des pieds de verre, est mise en communication avec la machine électrique, elle en devient, pour ainsi dire, le prolongement et s'électrise comme elle. Ses cheveux, chargés de même fluide, se repoussent mutuellement et se hérissent. Elle éprouve sur la peau et surtout au visage l'impression d'un souffle léger dû au redressement des petits poils ou du duvet qui se trouve à la surface de la peau. On peut alors tirer de toutes les parties de son corps des étincelles qui produisent de légères commotions accompagnées de picotements.

Les mêmes sensations se produisent lorsqu'à l'aide du doigt on tire des étincelles d'une machine électrique en activité. La commotion est d'autant plus forte que l'étincelle part à une distance plus considérable. A une faible distance, elle peut n'être qu'une piqûre légère; à une distance plus considérable, elle peut se faire sentir jusque. dans le bras et même dans la poitrine.

Les commotions données par la bouteille de Leyde sont beaucoup plus fortes. Lorsque, tenant la bouteille par la panse, on touche avec l'autre main le bouton de l'armature intérieure, on reçoit une secousse qui est d'autant plus violente que la bouteille est plus chargée. Cette expérience se fait souvent sur un grand nombre de personnes à la fois. Il suffit pour cela qu'elles forment une chaîne continue en se tenant par les mains, que la première de la série tienne la bouteille par la panse, et que la dernière vienne toucher le bouton de l'armature intérieure. Au moment du contact, l'étincelle jaillit, et tous les individus composant la chaîne reçoivent une secousse, qui leur fait fléchir les membres et peut être ressentie jusque dans la poitrine, si la bouteille a été fortement chargée.

L'abbé Nollet fit, dit-on, cette expérience sur un détachement de deux cent quarante gardes françaises. On peut, avec des batteries électriques, tuer des animaux : chiens, lapins, etc. Leurs cadavres se putréfient avec la même rapidité que ceux des animaux foudroyés.

4° EFFETS LUMINEUX.

467. Quand l'électricité jaillit d'un corps vers un autre, à travers l'atmosphère, elle produit des phénomènes lumineux que nous avons déjà signalés à propos de l'étincelle électrique. Lorsqu'on approche d'une machine électrique un corps conducteur mis en communication avec le sol, et que la distance n'est pas trop grande, on obtient une série d'étincelles qui se succèdent avec une rapidité telle qu'il en résulte pour l'œil la sensation d'un trait lumineux continu, un peu plus étroit en sa région moyenne qu'aux extrémités. Lorsque la distance est plus considérable, les étincelles se succèdent avec une rapidité plus ou moins grande, mais sont distinctes l'une de l'autre, et leur ensemble offre l'aspect de zigzags irréguliers.

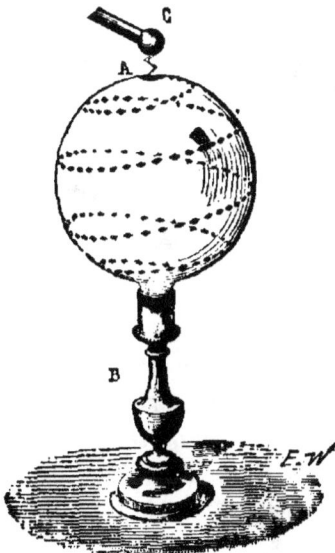

Fig. 321 et 322. — Tube et globe étincelants.

On se sert souvent, dans les cours, d'appareils dans lesquels on multiplie le nombre des étincelles que fournit une machine, en multipliant les solutions de continuité du conducteur par lequel s'écoule le fluide.

Les tubes étincelants (fig. 321) sont des tubes en verre à l'intérieur desquels on a collé en spirale de petits losanges métalliques, dont les pointes sont en regard et à une très petite distance l'une de l'autre. Tenant l'appareil par l'extrémité C, on présente le bouton D à la machine, les étincelles jaillissent alors entre les extrémités opposées des losanges, et l'on aperçoit alors une spirale lumineuse d'un agréable effet. Ces expériences doivent être faites dans l'obscurité. Les globes étincelants, les carreaux étincelants (fig. 322 et 323) sont fondés sur le même principe.

468. Lumière électrique dans

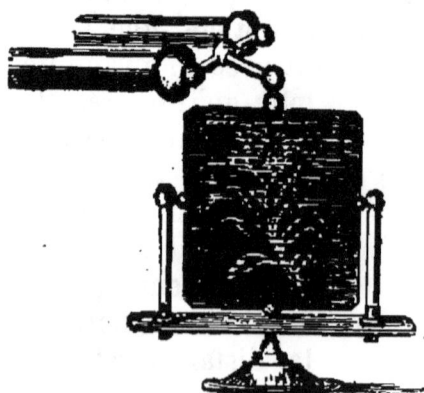

Fig. 323. — Carreau étincelant.

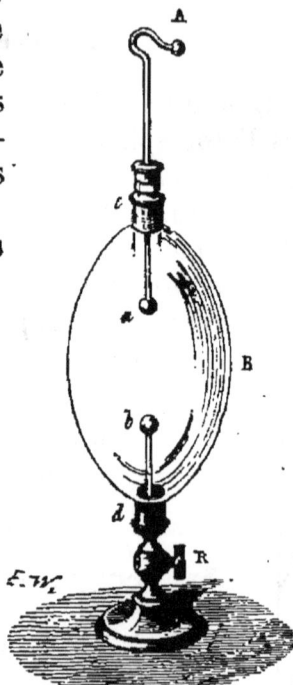

Fig. 324. — Œuf électrique.

le vide. — Dans le vide, ou dans les gaz raréfiés, les phénomènes sont différents. On se sert, pour les étudier, de l'appareil connu sous le nom d'*œuf électrique*. Il se compose d'un globe de verre B (fig. 324), de forme ovoïde, muni de douilles métalliques *c* et *d*, à travers lesquelles passent des tiges métalliques, terminées à l'intérieur de l'œuf par des boules *a* et *b*; la tige A glisse à frottement dur dans la douille *c* et peut être rapprochée plus ou moins de la tige *b*. La douille inférieure porte un robinet R; elle permet, à l'aide d'un pas de vis, de fixer l'appareil sur la machine pneumatique. On fait le vide dans cet appareil ; puis on présente le bouton A au conducteur de la machine électrique. Si la distance entre les boules *a* et *b* est peu considérable, on voit partir entre elles un jet de lumière violette, et la boule *b* semble s'entourer d'une auréole blanchâtre. Lorsque la distance est augmentée, la lumière, pour aller de *a* en *b*, se divise en plusieurs sillons violets du plus charmant aspect. L'auréole blanche qui entoure *b* diminue. Par un écartement des boules plus considérable encore, on aperçoit une gerbe de lumière violacée renflée en son milieu.

5° EFFETS CHIMIQUES.

469. L'étincelle électrique peut aussi modifier la composition des corps au point de vue chimique, produire la combinaison intime de corps simplement mélangés, en décomposer d'autres et ramener à l'état de mélange leurs éléments primitivement combinés.

Nous ne citerons que quelques-uns de ces effets.

L'eau est le résultat de la combinaison de deux volumes d'hydrogène. L'étincelle électrique peut servir à effectuer cette combinaison et à produire, en quelque sorte de toutes pièces, ce liquide si abondant dans la nature. On se sert, à cet effet, du *pistolet de Volta*, qui n'est autre qu'un vase métallique A (fig. 325), portant sur une de ses parois latérales une tubulure *b* dans laquelle se trouve mastiqué un tube de verre *cc'* ; ce tube laisse passer une tige métallique *aa'*, qu'il isole de l'appareil, et qui va aboutir à peu de distance de la paroi opposée. On introduit dans l'appareil deux volumes d'hydrogène et un d'oxygène. On bouche for-

Fig. 325. — Pistolet de Volta.

tement le vase à l'aide du bouchon B. On présente alors à la machine l'extrémité *a* de la tige *aa'* ; une étincelle jaillit entre *a* et la machine, une autre entre *a'* et la paroi ; une violente détonation se fait entendre et le bouchon est projeté à une grande distance. L'étincelle qui a jailli en *a'* a effectué la combinaison des deux gaz ; la vapeur d'eau produite s'est subitement dilatée par l'élévation de température, a fait sauter le bouchon, et, par sa sortie brusque au milieu de l'air, en a déterminé l'ébranlement, cause de la détonation entendue.

470. Le liquide connu dans le commerce sous le nom d'alcali volatil ou ammoniaque n'est autre que de l'eau tenant en dissolution une quantité considérable d'un gaz désigné en chimie sous le nom de gaz ammoniac, et qui est composé de deux autres gaz appelés azote et hydrogène. Si l'on introduit, dans un appareil convenablement disposé, une certaine quantité de gaz ammoniac et qu'on y fasse passer une série d'étincelles électriques, on constate qu'elles effectuent la séparation des éléments combinés, que le gaz double de volume, qu'il a perdu les propriétés de l'ammoniaque, et n'offre plus que celles d'un mélange d'azote et d'hydrogène.

ÉLECTRICITÉ ATMOSPHÉRIQUE.

471. On trouve encore dans les phénomènes des orages des exemples frappants de la puissance des effets produits par l'énergie électrique. La foudre brise, disloque, et peut même enflammer les corps sur lesquels elle tombe.

C'est à Franklin que l'on doit d'avoir démontré que les orages sont des phénomènes de l'ordre électrique.

En 1792, Franklin, se fondant sur le pouvoir des pointes que nous avons exposé plus haut, fit commencer la construction d'une tour élevée dans les environs de Philadelphie. Au-dessus de cette tour devait être placée une tige métallique terminée en pointe à son extrémité supérieure. Il avait l'espoir que les nuages orageux qu'il supposait électrisés décomposeraient par influence le fluide neutre de la tige, et qu'elle donnerait à sa partie intérieure des signes d'électrisation. Mais la construction de la tour ayant subi des retards, il ne voulut pas en attendre l'achèvement et tenta l'expérience suivante.

Il fixa les quatre coins d'un morceau de tissu en soie à deux baguettes en verre armées d'une pointe métallique et y attacha une longue corde terminée à sa partie inférieure par un cordon en soie ; il lança ce cerf-volant dans les airs par un temps orageux. Au début de l'expérience, la corde ne donnait aucun signe d'électricité ; mais peu de temps après, une petite pluie fine étant venue à tomber, la conductibilité de la corde se trouva augmentée. Franklin vit les filaments de chanvre se dresser, et parvint à tirer de la corde des étincelles, avec lesquelles il put enflammer de l'alcool et charger des bouteilles de Leyde.

On a reconnu que l'électricité n'existe pas seulement dans les nuages orageux mais aussi dans l'air, alors même qu'il est serein. On a constaté que les régions élevées de l'atmosphère contiennent le plus souvent de l'électricité positive : par les temps couverts, elle est électrisée négativement. On ne connaît pas bien les sources de l'électricité atmosphérique.

472. Éclair. — La foudre n'est autre que l'étincelle électrique jaillissant entre deux nuages chargés de fluides de noms contraires et exerçant l'un sur l'autre des actions d'influence, ou bien encore entre un nuage et un objet électrisé par lui.

La lumière de l'étincelle constitue l'*éclair*, l'explosion qui l'accompagne produit le *tonnerre*.

L'éclair affecte souvent la forme de zigzags. Tous les points de la ligne brisée qu'il embrasse nous apparaissent lumineux en même temps, quoique ces points soient situés à des distances bien inégales de l'observateur. Cela tient à la vitesse très considérable de la lumière (75000 lieues de 4000 mètres à la seconde). On comprend qu'avec une vitesse de propagation aussi grande, la lumière nous parvienne *instantanément* de tous les points de l'éclair et que notre œil ne puisse apprécier l'intervalle de temps qui sépare l'arrivée des différents rayons lumineux.

La grande longueur de l'éclair s'explique par l'interposition entre le point de départ et le point d'arrivée d'une multitude de corps conducteurs, gouttes d'eau, etc., séparés l'un de l'autre par des molécules d'air non conductrices. Des étincelles jaillissent entre chacun de ces corps, et le phénomène ne diffère que par les proportions de celui que nous produisons dans nos laboratoires avec les tubes étincelants.

La durée de l'éclair est excessivement courte. D'après les expériences de M. Wheatstone, elle n'atteint pas la millionnième partie d'une seconde.

473. Indépendamment des éclairs dont nous venons de parler et appelés éclairs de première classe, Arago distingue des éclairs de deuxième classe, qui consistent en lueurs instantanées illuminant les nuages tantôt sur leur contour seulement, tantôt sur toute leur surface. La couleur de ces lueurs est rouge, quelquefois violette ou bleuâtre ; elles ne sont pas accompagnées de bruit perceptible. Ces éclairs sont considérés comme des décharges produites dans l'intérieur d'un nuage imparfaitement conducteur.

Les éclairs dits *éclairs de chaleur* sont produits par des orages lointains dont le bruit n'arrive pas jusqu'à l'observateur.

474. **Tonnerre**. — Les éclairs de première classe sont ordinairement suivis de bruits plus ou moins intenses qu'on désigne ordinairement sous le nom de *tonnerre*. L'intervalle qui sépare l'éclair du tonnerre est dû à la différence des vitesses de propagation de la lumière et du son. Le son ne parcourant que 330^m à la seconde, le bruit produit par l'étincelle n'arrive à l'oreille de l'observateur qu'après que la lumière de l'éclair, qui parcourt 75 000 lieues dans le même temps, est arrivée à son œil. Il est évident que l'intervalle entre les deux sensations est d'autant plus grand que la distance à laquelle se produit l'éclair est plus considérable.

Le bruit de l'étincelle électrique est ordinairement sec, tandis que le bruit du tonnerre se compose d'éclats successifs, suivis par un grondement sourd qui va en s'affaiblissant. C'est ce que l'on exprime par les mots *roulements de tonnerre*. Cette différence entre l'étincelle électrique et le tonnerre s'explique facilement. Le bruit de l'étincelle, partant de points qui sont sensiblement à la même distance de l'observateur, arrive de tous ces points en même temps à l'oreille et doit par suite être sec; celui de l'éclair, partant de points très inégalement éloignés, doit être saccadé et se composer de bruits inégalement forts.

475. **Influence des nuages orageux sur des objets situés à la surface du sol.** — Les phénomènes que nous venons d'étudier sont dus surtout à l'action réciproque des nuages électrisés. Il est intéressant d'examiner l'influence que ceux-ci peuvent avoir sur le sol et sur les objets situés à sa surface. Quand un nuage électrisé se trouve assez rapproché de la terre, il opère une décomposition du fluide neutre du sol, attire dans la partie supérieure du fluide de nom contraire à celui dont il est chargé, et repousse au loin le fluide de même nom.

Il arrive souvent que l'attraction entre les deux fluides opposés des nuages et des parties supérieures du sol soit assez grande pour que la résistance de l'air soit vaincue, qu'il y ait recomposition et par suite éclair. Le point du sol où aboutit l'étincelle électrique est dit *foudroyé*. On dit aussi que la foudre est tombée sur ce point. Quand le tonnerre tombe sur un point qui n'est pas trop éloigné de l'observateur, celui-ci perçoit un bruit sec dû à ce que toutes les parties de l'éclair sont sensiblement à des distances égales.

Il est évident que les objets les plus élevés, étant ceux sur lesquels l'action décomposante des nuages s'exercera le plus facilement, sont aussi les plus exposés à être foudroyés.

476. **Choc en retour.** — Supposons que, pendant qu'un corps est électrisé par l'influence d'un nuage orageux situé au-dessus de lui, ce nuage soit brusquement emporté par un coup de vent, il est facile de concevoir que les fluides positif et négatif de cet objet, étant soustraits à l'action du nuage, qui les maintenait séparés l'un de l'autre, se recombineront instantanément. Cette recomposition instantanée est accompagnée d'ébranlements dont les suites

peuvent être funestes. On a vu des troupeaux entiers, des
attelages de plusieurs chevaux, des groupes nombreux de
personnes, succomber dans ces circonstances, sans qu'on
retrouve à la surface de leur corps aucune blessure apparente. Ce phénomène est connu sous le nom de *choc en
retour*.

**477. Effets de la foudre sur les corps conduc-
teurs.** — « Quand la foudre rencontre des corps métalliques, elle les fond et les volatilise si leur section est petite ;
elle les suit sans interruption et sans occasionner de dégâts
s'ils ont une masse assez grande et qu'ils soient en communication avec le sol ; elle se dirige de préférence vers les
corps conducteurs.

J'ai eu l'occasion d'observer les effets bizarres d'un coup
de foudre qui frappa un berger habitant la commune
d'Estrées, près Amiens.

Cet homme, ayant été pris dans la campagne par un vio-
lent orage alla s'asseoir sur un tas de fumier, et s'abrita
contre la pluie à l'aide d'un parapluie, dont les tiges
étaient en baleine et les arcs-boutants en métal. La foudre
frappa l'extrémité d'une des baleines, et le fluide, se propageant difficilement à travers ce corps mauvais conducteur, le déchira suivant sa longueur en un grand nombre de
morceaux, qui représentaient autant de fibrilles partant
d'un point commun. La déchirure n'allait que jusqu'au
point où la baleine était soutenue par un arc-boutant métallique. Le fluide suivit cet arc-boutant, de là vint frapper
l'épaule du berger en se pratiquant une route à travers
ses vêtements; la veste, le gilet et la chemise présentaient
chacun une déchirure : ces déchirures cruciales se super-
posaient. Le fluide laboura ensuite l'épaule et la poitrine
de la victime, gagna sa chaîne de montre, entra dans la
montre, d'où il sortit en faisant dans la boîte métallique
une ouverture de 2 ou 3 millimètres; les bavures produites
par la déchirure brusque du métal étaient en dehors, ce qui
prouvait que le fluide avait traversé cette ouverture de
dedans en dehors.

Un trou pratiqué dans la poche du gilet et de diamètre à
peu près égal à celui que présentait le trou de la montre,

indiquait le chemin que le fluide avait suivi. Le berger avait les reins ceints d'une chaîne métallique qui retenait son chien : le fluide suivit la chaîne et vint foudroyer l'animal. Quant au berger, il en fut quitte pour de nombreuses brûlures, et pour une paralysie qui avait presque disparu lorsque je l'ai visité huit ou dix jours après l'accident.

478. Effets de la foudre sur les corps isolants. — La foudre peut percer des trous dans les matières non conductrices, les briser en fragments et les disperser au loin ; elle peut les fondre sur les points qu'elle frappe.

« Franklin eut l'occasion d'examiner les effets d'un coup de tonnerre extraordinaire. En 1754, à Newbury, la foudre tomba sur un clocher terminé par une charpente en bois qui avait 21 mètres de hauteur ; cette pyramide fut rasée et dispersée au loin. Mais, en arrivant à la base, la foudre rencontra un fil de fer qui réunissait le marteau d'une cloche aux rouages de la sonnerie située plus bas ; elle le réduisit en fumée et le projeta contre les murs, sous forme d'une traînée noire. Ainsi, dans les parties supérieures, la tour en bois avait été détruite, et un simple fil de la grosseur d'une aiguille à tricoter avait suffi ensuite pour offrir un passage à la foudre et éviter tous dégâts ; mais au-dessous de l'horloge, la communication métallique venant à manquer, la foudre continua sa route dans la maçonnerie, et les dégâts recommencèrent.

» Ce n'est pas à des phénomènes de rupture que se bornent les effets de la foudre sur les corps peu conducteurs. Quand elle les frappe en des points qui ne sont pas dans le voisinage de métaux, elle laisse des traces sur leur surface. C'est ce qui permet d'expliquer certains faits observés depuis longtemps. Saussure dans les Alpes, Ramond au pic du Midi, de Humboldt en Amérique ont trouvé sur les rochers élevés des places vitrifiées où se voyaient des globules fondus ; ils ont tous unanimement attribué ces apparences à l'action du tonnerre. C'est encore à la même origine que l'on rapporte la formation des fulgurites ; ce sont des tubes vitrifiés qui s'enfoncent verticalement dans le sol. Ils ont été découverts en 1711, en Silésie, par Herman, et on les a retrouvés dans presque toutes les localités, où le sol est couvert d'une couche de sable au-dessous de laquelle il y a de l'eau. On suppose que le tonnerre tombant sur ces sables y fait un trou, et qu'il échauffe les parois qu'il creuse jusqu'au point de vitrifier et d'agglutiner entre elles, en les fondant, les portions de sable qui sont autour. Cette explication n'a été pendant longtemps qu'une simple conjecture; mais plusieurs faits sont venus la confirmer. »

479. Des précautions à prendre en temps d'orage. — Franklin a indiqué les précautions principales qu'il est bon de prendre en temps d'orage, pour se préserver des terribles effets de la foudre.

En temps d'orage, dans les maisons, il faut autant que possible s'éloigner des masses métalliques. Il y a moins de danger à craindre au milieu d'une chambre que contre les murs. Contrairement à une opinion assez répandue, rien ne démontre qu'un courant d'air puisse, comme on le dit, attirer la foudre et qu'il y ait imprudence à laisser les fenêtres ouvertes pendant l'orage.

Au dehors, il est bon de ne pas se placer à proximité des arbres, de ne pas chercher un abri sous leurs branches; car, en vertu de leur élévation, ils sont principalement soumis à l'influence des nuages orageux. On a conseillé, lorsqu'on se trouve pris par un fort orage en rase campagne, de rechercher un grand arbre et de se placer à une distance de son pied égale à peu près à sa hauteur : si ses branches s'étendent en largeur, cette distance devra être plus grande. On comprend que cette précaution puisse avoir son utilité, puisque, si la foudre vient à tomber, elle frappera l'arbre de préférence. Il faut toutefois ajouter qu'il n'y a là rien d'absolu, et que les arbres ne peuvent pas être considérés comme des préservatifs sûrs.

On cite souvent comme devant préserver des effets de la foudre, les décharges d'artillerie, la sonnerie des cloches, les feux allumés à la surface du sol. Ce sont là autant de précautions qui n'ont pas de raison d'être, et qui, loin de s'appuyer sur des données scientifiques, n'ont d'autre origine que de déraisonnables préjugés. En particulier, l'habitude de sonner les cloches en temps d'orage, loin d'être

utile, met souvent en danger la vie du sonneur, qui se
trouve en communication directe avec des masses métalliques situées à une certaine hauteur et soumises à l'action décomposante de l'électricité des nuages.

480. Paratonnerres. — L'invention des paratonnerres est due à Franklin, qui, après avoir découvert le pouvoir des pointes, voulut utiliser cette propriété pour décharger les nuages orageux de leur électricité.

Un paratonnerre se compose essentiellement d'une tige pointue placée sur un édifice à protéger et mise en communication avec le sol. Supposons qu'un nuage électrisé positivement, poussé par le vent, vienne à passer au-dessus de l'édifice, il décomposera le fluide neutre du paratonnerre, repoussera dans le sol le fluide négatif. Mais celui-ci, s'écoulant continuellement par la pointe, ira neutraliser le fluide positif du nuage, qui se trouvera par suite déchargé.

D'après les instructions les plus récentes (1854) de l'Académie des sciences, un paratonnerre doit se composer d'une tige métallique PP' (fig. 326) ayant de 5 à 20 mètres de longueur, de 5 à 6 centimètres de diamètre à sa base. Sur sa plus grande longueur, cette tige

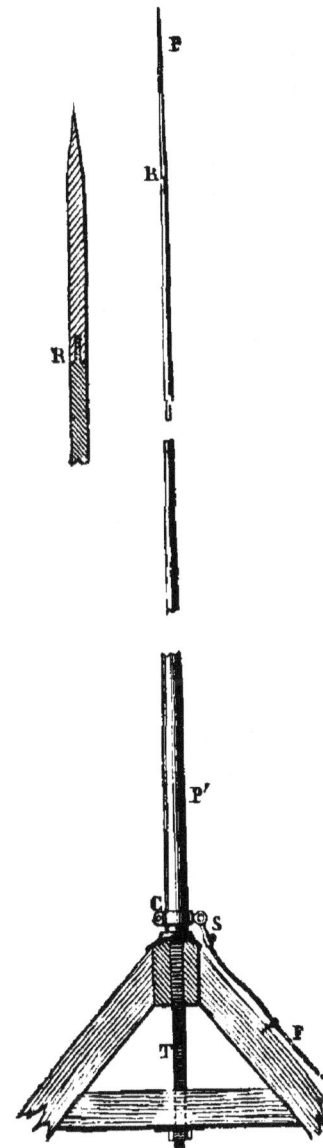

Fig. 326. — Paratonnerre.

est en fer ; elle se continue à sa partie supérieure par un cône en cuivre rouge adapté à vis et soudé en R avec elle. La partie inférieure de cette tige est engagée dans les pièces de la charpente du bâtiment que l'on veut protéger ; elle porte, du reste, une embase qui sert à rejeter les eaux pluviales. D'un collier C fixé au bas de la tige part une barre de fer carrée SF de 2 centimètres de côté, qui descend le long du toit et des murs du bâtiment pour se rendre dans le sol. Ce conducteur doit être en communication parfaite avec les pièces métalliques un peu importantes de l'édifice. Il doit aboutir sous terre au milieu de substances conductrices d'une étendue aussi grande que possible. Le rapporteur de l'Académie, M. Pouillet, dit qu'il est indispensable que le conducteur se rende dans une nappe d'eau, puits, etc. ; la braise de boulanger, souvent employée pour remplir les conduits dans lesquels aboutit le conducteur, est insuffisante pour un écoulement régulier de l'électricité. Il est bon, pour augmenter la surface par laquelle l'eau exerce son action conductrice, que le conducteur soit contourné au milieu d'elle en spirale. Nous ajouterons que les angles favorisant l'écoulement de l'électricité, il faut, pour éviter des décharges latérales, se garder d'infléchir trop brusquement le conducteur dans les parties où, par suite des contours de l'édifice, il change brusquement de direction. Il faut vérifier de temps en temps si la pointe n'est pas émoussée, et s'il n'y a pas de rupture, de solution de continuité dans le conducteur. L'expérience démontre que l'action préservatrice du paratonnerre s'étend horizontalement dans tous les sens à une distance double de la tige. Si un édifice porte plusieurs paratonnerres, on doit réunir tous les conducteurs par des tiges métalliques.

MAGNÉTISME

CHAPITRE PREMIER

AIMANTS NATURELS ET ARTIFICIELS. — MAGNÉTISME TERRES-
TRE. — BOUSSOLES DE DÉCLINAISON ET D'INCLINAISON. —
PROCÉDÉS D'AIMANTATION.

481. Aimants naturels. — On appelle *aimants naturels* ou *pierres d'aimant* des minerais de fer qui jouissent
de la propriété d'attirer le fer, le nickel, etc. Ce sont des
oxydes de fer qui renferment, en général, 23 p. 100 d'oxygène. Les anciens en trouvaient abondamment près d'une
ville d'Asie Mineure appelée Magnésie, et c'est de là que
sont venus les noms de vertu *magnétique*, de *magnétisme* et
de pierre *magnétique*, adoptés d'abord par les Grecs et
maintenant consacrés par l'usage.

482. Aimants artificiels. — Les aimants naturels
n'offrent rien de régulier dans la distribution de la vertu
magnétique, tandis que les aimants artificiels, au contraire, présentent certains centres d'attraction. On peut s'en convaincre en
roulant un aimant artificiel dans la limaille de fer : on constate alors que cette
dernière ne s'attache pas d'une manière

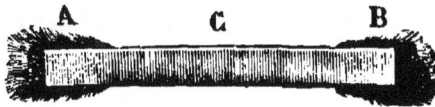

Fig. 327 et 328. — Aimants.

uniforme sur sa surface, qu'elle se porte de préférence
autour de certains points A, B (fig. 327 et 328), situés
près des extrémités et auxquels on a donné le nom de
pôles. A mesure que l'on s'éloigne de ces points, la vertu
magnétique semble diminuer, et l'on arrive, vers le milieu
de l'aimant, à une région qui en est tout à fait dépourvue
et que l'on appelle *ligne neutre*.

Ces actions attractives se transmettent à travers tous les corps qui ne sont point magnétiques. Si, par exemple, on place un carton mince sur un aimant et qu'on y sème de la limaille de fer fine avec un tamis, on la verra se porter

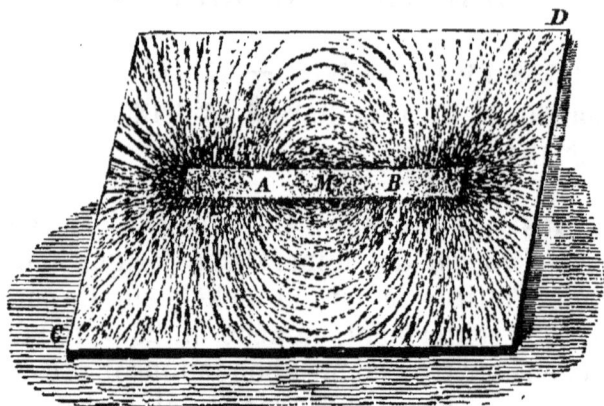

Fig. 329. — Courbes magnétiques.

principalement vers les extrémités et se distribuer à la surface du carton sous forme de chaînes courbes qui vont d'une extrémité à l'autre, comme on le voit dans la figure 329.

483. Points conséquents. — Il arrive quelquefois que certains aimants présentent plus de deux pôles, et deux pôles consécutifs sont toujours séparés par une ligne neutre. Ces nouveaux pôles, que l'on cherche ordinairement à éviter dans la fabrication des aimants, sont appelés *points conséquents*.

484. Direction d'un aimant par la terre, distinction des pôles. — Jusqu'ici nous n'avons rien vu encore qui établisse une distinction entre les pôles; les faits suivants vont nous y conduire.

Lorsqu'on suspend une aiguille aimantée à un fil, de manière qu'elle puisse tourner dans toutes les directions, ou lorsqu'on la soutient sur un pivot pointu qui s'enfonce dans une cavité creusée en son milieu (fig. 330), on la voit en un même lieu prendre toujours la même direction, l'extrémité A se portant vers le nord, l'extrémité B vers le sud. Si on la dérange de cette position d'équilibre en lui laissant sa liberté de mouvements, elle y revient toujours.

L'expérience précédente établit une différence essentielle entre les deux pôles, puisqu'ils se dirigent vers des points opposés. Pour les distinguer, on appelle *pôle nord* le pôle qui se dirige vers le nord et *pôle sud* celui qui se dirige vers le sud.

485. Actions réciproques des pôles de deux aimants. — Prenons les aimants qui, dans l'expérience précédente, se sont orientés dans l'espace ; suspendons l'aimant AB à un fil CD (fig. 331), ou bien sur un pivot vertical comme dans la figure 330 ; puis, approchons de l'extrémité B, qui se dirigeait, vers le sud le pôle sud *b* d'un autre aimant ; immédiatement il y a répulsion, et l'aimant AB se met en mouvement dans le sens indiqué par la flèche courbe : présentons le pôle sud *b* au pôle nord A, et l'ai-

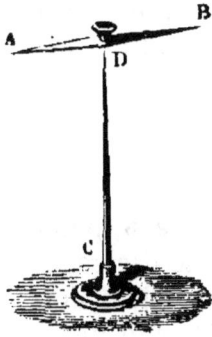

Fig. 330. — Distinction des pôles

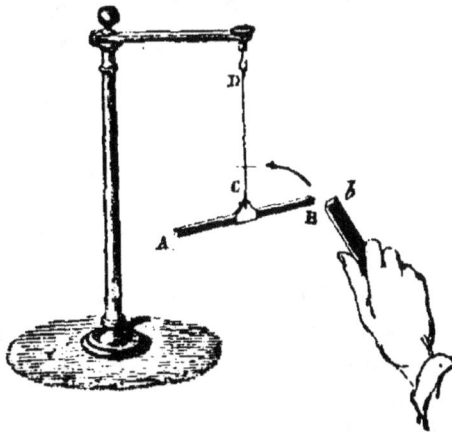

Fig. 331. — Actions réciproques des pôles.

mant mobile sera attiré. On constaterait de même que le pôle nord *a* de l'aimant tenu à la main attire B et repousse A.

Ces faits nous conduisent à la loi suivante : *Les pôles de même nom se repoussent, les pôles de noms contraires s'attirent.*

486. Hypothèse de deux fluides magnétiques. —

Nous suivrons ici la même méthode que dans l'étude de l'électricité et, pour expliquer les faits qui précédent, nous admettrons l'hypothèse de deux fluides magnétiques, l'un résidant vers le pôle nord de la terre et appelé pour cette raison fluide *boréal*, l'autre résidant vers le pôle sud et appelé fluide *austral*. Nous admettrons que les pôles de même nature dans les aimants contenant des fluides de même nom se repoussent, et que ceux de noms contraires s'attirent.

Par suite de ces conventions, on est conduit à appeler *pôle austral* le pôle nord d'un aimant, puisque, se dirigeant vers le point de la terre où réside le fluide boréal, il doit contenir du fluide austral, et *pôle boréal* le pôle sud de ce même aimant.

487. Action d'un aimant sur le fer doux. — Lorsqu'on présente au pôle B d'un aimant un morceau de fer *aa'* (fig. 332), ce dernier s'aimante ; il se crée en *a* un pôle

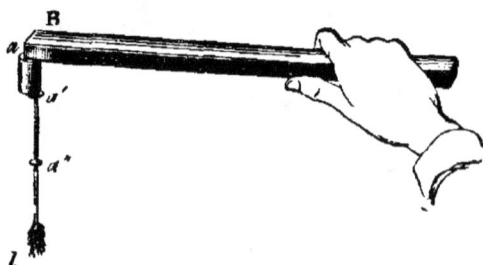

Fig. 332. — Action d'un aimant sur le fer doux.

de nom contraire à B, et en *b* un pôle de même nom ; ce nouvel aimant peut lui-même développer l'aimantation dans un second morceau de fer *a'a''* dans les mêmes conditions, et ainsi de suite.

488. Fer doux. Acier. Force coercitive. — Les résultats de l'expérience sont différents, suivant que l'on soumet à l'action d'un aimant un morceau de fer doux (fer pur) ou un morceau d'acier (fer combiné avec du charbon). Dans le cas du fer doux, l'aimantation se produit instantanément, mais elle cesse dès qu'on éloigne l'aimant. Dans le cas de l'acier, l'aimantation se produit lentement, mais elle subsiste après l'éloignement de l'aimant.

Pour expliquer ces faits on suppose que le fer doux et l'acier contiennent les fluides austral et boréal réunis ensemble, et que l'approche d'un barreau aimanté, déterminant la séparation de ces fluides, produit la vertu magnétique. Dans le fer doux, cette séparation se fait facilement parce que rien ne s'oppose à la libre circulation des fluides; par suite, ils devront se réunir de nouveau dès que l'aimant sera éloigné. Dans l'acier, au contraire, l'aimantation n'est déterminée qu'au bout d'un temps plus long, par suite de l'existence d'une force appelée *force coercitive*, qui s'oppose à la libre circulation des fluides, rend leur séparation plus difficile, mais s'oppose aussi, après cette séparation, à une réunion nouvelle. C'est ce qui fait que l'aimantation subsiste après qu'on a éloigné l'aimant.

489. Effets de la rupture d'un barreau aimanté. — Dans l'étude de l'électricité par influence, nous avons admis que les fluides, en se séparant, se portaient chacun à une extrémité des corps électrisés. Le fait suivant ne nous permet pas d'admettre la même chose pour le magnétisme. Si l'on brise en deux une aiguille d'acier aimantée deux pôles se développent au point de rupture et sont, dans chaque morceau, opposés aux pôles de l'aimant primitif, de sorte que chaque fragment devient lui-même un véritable aimant.

Nous admettrons que le fluide naturel est réparti d'une manière uniforme sur *chaque molécule* de l'acier ou du fer, et que, lorsqu'on les soumet à l'action d'un aimant, ce fluide naturel se décompose en deux fluides qui se portent chacun à l'une des extrémités de la molécule; le fluide austral se portant du côté du pôle austral, le fluide boréal du côté du pôle boréal. On démontre par le raisonnement que cette distribution des fluides conduit au même résultat que si chacun d'eux se trouvait concentré aux centres d'action que nous avons appelés *pôles*.

MAGNÉTISME TERRESTRE.

490. Les expériences que nous avons décrites (484) nous ont montré que la terre exerce une action sur l'aiguille aimantée : nous allons maintenant étudier cette action.

Lorsque au-dessus d'un barreau aimanté un peu énergique AB (fig. 333) on place en C une petite aiguille aimantée *ab* mobile dans le plan horizontal, on la voit se diriger
suivant la ligne des pôles AB, de façon que les pôles de
noms contraires soient tournés les uns vers les autres; si
on la rapproche des extrémités, on la voit s'incliner vers
les pôles, comme l'indique la figure. De même, lorsqu'on
abandonne une aiguille aimantée sur un pivot vertical,
elle se dirige par rapport à l'axe de la terre à peu près
comme le fait l'aiguille aimantée de l'expérience précédente par rapport au barreau fixe. Cette dernière expérience
conduit déjà à assimiler
la terre à un gros aimant.
Cette assimilation est con-
firmée par une expérience
de Gilbert que nous ne
décrirons pas.

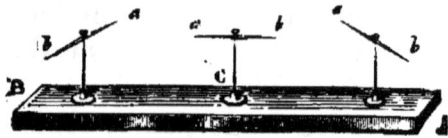

Fig. 333. — Direction d'un aimant par l'action
d'un autre aimant.

Gilbert fut conduit à
admettre que la terre
est un vaste aimant et que le magnétisme de chacun de
ses pôles est contraire à celui qui prédomine dans les
portions des aiguilles aimantées qui se tournent vers lui.
Sans entrer dans l'examen de cette hypothèse, nous allons
définir plus rigoureusement les caractères de l'action magnétique du globe.

491. Nous remarquerons d'abord que, si un objet est immobile dans l'espace et qu'on veuille le transporter, il
faudra exercer sur lui ce qu'on appelle une *force*. Si l'on
veut soulever un corps pesant, il faut exercer sur lui une
force verticale; si on veut le faire glisser sur une table, il
faut qu'il subisse l'action d'une force *horizontale*. Nous appellerons ces forces des *forces de translation*. Mais si le
corps est fixé en un de ses points, si c'est une règle, par
exemple, placée sur une table et traversée par un clou en-
foncé dans la table et autour duquel elle peut tourner, cette
règle ne pourra plus être déplacée sur la table d'une manière quelconque; elle ne pourra que tourner autour du
clou et, si à chaque extrémité de la règle on exerce deux

forces égales, parallèles et de sens contraires, la règle tournera autour du clou jusqu'à ce qu'elle ait pris la direction commune des deux forces. A partir de ce moment, la règle sera en équilibre, car les deux forces n'auront plus pour effet que de séparer les molécules. L'ensemble de ces deux forces égales, parallèles et de sens contraire est appelée *couple*. Son effet est purement directeur.

492. Définition de la déclinaison magnétique. — On peut démontrer que l'action de la terre se réduit à un couple : or si l'on pouvait suspendre un aimant, par son centre de gravité, de manière qu'il fût libre de prendre toutes les directions dans l'espace, il prendrait la direction du couple terrestre, puisqu'il ne s'arrêterait que lorsque les deux forces, dont se compose le couple, agiraient suivant ses prolongements. Mais ce mode de suspension est impossible ; aussi résout-on le problème en le décomposant en deux parties et en cherchant successivement ce que nous allons définir sous les noms de *déclinaison* et d'*inclinaison*.

On commence par déterminer l'orientation dans l'espace du plan vertical dans lequel agit le couple terrestre. Pour cela on détermine l'angle qu'il fait en chaque lieu avec le méridien géographique. C'est ce qu'on appelle déterminer la *déclinaison magnétique* du lieu. Le plan vertical dans lequel agit le couple terrestre s'appelle *méridien magnétique*. On appelle donc *déclinaison magnétique d'un lieu l'angle que fait en ce lieu le méridien magnétique avec le méridien géographique*.

La détermination de la déclinaison se fait avec la boussole de déclinaison, instrument que nous décrirons sommairement sans insister sur les procédés qu'emploient les physiciens pour cette détermination.

493. Boussole de déclinaison. — La boussole de déclinaison se compose d'une aiguille aimantée (fig. 334) capable de se mouvoir horizontalement dans une boîte A, qui peut elle-même tourner autour d'un axe vertical sur un limbe divisé CC′ porté par un trépied à vis calantes. La boîte porte deux montants verticaux BB′, qui supportent l'axe d'une lunette L.

Les marins se servent d'une boussole de déclinaison de

forme particulière appelée *compas* et qui leur sert à savoir dans quelle direction ils doivent orienter leur navire. Elle se compose essentiellement (fig. 335) d'une boîte suspendue à la carène et dont le fond supporte un point sur lequel peut tourner l'aiguille aimantée, qui est fixée sur la face inférieure d'un limbe divisé en degrés et portant une rose des vents. La ligne qui passe par les divisions 0-180 coïncide avec l'axe de l'aiguille. Enfin une ligne de foi est tracée sur le bord supérieur de la boussole. Quand on installe

Fig. 334. — Boussole de déclinaison.

l'appareil, on place cette ligne suivant l'axe du navire. Voyons maintenant le double usage de la boussole marine.

Quand le navire se trouve en un endroit, dont on connaît à peu près la déclinaison, 20° occidentale, par exemple, ce qui veut dire que l'aiguille s'y place à 20° à l'Ouest de la ligne Nord-Sud, si l'officier de quart veut diriger le navire à l'Est et suivant la ligne 45°, il commande la manœuvre jusqu'à ce que la division 65 vienne se placer suivant la ligne de foi, 0-180 étant à l'Ouest. Pendant le mouvement de rotation du navire, l'aiguille est restée dans une direction fixe faisant un angle de 20° à l'Ouest avec la ligne

Nord-Sud ; l'axe du navire se trouvant à 65° de l'aiguille est par suite à 45° Est de la ligne Nord-Sud, c'est-à-dire dans la direction où il doit s'avancer.

Si au contraire l'officier de quart, ne connaissant pas le lieu où il se trouve, veut le déterminer, il mesurera la déclinaison à l'aide de pièces accessoires que porte la

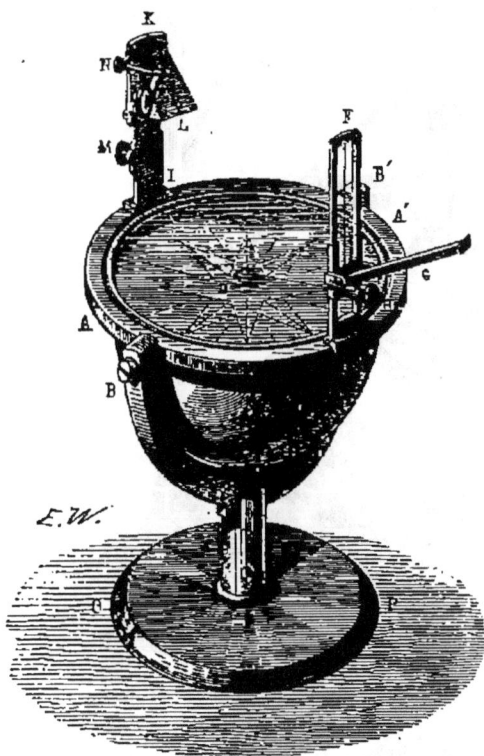

Fig. 335. — Boussole marine.

boussole. Les tables, dont il est muni, lui permettant ensuite de trouver, au moins approximativement, le point du globe où la déclinaison a la valeur observée.

494. Définition de l'inclinaison magnétique. — Quand on a déterminé l'orientation du méridien magnétique dans l'espace, on détermine l'angle que fait dans ce plan, avec l'horizon, la moitié australe d'une aiguille aimantée suspendue par son centre de gravité autour d'un axe horizontal. Quand cette aiguille aimantée est en équilibre, sa direction donne la direction du couple terrestre. C'est ce que l'on pourrait démontrer à l'aide de raisonnements que nous n'exposerons pàs. L'angle dont nous venons de parler est ce qu'on appelle l'*inclinaison magnétique d'un lieu.*

L'inclinaison magnétique d'un lieu est donc l'angle que fait, en ce lieu, avec l'horizon la moitié australe d'une aiguille

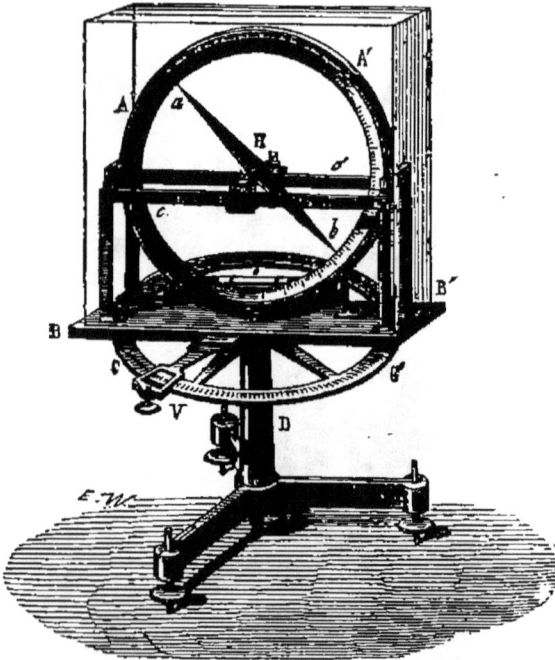

Fig. 336. — Boussole d'inclinaison.

aimantée, suspendue dans le plan du méridien magnétique autour d'un axe horizontal passant par son centre de gravité.

L'inclinaison se détermine à l'aide de la boussole d'inclinaison. Nous décrirons cet instrument, sans insister sur les procédés dont se servent les physiciens pour effectuer la détermination de l'inclinaison.

495. Boussole d'inclinaison. — La boussole d'inclinaison se compose d'une aiguille *ab* (fig. 336) mobile autour d'un axe horizontal H et pouvant se mouvoir sur un limbe vertical AA' placé dans une cage BB', qui peut elle-même tourner autour d'un axe D sur un limbe divisé CC' porté par un trépied à vis calantes.

496. Variations de la déclinaison et de l'inclinaison en un même lieu. — La déclinaison varie non seulement d'un lieu à un autre, mais en un même lieu elle subit des variations. Ainsi à Paris elle était, en 1580, de 38° orientale, et aujourd'hui elle est occidentale et de 15° 30'.

En un même jour l'aiguille de déclinaison varie aussi de position. Pendant la nuit l'aiguille demeure à peu près immobile, mais elle se met en mouvement dès le lever du soleil et marche d'abord de l'est vers l'ouest, puis, vers une heure de l'après-midi, elle rétrograde vers l'est, et finit par reprendre sa position première vers dix heures du soir.

L'inclinaison varie aussi en un même lieu. Depuis 1671, époque à laquelle sa valeur à Paris était de 75°, l'inclinaison a toujours été en décroissant : en 1835, elle était de 67° 14' ; en 1849, de 67° ; en 1856, de 66° 25' ; aujourd'hui, elle est de 65° 9'.

PROCÉDÉS D'AIMANTATION.

497. On peut développer artificiellement la vertu magnétique dans des barreaux d'acier à l'aide de différents procédés que nous allons décrire.

498. Simple touche. — Le procédé de la simple touche est le plus anciennement connu. Il consiste à frotter un certain nombre de fois, dans le même sens (fig. 337), le barreau à aimanter sur le pôle A d'un aimant : en frottant dans le sens indiqué par la flèche, il se produira en *b* un pôle de nom contraire à A, et à l'extrémité opposée un pôle de même nom que A.

On peut aussi mettre l'une des extrémités de l'aiguille à aimanter en contact avec l'un des pôles d'un aimant et l'y laisser pendant un temps suffisant pour que l'aimantation se développe. L'extrémité en contact avec l'aimant prend un pôle de nom contraire à celui qu'elle touche. Knight [1], Duhamel [2], et Œpinus apportèrent chacun des perfection-

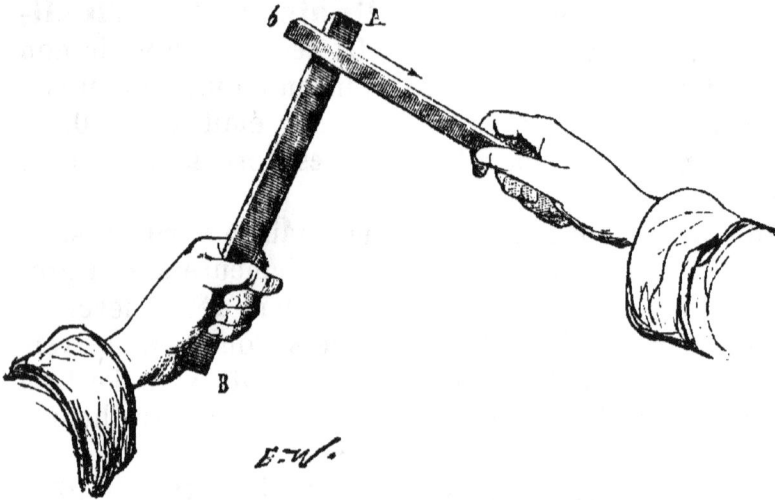

Fig. 337. — Simple touche.

nements importants aux procédés d'aimantation.

499. Touche séparée. — Knight imagina de prendre

Fig. 338. — Touche séparée.

deux aimants, de les poser sur le barreau à aimanter ab,

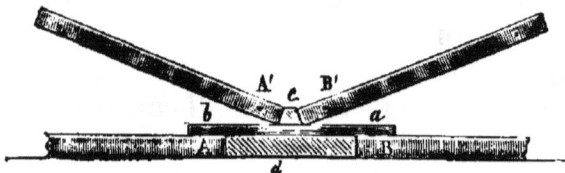

Fig. 339. — Touche séparée.

comme l'indique la figure 338, en mettant en regard leurs pôles de noms contraires A et B; puis, il les séparait en

1. Knight, physicien anglais, vivait au siècle dernier.
2. Duhamel, membre de l'Académie des sciences, vivait au siècle dernier.

les faisant glisser jusqu'aux extrémités opposées du barreau ; il les replaçait ensuite dans la même position, recommençait la même opération, et ainsi de suite.

Duhamel opérait de la même manière ; il installait solidement sur une table horizontale deux aimants puissants et mettait leurs pôles austral A et boréal B en regard (fig. 339), mais en les séparant par un morceau de bois *d* ; puis, il plaçait au-dessous la barre à aimanter *ab*, et la frottait comme le faisait Knight, *mais en inclinant les aimants A' et B' sur la barre ab.* Il se faisait en *a* un pôle austral, en *b* un pôle boréal.

500. Double touche. — Œpinus installait la barre à aimanter de la même manière au-dessus de deux aimants A

Fig. 340. — Faisceau magnétique.

et B. Puis, plaçant au milieu deux aimants inclinés et dont les pôles contraires A' et B' étaient en regard semblables chacun aux pôles A et B au-dessus desquels ils se trouvaient, il les transportait, sans les séparer, en allant d'abord de *c* en *b*, puis de *b* en *a*, et ainsi de suite. Il terminait les frictions en allant de *a* vers *c*, de manière à avoir parcouru un nombre égal de fois les deux moitiés de l'aimant.

Ce procédé est le plus efficace.

501. Faisceaux magnétiques. — Pour avoir de plus forts aimants, on dispose en faisceaux des barreaux aimantés, dont les pôles de même nom sont en regard (fig. 340). Souvent on donne à ces faisceaux la forme d'un fer à cheval (fi.g 341). Pour conserver aux aimants leur force magnétique, il faut avoir soin de placer contre les pôles des plaques de fer doux appelées *armatures*. On voit en *ab* cette armature munie

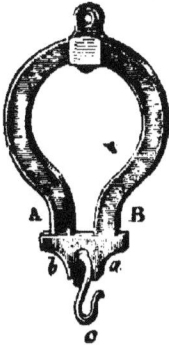

Fig. 341. — Faisceau magnétique en fer à cheval.

d'un crochet. Si à ce crochet on suspend des poids et qu'on en augmente chaque jour le nombre, la force magnétique de l'aimant augmente avec eux. Les armatures ont pour effet de maintenir la séparation des fluides; l'absence d'armatures amène une déperdition de magnétisme.

Une élévation de température un peu notable détruit aussi la vertu magnétique.

ÉLECTRICITÉ VOLTAÏQUE

ou

DYNAMIQUE

CHAPITRE PREMIER

ÉLECTRICITÉ DE CONTACT. — EXPÉRIENCES DE GALVANI ET DE VOLTA. — PILE DE VOLTA ET SES PRINCIPALES MODIFICATIONS — PILES THERMO-ÉLECTRIQUES.

502. Expériences de Galvani et de Volta. — Si l'on excepte l'électricité atmosphérique, dont les origines ne sont pas encore bien connues, le frottement fut, jusqu'à la fin du siècle dernier, le seul moyen connu pour électriser les corps. En 1789, les expériences de Galvani et de Volta conduisirent à la découverte d'une autre source d'électricité.

C'est à Galvani, professeur de physiologie à Bologne, que l'on doit les expériences qui menèrent à cette découverte. Au cours d'expériences faites pour étudier l'action de l'électricité sur le système nerveux des animaux, il eut l'occasion de couper une grenouille au-dessous des nerfs lombaires et de la dépouiller de sa peau. Il la suspendit à une balustrade en fer à l'aide d'un fil de cuivre, qui passait à travers les nerfs lombaires. Chaque fois que les cuisses de la grenouille étaient amenées au contact des barreaux de fer, les muscles de l'animal se contractaient violemment. Pour s'assurer que ce phénomène n'était pas dû aux altérations que le fer avait subies, ou à un état électrique particulier qu'il aurait acquis par une longue exposition à l'air, Galvani répéta l'expérience en réunissant les nerfs et les muscles de la jambe par un arc formé de deux métaux différents comme le cuivre et le zinc. Il reconnut que les mêmes contractions se manifestaient à chaque contact. On peut répéter cette expérience avec un compas dont l'une des branches est en cuivre et l'autre en zinc (fig. 342).

Galvani expliqua ce phénomène en admettant que les nerfs et les muscles de la grenouille pouvaient être comparés aux armures d'un condensateur chargées de fluides de noms contraires, et qu'au moment du contact avec le ballon de fer les deux fluides se recombinaient à travers l'arc métallique et déterminaient les contractions observées.

Volta, professeur de physique à Pavie, nia l'exactitude de l'explication donnée par Galvani, et prétendit qu'au contact des deux métaux hétérogènes se développait de l'électricité, que le fer et le cuivre se chargeaient

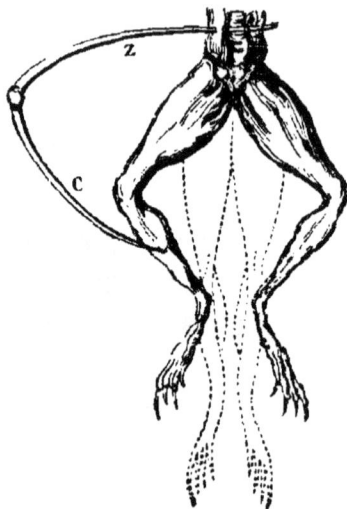

Fig. 342. — Expérience de Galvani.

de fluides de noms contraires, et que le corps de la grenouille était, au contraire, l'arc conducteur à travers lequel se recombinaient les fluides produits et retenus sur chaque métal par une force à laquelle il donnait le nom de *force électromotrice*.

Pour prouver l'exactitude de l'hypothèse qu'il faisait, Volta prit deux disques, l'un de cuivre, l'autre de zinc, portés chacun par un manche isolant. Il les prenait par le manche et les mettait au contact, puis les séparait dans une direction bien perpendiculaire à chacun d'eux, de manière à ne pas les frotter. Il put alors, à l'aide d'un électroscope condensateur, constater que le disque de cuivre est électrisé négativement et le disque de zinc positivement.

Volta fut conduit à admettre un principe général que nous énoncerons de la manière suivante :

Lorsqu'on met au contact deux substances de natures diffé-rentes, il s'établit entre elles une différence de niveau électrique ou de potentiel. Cette différence ne dépend que de la nature des corps et de leur température : elle est indépendante de leur forme, de leurs dimensions, et de la valeur absolue du niveau électrique sur chacun d'eux. Voici ce que ces derniers mots signifient. Prenons le zinc et le cuivre, et représen-

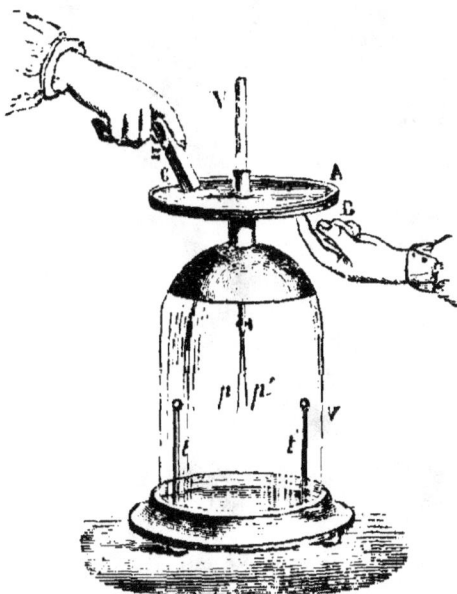

Fig. 313. — Expériences de Volta.

tons par 100 la différence de leurs niveaux électriques : cette différence sera toujours 100 quel que soit le niveau de l'un d'eux. Si le cuivre, par exemple, est en communication avec la terre, par suite au niveau zéro, le zinc mis en contact avec lui prendra un niveau électrique ou un poten-tiel positif égal à 100.

Si le cuivre est en communication avec une source né-gative, qui le maintienne au niveau négatif 50, le zinc mis en contact avec lui prendra le niveau positif 50. La différence de niveau sera encore 100, puisque le cui-vre est à 50 au-dessous du niveau zéro, le zinc à 50 au-dessus ; la distance des deux niveaux sera encore 100

Volta fit encore les expériences suivantes. Il prenait une lame formée d'un morceau de cuivre Z (fig. 343) soudé bout à bout à un morceau de cuivre C, et, tenant le zinc d'une main, il touchait avec le cuivre l'un des plateaux d'un électromètre condensateur, pendant que de l'autre main il mettait l'autre plateau en communication avec le sol. Au bout d'un certain temps, il enlevait la double lame,

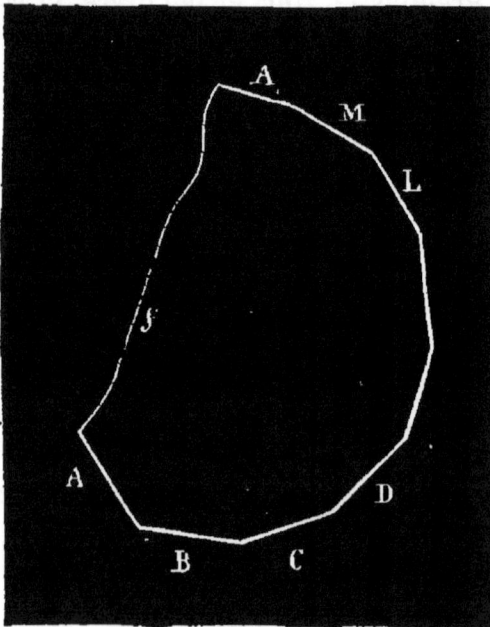

Fig. 344. — Théorie du contact.

séparait les deux plateaux et constatait par la divergence des feuilles d'or que l'appareil s'était électrisé. Il reconnaissait que l'électroscope avait reçu du cuivre de l'électricité négative. Ce résultat s'explique facilement dans l'hypothèse de Volta. Le zinc étant en communication avec le sol est au niveau zéro, et le cuivre devant être à un niveau inférieur de 100 à celui du zinc sera au niveau négatif — 100 et cédera de l'électricité négative à l'électroscope.

Si l'on forme une chaîne ouverte et formée de métaux différents à la même température, l'expérience prouve que la différence de niveau électrique est la même que si les deux mé-

*taux extrêmes étaient directement unis et que les autres n'exis-
tassent pas.* Il en résulte que si la chaîne (fig. 344) est terminée à ses deux extrémités par le même mé-tal A, ces deux extrémités seront au même niveau électrique et, si l'on réunit A et A par un fil de même na-ture *f*, il n'y aura pas d'écoulement d'électricité de l'un vers l'autre.

Mais si, au lieu de ne mettre dans la chaîne que des métaux, on y met des métaux et des liquides, on peut avoir une différence de niveau entre les deux extrémités, quoiqu'elles soient formées par le même métal. Si on les réunit, on pourra alors avoir un écoulement d'électricité d'une extré-mité vers l'autre. C'est là l'idée qui conduisit Volta à l'invention de l'ad-mirable instrument que l'on appelle la *pile de Volta.*

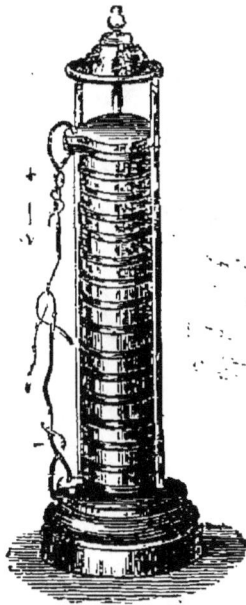

Fig. 345. — Pile de Volta.

503. Pile de Volta. — La pile de Volta se compose d'une série de lames zinc et cuivre sou-dées ensemble et superposées entre trois colonnes de verre (fig. 345), chaque grou-pe étant séparé du précédent par une rondelle de drap mouillé d'eau acidu-lée. Voici comment il convient de la mon-ter. On place sur le pied de l'appareil une double lame, le cuivre

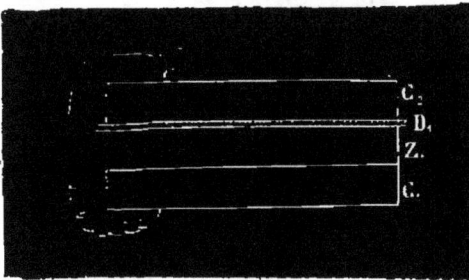

Fig. 346. — Pile de Volta.

en dessous; au-dessus du premier zinc une rondelle de drap mouillé, au-dessus de celle-ci une double lame et ainsi de suite jusqu'au haut de la colonne que l'on termine par une lame en cuivre reposant sur une rondelle de drap.

Pour nous rendre compte de ce qui va se passer, nous dirons d'abord que l'expérience prouve que : 1° que si l'on met en

contact du zinc et du cuivre, le zinc comme niveau électrique est à 100 au-dessus du cuivre ; 2° si l'on met en contact du drap mouillé et du zinc, le drap mouillé est à 16
au-dessus du zinc ; 3° si l'on met en contact du cuivre et du
drap mouillé, le cuivre est à 9 au-dessus du drap mouillé.

Cela posé, admettons que nous ayons d'abord le système
représenté par la figure 346 composé d'une double lame
de cuivre C_1 et zinc Z_1, surmonté d'une rondelle de drap D_1
sur laquelle on a posé une lame de cuivre C_2. Voici comment on peut représenter les choses.

Comme niveau électrique ou potentiel :

Z_1 est à 100 au-dessus de C_1
D_1 — 16 — Z_1 Donc
D_1 — 116 — C_1
C_2 — 9 — D_1 Donc
C_2 — 125 — C_1

Il y a donc entre C_2 et C_1 une différence de niveau ou
force électromotrice égale à 125, et, si on les réunit par un
fil de *cuivre*, qui ne créera pas de nouveau contact hétérogène, il y aura écoulement d'électricité positive de C_2 vers
C_1. Réciproquement il y aura écoulement d'électricité négative de C_1 vers C_2. Ce double courant s'appelle *courant
électrique*. On ne considère ordinairement que le flux
d'électricité positive qui va du pôle positif C_2 au pôle négatif C_1. Remarquons qu'à mesure que l'écoulement a lieu,
la force de contact rétablit la différence des niveaux.

Supposons maintenant qu'au système de la figure 346 on
superpose (fig. 347) un système Z_2, D_2, C_3. Qu'arrivera-t-il ?

C_2 est à 125 au dessus de C_1
Z_2 — 100 — C_2 ou à 225 au-dessus de C_1
D_2 — 16 — Z_2 241 — C_1
C_3 — 9 — D_2 250 — C_1

Donc en doublant le nombre des systèmes ou éléments
voltaïques, on a doublé la force électromotrice et par suite
la quantité d'électricité qui s'écoule en un temps donné
d'un pôle à l'autre.

Pendant que le courant passe, les électricités se recombinent et le contact rétablit à chaque instant la différence de niveau : il se produit en même temps dans la pile, entre l'eau acidulée et le zinc, des réactions chimiques d'une grande importance, sur lesquelles nous ne pouvons insister, mais qui ont pour but d'entretenir la différence de potentiel ou de niveau électrique entre les deux pôles, par suite d'entretenir le courant.

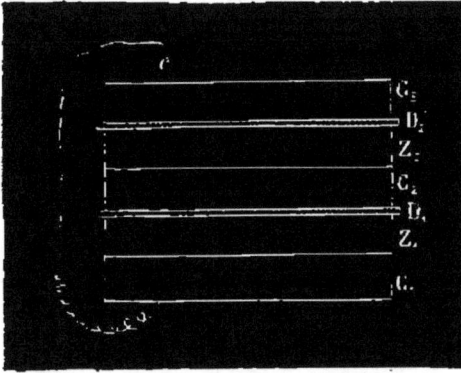

Fig. 347. — Pile de Volta.

La pile de Volta présente des inconvénients. La différence de niveau électrique entre les deux pôles diminue bientôt, et par suite l'intensité des effets que le courant est destiné à produire. On attribua d'abord cela à la dessiccation des rondelles de drap comprimées par le poids des disques superposées, et on substitua à la pile à colonnes la *pile à auges*.

504. **Pile à auges**. — La pile à auges, inventée par Cruikshank, n'est autre que la pile à colonne de Volta couchée horizontalement et échappant par là même aux in-

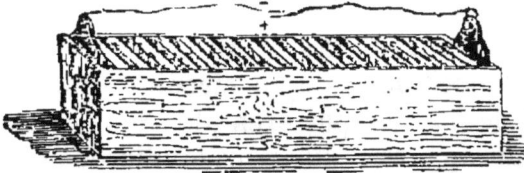

Fig. 348. — Pile à auges.

convénients résultant de la superposition des disques. Elle est formée d'une caisse rectangulaire en bois (fig. 348), mastiquée à l'intérieur et partagée en auges étroites par des cloisons métalliques formées chacune par une lame de zinc soudée à une lame de cuivre. Ces cloisons sont disposées dans le même ordre, de manière que la paroi gauche de chacune d'elles soit formée par une lame de zinc, par exemple, et la paroi droite par une lame de cuivre.

On verse dans chaque auge de l'eau acidulée par l'acide sulfurique; le liquide doit remplir l'auge, mais ne doit pas déborder par-dessus les cloisons.

505. Piles à deux liquides. — La cause de l'affaiblissement des piles précédentes et de celles de Wollaston et de Munch, que nous ne décrirons pas, tient surtout à ce que les réactions chimiques qui se passent dans la pile changent, par l'apparition de corps nouveaux, les conditions de contact que nous avons supposées invariables. Il faut, pour bien étudier ce qui se passe, connaître les effets chimiques. Nous les étudierons dans le chapitre suivant.

PILES THERMO-ÉLECTRIQUES.

506. Nous avons vu, par l'étude que nous avons faite de la pile, comment on pouvait produire un courant électrique par l'accouplement de métaux différents en interposant entre les métaux des liquides capables de donner lieu à des transformations chimiques destinées à entretenir ce courant. L'expérience suivante due à Seebeck (1821) montre que l'on peut arriver au même résultat en remplaçant la chaleur, que fournissent les actions chimiques, par de la chaleur donnée directement à la surface de contact de deux métaux.

507. Circuit formé avec un seul métal. — Nous étudierons d'abord le cas d'un circuit formé par un seul métal, un fil de platine, par exemple. Nous nous servirons pour cela d'un appareil, que nous étudierons bientôt sous le nom de *galvanomètre*, et qui consiste essentiellement en une aiguille aimantée suspendue à un axe vertical dans un cadre entouré d'un fil métallique. Nous verrons que, si l'on fait passer un courant dans ce fil, l'aiguille est déviée *dans* un *sens* ou *dans l'autre*, suivant le *sens* du courant et que la déviation augmente avec *l'intensité* du courant, c'est-à-dire avec la quantité d'électricité qui passe dans le fil. Supposons que le fil du galvanomètre, qui est ordinairement en cuivre, soit en platine et relions ses deux extrémités par un autre fil de platine. Nous aurons ainsi un circuit formé par un seul métal.

Si le fil de platine relié au galvanomètre est *parfaitement* homogène, on peut chauffer l'un quelconque de ses points sans que le galvanomètre indique la production d'un courant électrique. Mais, si l'on vient à détruire cette homogénéité en modifiant en un point la structure du métal, soit en le martelant, soit en le contournant, et qu'on chauffe ensuite le fil en un point voisin de la partie modifiée, on voit immédiatement le galvanomètre indiquer la naissance d'un courant. Quand on fait l'expérience avec le platine, le courant va de la partie la moins dure à la partie la plus dure en passant par le point chauffé. Il en est de même pour l'or, l'argent, le cuivre, l'acier et le laiton. Le courant est de sens inverse dans le fer, l'étain et le zinc.

508. **Circuit formé avec plusieurs métaux.** — Si le circuit est formé par deux barreaux ou deux fils métalliques de natures différentes et soudés par leurs extrémités

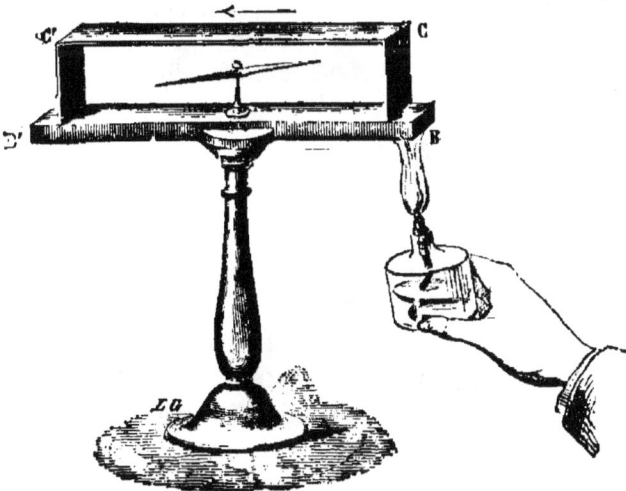

Fig. 349. — Expérience de Seebeck.

il suffit de maintenir les deux soudures à des températures différentes pour qu'il se produise un courant. Seebeck a démontré ce principe par l'expérience suivante. Il soudait a un barreau de bismuth BB′ (fig. 349) une lame de cuivre CC′ deux fois recourbée à angle droit. Il mettait le cadre ainsi formé dans la direction du méridien magnétique, après avoir placé dans l'intérieur une aiguille aimantée portée par un pivot vertical. Chauffant alors la soudure B en laissant la soudure B′ froide, il vit l'aiguille se dévier et indiquer par sa déviation l'existence d'un courant allant du bismuth au cuivre en passant par la soudure chauffée.

On doit à Pouillet l'expérience suivante qui établit le même fait, mais avec un appareil plus sensible que celui

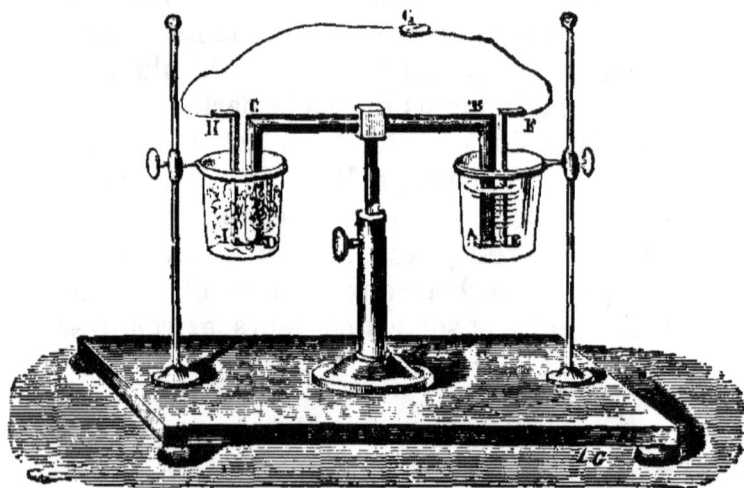

Fig. 350. — Couple thermo-électrique de Pouillet.

de Seebeck. On soude aux extrémités A et D (fig. 350) d'un barreau de bismuth en fer à cheval ABCD des lames de cuivre EF, GH et on les réunit par des fils, qui aboutissent à un galvanomètre G; puis on plonge la soudure D dans un vase renfermant de la glace et la soudure A dans un second vase contenant de l'eau chaude. Immédiatement l'aiguille du galvanomètre se dévie, indiquant par le sens de sa déviation un courant qui va du bismuth au cuivre à travers la soudure chaude. Le sens du courant dépend de la nature des métaux, son intensité reste constante tant que la différence de température ne varie pas, et elle est proportionnelle à cette différence, si la température reste entre certaines limites.

Quand on soude bout à bout plusieurs couples thermo-
électriques (fig. 351), on a ce que l'on appelle une *pile
thermo-électrique*. Pour déterminer la production du
courant, on chauffe toutes les soudures d'une même pa-
rité, les impaires par exemple, et on laisse les autres
froides. L'intensité est proportionnelle au nombre de
couples.

509. **Thermo-multiplicateur**. — En augmentant le
nombre des soudures et la différence de leur température on
augmente l'intensité du courant fourni. C'est ce qu'ont

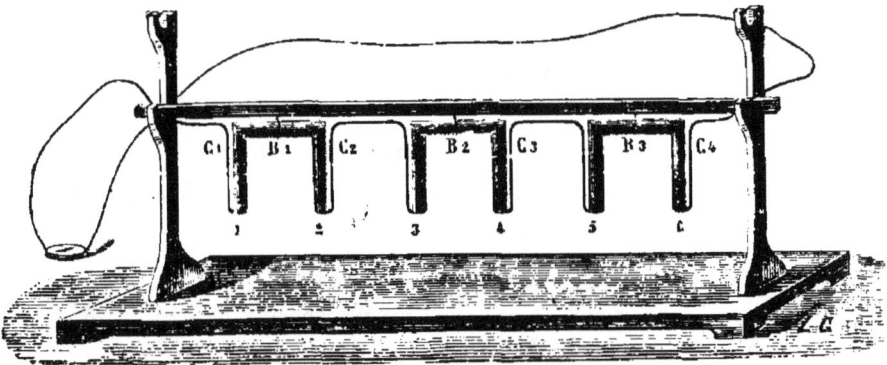

Fig. 351. — Pile thermo-électrique.

réalisé Nobili et Melloni, dans la construction du thermo-
multiplicateur, appareil qui sert dans l'étude de la chaleur
rayonnante et qui se compose d'une série de barreaux

Fig. 352. — Pile de Melloni.

de bismuth et d'antimoine soudés bout à bout et repliés
en zigzags rectangulaires (fig. 352) de manière que
l'ensemble forme un prisme à base carrée. Si, partant du
premier barreau, on numérote les soudures en suivant la
série, toutes celles de rang pair seront sur une même base

du prisme et toutes celles de rang impair sur l'autre. La pile est enveloppée par une gaine de cuivre isolé du prisme.

La pile de Clamond, qui est maintenant employée dans un certain nombre d'applications industrielles, repose sur le même principe.

CHAPITRE II

NOTIONS SUR LES LOIS QUE SUIVENT LES COURANTS ÉLECTRIQUES DANS LEUR PROPAGATION. — UNITÉS ÉLECTRIQUES.

510. Les courants électriques obéissent, dans leur propagation, à des lois qui ont été déterminées par le physicien anglais Ohm et que nous devons faire connaître pour mieux faire comprendre les effets des courants électriques.

511. Force électromotrice d'une pile. — La différence de niveau électrique ou de potentiel qui s'établit par la loi du contact entre les deux pôles d'une pile est ce qu'on appelle sa *force électromotrice*. Cette force électromotrice varie avec la nature de la pile. Si l'on réunit les deux pôles de la pile par un fil conducteur, l'électricité positive, qui est au pôle positif, dont le niveau électrique est plus élevé que celui du pôle négatif, s'écoule du pôle positif au pôle négatif : inversement l'électricité négative qui est pôle négatif remonte vers les niveaux plus élevés et s'écoule vers le pôle positif. Cette double circulation constitue ce qu'on appelle un *courant électrique*. En même temps que se fait cet écoulement interpolaire, les réactions chimiques, qui se produisent dans la pile, rétablissent la différence de niveau entre les deux pôles, différence qui, sans ces réactions, deviendrait bientôt nulle par suite de l'écoulement interpolaire : de l'électricité positive se porte

au pôle positif tandis qu'une dose égale d'électricité négative se rend au pôle négatif. Il y a donc aussi dans la pile
un double courant, qui peut être considéré comme la
continuation du courant extérieur. Pour simplifier l'exposition des faits on a l'habitude en physique de ne considérer que le courant d'électricité *positive*, allant *extérieurement* du pôle *positif* au pôle *négatif* et *intérieurement* du
pôle *négatif* au pôle *positif*.

512. Intensité d'un courant. — Au bout d'un temps
très court après la réunion des deux pôles, il s'établit dans
le fil un état qu'on a appelé *régime permanent* et, tant que
la pile fonctionnera d'une manière régulière, il s'écoulera
pendant chaque seconde, à travers la section du fil, une
quantité constante d'électricité : c'est ce qu'on appelle
l'*intensité* du courant.

L'intensité des courants est une grandeur : elle devient
double, triple, quadruple, si l'on fait passer à la fois dans
un même conducteur deux, trois, quatre courants égaux.
La mesure de l'intensité des courants se fait à l'aide du
galvanomètre, instrument dont nous avons déjà parlé (507)
et que nous décrirons dans le chapitre suivant. Elle est
proportionnelle aux déviations de l'aiguille, tant que ces
déviations ne dépassent pas 20°.

513. Puissance d'une pile. — Dire qu'une pile a une
force électromotrice que j'appelle E et fournit un courant
d'intensité que j'appelle I, c'est dire qu'il y a entre ses
pôles une différence de niveau égale à E et que, dans
chaque seconde, il tombe du pôle positif au pôle négatif
une quantité d'électricité positive égale à I. Mais nous
avons vu (457) qu'il se produisait alors un travail égal au
produit de la quantité d'électricité par sa hauteur de chute
c'est-à-dire ici à $I \times E$. Ce produit représente ce qu'on
appelle la *puissance* de la pile et rend compte des effets mécaniques ou autres que peut produire le courant électrique.

Il y a ici encore une analogie très frappante entre le travail que produit la pesanteur et celui que peut produire
l'électricité.

Supposons que pendant chaque seconde une chute d'eau
laisse tomber un poids d'eau, que j'appelle P, d'une hau-

teur que j'appelle H, dans un tuyau de section égale à 1 ;
il se produira pendant chaque seconde un travail mécanique P × H, P sera le *débit* de la chute, H la *hauteur*
de chute et P × H sera la puissance de la chûte d'eau.
Cette eau pourra effectuer un travail mécanique, faire tourner une roue qui mettra des outils en mouvement. On voit
qu'il en est de même dans une pile : I, ou son intensité, représente le débit d'électricité de la pile, E la hauteur de
chute ou la différence des niveaux électriques des pôles.

514. Résistance des conducteurs. — L'intensité
du courant fourni par une pile et par suite la puissance de
la pile dépendent du conducteur interposé entre les pôles,
parce que ce conducteur oppose une *résistance*, qui ne laisse
passer en un temps donné qu'une certaine quantité d'électricité. Prenons en effet un couple thermo-électrique
donnant au galvanomètre une déviation déterminée. Si
nous interposons entre le galvanomètre et le couple un fil
métallique, la déviation deviendra plus faible, ce qui nous
montre que l'intensité du courant, ou la quantité d'électricité qui passe par seconde dans l'unité de section, va en
diminuant.

Ohm a prouvé : 1° que la longueur et la section du fil
interpolaire restant les mêmes, la résistance et par suite
l'intensité variaient avec la nature du fil ; 2° que la nature
et la longueur du fil restant les mêmes, la résistance était
inversement proportionnelle à la section et l'intensité proportionnelle à cette section ; 3° que la nature et la
section restant les mêmes la résistance était proportionnelle à la longueur du fil et l'intensité inversement proportionnelle à la longueur.

On voit qu'ici encore les analogies avec la chute d'un
liquide sont très frappantes : 1° pour une même section du
tube, le débit variera avec la nature du fil, il sera plus
grand dans un tube à surface intérieure polie que dans un
tube dont la surface intérieure serait hérissée d'aspérités
déterminant un frottement ; 2° pour deux tubes de même
nature le débit sera d'autant plus grand que la section sera
plus grande ; 3° pour deux tubes de même section et de même
nature, le débit diminuera quand la longueur augmentera

parce que la résistance à l'écoulement due au frottement contre la paroi augmentera avec la longueur du tuyau.

La résistance électrique des liquides est incomparablement plus grande que celle des solides. Aussi les piles à liquides doivent-elles avoir, dans la direction du courant, une petite épaisseur et une grande section.

515. Relation entre l'intensité, la force électromotrice et la résistance. — Les expériences d'Ohm et de Pouillet ont prouvé que si l'on appelle E la force électromotrice d'une pile, R la résistance totale, opposée au courant tant par la pile que par le fil interpolaire, l'intensité du courant était égale au quotient de la force électromotrice par la résistance c'est-à-dire que $I = \dfrac{E}{R}$.

516. L'intensité du courant d'une pile est la même, en tous les points du circuit qu'il parcourt. — On peut démontrer expérimentalement ce principe. Si l'on interpose un galvanomètre en différents points du circuit interpolaire, on observe toujours la même déviation de l'aiguille.

517. Association des couples ou éléments d'une

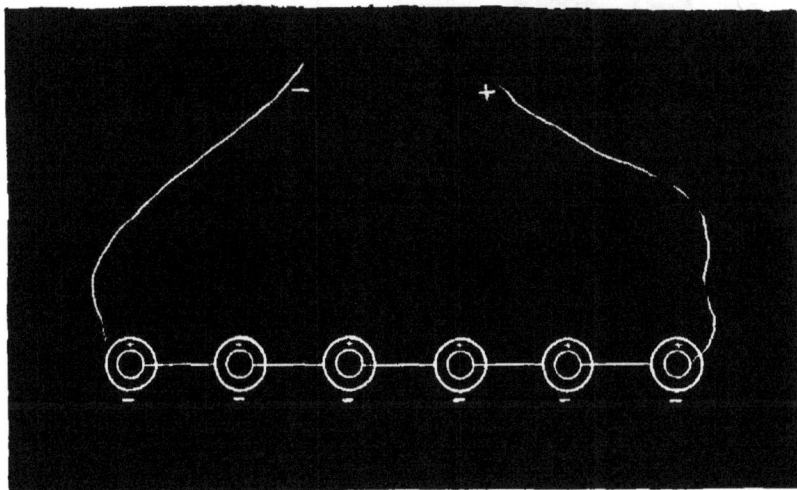

Fig. 353. — Association en série ou en tension.

pile. — Il y a deux manières principales d'associer les éléments d'une pile. Tantôt on réunit le pôle positif du premier élément au pôle négatif du second, le pôle positif du second au pôle négatif du troisième et ainsi de suite ; le fil interpolaire va alors du pôle positif du premier élément au pôle négatif du dernier ; ce mode d'association est *l'association en série* on *en tension* (fig. 353).

Tantôt on réunit tous les pôles positifs ensemble, tous

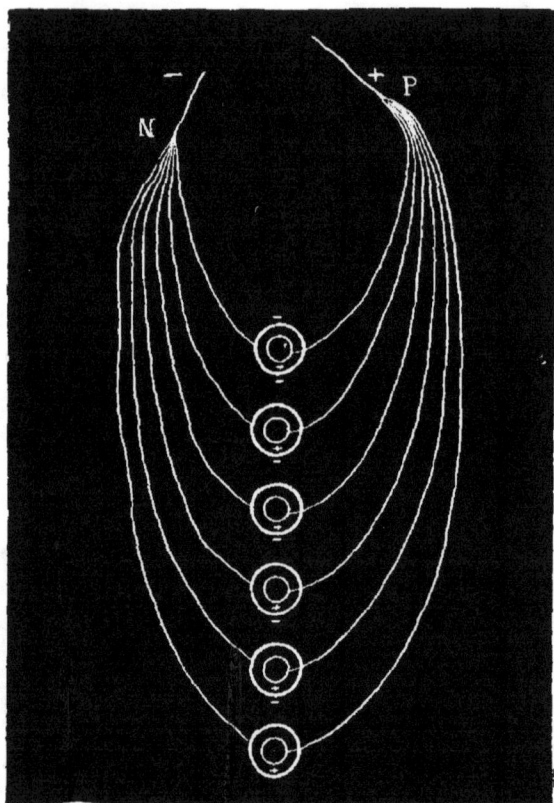

Fig. 354. — Association des éléments en batterie ou en quantité.

les pôles négatifs ensemble et le fil interpolaire va du pôle positif multiple au pôle négatif multiple. Ce mode d'association est *l'association en quantité* ou *en batterie* (fig. 354).

C'est le premier mode d'association qu'il faudra employer dans le cas de résistances extérieures grandes, lorsqu'il s'agit, par exemple, de produire de la lumière

électrique par arc lumineux à travers l'air, substance dont
la résistance est infiniment grande, ou bien quand on voudra que le courant d'une pile thermo-électrique traverse
des fils métalliques dont la résistance est incomparablement
plus grande que celle de la pile. On devra adopter l'association en quantité chaque fois qu'on aura une petite résistance extérieure ; c'est ce qui se présentera quand, avec des
piles hydro-électriques dont la résistance est grande, on
voudra faire rougir des fils métalliques dont la résistance
est faible par rapport à celle de la pile.

Nous donnons, dans la note ci-dessous[1], l'énumération et

[1].   UNITÉS ÉLECTRIQUES.

Unités CGS. — On a adopté depuis quelques années pour mesurer
les quantités que l'on rencontre dans les sciences physiques, trois
unités fondamentales dont on fait dériver toutes les autres. Sans
entrer dans les détails de cette question, nous dirons que les trois
unités fondamentales de ce système d'unités, qu'on appelle système CGS, sont : 1° l'unité de *longueur* C qui est le centimètre ;
2° l'unité de *masse* G qui est la masse du gramme ou du centimètre
cube d'eau distillée ; 3° l'unité de temps S, qui est la seconde.

De ces trois unités, on fait dériver les unités secondaires, parmi
lesquelles nous trouvons l'unité de force qui est la *dyne* et l'unité de
travail qui est l'*erg*. L'unité de force ou *dyne* est la force attractive
qu'exercent l'une sur l'autre deux masses égales chacune à l'unité et
séparées par une distance d'un centimètre. Le poids d'un centimètre
cube d'eau distillée pur à 4°, ou gramme, vaut 981 dynes. La dyne
étant, comme on le voit très petite, puisque c'est la neuf cent
quatre-vingt-unième partie du gramme, c'est-à-dire un peu plus de
1 milligramme, on se sert souvent d'une unité, qui est un million de
fois plus grande, et qu'on appelle *mégadyne*.

L'unité de *travail* ou *erg* est le travail que produit une *dyne* en
déplaçant dans sa direction son point d'application de 1 centimètre.
Le mégerg vaut 1 million d'ergs et le kilogrammètre vaut sensiblement 100 millions d'ergs.

Unités électriques. — Pour mesurer les différentes quantités que
l'on a à considérer en électricité, le Congrès international d'électricité a fixé des unités qui dérivent du système CGS. Ces unités
étant très petites on y substitue dans la pratique des unités qui en
sont des multiples, et qu'on appelle *unités pratiques*. Nous allons les
énumérer et les définir.

L'unité pratique de *résistance* est l'*ohm* légal. C'est la résistance
d'une colonne de mercure de 1 millimètre carré de section et de
103 centimètres de longueur à la température de la glace fondante.

On peut dire aussi que l'ohm légal est la résistance de 63^m,13 de

la définition des unités usitées en életricité. Il y a là des mots qui sont passés dans le langage journalier des électriciens et qu'il faut connaître.

CHAPITRE III

EFFETS DES COURANTS ÉLECTRIQUES OU DE L'ÉLECTRICITÉ VOLTAÏQUE.

518. Le courant électrique produit sur les corps qu'il traverse des effets que l'on divise en effets *physiologiques*, *mécaniques*, *calorifiques*, *lumineux*, et *chimiques*.

fil de cuivre recuit de 1 millimètre carré de section ou bien de 49ᵐ,58 de fil de cuivre recuit de 1 millimètre de diamètre.

L'unité pratique d'intensité est l'*ampère*. L'ampère est l'*intensité d'un courant qui dans un fil de résistance égale à un ohm légal produit un travail égal à un erg pratique ou joule*. (L'erg pratique vaut 10 millions d'ergs CGS, et a reçu le nom de *joule*).

L'unité pratique de *force électromotrice ou de potentiel* est le *volt*. *Le volt est la force électromotrice, qui produit un ampère dans un circuit dont la résistance est égale à un ohm légal*.

L'unité pratique de quantité d'électricité est le *coulomb*. *Le coulomb est la quantité d'électricité qui dans une seconde traverse la section d'un conducteur parcouru par un courant de un ampère*.

L'unité pratique de puissance mécanique est le *watt*. *Le watt est la puissance d'un joule par seconde*. Une machine aura une puissance d'un *kilowatt*, c'est-à-dire de 1000 watts, quand elle produira 1000 joules par seconde. Le Congrès international a émis le vœu que la puissance des machines fût dorénavant exprimée en kilowatts. Elle était jusque-là exprimée en chevaux-vapeur, le cheval-vapeur équivalant à 75 kilogrammètres par seconde. Le cheval-vapeur vaut 736 watts, et par suite le kilowatt vaut 1,36 cheval-vapeur.

L'unité pratique de capacité est le *farad*. *Le farad est la capacité d'un conducteur qu'un coulomb porte au potentiel de un volt*.

EFFETS PHYSIOLOGIQUES DES COURANTS.

519. Si l'on vient à toucher avec les mains les deux pôles d'une pile de Volta, on ressent une commotion semblable à celle que produirait une bouteille de Leyde faiblement chargée. A la commotion produite au moment où l'on établit le contact, succède une espèce de fourmillement dans les doigts, qui est lui-même remplacé par une nouvelle commotion lorsqu'on vient à rompre la communication entre les deux pôles. Ces effets sont dus à la recomposition, à travers le corps, des fluides qui se trouvent aux pôles de la pile. L'intensité des effets dépend du nombre des éléments et non de leur surface.

Une pile Bunsen de cinquante éléments donne une commotion très forte, désagréable, mais qui n'a rien de dangereux.

La médecine tire chaque jour parti des effets physiologiques produits par la pile pour ramener la mobilité ou la sensibilité dans un organe frappé de paralysie incomplète. On se sert dans ce cas d'appareils spéciaux appelés appareils d'induction, que nous ne décrirons pas et qui permettent de régler le nombre et l'intensité des décharges successives auxquelles on soumet la partie malade.

On peut produire, à l'aide des courants électriques, des effets très intéressants sur le corps des animaux morts.

La première expérience à citer est celle que fit Galvani, avec des membres de grenouilles, et qui donna lieu, comme nous l'avons vu (498), à la découverte de la pile.

Aldini soumit à l'action d'une pile de cent éléments la tête d'un bœuf récemment tué; ayant fait communiquer l'un des pôles avec l'intérieur d'une oreille mouillée d'eau salée, l'autre pôle avec l'autre oreille, il put faire tourner les yeux dans leur orbite, enfler les naseaux, mouvoir la langue et les oreilles. De Humboldt[1], ayant fait passer le

---

[1] De Humboldt, illustre naturaliste allemand, né à Berlin en 1769, mort en 1812.

courant de la pile à travers le corps de poissons auxquels il avait coupé la tête, les a vus sauter et donner des coups de queue. Avec une pile de cinquante éléments Bunsen, ces expériences réussissent parfaitement sur des lapins récemment tués ; on parvient à produire les contractions du cœur, les mouvements des poumons et du diaphragme. L'expérience peut réussir une heure après la mort de l'animal.

EFFETS MÉCANIQUES DES COURANTS.

520. Les effets mécaniques des courants consistent principalement en transport de molécules matérielles d'un point à un autre.

M. L. Daniell montre, par une expérience très facile à

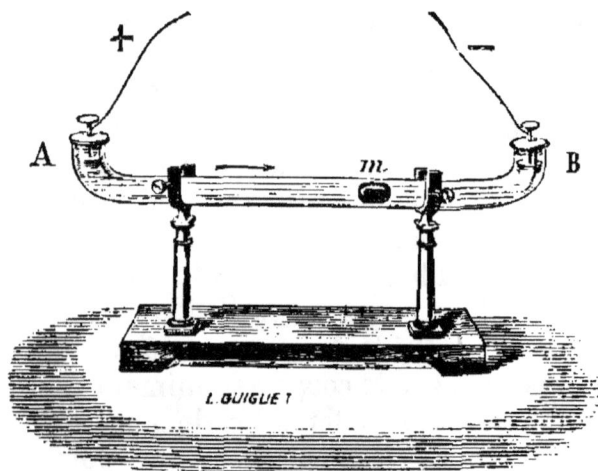

Fig. 355. — Effets mécaniques des courants

réussir, le transport mécanique effectué par un courant. Un tube de verre AB (fig. 355) de 2 à 3 centimètres de diamètre est disposé horizontalement.

Les deux extrémités sont recourbées verticalement. Le tube renferme de l'eau acidulée et une goutte de mercure de 2 à 3 centimètres de longueur. Si l'on fait passer un courant à travers le liquide, on voit la goutte de mercure s'allonger et s'avancer dans le sens du courant. Une goutte de sulfure de carbone, liquide non conducteur, resterait immobile dans les mêmes conditions.

EFFETS CALORIFIQUES DES COURANTS.

521. Aussitôt après la découverte de la pile de Volta, on chercha si la décharge de ses pôles pouvait, comme la décharge des batteries électriques, produire des phénomènes calorifiques, faire fondre, par exemple, des fils métalliques. En juin 1801, Thénard[1] et Hachette[2], ayant fait communiquer les pôles d'une pile à l'aide d'un fil métallique, le virent s'échauffer, rougir, fondre ou se volatiliser, suivant que ce fil était plus fin et plus court. On peut, à l'aide d'un seul élément Wollaston, produire les mêmes effets sur un fil de fer de 2 ou 3 centimètres de longueur et d'un très petit diamètre.

Le développement de chaleur produit dans un circuit est régi par une loi due à Joule et qui porte son nom. Elle s'énonce ainsi :

La quantité de chaleur créée pendant l'unité du temps dans un conducteur homogène est : 1° *Pour un même conducteur proportionnelle au carré de l'intensité du courant;* ce qui veut dire que si, dans un même conducteur, on fait successivement passer pendant une seconde des courants dont les intensités soient entre elles comme 1, 2, 3... les quantités de chaleur produite seront entre elles comme 1,4,9... 2° *Pour un même courant les quantités de chaleur créées dans des conducteurs de résistances différentes seront proportionnelles à ces résistances;* ce qui veut dire que si l'on fait passer successivement un même courant dans des conducteurs dont les résistances soient entre elles 1,2,3, les

---

[1] Thénard (Louis-Jacques), célèbre chimiste français, membre de l'Académie des sciences, né à Louptière (Aube) en 1777, mort à Paris en 1857.

[2] Hachette, savant géomètre, né à Mézières en 1755, mort en 1834.

quantités de chaleur produites seront entre elles comme 1,2,3. Cette loi s'applique dans les expériences suivantes.

522. Si l'on forme une chaîne de bouts de fils métalliques, de platine, par exemple, alternativement fins et gros et qu'on y fasse passer un courant, on verra les fils fins, qui ont la plus grande résistance (514), rougir, tandis que les fils gros s'échauffent à peine.

523. Si l'on fait passer un courant dans une chaîne formée de fils de même diamètre, mais les uns en platine, les autres en argent, les premiers qui offrent une résistance plus grande, rougiront, tandis que les seconds, qui conduisent mieux l'électricité et offrent une résistance moindre à son passage, s'échaufferont à peine.

524. D'autre part, si l'on prend un fil long et fin de platine ou de fer, par exemple, et qu'on diminue progressivement la partie intercalée dans le circuit d'un courant, on voit cette partie s'échauffer de plus en plus et arriver à fondre.

525. Une pile de Bunsen de cinquante éléments suffit à faire fondre des tiges de platine de 2 millimètres de diamètre; elles se résolvent en gouttelettes d'un grand éclat. L'expérience est aussi très brillante avec des aiguilles à tricoter de la même grosseur; le métal projette en tous sens des particules incandescentes qui brûlent dans l'air.

Le cuivre brûle en donnant une flamme verte, le zinc produit une flamme blanche d'un aspect livide, et l'on voit s'élever dans l'air, autour du métal en fusion, des flocons neigeux d'oxyde de zinc.

EFFETS LUMINEUX DES COURANTS.

526. Lorsqu'on rapproche l'une de l'autre les extrémités des conducteurs qui communiquent avec les pôles d'une pile assez énergique on remarque qu'il faut les amener à se toucher pour qu'il jaillisse des étincelles; mais si après le contact, on les éloigne graduellement, on voit des étincelles jaillir entre les deux conducteurs et d'une manière continue.

L'arc lumineux, qui unit alors les conducteurs, a été étudié par Davy et désigné par lui sous le nom d'*arc voltaïque*. On peut reproduire ses expériences de la manière suivante. Les pôles d'une pile de cinquante éléments Bunsen ou d'une machine électromagnétique sont mis en communication par des fils de cuivre recouverts de gutta-percha avec les montures métalliques *c* et *d*, de l'appareil représenté par la figure 356. Les montures sont isolées l'une de l'autre par une colonne de verre ; elles sont traversées par des tiges métalliques horizontales dans lesquelles se fixent des tiges métalliques verticales, dont les extrémités *a* et *b* reçoivent une baguette de charbon de cornue. La tige verticale supérieure peut être déplacée de manière que l'on puisse mettre en contact les deux baguettes de charbon, puis les séparer. Lorsque la distance qui les sépare est convenable, on voit jaillir entre *a* et *b* un arc lumineux dont l'œil a peine à supporter l'éclat. Mais il se fait bientôt un transport de particules de charbon du pôle positif *a* vers le pôle négatif *b* ; la pointe du charbon positif s'émousse (fig. 357); son extrémité se creuse et, la distance entre les deux pôles devenant trop considérable, l'arc lumineux s'éteint bientôt. Foucault et Duboscq ont inventé des appareils régulateurs de la lumière électrique, qui ont pour effet de maintenir les charbons à une distance à peu près constante.

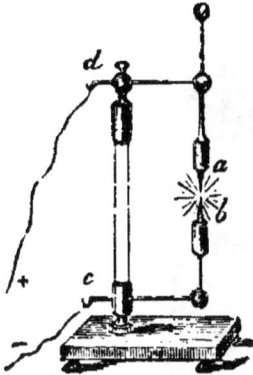

Fig. 356. — Arc voltaïque.

527. Lumière électrique. — On est arrivé à pouvoir se passer de régulateurs électriques. M. Jablochkoff a inventé un nouveau dispositif de charbons entre lesquels jaillit l'arc voltaïque, dispositif qui a pour effet d'empêcher les extrémités des deux charbons de s'éloigner à mesure que leur combustion s'effectue. Il les place pour cela verticalement à côté l'un de l'autre en *c* et *e* en les séparant par une couche de plâtre (fig. 358). L'arc voltaïque jaillit donc horizontalement, entraînant au fur et à mesure la couche de plâtre. Les appareils que l'on emploie actuellement

pour la production de l'électricité destinée à l'éclairage,
ne sont pas des piles électriques. Ce sont des machines,
dites machines d'induction, qui seront étudiées dans la suite.
Comme le charbon positif s'use plus vite que le charbon

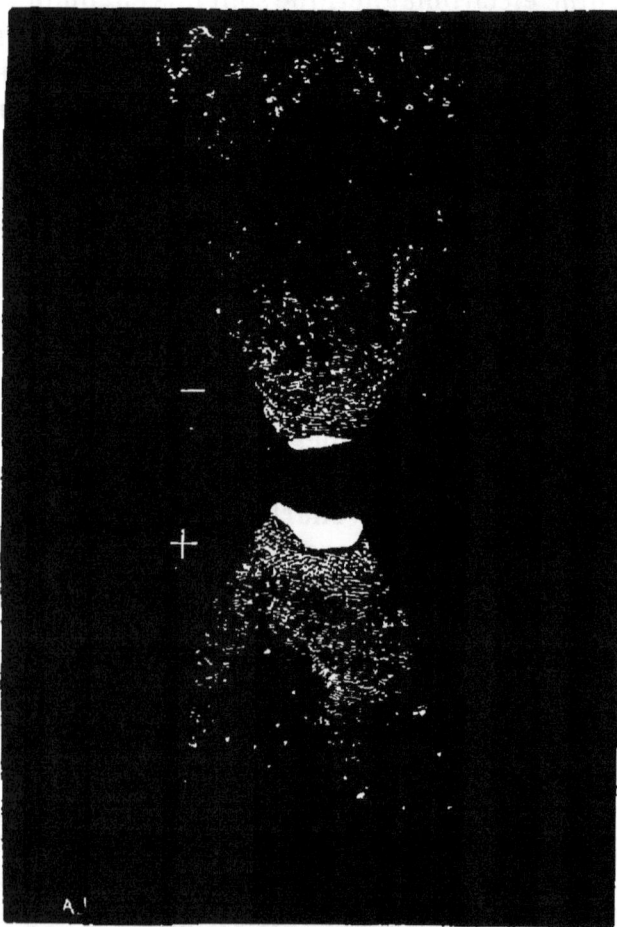

Fig. 357. — Charbons de l'arc électrique.

négatif les machines que l'on emploie dans ce cas à la
production de l'électricité, sont des machines Gramme à
courant alternatif, c'est-à-dire telles que chaque charbon
devienne alternativement positif et négatif.

Dans les anciens procédés, il fallait, pour allumer la
source de lumière, mettre les deux charbons en contact,
puis les éloigner. Cette manière d'établir le courant n'étant

plus possible, M. Jablochkoff trempe l'extrémité de la bougie dans une pâte faite avec de la gomme et de la plombagine. Cette pâte conductrice laisse d'abord passer le courant, et,

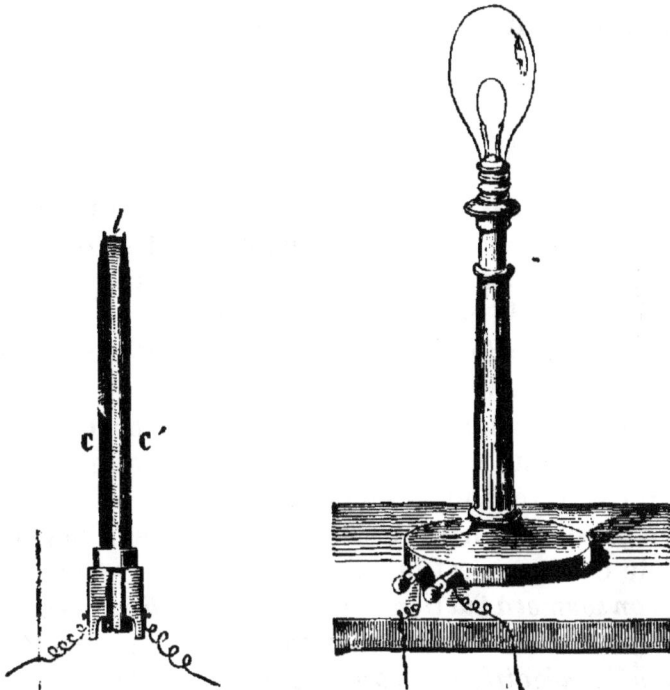

Fig. 358. — Bougie de Jablochkoff.   Fig. 359. — Lampe à incandescence.

brûlant bientôt, produit par sa disparition l'effet que produisait l'éloignement des charbons.

528. Lampes à incandescence. — On a inventé un autre mode d'éclairage électrique. Nous voulons parler des *lampes à incandescence*. Dans la bougie Jablochkoff, la source lumineuse est l'arc voltaïque lui-même. Dans les lampes à incandescence, la source lumineuse est un fil très délié de charbon, qui est mis en communication avec deux poupées par lesquelles arrive et sort le courant. Comme ce fil se consumerait très vite on l'enferme dans une ampoule de verre (fig. 359), où l'on fait ensuite le vide, de sorte que l'air manquant le fil peut être porté à l'incandescence sans se consumer.

529. Température de l'arc voltaïque. — La température de l'arc voltaïque est excessivement élevée ; M. Violle l'évalue à 3500° et M. Moissan, par l'invention du four électrique, vient de l'appliquer à la production des hautes températures, à la fusion des substances les plus réfractaires, à la volatilisation de la silice.

EFFETS CHIMIQUES DES COURANTS.

530. Décompositions chimiques. — Quand un composé liquide est traversé par un courant, il se dédouble : l'une des parties (*ion*) du composé apparaît sur l'électrode (*anode*) qui amène le courant, l'autre (*cation*) sur l'électrode (*catode*) qui l'emporte. Ce travail de décomposition chimique a été désigné sous le nom d'*électrolyse*.

Deux conditions sont nécessaires pour la production de l'electrolyse : il faut que le courant puisse traverser le composé, et que celui-ci soit à l'état liquide ou au moins pâteux.

531. Composés binaires. — La loi qui régit la décomposition de ces corps est la suivante :

Lorsqu'on soumet à l'action d'un courant suffisamment énergique un composé binaire[1] les deux éléments se séparent : l'un se rend au pôle négatif, on l'appelle élément électro-positif ; l'autre au pôle positif, c'est l'élément électro-négatif.

532. Décomposition de l'eau. — La première expérience de décomposition électrochimique a été faite en 1800 par Carlisle et Nicholson, qui décomposèrent l'eau en oxygène et en hydrogène. Voici comment on dispose aujourd'hui l'expérience. La figure 360 représente un verre dont le fond est traversé par deux lames de platine *o* et *h* pouvant être mises en communication, l'une *o* avec le pôle positif d'une pile de quatre éléments Bunsen, l'autre *h* avec le pôle négatif. Ce verre contient de l'eau que l'on a légèrement acidulée avec de l'acide sulfurique pour augmenter sa conductibilité. Au-dessus des lames de platine sont placées des éprouvettes O et H que l'on a remplies d'eau. Le

---

1 On appelle composé binaire un corps formé par la combinaison de deux corps simples.

courant arrive dans le vase par la lame *o*, traverse le liquide et se rend à la lame *h*, d'où il retourne à la pile. Le passage du courant produit la décomposition du liquide ; aussitôt que la communication avec les pôles est établie, on voit les lames de platine se recouvrir de bulles gazeuses qui montent à travers le liquide des éprouvettes. Le gaz recueilli dans l'éprouvette H, l'*hydrogène*, a un volume double de celui qui se trouve dans l'éprouvette O, l'*oxygène*. —Cette expérience conduit à admettre que l'eau se compose de deux volumes d'hydrogène combinés avec un volume d'oxygène.

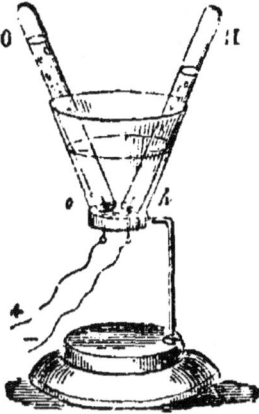

Fig. 360. — Voltamètre.

L'appareil que nous venons de décrire a été désigné par les physiciens sous le nom de *voltamètre*, parce qu'il peut servir à mesurer l'intensité relative d'un courant.

533. Décomposition des oxydes métalliques[1]. — En 1807 Davy soumit la potasse à l'action d'une pile énergique et découvrit que ce corps, que l'on considérait avant lui comme un corps simple, se décomposait, sous l'influence du courant, en deux éléments : un métal, le potassium, qui se rendait au pôle négatif; un gaz, l'oxygène, qui se rendait au pôle positif.

L'expérience, répétée plus tard sur d'autres oxydes métalliques, a conduit à des résultats identiques : *le métal se rend toujours au pôle négatif et l'oxygène au pôle positif.*

534. Décomposition des composés binaires métalliques. — Si, au lieu de soumettre à l'action décomposante de la pile les combinaisons des métaux avec l'oxygène, on opère sur les composés que ces corps peuvent former avec d'autres éléments, comme le chlore, le soufre, etc., les résultats offrent une grande analogie avec les précédents : le métal va encore au pôle négatif, tandis

---

[1] On appelle oxyde métallique le résultat de la combinaison d'un métal avec l'oxygène.

que l'autre élément, chlore, soufre, etc., va au pôle positif.

535. Décomposition des sels. — Lorsqu'on soumet à l'action d'un courant la dissolution d'un sel dont le métal ne décompose pas l'eau à la température ordinaire, on constate sur l'électrode négative le dépôt du métal du sel sur l'électrode positive un dégagement d'oxygène et la présence de l'acide du sel. L'expérience peut être faite de la manière suivante :

Le tube en U (fig. 361) contient une dissolution de sulfate de cuivre ; en *a* et *b* plongent des fils de platine communiquant avec les pôles d'une pile. Dès que le contact est établi, on constate autour du fil *b* un dépôt de cuivre, autour du fil *a* un dégagement d'oxygène, et l'on peut reconnaître que la liqueur est devenue acide en *a*. — Si, au lieu d'employer des fils de platine, on se sert comme électrodes de fils attaquables par l'action combinée de l'oxygène et de

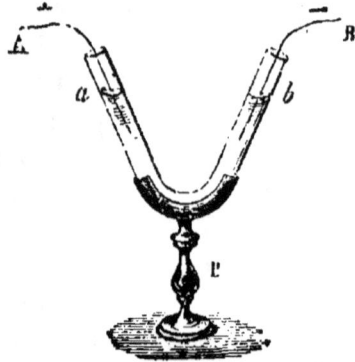

Fig. 361. — Décomposition des sels.

l'acide qui vont au pôle positif, des fils de cuivre, par exemple, on s'aperçoit qu'il n'y a plus de dégagement d'oxygène au pôle positif, et que l'électrode positive se dissout. L'explication de ce phénomène est facile à saisir : l'oxygène, à mesure qu'il arrive au pôle positif, se combine avec le fil de cuivre, y forme de l'oxyde qui se combine lui-même avec l'acide sulfurique accompagnant l'oxygène, et il se produit du sulfate de cuivre qui se dissout et entretient la saturation de la liqueur.

Il est des dissolutions qui, soumises à l'action du courant, semblent donner lieu à des résultats différents de ceux que nous venons d'étudier, quoique, en réalité, elles obéissent à la loi générale. Mettons dans le tube en U de la figure 361

---

[1] On appelle *acide* un corps qui, comme l'acide sulfurique et le vinaigre, rougit la teinture bleue de tournesol. On appelle *base* un oxyde métallique qui, comme la potasse, rougit la teinture de tournesol rougie par un acide. On appelle *sel*, le résultat de la combinaison d'un acide et d'une base.

une dissolution de sulfate de soude et colorons la liqueur avec quelques gouttes de sirop de violettes, dont la propriété est de verdir en présence des bases et de rougir en présence des acides. Faisons passer le courant, et nous constaterons que le liquide devient vert autour du fil *b*, contre lequel se dégagent des bulles d'hydrogène, qu'il devient rouge autour du fil *a*, contre lequel se produit de l'oxygène. La coloration verte de la liqueur en *b* nous indique la présence d'une base, la soude; la coloration rouge en *a* nous indique la présence de l'acide, l'acide sulfurique. Ici donc la base semble avoir résisté à l'action décomposante du courant et s'être seulement séparée de l'acide avec lequel elle était combinée. Il n'en est rien cependant; les phénomènes se sont passés à l'origine comme dans l'expérience faite sur le sulfate de cuivre; l'oxygène et l'acide sulfurique se sont rendus au pôle positif *a;* le métal de la soude, le sodium, s'est rendu au pôle négatif *b;* mais le sodium, ayant la propriété de décomposer l'eau à la température ordinaire, s'est emparé, en arrivant en *b*, de l'oxygène de l'eau de la dissolution pour reformer de la soude, qui a fait virer au vert la couleur du sirop de violettes, et l'hydrogène de cette eau s'est dégagé.

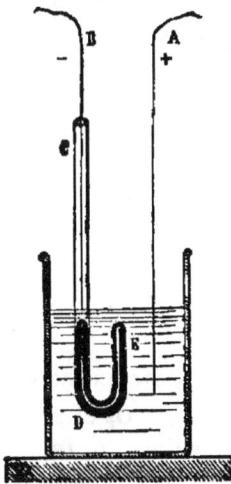

Fig. 362. — Actions secondaires.

Pour démontrer qu'il en est ainsi, on peut opérer de la manière suivante. On fait plonger dans une dissolution de sulfate de soude un tube de verre courbé en siphon CDE (fig. 362) et renfermant du mercure au milieu duquel plonge l'électrode négative B d'une pile dont l'électrode positive A plonge dans la dissolution. Au bout d'un certain temps, on constate que le sodium, qui s'est porté au pôle négatif, s'est allié avec le mercure dont on peut le séparer par distillation. Nous admettrons la loi générale suivante :

Lorsqu'on soumet un sel à l'action d'un courant électrique, le sel est décomposé, le métal se rend au pôle négatif, l'acide et l'oxygène de la base vont au pôle positif.

536. Théorie de Grotthuss modifiée par Clausius. — Lorsqu'on décompose un liquide par la pile, l'eau par exemple, on remarque que les produits de la décomposition n'apparaissent qu'au contact des électrodes, et que, *dans l'intervalle*, il n'y a pas apparence de décomposition, ni transport des éléments gazeux vers le pôle où ils doivent se rendre. Grotthuss a le premier proposé une théorie pour expliquer ce résultat de l'expérience, théorie qui fut plus tard critiquée et modifiée par Clausius. D'après celui-ci, le courant, en traversant l'eau détruit l'affinité des éléments qui constituent

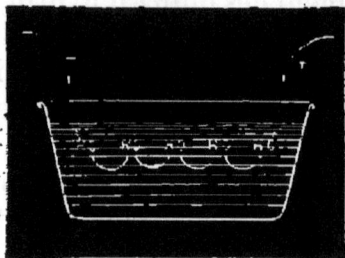

Fig. 363. — Loi de Faraday.

chaque molécule, entraîne l'hydrogène vers le pôle négatif, dans le sens du courant, tandis que l'oxygène marchant en sens contraire du courant, se rend au pôle positif. Mais l'hydrogène de chaque molécule (fig. 363) rencontre l'oxygène de la molécule voisine et se combine avec lui, de telle sorte que, par suite de ces décompositions et recompositions successives, il ne doit y avoir d'hydrogène libre qu'au pôle négatif et d'oxygène libre qu'au pôle positif. La même théorie s'applique à toutes les décompositions électrochimiques.

537. Lois des décompositions électrochimiques. — Faraday a trouvé les lois auxquelles obéissent les décompositions électrochimiques. Nous énoncerons seulement la première.

Première loi de Faraday. — *La quantité d'une combinaison décomposée par un courant, en un temps donné, est proportionnelle à la quantité d'électricité qui traverse la combinaison pendant ce temps, c'est-à-dire proportionnelle à l'intensité du courant.*

Voici comment on peut démontrer cette loi :

Installons sur un fil AB (fig. 364) traversé par un courant un voltamètre V; en M faisons bifurquer le fil et sur chaque bifurcation installons un voltamètre V″, V‴. Mesurons la quantité de gaz produits en V, V′, V″ pendant un temps

donné et nous constaterons que les éprouvettes de V renferment des quantités de gaz doubles de celles que l'on re-
cueille soit en V', soit en V". Or il est évident qu'arrivé en
M le courant s'est divisé et qu'il n'a passé dans chacun

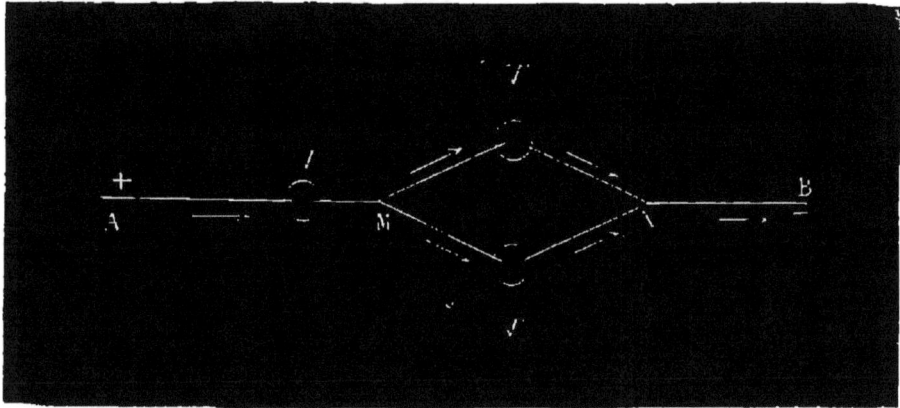

Fig. 364. — Loi de Faraday.

des voltamètres V' et V" que la moitié de l'électricité qui a
passé en V.

En raison de ce fait on prend souvent pour mesure de
l'intensité d'un courant la quantité d'eau qu'il décompose
en un temps donné. C'est de là que le voltamètre tire son
nom.

538. Polarisation des électrodes. — Il est évident
que si l'on plonge deux lames de platine dans de l'eau acidulée et qu'on les réunisse par un fil de platine ou autre.
il ne peut y avoir de courant produit. En effet, les deux
lames métalliques plongées dans l'eau, étant de même
nature, sont au même niveau électrique, puisque, si d'après
Volta, il y a une chute de niveau au contact de l'eau et du
platine, cette chute est la même des deux côtés. Mais si,
avant de réunir les deux lames, on y fait passer un courant,
l'hydrogène se dégage sur l'une d'elles et s'y condense,
l'oxygène en fait autant sur l'autre. Les deux lames se
trouvent donc modifiées dans leur état physique, mais pas
de la même manière puisque l'une a condensé de l'hydrogène et l'autre de l'oxygène. On peut donc les considérer

comme différentes, et il devient alors possible qu'une force électromotrice existe de l'une à l'autre.

L'expérience vérifie de tous points ces prévisions. Prenons un voltamètre, faisons-y passer le courant d'une pile pendant un certain temps, puis supprimons la pile et remplaçons-la par un galvanomètre. L'aiguille sera immédiatement déviée et indiquera par le sens de sa déviation l'existence d'un courant *secondaire inverse* du courant primaire, qui avait produit la décomposition de l'eau. C'est en cela que consiste le phénomène de la *polarisation des électrodes*; ce nom vient de ce que chaque lame est devenue le pôle d'un couple électrique nouveau.

En partant des faits précédents, on a construit des piles dites *piles secondaires*, parmi lesquelles nous citerons les piles secondaires de Gaston Planté et les accumulateurs électriques.

539. Pile secondaire de M. Gaston Planté. — Si au lieu de lames de platine on emploie, dans la décomposition de l'eau acidulée, des lames de plomb, l'hydrogène se dégage sur la lame négative, l'oxygène oxyde la lame positive et y produit du bioxyde de plomb. Si l'on sépare ensuite ce voltamètre de la pile et qu'on réunisse ses extrémités par un fil, il s'y produit un courant intense. Pendant que passe ce courant, l'eau acidulée est décomposée en présence du bioxyde de plomb, son hydrogène réduit l'oxyde, son oxygène se porte sur l'autre lame et l'oxyde à son tour. Le courant cesse dès que les deux lames sont recouvertes de couches identiques de bioxyde de plomb. M. Gaston Planté a remarqué que, lorsqu'on renouvelle un grand nombre de fois cette expérience, sur le même voltamètre, l'oxydation des lames de plomb devient de plus en plus profonde et le courant secondaire dure de plus en plus longtemps.

C'est en partant de ces faits que M. Gaston Planté a construit sa pile secondaire.

Chaque élément se compose de deux feuilles de plomb enroulées en spirale, séparées l'une de l'autre vers le haut par une feuille de gutta-percha (fig. 365) et terminées par des bandes q et q'. Elles plongent dans un vase rempli d'eau acidulée au dixième. On *forme* l'élément en y faisant passer, *alternativement en sens contraire*, le courant de deux ou trois éléments Bunsen, jusqu'à ce qu'il se dégage des gaz. L'opération doit être répétée un grand nombre de fois, aussi cette période de formation est-elle longue. Quand l'élément est formé, chaque fois qu'on le charge on doit toujours le faire dans le même sens.

M. Planté a adopté une disposition ingénieuse, pour pouvoir, avec facilité, accoupler les éléments soit en série, soit en tension.

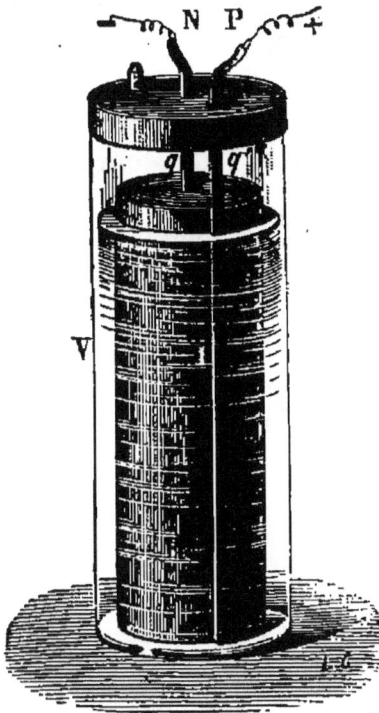

Fig. 365. — Pile secondaire de M. Gaston Planté.

540. Accumulateurs électriques. — M. C. Faure a simplifié la période de formation en recouvrant les lames de plomb avec une couche de minium ou d'un autre oxyde de plomb insoluble : ces lames sont entourées d'un cloisonnement en feutre retenu par des rivets de plomb. Ce système étant placé dans l'eau acidulée, il suffit, pour former le couple, d'y faire passer une seule fois un courant, qui amène le minium de l'une des lames à l'état de bioxyde et celui de l'autre à l'état de plomb métallique. Un certain nombre d'éléments semblables constituent par leur association ce que l'on a appelé un *accumulateur électrique*. Ces appareils, qui ont été modifiés de bien des manières, ont l'avantage de constituer une source d'énergie électrique facilement transportable ; au point de vue du rendement et par conséquent au point de vue industriel, les résultats obtenus laissent encore à désirer.

541. Piles polarisables à un liquide. — La pile de Volta et ses modifications (pile à auges, de Munch, de

Wollaston, etc.) sont composées de lames de cuivre et de zinc plongées dans l'eau acidulée. Elles présentent toutes le même inconvénient : l'intensité du courant s'affaiblit bientôt. Cela tient à ce que l'eau de la pile se décompose, le zinc s'oxyde et, l'hydrogène se condensant sur la lame de cuivre, la polarise. Il en résulte une force électromotrice en sens inverse de la première et l'intensité du courant primaire s'affaiblit.

542. Piles non polarisables. — On a imaginé des piles qui ne présentent pas cet inconvénient au même degré, parce que les réactions, qui s'y produisent, font disparaître ou tout au moins diminuent la polarisation. Telles sont la pile au bichromate de potasse, celles de Leclanché, de Daniell, de Bunsen.

Pile au bichromate de potasse. — Elle se compose d'un vase en verre (fig. 366), contenant une dissolution de bichromate de potasse additionnée d'acide sulfurique : le pôle positif est constitué par deux lames de charbon de cornue C C', plongeant dans le liquide et soutenues par un couvercle en caoutchouc durci ; le pôle négatif est formé par une lame de zinc, portée par une tige de

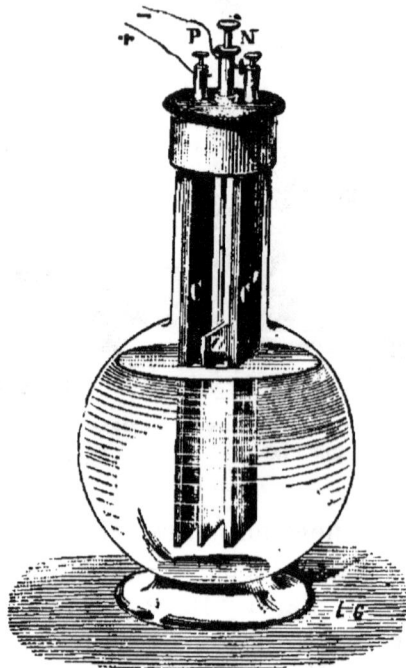

Fig. 366. — Pile au bichromate de potasse.

cuivre qui peut glisser dans le couvercle. Cette lame de zinc peut à volonté être plongée dans le liquide, quand on veut faire fonctionner le couple, ou être soulevée en dehors du liquide, quand on veut suspendre le jeu de l'appareil.

Le dépolarisant est ici le bichromate de potasse, qui se désoxyde, brûle l'hydrogène produit et l'empêche de produire la polarisation.

Pile Leclanché. — Le couple Leclanché est formé par
une dissolution de chlorhydrate d'ammoniaque renfermée
dans un vase de verre (fig. 367). Dans cette dissolution
plonge un cylindre de zinc qui constitue le pôle négatif.
Le pôle positif est formé par une plaque de charbon surmontée d'une sorte de tête en plomb et noyée dans un mélange dépolarisant obtenu par compression et formé de

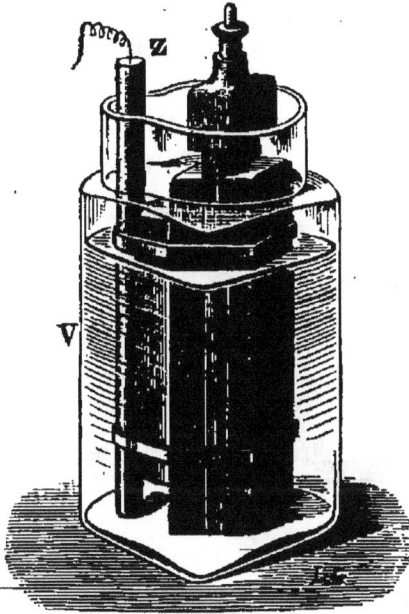

Fig. 367. — Couple Leclanché.   Fig. 368. — Couple Daniell.

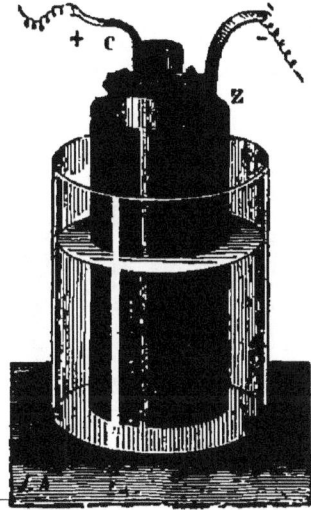

bioxyde de manganèse et de charbon de cornue en gros
grains.

Lorsqu'on ferme le circuit, le zinc décompose le chlorhydrate d'ammoniaque et forme du chlorure de zinc,
l'hydrogène de l'acide chlorhydrique se porte sur le bioxyde
de manganèse qu'il désoxyde en partie. Le dépolarisant
est donc ici le bioxyde de manganèse.

Cette pile est très employée pour la mise en mouvement
des sonneries électriques.

Pile Daniell à eau acidulée. — Elle se compose d'un vase
en grès ou en verre renfermant de l'eau acidulée d'acide
sulfurique. Dans cette dissolution plongent une lame de
zinc cylindrique Z (fig. 368) qui constitue le pôle négatif

et un vase en terre poreuse renfermant une dissolution de sulfate de cuivre, au milieu de laquelle plonge une lame de cuivre C qui forme le pôle positif. La saturation de cette dissolution est entretenue par des cristaux de sulfate de cuivre placés sur une petite galerie percée de trous et plongeant dans la partie supérieure du liquide. La lame en terre poreuse a pour but d'empêcher le mélange des liquides sans nuire à la conductibilité.

Ici encore, il ne peut y avoir de polarisation parce que l'hydrogène, produit dans la décomposition de l'eau par le zinc, marche de proche en proche, d'après la théorie de Grotthuss, vers la lame poreuse qu'elle traverse pour

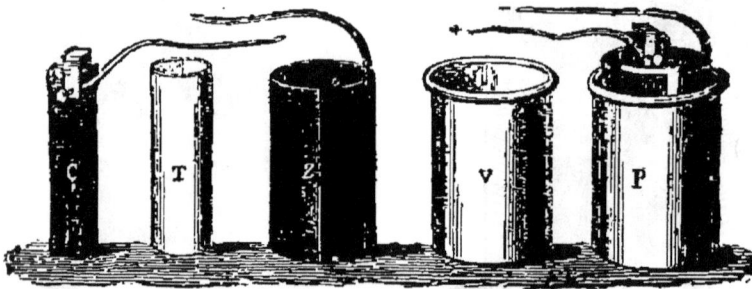

Fig. 369. — Couple Bunsen.

aller réduire l'oxyde de cuivre du sulfate. Le cuivre marche aussi de proche en proche et un dépôt de cuivre se forme sur la lame de cuivre. Les deux lames restent identiques et il n'y a pas polarisation.

Pile Bunsen. — La pile de Bunsen fournit des courants plus intenses que la pile de Daniell. La figure 369 représente un élément de la pile Bunsen monté et démonté. Un vase V en faïence contient de l'eau acidulée avec $\frac{1}{12}$ d'acide sulfurique ; on y introduit le cylindre Z de zinc amalgamé. A l'intérieur du cylindre Z se place un vase poreux T en terre de pipe dégourdie. Il renferme de l'acide azotique au milieu duquel plonge un parallélipipède C de charbon de cornue.

L'acide azotique joue ici le rôle du sulfate de cuivre dans la pile de Daniell, et l'hydrogène ne se dégage pas. L'inconvénient de cette pile est de donner des vapeurs d'acide hypoazotique provenant de la réduction de l'acide azotique. Ces vapeurs ont une odeur désagréable et seraient même dangereuses, si on les respirait en trop grande quantité.

Ici, comme dans la pile de Daniell, le zinc est le pôle négatif, et le charbon le pôle positif.

543. Zinc amalgamé. — Dans toutes les piles où l'on emploie le zinc, il est bon d'amalgamer la lame de zinc, parce que le zinc amalgamé ne s'attaque que pendant que le circuit est fermé : il n'y a donc dépense de métal et d'acide que pendant qu'on utilise l'électricité fournie par la pile. Lorsque le zinc n'est pas amalgamé, il s'attaque alors même que le circuit n'est pas fermé. Nous trouverons l'explication de ce fait dans une expérience de M. de la Rive. Si l'on plonge une lame de *zinc pur* dans l'eau acidulée d'acide sulfurique, elle ne s'attaque que très peu : la petite quantité d'hydrogène, qui se dégage, se fixant sur la lame de zinc, l'enveloppe bientôt d'une couche gazeuse, qui la préserve de l'action de l'acide. Mais si l'on vient à plonger dans l'acide une lame de platine, métal inattaquable par l'acide sulfurique, ou une lame de cuivre, métal moins attaquable que le zinc, et qu'avec une de ces lames on touche en même temps le zinc pur, l'attaque se produit immédiatement et l'hydrogène ne se dégage plus contre le zinc, mais contre l'autre lame. Cela tient à ce que le contact des deux lames a fermé un circuit formé par le zinc, la lame de platine ou de cuivre et l'eau acidulée. Un courant s'est établi du zinc à l'autre lame à travers l'eau acidulée : l'eau a été décomposée et l'hydrogène suivant le courant, comme nous l'avons vu (536), s'est porté sur la lame de cuivre ou de platine.

Le zinc du commerce n'étant pas pur et renfermant des métaux étrangers, ces métaux jouent dans un couple ordinaire le rôle que jouait la lame de platine ou de cuivre dans l'expérience précédente ; le circuit se trouve toujours fermé à l'intérieur du couple et la décomposition est continue, alors même que le circuit extérieur n'est pas fermé. Si l'on emploie, au contraire, du zinc amalgamé, la surface de ce métal est assez homogène pour se comporter comme une lame de zinc pur et l'attaque ne se produit que lorsque le circuit est ferm

GALVANOPLASTIE.

544. La galvanoplastie est l'art de modeler les métaux, en les précipitant de leurs combinaisons, par l'action d'un courant voltaïque, à la surface des objets à reproduire. — Les premières expériences, qui ont donné naissance à cette industrie devenue maintenant si importante, ont été faites, en 1837 et en 1838, par M. Spencer, en Angleterre, et par M. Jacobi en Russie.

La pratique de la galvanoplastie repose sur les principes que nous avons exposés sur la décomposition des sels métalliques. Soumettons à l'action décomposante d'un courant électrique une dissolution de sulfate de cuivre; terminons l'électrode négative par le moule en creux d'une médaille plongeant dans le liquide, l'électrode positive se terminant par une lame de cuivre. Il est évident que le sulfate de cuivre va être décomposé, que le cuivre ira se déposer sur les différentes parties du moule, dont il reproduira exactement les détails, si toute la surface de ce moule a été rendue conductrice de l'électricité; quant à la lame de cuivre servant d'électrode positive, elle se dissoudra en présence de l'acide sulfurique, et, par la formation de nouvelles quantités de sulfate de cuivre, entretiendra la saturation de la liqueur. Lorsque l'expérience aura marché pendant un temps suffisant, on obtiendra une médaille de cuivre, qui sera la reproduction parfaite de celle sur laquelle le moule a été pris.

La pratique de la galvanoplastie comprend la fabrication des moules et la reproduction des objets dont ils sont l'empreinte. Les moules sont tantôt des moules *métalliques*, tantôt des moules *plastiques*. Les premiers sont soit des moules en alliage fusible composé de cinq parties de plomb, trois d'étain et trois de bismuth, que l'on coule sur l'objet à reproduire, soit des moules en cuivre, que l'on obtient en produisant un dépôt électrochimique à la surface de l'objet à reproduire. Les moules plastiques sont faits avec l'une des substances suivantes : plâtre, cire, gélatine, stéarine que l'on coule sur l'objet, gutta-percha que l'on ramollit dans l'eau chaude et que l'on applique avec pression sur l'objet à reproduire.

Les moules plastiques n'étant pas conducteurs de l'électricité on les recouvre d'une substance conductrice comme la plombagine, que l'on applique au pinceau et à la brosse.

Lorsque les moules ont été fabriqués, on les porte au bain. La figure 370 représente un appareil qui peut servir à reproduire plusieurs médailles à la fois. Une cuve C contient une solution saturée de sulfate de cuivre et aci-

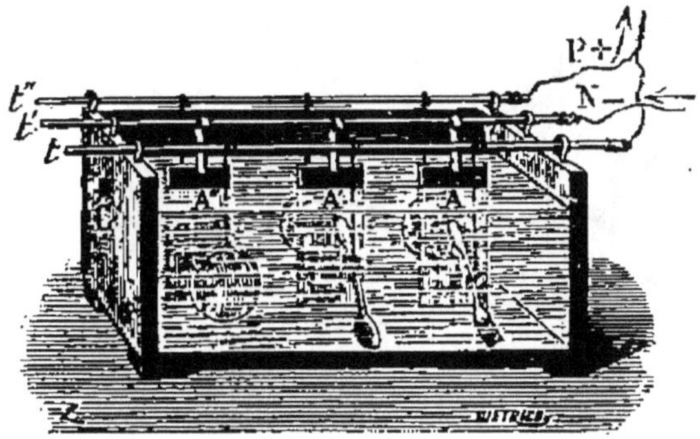

Fig. 370. — Cuve de galvanoplastie.

dulée par l'acide sulfurique : la tringle métallique t, qui communique avec le pôle positif P d'une pile, supporte plusieurs lames, et de part et d'autre, on suspend à des tringles t, t'', qui communiquent avec le pôle négatif, les moules que l'on veut reproduire. Il faut employer des courants très faibles : sans cette précaution, le métal serait cassant.

On peut aussi se servir d'un appareil plus simple, qui n'est autre qu'une pile de Daniell et que représente la figure 371. Une cuve en verre, ou de toute autre substance non conductrice, contient une solution saturée de sulfate de cuivre, et de petits sachets remplis de cristaux du même corps destinés à entretenir la saturation de la liqueur. Au centre de la cuve on place plusieurs vases poreux semblables V V' V" à ceux des piles de Daniell et de Bunsen : ces vases renferment de l'eau légèrement accidulée d'acide sulfurique, au milieu de laquelle plongent des lames de zinc Z Z' Z". Ces lames sont en communication avec une tringle isolée T, mais réunies par un fil conducteur à deux tringles isolées aussi T T' qui soutiennent les moules en face des vases poreux et de part et d'autre. Le courant développé par l'action de l'acide sulfurique sur le zinc décompose le sulfate de cuivre, et le métal se dépose sur le moule. Cette méthode réussit parfaitement ; seulement la composition du sulfate met à chaque instant en liberté des quantités nouvelles d'acide sulfurique, et le bain de-

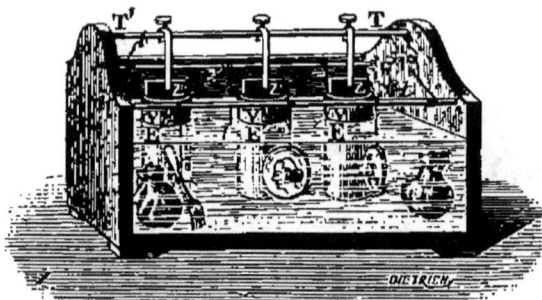

Fig. 371. — Cuve de galvanoplastie.

vient trop acide. On y remédie au bout d'un certain temps en neutralisant en partie l'acide par l'addition d'une certaine quantité de craie ou carbonate de chaux et en filtrant la liqueur pour la débarrasser du sulfate de chaux formé.

La grande industrie a remplacé avec succès l'emploi des piles électriques par celui des machines dynamo-électriques, pour produire le courant capable de décomposer la dissolution saline et de précipiter le dépôt électrochimique.

545. Argenture et dorure galvaniques. — Les procédés galvaniques sont aussi employés pour recouvrir d'une couche d'or et d'argent soit des objets devant servir à l'économie domestique, tels que cuillers, fourchettes: MM. Elkington et Ruolz sont les premiers qui soient entrés dans cette voie vers 1840. M. Christofle, orfèvre à Paris, acheta leurs brevets et sut amener à un haut degré de perfection cette industrie dont il peut être regardé comme le véritable fondateur.

Le dépôt d'argent ou d'or doit être précédé d'une opération qui s'appelle *décapage*. Elle a pour effet d'enlever les particules d'oxyde ou de corps gras recouvrant le métal et sur lesquelles l'or et l'argent n'adhéreraient pas.

Le décapage se fait soit *mécaniquement* à l'aide de brosses métalliques, soit *chimiquement* en chauffant les pièces pour brûler les corps gras ou autres matières organiques, qui sont à leur surface, et en trempant ensuite les pièces dans des bains d'acide nitrique et d'acide sulfurique.

Le bain d'argenture est une dissolution de cyanure double d'argent et de potassium, obtenu en précipitant une dissolution de nitrate d'argent par le cyanure de potassium et redissolvant le précipité de cyanure d'argent formé par un excès de cyanure de potassium.

Le liquide est ensuite mis dans des cuves en verre (fig. 370) ou en bois garni intérieurement de gutta-percha; deux tringles métalliques reposent sur les bords de la cuve; à l'une d'elles, correspondant avec le pôle négatif d'une pile, sont attachés les objets à argenter, qui plongent dans le liquide; à l'autre, communiquant avec le pôle positif, sont suspendues des lames d'argent, qui se dissolvent à mesure que le dépôt de métal se forme au pôle négatif. Au sortir du bain, la pièce est recouverte d'une couche d'argent mat, qui doit être brunie avant d'être livrée au commerce. Le brunissage s'effectue en frottant la pièce avec des outils en acier ou en agate parfaitement polis.

Le bain de dorure peut s'obtenir en dissolvant 10 grammes d'or dans l'eau régale, et évaporant jusqu'à consistance sirupeuse. On reprend par l'eau tiède, et on ajoute peu à peu 60 grammes de cyanure de potassium dans l'eau; on étend d'eau la liqueur jusqu'à un litre.

Ce bain s'emploie ordinairement à une température de 70° et de la même manière que le bain d'argenture; il est évident qu'on devra y remplacer les lames d'argent du pôle positif par des lames d'or. A la sortie du bain, la pièce est ordinairement d'une couleur terne. Pour lui donner le ton et le poli désirables, on la frotte avec une brosse en fils de laiton, au milieu d'une décoction de réglisse, puis on la *met en couleur* en la plongeant dans un bain bouillant composé de 30 parties d'alun, 30 de salpêtre, 30 d'ocre rouge, 8 de sulfate de zinc, 1 de sel marin et de sulfate de fer. La pièce subit ensuite l'opération du brunissage.

546. Nickelage. On emploie beaucoup la galvanoplastie pour recouvrir les métaux oxydables d'une couche de métal moins oxydables comme le cuivre ou le nickel.

C'est aussi par la galvanoplastie que l'on fabrique les clichés destinés à l'impression des figures des ouvrages scientifiques ou autres. La figure est d'abord dessinée sur bois, puis gravée : si l'on se servait du bois pour imprimer, il s'altérerait bientôt par la pression. On en prend un moule en creux avec de la gutta-percha et par la galvanoplastie on fait autant de clichés en cuivre que l'on veut.

CHAPITRE IV

EXPÉRIENCE D'ŒRSTED. — GALVANOMÈTRE.

547. Expérience d'Œrsted. — Œrsted publia en 1820 une expérience qui met en évidence les relations intimes existant entre le magnétisme et l'électricité.

On place une aiguille aimantée *ab* (fig. 372) sur un pivot vertical P, et si l'on vient à approcher un fil AB dans lequel circule un courant, l'aiguille est immédiatement déviée et l'orientation de ses pôles dépend de la position et du sens du courant.

Plus tard Ampère [1] reprit l'étude du phénomène, et, par

1. Ampère (André-Marie), savant physicien, membre de l'Académie des sciences, né en 1775 à Polémieux, près de Lyon, mort en 1837.

une conception aussi simple qu'élégante, parvint à en réunir tous les cas dans un seul et même énoncé. Il personnifia en quelque sorte le courant en un petit bonhomme couché

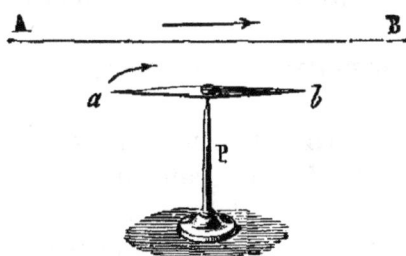

Fig. 372. — Expérience d'Œrstedt.

dans le fil conducteur, recevant le courant par les pieds et le rendant par la tête. Le petit bonhomme doit de plus être placé de manière à regarder l'aiguille ; si celle-ci, par exemple, est au-dessous du fil, le petit bonhomme est couché sur le ventre ; si

elle est au-dessus, il est couché sur le dos. On appelle

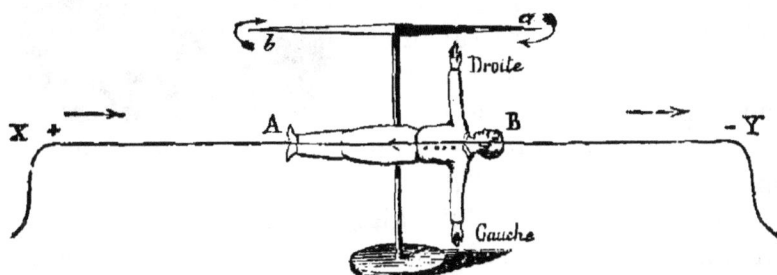

Fig. 373. — Expérience d'Œrstedt.

droite et gauche du courant la droite et la gauche du petit bonhomme.

L'énoncé général donné par Ampère est alors le suivant :

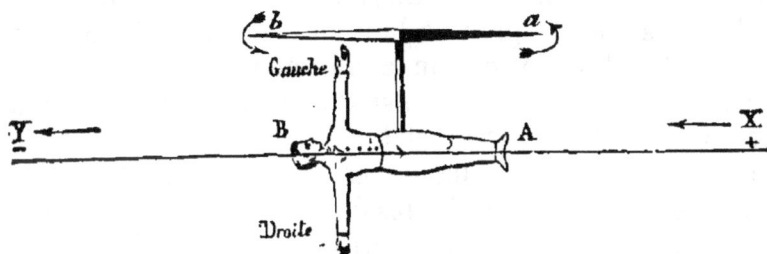

Fig. 374. — Expérience d'Œrstedt.

Lorsqu'on fait agir un courant sur un aimant, l'aimant se met en croix avec le courant et son pôle austral se porte toujours à la gauche du courant.

Dans le cas de la figure 373 le fil étant placé au-dessous de l'aiguille et le courant allant de X en Y, le petit bonhomme a les pieds en A et la tête en C, la gauche en arrière du plan de la figure, l'aiguille *ab* tournera dans le sens indiqué par les flèches, et son pôle austral *a* se placera en arrière du plan de la figure.

L'inspection de la figure 374 permettra d'expliquer la rotation indiquée par les flèches.

548. Galvanomètre ou multiplicateur. — L'expérience d'OErstedt donna lieu dès 1821 à l'invention d'un appareil connu sous le nom de *galvanomètre* ou *multiplicateur* : *galvanomètre*, parce qu'il peut servir à mesurer l'intensité des courants ; *multiplicateur*, parce qu'il multiplie leurs effets et peut servir à constater leur existence, même lorsqu'ils sont très faibles. Cet appareil fut imaginé par l'Allemand Schweiger.

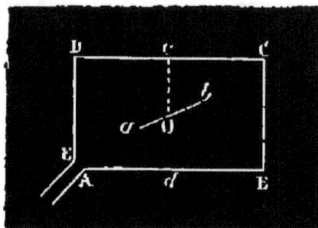

Fig. 375. — Galvanomètre.]

Supposons qu'on replie un fil conducteur suivant la forme d'un rectangle ABCDE (fig. 375) au milieu duquel on placera une aiguille aimantée *ab* mobile autour d'un axe *cd* ; faisons passer un courant dans ce fil dans le sens ABCDE : il entre en A et sort en E. En appliquant la règle d'Ampère, énoncée plus haut, à chacun des côtés du rectangle, on verra que chacune des portions rectilignes du courant a sa gauche en avant du plan de la figure, et qu'elles concourent toutes, par conséquent, à faire tourner l'aiguille dans le même sens et à placer son pôle austral *a* en avant du plan de la figure. Il est facile de voir que par cette disposition on a augmenté l'influence du courant sur l'aimant, puisque si l'on vient maintenant à déplier ce fil rectangulaire et à le développer suivant le prolongement de AB fixe, les autres côtés BC, CD, DE n'agiront plus sur l'aiguille qu'à des distances plus considérables, et par suite, auront une action moindre.

Il est évident aussi que si, au lieu de former un seul rectangle avec le fil, on l'enroule un grand nombre de fois et toujours dans le même sens autour d'un cadre rectangu-

laire (fig. 376), au milieu duquel l'aiguille se trouvera
placée sur un axe vertical, l'appareil gagnera en sensibilité, puisque toutes les portions rectangulaires du fil agiront

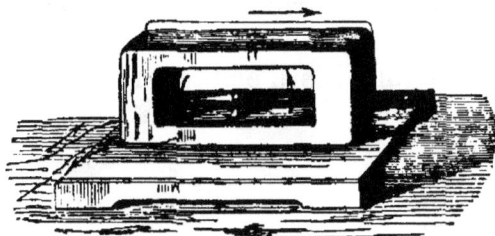

Fig. 376. — Galvanomètre.

ensemble et d'une manière concordante. Nous devons cependant faire observer qu'on n'augmenterait pas indéfiniment la sensibilité du galvanomètre en enroulant sur le
cadre des longueurs de
fil de plus en plus
grandes, attendu qu'il
a été démontré (514) que
l'intensité d'un cou-
rant diminue à mesure
que la longueur du fil

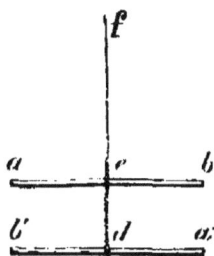

Fig. 377. — Aiguilles astatiques.   Fig. 378. — Galvanomètre à deux aiguilles.

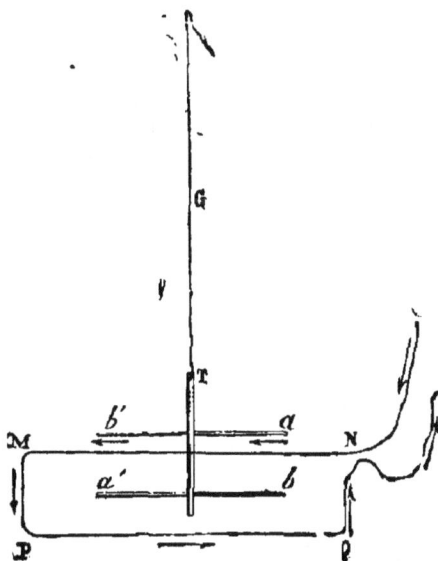

qu'il a à parcourir devient plus grande. Un galvanomètre se
compose donc essentiellement d'un fil enroulé un grand
nombre de fois autour d'un cadre, au centre duquel se
trouve placé un aimant mobile autour d'un axe vertical. Le
fil est entouré de soie, substance non conductrice, afin d'en
isoler les portions contiguës et de forcer le courant à par-

courir toute la longueur du fil avant de quitter l'appareil.

Nous remarquerons que l'action de la terre sur l'aiguille aimantée, tendant à mantenir l'aiguille dans le plan du méridien magnétique, contrarie l'action du courant et enlève de la sensibilité à l'appareil. Pour remédier à cet inconvénient. Nobili a imaginé d'employer un système de deux aiguilles ab', $a'b$ (fig. 379) parallèles, fixées à une même tige de cuivre ed et disposées de manière que les pôles de noms contraires soient en regard. Il est évident que, si les deux aiguilles ont la même intensité magnétique, le système sera *astatique*, c'est-à-dire insensible à l'action de la terre : car si la terre attire le pôle a vers un point de l'horizon, elle repousse le pôle b situé au-dessous avec une égale force et à

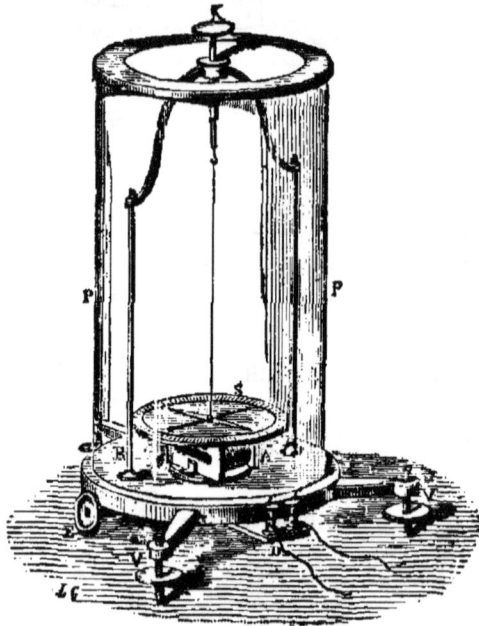

Fig. 379. — Galvanomètre.

un point immédiatement opposé : il en est de même pour les pôles b et a'. Ce système sera donc en équilibre dans toutes les positions où on le mettra. Supposons maintenant qu'on place les aiguilles comme l'indique la figure 378, l'une d'elles $a'b$ étant dans l'intérieur du cadre d'un galvanomètre, l'autre ab' étant à l'extérieur. On verra facilement que le côté MN exerce sur les deux aiguilles des actions concordantes qui tendent à porter a' et b' en avant du plan de la figure, tandis que les autres côtés du cadre exercent sur elles des actions discordantes ; mais les actions de ces trois côtés sur l'alguille ab' s'exerçant à des distances plus grandes que sur l'aiguille ba', ce sont les actions sur ba' qui l'emportent, et l'action définitive sur les deux aiguilles est de porter le pôle *a'* en avant du plan de la figure. On voit aussi que l'introduction dans l'appareil d'un système d'aiguilles astatiques a l'avantage d'augmenter la sensibilité de l'instrument; car, d'une part, elle supprime l'action de la terre qui contrarie celle du courant, et, d'autre part, l'action du courant lui-même est plus énergique que sur une seule aiguille.

Si les deux aiguilles étaient absolument de même force magnétique, elles se mettraient toujours en croix avec le courant, quelle que fût l'intensité de celui-ci : l'instrument ne servirait qu'à dénoter l'existence d'un courant et à déterminer son sens d'après celui de la déviation; mais il ne pourrait servir à mesurer son intensité. Pour lui donner ce dernier avantage, on ne donne pas exactement la même force magnétique aux deux aiguilles : alors le système, obéissant à la fois à une action très faible de la terre et à celle du courant, prend une position d'équilibre qui n'est plus rectangulaire par rapport au fil, et la valeur de l'angle de déviation permet de mesurer l'intensité du courant ; c'est de là que l'appareil tire son nom de *galvanomètre*.

La figure 379 représente un galvanomètre. Le cadre, sur lequel s'enroule le fil, est porté par un trépied à vis calantes, le système des deux aiguilles est suspendu à un fil de soie sans torsion, et l'une d'elles se meut sur un cercle divisé. Quand on veut se servir de l'appareil, on règle les vis calantes de manière que le système des deux aiguilles soit parfaitement libre, et à l'aide d'une vis E on dirige le long côté du cadre parallèlement aux aiguilles. On peut alors faire passer le courant qui arrive par les deux poupées que représente la figure, et la valeur de la déviation peut servir à apprécier l'intensité du courant.

CHAPITRE V

ACTION DES COURANTS SUR LES COURANTS. — ACTION DE LA
TERRE SUR LES COURANTS. — CONDUCTEURS ASTATIQUES.
— SOLÉNOÏDES. — COMPARAISON DES SOLÉNOÏDES ET DES
AIMANTS.

549. Ampère, peu de temps après l'expérience d'OErstedt,
découvrit une série de phénomènes très importants, dont
l'étude constitue l'objet d'une partie de la physique, que
l'on désigne sous le nom
d'*électro-dynamique.*

**550. Courants pa-
rallèles**. — *Deux cou-
rants parallèles et de
même sens s'attirent :
deux courants parallèles
et de sens contraire se repoussent.*

On peut se servir, pour
démontrer ce principe,
de l'appareil suivant que
l'on a appelé *table d'Ampère.* Deux tiges de cui-
vre C, C' (fig. 380) re-
courbées, portent à l'ex-
trémité de leur partie
horizontale de petits go-
dets *a* et *a'* dont le fond

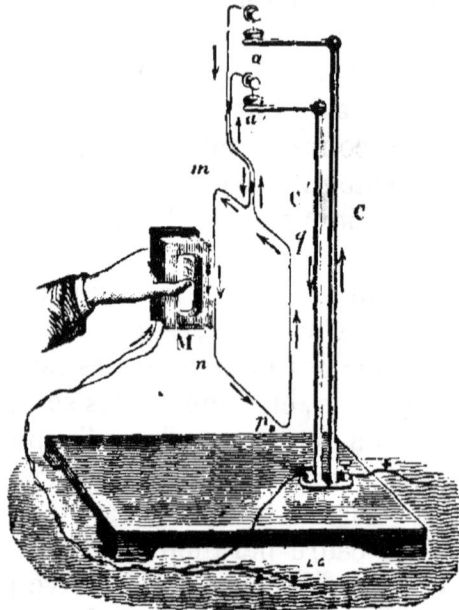

Fig. 380. — Courants parallèles.

est formé par une plaque de verre et qui sont remplis de
mercure; ces deux tiges sont isolées l'une de l'autre. On
suspend à ce système un fil de cuivre *mnpq* plié en rectangle et dont les extrémités terminées en pointes, reposent
sur le fond des godets. Si l'on met alors la colonne C en
communication avec le pôle positif d'une pile et la colonne
C' en communication avec le pôle négatif, le courant passera dans le fil dans le sens indiqué par les flèches, et on

aura réalisé un courant mobile, puisque le rectangle peut tourner autour de la ligne formée par ses pointes. On approche alors de l'un des côtés verticaux du rectangle un fil vertical dans lequel passe un courant, et l'on voit qu'il y a attraction du courant mobile, si les deux courants vont dans le *même* sens; répulsion, s'ils vont en sens *contraire*.

Pour n'être pas obligé d'employer des courants trop intenses, on remplace souvent le fil vertical par un cadre sur lequel s'enroule plusieurs fois un fil traversé par un courant. Chacune des spires du fil agit alors et l'ensemble de ses actions produit un effet plus intense.

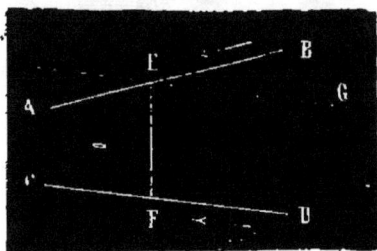

Fig. 381. — Courants angulaires.

551. Courants non parallèles ou angulaires. — *Deux courants angulaires s'attirent quand ils s'approchent ou s'éloignent tous les deux du sommet de leur angle ou, s'ils ne sont pas dans le même plan, de leur perpendiculaire commune, ils se repoussent si l'un s'approche de ce sommet ou de cette perpendiculaire, tandis que l'autre s'en éloigne.* Ainsi la ligne EF (fig. 381) est la perpendiculaire commune aux deux courants AB, CD.

Pour démontrer le principe précédent par l'expérience, on se sert de l'appareil représenté par la figure 380, mais, au lieu de présenter le courant fixe parallèlement au côté vertical du rectangle, on le présente angulairement au côté horizontal *pn* : on voit alors le rectangle se mettre en mouvement et ne s'arrêter que lorsque *np* est parallèle au courant fixe et que les deux courants ont le même sens.

551bis **Remarque.** — Il résulte du principe précédent que deux parties contiguës AB, BC (fig. 382), d'un courant se repoussent, car on peut les considérer comme deux courants formant un angle de 180°, dont le sommet est en B, l'un des courants AB allant en s'approchant du sommet et l'autre BC s'en éloignant.

Ampère a démontré cette action d'une manière très ingénieuse en mobilisant l'une des parties d'un courant par rapport à la voisine. Un vase peu profond V (fig. 383) est divisé, par une cloison isolante AB, en deux compartiments qui renferment du mercure très propre. On place sur ce liquide un fil de cuivre *abcd* replié en étrier, de manière que la partie *ab* soit dans l'un des compartiments et la partie *dc*

Fig. 382. — Portions contiguës d'un même courant.

dans l'autre. Ce fil est recouvert d'un vernis isolant, excepté aux extrémités *a* et *b*, qui touchent le mercure. On plonge alors

dans un compartiment le rhéophore positif P d'une pile, le rhéophore négatif P' dans le second : le courant entre en P, traverse le mercure, gagne l'étrier et par lui retourne au pôle négatif. On voit

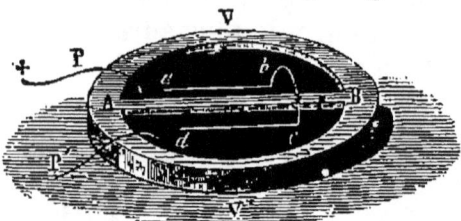

Fig. 383. — Action des portions contiguës d'un même courant.

alors l'étrier s'éloigner rapidement et fuir les rhéophores. Il est évident que le mercure constitue la partie fixe du courant, l'étrier représentant la partie mobile.

552. 5ᵉ Principe. — *Un courant fixe produit sur un courant mobile une action égale et contraire à celle que produirait un courant fixe de même longueur et de même intensité que le premier mais dirigé, en sens inverse.*

Pour le démontrer, on replie un fil MNP comme le représente la figure 385, et, après l'avoir mis en communication avec les deux pôles d'une pile, on le présente à l'un des côtés verticaux du rectangle de la figure 380. Son action est nulle, ce qui prouve

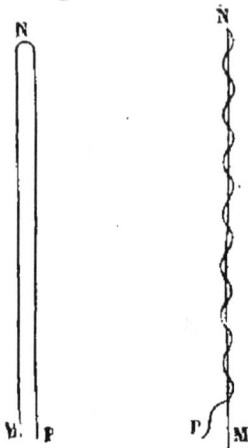

Fig. 384 et 385. — Courants sinueux.

que les actions de MN et de NP sont égales et contraires.

553. 4ᵉ Principe. — **Courants sinueux.** — *Un courant sinueux produit le même effet qu'un courant rectiligne de même intensité, de même projection et dont il s'écarte peu.*

Pour vérifier ce principe, il suffit de repéter l'expérience précédente avec le fil de la figure 385. Ce fil n'a pas d'action sur le courant mobile, ce qui prouve que la partie sinueuse produit le même effet que la partie rectiligne qui aurait même projection qu'elle.

554. Application des principes précédents. — A l'aide des principes précédents on peut expliquer une série de faits qu'Ampère a étudiés : nous ne signalerons que les principaux.

555. Action d'un courant fixe horizontal sur un courant rectangulaire et sur un courant circulaire mobile autour d'un axe vertical. — Si l'on suspend un courant rectangulaire *abcd* (fig. 386) à l'appa-

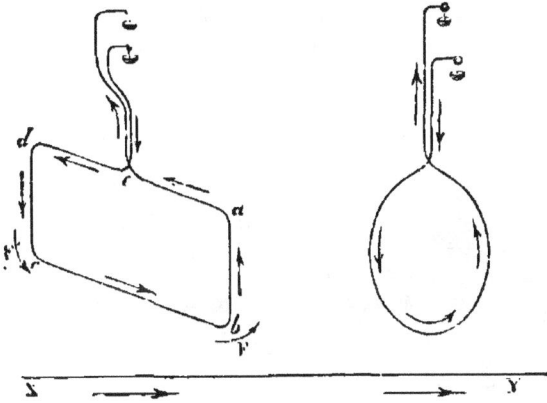

Fig. 386. — Action d'un courant horizontal sur un courant rectangulaire et sur un courant circulaire mobiles autour d'un axe vertical.

reil de la figure 380, et qu'on fasse agir sur lui le courant fixe XY, on voit l'appareil se mettre en mouvement dans le sens indiqué par les flèches F, F', jusqu'à ce que le courant *cb* soit parallèle au courant XY et de même sens que lui.

Le même phénomène se produirait avec un courant circulaire (fig. 386) placé dans les mêmes conditions.

On voit que, dans les deux cas, le courant descendant va se placer du côté d'où vient le courant fixe.

ACTION DE LA TERRE SUR LES COURANTS.

556. Ampère a fait voir que la *terre agit sur les courants* *comme si elle était parcourue par un courant rectiligne marchant de l'est à l'ouest et perpendiculaire au méridien magnétique.*

L'expérience suivante permet d'établir ce principe. Deux vases en cuivre A et B (fig. 387), contenant de l'eau acidulée, sont placés l'un au-dessus de l'autre et séparés par un tube en verre C : suivant l'axe de ce tube passe une colonne en cuivre PP′ qui traverse le fond du vase A sans le toucher, et communique, d'une part, par la bande métal-

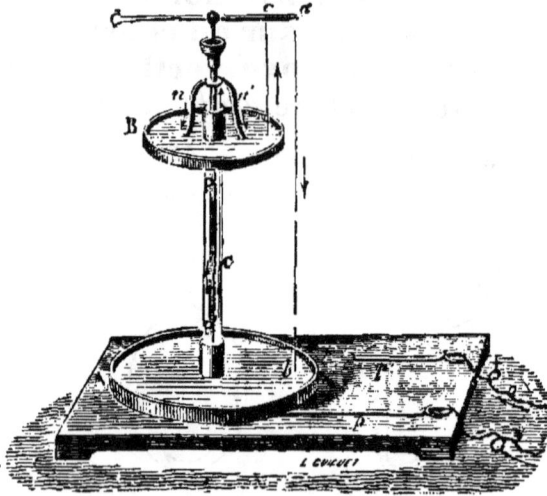

Fig. 387. — Action de la terre sur un courant vertical mobile autour d'un axe vertical.

lique *p′* avec le pôle positif X d'une pile, d'autre part, par la fourche *nn′* avec la cuvette B. Cette colonne se termine, d'ailleurs, par un godet dans lequel plonge la pointe d'un équipage mobile, dont le fil en cuivre *abc* plonge par l'une de ces extrémités dans le vase B, par l'autre dans le vase A. Ce dernier vase communique par la bande *p* avec le pôle négatif. Dès que les communications avec la pile sont établies, le courant circule dans le sens indiqué par les flèches, et on a un courant descendant mobile autour d'un axe vertical. On voit aussitôt l'équipage mobile se mettre en mouvement jusqu'à ce qu'il ait atteint une position d'équilibre tel que le plan vertical, qui passe par le courant et par l'axe de rotation, soit perpendiculaire au méridien magnétique, le courant descendant étant à l'est. Si l'on renverse le sens du courant, *ab* devient ascendant et se place à l'ouest, le plan de ce courant et de l'axe étant toujours perpendiculaire au méridien magnétique.

L'orientation que nous venons de constater ne peut être due qu'à la terre, et si l'on se reporte à l'expérience du n° 555 on verra que la terre agit comme si elle était traversée par un courant perpendiculaire au méridien magnétique et allant de l'est à l'ouest.

Cette hypothèse d'Ampère est encore vérifiée en suspendant à l'appareil représenté par la figure 386 soit un courant rectangulaire, soit un courant circulaire ; on les voit se placer perpendiculairement au méridien magnétique, de manière que la partie descendante soit à l'est, la partie ascendante à l'ouest, et que le courant inférieur aille de l'est à l'ouest.

SOLÉNOÏDES.

557. On appelle *solénoïdes* l'ensemble de courants circulaires égaux, allant dans le même sens, dont les centres

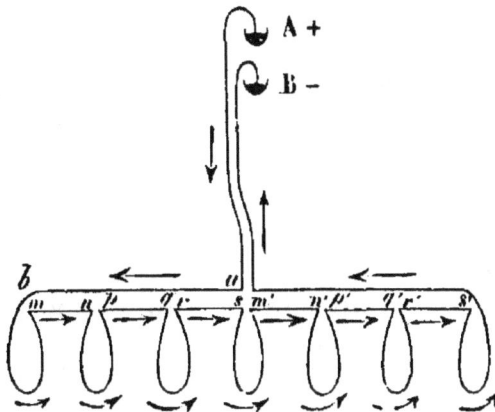

Fig. 38⁴. — Solénoïde.

sont sur une même ligne droite ou courbe, et dont les plans sont perpendiculaires à cette ligne.

On peut réaliser ce système de la manière suivante. On prend un fil métallique et on le contourne comme le représente la figure 388, de manière que les cercles qu'il forme soient réunis par des parties rectilignes *mn*, *pq*, etc. Si l'on met les extrémités A et B en communication avec les pôles positif et négatif d'une pile, le fil sera traversé par un courant allant dans le sens indiqué par les flèches, et l'on aura un ensemble de courants circulaires, allant dans le même sens, dont les centres sont sur une même ligne droite et dont les plans sont perpendiculaires à cette ligne qu'on appelle l'*axe du solénoïde*. Quant aux parties rectilignes *mn*, *pq*, etc., il n'y a pas à s'en préoccuper, car leurs actions sont détruites par les actions égales et contraires des parties *ab*, *cd*.

On peut aussi replier le fil en hélice comme l'indique la figure 389, mais alors chaque spire de l'hélice peut être considérée comme équivalant à un courant circulaire perpendiculaire à l'axe et à un courant rectiligne dirigé suivant l'axe et qui serait la projection de la spire sur cet axe. On voit que ce système équivaut au précédent. Si l'on suspend l'un des systèmes que nous venons de décrire à l'appareil de la figure 380, on le voit s'orienter de manière que son axe soit dans la direction de l'aiguille de déclinaison, le courant allant de l'est à l'ouest dans la partie inférieure de chaque courant circulaire. Ce résultat n'a rien qui doive étonner, car chaque courant circulaire (555) abandonné à lui-même prendrait cette direction.

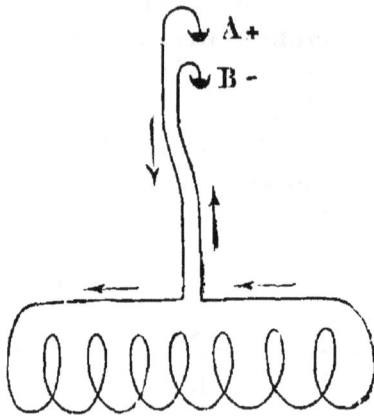

Fig. 389. — Solénoïde.

Nous appellerons *pôle austral* ou *pôle nord* du solénoïde l'extrémité qui se tourne vers le nord, et *pôle boréal* ou *pôle sud* celle qui se tourne vers le sud.

Si l'on présente à un solénoïde suspendu à la table d'Ampère (fig. 380) un solénoïde tenu à la main, on constate que les pôles de même nom se repoussent et que les pôles de noms contraires s'attirent. Enfin, si au pôle austral d'un solénoïde suspendu à la table d'Ampère on présente le pôle boréal d'un aimant, il y a attraction ; si on lui présente le pôle austral, il y a répulsion.

558. Comparaison de l'aimant au solénoïde. — Les expériences précédentes montrent l'analogie qui existe entre les aimants et les solénoïdes : aussi Ampère regarda-t-il les aimants comme de véritables solénoïdes. Pour lui les molécules des corps soumis aux actions magnétiques sont entourées de courants électriques ; les procédés d'aimantation orientent ces courants particulaires, et la force coercitive maintient cette orientation : un barreau aimanté peut être assimilé à un faisceau de petits solénoïdes à axe parallèle, ayant tous leur pôle de même nom à la même extrémité du faisceau. Les actions qu'exercent ces petits solénoïdes peuvent être considérées comme équivalentes à celles d'un solénoïde unique que l'on détermine de la manière suivante. L'observateur se place devant l'aimant AB (fig. 390) assimilé au solénoïde de manière à avoir à sa gauche le pôle austral A de l'aimant, les courants sont alors ascendants dans la face verticale *abcd* qui est la plus voisine de lui.

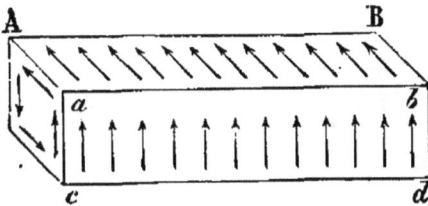

Fig. 390. — Comparaison de l'aimant au solénoïde.

On peut aussi dire : regardez la face Ac de l'aimant, qui forme le pôle austral, le courant y va en sens inverse des aiguilles d'une montre.

Nous devons ajouter qu'il existe une différence entre les solénoïdes et les aimants : dans les solénoïdes, les pôles sont aux extrémités ; dans les aimants, ils sont à une certaine distance des extrémités.

559. Application de la théorie d'Ampère. — La théorie d'Ampère a l'avantage de ramener à une origine commune trois ordres d'actions en apparence distinctes, les actions magnétiques, les actions électro-magnétiques, et les actions électro-dynamiques. Nous allons l'appliquer à l'expérience d'Œrsted.

560. *Expérience d'Œrsted.* — L'expérience d'Œrsted (347) s'explique très facilement par la théorie d'Ampère. L'action d'un courant sur un aimant revient évidemment à celle d'un courant sur un ensemble de courants circulaires. Il faut que les courants circulaires se placent dans des plans parallèles au courant agissant sur l'aimant, ce qui exige que l'axe de l'aimant soit en croix avec ce courant ; de plus, dans la partie inférieure des courants circulaires, le courant doit être de même sens que le courant agissant : par conséquent, le pôle austral de l'aimant doit être à la gauche de ce courant.

CHAPITRE VI

AIMANTATION PAR LES COURANTS. — ÉLECTRO-AIMANTS. — TÉLÉGRAPHE DE MORSE. — PRINCIPE DU TÉLÉGRAPHE ÉLECTRIQUE.

561. Aimantation par les courants. — On doit à Arago la découverte d'un fait important, qui devait plus tard servir de point de départ à l'invention des télégraphes électriques ; en plongeant dans la limaille de fer un fil de cuivre traversé par un courant, il vit que les parcelles de limailles adhéraient au fil.

Il reconnut également que si l'on mettait une aiguille d'acier non aimantée en croix avec un courant électrique, celui-ci déterminait l'aimantation, de manière que le pôle austral de l'aimant ainsi créé fût à sa gauche comme dans l'expérience d'Œrsted.

Les phénomènes observés par Arago ne se produisaient que lorsqu'on employait des courants d'une grande intensité. Ampère imagina la disposition suivante, qui permet de réussir avec des courants beaucoup moins énergiques, Une pile de Bunsen de deux ou trois éléments suffit amplement.

Un fil est enroulé en hélice sur un tube de verre creux de petit diamètre et à l'intérieur duquel on place une aiguille d'acier *ab* (fig 391). Celle-ci se trouve alors en croix avec chacune des spires du fil. Si l'on fait passer un courant dans le sens indiqué par les flèches, toutes ces spires agissant d'une manière concordante, l'aimantation aura lieu, et il est évident qu'ici la gauche du courant étant du côté de *a*, le pôle austral de l'aimant formé sera en *a*, le pôle boréal en *b*.

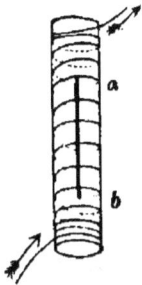

Fig. 391. — Aimantation par les courants.

Si, après avoir enroulé d'abord le fil de droite à gauche sur le tube, on change le sens de l'enroulement, on reconnaît que l'aiguille d'acier placée dans le tube présente, outre les pôles des extrémités, autant de *points conséquents* qu'il y a de changements de sens de l'hélice.

562. Aimantation du fer doux. — Un morceau de fer doux[1], placé dans l'intérieur d'une hélice semblable à celle que nous venons de décrire, s'aimante aussi sous l'influence du courant, mais l'aimantation ne subsiste pas après le passage du courant; dès qu'il est établi, elle se produit; dès qu'il cesse, elle cesse avec lui. Pour que la désaimantation se fasse instantanément, il est nécessaire que le fer doux employé soit bien préparé; s'il contient du charbon, l'aimantation pourra subsister pendant un temps plus ou moins long après l'interruption du courant.

563. Électro-aimants. — L'aimantation et la désaimantation faciles du fer doux sous l'influence des courants électriques sont appliquées dans la construction des électro-aimants, qui sont eux-mêmes susceptibles de nombreuses applications.

Imaginons une bobine de bois (fig. 392) sur laquelle s'enroule un fil de cuivre enveloppé de soie; dans cette bobine est placé un barreau *e* de fer doux : les extrémités

----

1. Le fer deux se distingue de l'acier en ce qu'il ne contient pas de charbon.

a et *b* du fil sont mises en communication avec les pôles d'une pile. Dès que le courant passe, le barreau s'aimante et, dans la disposition que présente la figure, le pôle austral se produira à l'extrémité supérieure, le pôle boréal à l'extrémité inférieure. Si l'on place devant le barreau une pièce de fer doux *cd*, elle sera fortement attirée : on pourra suspendre après elle des poids considérables sans la séparer du barreau *e*. Mais dès qu'on rompra la communication avec la pile, dès que le courant cessera de passer dans la bobine, l'aimantation disparaîtra, et la pièce *cd* se détachera du barreau *e*.

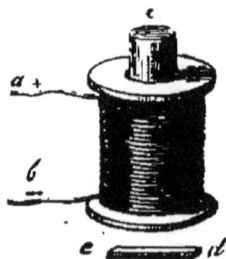

Fig. 392. — Électroaimant.

Pouillet a fait construire des électro-aimants capables de porter plus de 1000 kilogrammes. Il faisait donner au bar-

Fig. 393. — Électro-aimant.

Fig. 394. — Électro-aimant.

reau la forme d'un fer à cheval (fig. 393 et 394) ; chacune de ses extrémités est entourée d'une bobine en bois sur laquelle s'enroule le fil, qui passe d'une bobine à l'autre, mais de manière que l'enroulement ait lieu dans le même sens, et que, par suite, les actions des deux bobines soient concordantes. Dans la figure 394, en appliquant toujours la règle d'Ampère, il est facile de voir que le pôle boréal sera à l'extrémité marquée du signe +, le pôle austral à l'extrémité qui est marquée du signe — et par laquelle sort le courant.

Souvent, au lieu de replier le barreau de fer doux de l'électro-aimant en forme de fer à cheval, on se contente de disposer deux bobines semblables à celles de la figure 392, l'une à côté de l'autre, et de réunir les extrémités supérieures e des deux barreaux de fer par une pièce qui leur est fixée.

TÉLÉGRAPHES ÉLECTRIQUES.

564. Dès la fin du dernier siècle, les physiciens pensèrent à utiliser les effets de la bouteille de Leyde pour transmettre les signaux à distance ; la découverte de la pile et de ses effets, les travaux d'Œrsted et d'Ampère devaient plus tard mener à la solution d'un problème si important pour la facilité de nos relations.

En 1820, Ampère, dans un mémoire inséré dans les *Annales de physique et de chimie*, établissait d'une manière bien nette le principe de la télégraphie électrique.

Mais l'appareil qu'il proposait n'était pas assez simple pour entrer dans la pratique ; de plus, la variabilité, dans l'intensité des courants fournis par les piles alors connues, constituait une difficulté qui ne devait être surmontée que plus tard, par la découverte des piles à courant constant. Aussi le principe posé par Ampère ne fut-il sérieusement appliqué que longtemps après. Ce n'est guère qu'à partir de 1834 que les travaux de Gauss et Weber, Alexandre, Steinheil, Wheatstone, Morse, Amyot, Masson, Bréguet, Cooke, Bain, etc., etc., firent entrer la télégraphie électrique dans une voie de véritables progrès.

Avant de décrire les télégraphes le plus ordinairement employés, il est important d'expliquer le principe sur lequel ils reposent tous.

565. Supposons qu'on veuille transmettre une dépêche
de Paris à Amiens. Une pile est installée à Paris; du pôle
positif (fig. 395) part un fil métallique qui va s'enrouler à
Amiens sur un électro-aimant A, en face duquel se trouve
une plaque de fer P, ou armature, maintenue à distance
par un ressort antagoniste. Le fil, après s'être enroulé sur
l'électro-aimant, retourne à Paris, où il peut être mis en
communication avec le pôle négatif de la pile. Qu'on établisse à Paris la communication entre les deux pôles,
immédiatement le courant part du pôle positif, traverse le
fil, passe dans l'électro-aimant à Amiens et retourne à
Paris au pôle négatif. Mais le passage de l'électricité produit l'aimantation du fer doux et, par suite, l'attraction de

Fig. 395. — Principe du télégraphe électrique.

la plaque P, qui s'avance malgré la résistance du ressort
trop faible pour s'opposer au mouvement. Cette attraction
peut être considérée comme un premier signal transmis de
Paris à Amiens. Qu'on interrompe la communication entre
les deux pôles, l'aimantation cesse à Amiens et le ressort
antagoniste R ramène à distance la plaque P. Le second
mouvement de la plaque peut être considéré comme un
nouveau signal. On comprend que l'on puisse combiner
ces signaux de manière à représenter toutes les lettres de
l'alphabet.

566. Communication avec la terre. — Pour que la
transmission des dépêches puisse s'effectuer d'un lieu à
un autre, il est nécessaire que les deux postes soient réunis
par une série non interrompue de corps conducteurs. Du
pôle positif de la pile située à la station, qui expédie la
dépêche, part un fil appelé *fil de ligne*, qui va au poste
d'arrivée s'enrouler sur l'électro-aimant. Mais, au lieu de
faire revenir ce fil au pôle négatif de la pile, il suffit,

comme l'a montré M. Steinheil en 1837, d'y attacher une
lame de cuivre qu'on plonge dans la terre (fig. 396), tandis que le pôle négatif de la pile porte aussi une plaque de
cuivre plongeant dans le sol. La pile tend alors à se mettre
au potientiel zéro de la terre, mais la force électromotrice
où la pile tend à chaque instant à rétablir la différence de
potentiel, qui doit exister entre les deux pôles et l'électro-
aimant est traversé par l'électricité comme s'il y avait un
fil de retour. Cette disposition a l'avantage non seulement
de procurer une économie de la moitié du fil à employer,
mais aussi de permettre de se servir de piles moins énergiques, attendu que la terre offre moins de résistance au

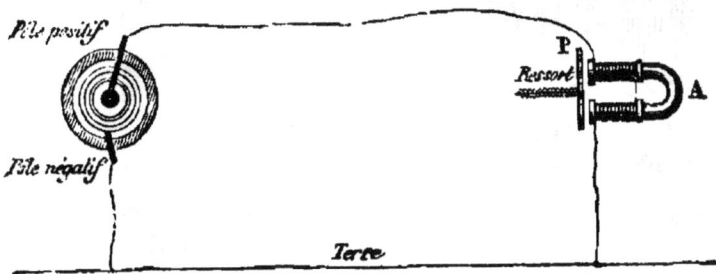

Fig. 396. — Principe du télégraphe électrique.

passage des courants que les fils métalliques, et cela est si
vrai qu'on a trouvé que l'intensité des courants est presque
double de ce qu'elle serait avec un fil de retour.

L'ensemble d'une ligne télégraphique comprend :

1° Une pile ;

2° Des fils métalliques qui mettent en communication les
différentes stations ;

3° Un appareil destiné à transmettre les signaux et
appelé *manipulateur* ;

4° Un appareil destiné à les recevoir et nommé *récepteur*.

Les piles ordinairement employées par l'administration
des télégraphes sont des piles de Daniell. Elle emploie beaucoup aussi une pile au sulfate acide de mercure, dont on
doit la découverte à M. Marié-Davy.

Les fils sont soutenus dans l'intervalle des deux stations
par des poteaux plantés en terre ; mais pour éviter que ces
poteaux ne fournissent à l'électricité une communication

avec la terre, surtout dans les temps humides, on isole le conducteur en attachant aux poteaux de petits supports en porcelaine, qui servent à accrocher les fils. La porcelaine étant un corps isolant empêche la déperdition du fluide. La figure 397 represente un des modèles employés. Quand la ligne change brusquement de direction, on emploie le support représenté par la figure 398. De kilomètre en kilomè-

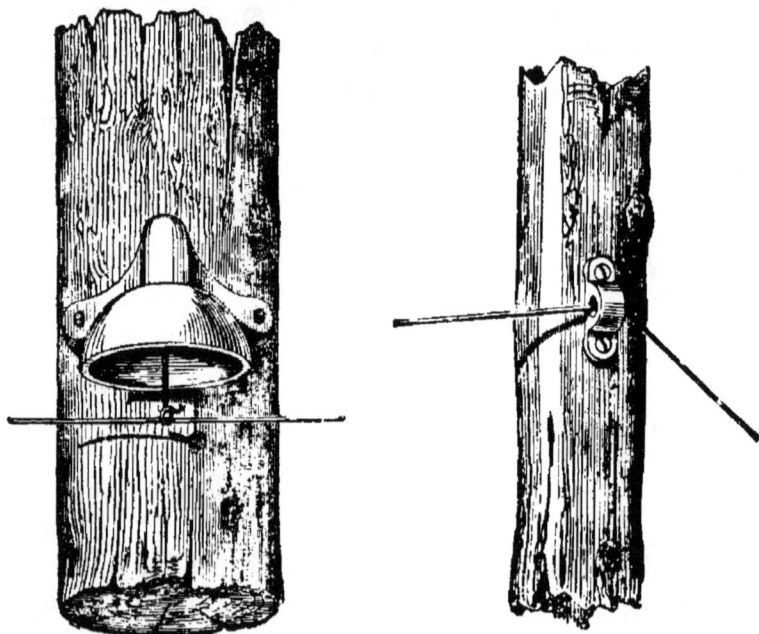

Fig. 397 et 398. — Poteaux télégraphiques.

tre ou dispose (fig. 399) des appareils appelés *tendeurs* et destinés à tendre les fils.

Câbles sous-marins. — Lorsque le fil doit relier deux stations séparées par un bras de mer, on le fait descendre au fond de l'eau après l'avoir entouré d'une substance non conductrice, comme la gutta-percha. Les câbles sous-marins contiennent, en général, plusieurs fils, quatre ordinairement, comme celui qui réunit Douvres et Calais. Ces quatre fils (fig. 400) sont isolés l'un et l'autre et peuvent se suppléer mutuellement. Pour les protéger contre les chances de rupture, on les entoure de fils de fer galvanisé enroulés en hélice.

28.

567. Télégraphe de Morse. — Le système télégraphique inventé par Morse en Amérique s'est rapidement répandu en Europe. Il est très employé en France par l'administration des télégraphes et maintenant par les compagnies de chemins de fer.

Manipulateur. — Le manipulateur est d'une très grande simplicité. Sur un socle en bois est fixée une pièce S sur laquelle s'appuie l'axe d'un levier K (fig 401); le levier est mis en communication avec le fil de ligne par l'intermédiaire de la poupée C à laquelle

Fig. 399. — Tendeur.

Fig. 400. — Câble sous-marin.

vient s'attacher ce fil; une seconde poupée B communique avec le pôle positif de la pile et avec une pièce métallique *b*. Un ressort antagoniste *r* maintient le levier horizontal et à distance de la pièce *b*.

Dès qu'on appuie sur la poignée P, le levier s'abaisse, et une pointe métallique *t* qu'il présente vient toucher la pièce *b*. Le courant arrive par la poupée B, passe en *b*, de là dans la pointe *t*, dans le levier K, et par la poupée C se trouve lancé dans le fil de ligne. Dès qu'on cesse d'appuyer, le ressort antagoniste relève le levier et le courant cesse de passer. On comprend que, suivant que l'on appuie plus ou moins longtemps sur la poignée P, il se produira dans

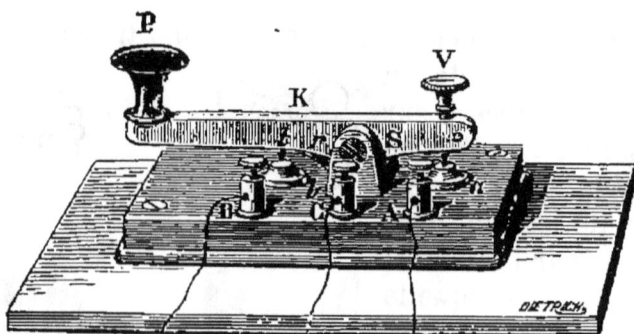

Fig. 401. — Manipulateur Morse.

la station d'arrivée une aimantation plus ou moins longue.

Récepteur. — Le récepteur du télégraphe de Morse reproduit exactement les mouvements imprimés au levier du

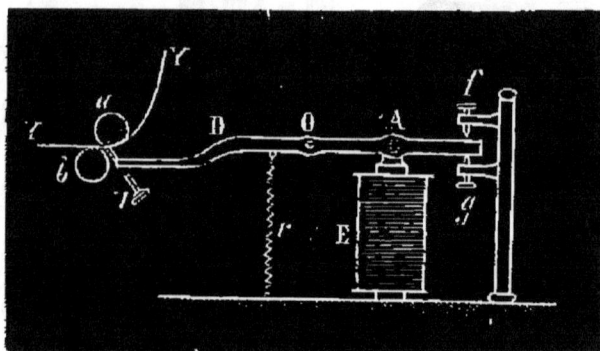

Fig. 402. — Récepteur Morse.

manipulateur de la station qui expédie la dépêche. Voici ce qu'il était au début :

L'électro-aimant E (fig. 402) est vertical ; son armature A porte un levier D capable d'osciller autour d'un axe O et se terminant par une pointe V qui lui est fixée obliquement. Lorsque le courant ne passe pas dans l'électro-aimant, le ressort antagoniste *r* maintient la pointe V à distance d'une bande de papier YY, qui se déroule d'un mouvement uniforme, sous l'influence d'un appareil d'horlogerie. Dès que le courant passe, l'électro-aimant s'aimante, l'armature A est attirée, le levier bascule autour du point O, et la pointe V appuie sur la bande de papier, à la surface de laquelle elle trace en gaufrage une ligne plus ou moins longue, suivant la durée du contact. On comprend que cette ligne sera d'autant plus longue que le courant passera plus longtemps, et cela dépend du temps pendant lequel l'expéditeur de la dépêche appuiera sur la poignée du manipulateur. Pour que les oscillations du levier n'aient pas trop d'amplitude, on les limite à l'aide des vis f et g entre lesquelles vient buter le prolongement du levier.

On est convenu de n'employer que deux caractères différents, le point (.), qui correspond à un courant instantané, et le trait (—), auquel on donne toujours la même longueur. En combinant ces caractères de différentes manières, on reproduit toutes les lettres de l'alphabet.

568. — **Appareil de MM. Digney**. — MM. Digney ont remplacé avec avantage le gaufrage, qui est difficile à lire, par des traits tracés par une petite roue ou molette toujours imprégnée d'encre d'imprimerie.

Cette molette se voit en n (fig. 403); elle frotte contre un tampon imprégné d'encre et très mobile autour de son axe. Lorsque le courant passe, le levier L se relève, sa pointe p soulève la bande de papier et s'appuie contre la molette, qui trace sur elle des traits noirs d'une longueur variable avec la durée du contact. On conçoit que, pour mettre cet appareil en mouvement, il faille moins de force que pour produire le gaufrage du système Morse. Cet avantage, joint à celui d'offrir des caractères plus faciles à lire et moins susceptibles d'être détruits, a fait substituer dans le service des lignes télégraphiques l'appareil de MM. Digney au système Morse.

569. **Avertisseur**. — On se sert aussi dans les télégraphes de sonneries électriques destinées à avertir les employés de se tenir prêts pour recevoir une dépêche. La sonnerie se compose d'un électro-aimant (fig. 404) dont l'armature en fer se termine d'une part, par un marteau M

qui peut frapper sur un timbre S, d'autre part, par une lame élastique qui le fixe dans une poupée E. Quand l'électro-aimant n'est pas aimanté par le passage du courant, l'élasticité de la lame maintient le marteau à une petite distance du timbre et l'appuie contre un ressort R qui communique avec le bouton B, d'où part un fil communiquant avec le sol. Le fil de ligne arrive en A et se trouve relié par l'intermédiaire des poupées A et A' avec le

Fig. 403. — Récepteur Morse.

fil de l'électro-aimant qui est ainsi relié à E, de telle sorte que, lorsqu'un courant arrive, le circuit suivi par lui est AA'ECRB : dès que le courant passe, l'électro-aimant s'aimante, et le marteau attiré frappe le timbre ; mais, par ce mouvement, le contact avec R cesse, le courant se trouvant interrompu, l'aimantation cesse et l'élasticité de la lame ramène l'armature dans la position primitive : le courant passe de nouveau, un second coup est frappé sur le timbre et ainsi de suite.

570. Remarque. — Nous citerons sans les décrire d'autres appareils télégraphiques. 1° Le télégraphe de Bréguet est un télégraphe à cadran où l'aiguille du récep-

teur vient successivement s'arrêter vis-à-vis des lettres que
l'on veut transmettre, il n'est employé maintenant que par
l'industrie privée ; il a l'inconvénient de ne pas conserver
de trace matérielle de la dépêche transmise, mais il a
l'avantage d'être d'un maniement plus facile que le télégraphe.

2º Le télégraphe Hughes imprime lui-même la dépêche

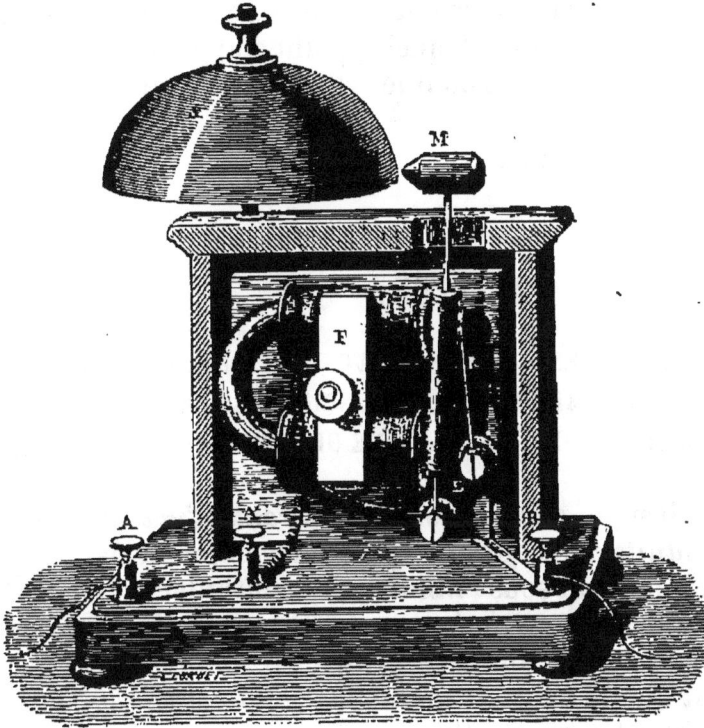

Fig. 404. — Sonnerie électrique.

transmise par l'employé qui est au manipulateur et appuie
successivement sur des touches de piano correspondant
à chaque lettre ; le mécanisme en est trop compliquée
pour que nous le décrivions ici.

3º Pour les communications sous-marines à grande
distance, les télégraphes précédents ne peuvent être employés à cause de la résistance très grande à vaincre; on
se sert généralement du *siphon recorder* de Thomson, qui
trace sur une feuille de papier des zigzags à l'encre servant de signes.

571. Sonnettes électriques. — Les sonnettes électriques sont très employées pour appeler les domestiques. L'appareil qui n'est autre que la sonnerie que nous avons décrite (569), est placé dans un endroit d'où il puisse être entendu par eux, et communique avec la pile électrique par des fils qui se rendent dans les appartements; dans chaque appartement le fil qui y arrive se trouve interrompu; mais ses deux tronçons peuvent être mis en communication à l'aide d'un bouton sur lequel il suffit d'appuyer. Dès que cette communication est établie, la sonnerie marche.

CHAPITRE VII

INDUCTION PAR LES COURANTS ET PAR LES AIMANTS. — BOBINE DE RUHMKORFF. — PRINCIPE DES MACHINES MAGNÉTO-ÉLECTRIQUES. — MACHINE GRAMME. — TÉLÉPHONE.

572. On désigne sous le nom de *courants d'induction*, ou *courants induits*, les courants qui se développent dans des circuits fermés, soit sous l'influence de courants électriques, qu'on appelle *courants inducteurs*, soit sous l'influence des aimants, soit sous l'influence de la terre. Dans le premier cas, on dit que le courant induit est *volta-électrique*, dans second qu'il est *magnéto-électrique*, dans le troisième qu'il est *tellurique*.

Les courants d'induction ont pour caractère de durer fort peu de temps et d'avoir une grande intensité.

C'est Faraday qui, en 1830, découvrit l'ordre de phénomènes que nous allons décrire.

573. Induction par les courants. — Les différents cas de l'induction par les courants peuvent s'énoncer ainsi:

1° Tout courant qui *commence* fait naître dans un circuit voisin fermé un courant induit de sens *contraire* au sien;

2° Tout courant qui *finit* fait naître dans un circuit voisin un courant induit de *même* sens;

3° Tout courant qui *s'approche* d'un circuit fermé fait naître dans ce circuit un courant de sens *contraire*;

4° Tout courant qui *s'éloigne* d'un circuit fermé fait naître dans ce circuit un courant de *même* sens;

5° Tout courant qui *augmente d'intensité* fait naître dans un circuit voisin un courant de sens *contraire*;

6° Tout courant qui *diminue d'intensité* fait naître dans un circuit voisin un courant de *même* sens.

Les six principes précédents peuvent être démontrés ex-

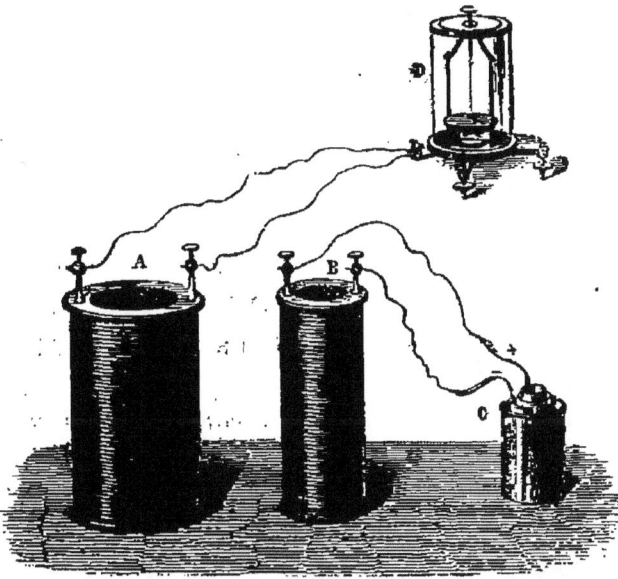

Fig. 405. — Induction par les courants.

périmentalement. On se sert à cet effet de deux bobines A et B (fig. 405). La première, A, est reliée à un galvanomètre D et constitue le circuit fermé, la seconde, B, peut communiquer avec une pile C et servira de courant inducteur.

Pour démontrer les principes 1 et 2, il suffit d'établir ou de rompre la communication avec la pile C; on voit immédiatement l'aiguille du galvanomètre se dévier et indiquer, par sa déviation, que le sens du courant induit est conforme à l'énoncé que nous avons donné. On constate aussi que l'aiguille revient bientôt à sa position primitive, ce qui prouve que le courant induit n'a que peu de durée.

Les principes 3 et 4 se démontrent en approchant ou en éloignant la bobine B de la bobine A.

Enfin les principes 5 et 6 peuvent être vérifiés en augmentant l'intensité du courant par l'addition de quelques gouttes d'acide sulfurique dans la pile, ou en diminuant cette intensité par l'addition d'eau.

574. Induction par les aimants. — Puisque les aimants sont pour nous maintenant de véritables solénoïdes, il y a lieu de supposer que l'approche ou l'éloignement d'un aimant pourra créer dans un circuit fermé des courants induits. C'est en effet ce que l'expérience vérifie.

Relions les extrémités du fil d'une bobine creuse à un

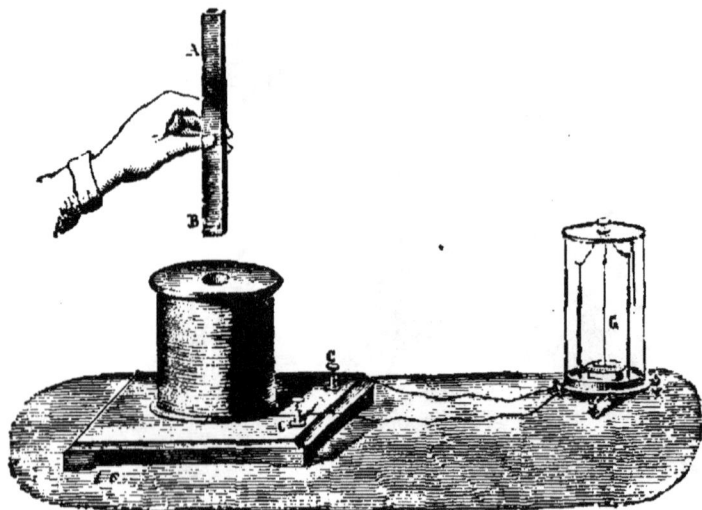

Fig. 406. — Induction par les aimants.

galvanomètre G (fig. 406) et descendons un aimant AB dans l'intérieur de cette bobine. Aussitôt l'aiguille du galvanomètre se dévie et indique un courant induit inverse de ceux de l'aimant. Le courant induit dure pendant tout le temps que dure le mouvement de l'aimant. Si l'aimant s'arrête, le courant induit cesse. Si l'on retire l'aimant, une nouvelle déviation indique la naissance d'un courant induit direct.

De même, si l'on fait naître l'aimantation dans un corps magnétique placé au milieu d'un circuit fermé, il se produit un courant induit *inverse* des courants de l'aimant; si

l'on fait cesser cette aimantation, il se produit un courant
induit *direct*. On peut le démontrer en plaçant un barreau
de fer doux C (fig. 407) dans l'intérieur d'une bobine B reliée
à un galvanomètre A. Si l'on approche un aimant D, le magnétisme se développe dans le barreau de fer doux et on
constate la naissance d'un courant inverse des courants du

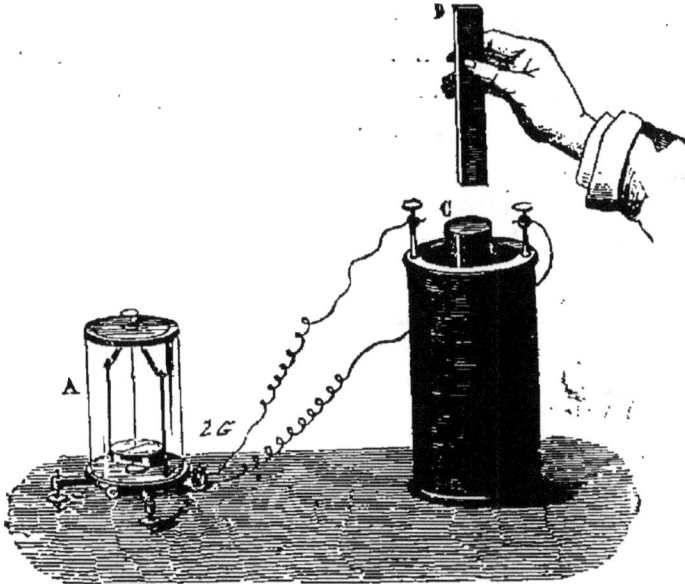

Fig. 407. — Induction au moment de l'aimantation.

fer doux. Si l'on retire l'aimant, l'aimantation de C cesse et
le galvanomètre indique la production d'un courant induit
direct.

Enfin si l'on augmente ou si l'on diminue le magnétisme
de C, en rapprochant ou en éloignant l'aimant, il se produit
un courant induit inverse dans le premier cas, direct dans
le second.

575. Induction par la terre. — La terre devant être
assimilée à un gros aimant ou devant être regardée comme
traversée par un courant allant de l'est à l'ouest, il était
naturel de supposer qu'elle était capable de produire des
courants induits dans un circuit fermé que l'on déplacerait
par rapport à elle-même. Faraday a vérifié l'exactitude de
cette hypothèse par une expérience que nous ne décrirons pas.

576. Induction d'un courant par lui-même. — Faraday a remarqué que si l'on rompt un circuit dans lequel passe un courant, l'étincelle obtenue est beaucoup plus forte lorsque sur ce circuit se trouve interposée une bobine.

Il attribua ce phénomène à la production d'un courant induit qui s'explique aisément. Ce fil métallique peut, en effet, être considéré comme un faisceau de fils plus fins et parallèles ; quand le circuit est rompu, chacun des fils élémentaires est induit par le voisin et il se développe un courant de même sens que le courant rompu. L'effet est bien plus intense lorsqu'on interpose une bobine dans le circuit, puisque la réaction de chacune des parties du fil sur la voisine se fait d'une manière plus efficace. Le courant induit, qui se développe dans ces circonstances, a été désigné sous les noms de courant de *self-induction*, d'*extra-courant direct* ou de *rupture*. On peut en démontrer l'existence par l'expérience.

APPLICATIONS DES COURANTS D'INDUCTION.

577. On applique les courants d'induction dans un certain nombre d'appareils. Tels sont les machines d'induction et le téléphone. Parmi les machines d'induction, les unes produisent des courants électriques, sous l'influence de courants inducteurs, telle est la bobine de Ruhmkorff ; les autres, appelées *machines électromagnétiques*, produisent des courants par l'influence des aimants, telles sont les machines de Clarkes, de Pixil, de Gramme, etc.

578. Bobine de Ruhmkorff. — Les courants induits dans la machine de Ruhmkorff sont produits par des alternatives de rupture et le rétablissement d'un courant voltaïque ; l'effet est augmenté par l'action de fils de fer doux.

L'ensemble de l'appareil est représenté par la figure 408. Un faisceau de fils de fer doux, renfermé dans un cylindre de bois sur lequel s'enroule d'abord le fil inducteur qui fait trois cents tours environ et a 2 millimètres de diamètre, forme l'appareil inducteur, qui est introduit dans la cavité de la bobine S ; sur cette bobine s'enroule le fil induit, qui

est très fin et qui, dans certains appareils, a une longueur
de 100 kilomètres. Les deux extrémités du fil induit communiquent avec les boutons B et C, portées sur les colonnes
isolantes. Les deux extrémités du fil inducteur communiquent avec les poupées D et F.

Pour développer les courants induits, il faut arriver à

Fig. 408. — Bobine de Ruhmkorff.

interrompre et à rétablir un grand nombre de fois le courant dans le fil inducteur. On se sert pour cela d'interrup-
teurs dont la disposition varie suivant la force des bobines.

Fig. 409. — Bobine de Ruhmkorff.

Nous ne décrirons que celui
de M. de la Rive, qui est installé sur la bobine que représente la figure 408. Mais,
pour rendre l'explication plus
claire, nous l'examinerons à
part sur la figure 409. Le
courant de la pile arrive en E,
passe de là dans le marteau M
qui peut osciller autour de O,
gagne la colonne C (qui dans
la figure 408 est représentée par D) pour passer dans le
fil f inducteur et sortir en f'. Mais pendant que le courant
passe, le faisceau de fils de fer doux s'aimante, attire le
marteau M ; dès que celui-ci cesse de toucher E, le courant
est interrompu, l'aimantation cesse alors, le marteau re-

tombe, et, en venant de nouveau toucher E, rétablit le
courant et ainsi de suite.

De ces interruptions et rétablissements successifs du
courant inducteur résultent
des courants tantôt directs,
tantôt inverses dans la spirale
induite.

Les effets obtenus avec la
machine de Ruhmkorff sont
très remarquables et manifes-
tent l'intensité des courants
induits. Lorsqu'on prend avec
les mains humides les fils
attachés en B et C, ou des poi-
gnées métalliques communiquant avec ces fils, on reçoit
de très violentes commotions,
alors même que le courant
inducteur n'est fourni que par
un seul élément Bunsen. Un
plus grand nombre d'éléments
pourrait les rendre très dangereuses.

En fixant aux deux colon-
nes B et C des fils de cuivre,
on peut faire jaillir entre leurs
extrémités de très fortes étincelles. On construit des appareils qui peuvent fournir des
étincelles de 30 et 40 centimètres de longueur se succédant

Fig. 410. — Œuf électrique.

avec un grand bruit.

En faisant passer le courant induit dans le vide de l'œuf
électrique (fig. 410) ou dans des tubes dits tubes de
Geissler (fig. 411), conteant des gaz très raréfiés, on obtient
des effets lumineux d'une rare beauté.

La lumière prend les nuances les plus riches; elle se
trouve interrompue par des régions obscures qui font un
contraste frappant. La lumière est alors dite *stratifiée*.

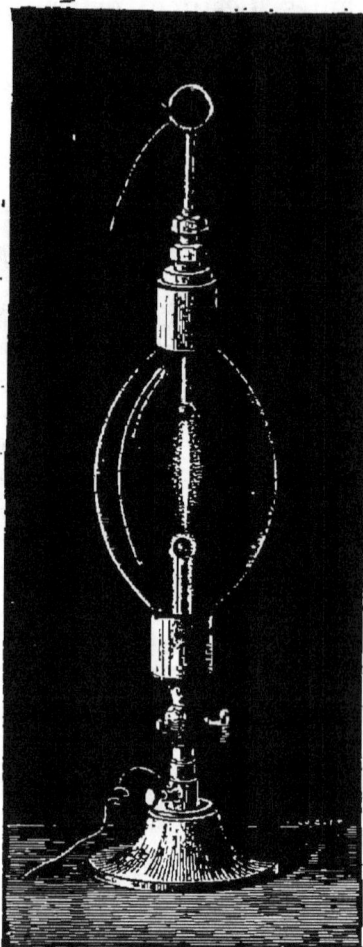

C'est à Quet que l'on doit la découverte de ces phénomènes de stratification.

Disons enfin que l'appareil de Ruhmkorff est souvent

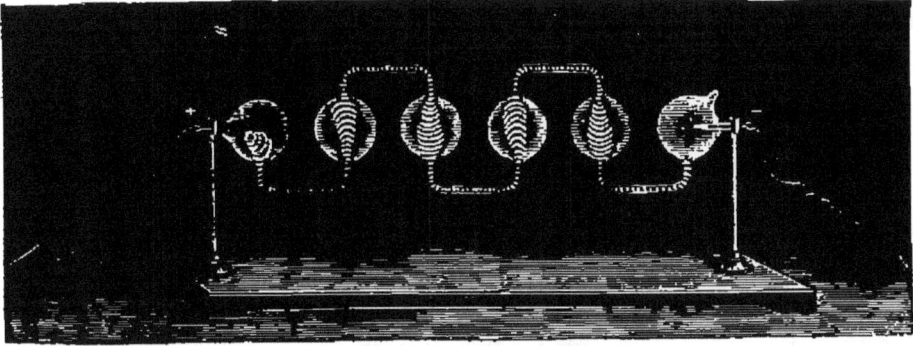

Fig. 411. — Tubes de Geissler.

employé dans les travaux de mines pour faire jaillir, à des distances considérables, des étincelles destinées à produire l'explosion de la poudre.

579. **Principe des machines magnéto-électriques.** — Nous avons vu (575) que si l'on approche ou si l'on éloigne d'une bobine un aimant, il se crée dans cette bobine des courants d'induction directs ou inverses par rapport à ceux de l'aimant. Réciproquement, si l'aimant est fixe et qu'on approche ou éloigne de lui la bobine, les mêmes courants se produiront. C'est sur ce principe que sont fondées les machines magnéto-électriques; les plus anciennes sont celles de Pixii et de Clarkes ; la plus employée actuellement à la production de l'électricité pour l'éclairage, la galvanoplastie et autres usages est la machine de Gramme, que nous allons décrire successivement en renvoyant dans une note l'explication élémentaire de son fonctionnement.

580. **Machine de Gramme.** — Entre les branches d'un aimant en fer à cheval AB (fig. 412) se meut un anneau de fer doux *anbb'n'a'*, qui est entouré de bobines communiquant les unes avec les autres, comme le représente la figure. Le mouvement de l'anneau de fer doux détermine chez lui des variations de magnétisme, qui produisent des

courants dans les bobines. L'extrémité postérieure du fil
de chaque bobine est réunie et tordue à l'extrémité
antérieure du fil de la bobine suivante et chacune de ces
torsades est mise en communication avec une pièce de
cuivre séparée de ses deux voisines par une matière isolante. L'ensemble de ces pièces forme un cylindre que l'on
voit au centre de l'anneau
(fig. 413). Sur ce cylindre
aux points n et n', qui
peuvent être considérés
comme les pôles de la pile
à laquelle équivaut la machine, viennent appuyer
des balais métalliques ou
frottoirs F et F' : ces fort-

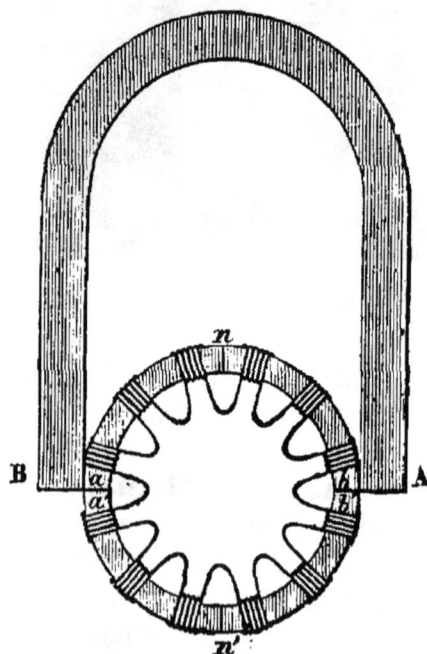

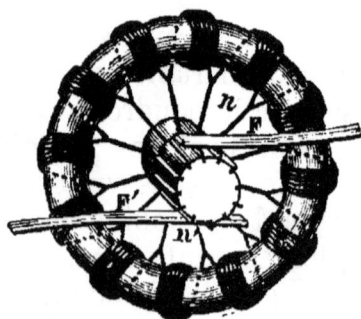

Fig. 412. — Machine de Gramme.

Fig. 413. — Anneau de Gramme.

toirs recueilleront l'électricité qui arrive en n et en n'
et pourront eux-mêmes être considérés comme les pôles
de la machine. La figure 414 représente une machine
de Gramme très souvent employée dans les laboratoires.

Dans l'industrie on emploie un modèle différent dans
lequel l'aimant est remplacé par deux pièces de fer doux
aimantées par une paire d'électro-aimants EE_1, $E'E_1$
(fig. 415), qui sont actionnés par la machine elle-même.
Au début de la rotation, le courant est produit par le
magnétisme rémanent des électro-aimants.

Pour l'éclairage électrique, on a imaginé une machine

dans laquelle les deux pôles de la machine sont alternati-

Fig. 414. — Machine de Gramme.

vement positif et négatif, de manière que les deux charbons s'usent également. C'est la machine à *courants alternatifs*[1].

1. Explication élémentaire du fonctionnement de la machine *de Gramme*.

Soit en A (fig. 416) le pôle austral de l'aimant en fer à cheval et B son pôle boréal; sous l'influence de l'aimant, l'anneau de fer doux s'aimante et nous aurons deux aimants hémicirculaires dont les pôles austral et boréal sont en *aa'* (austral), en *bb'* (boréal). Comme d'ailleurs un aimant peut être assimilé à un solénoïde, nous pouvons dire que l'anneau de fer doux équivaut à deux solénoïdes. En appliquant la règle du n° 558, on verrait que le courant du solénoïde supérieur va de *a* vers *b* en passant par *n* et est ascendant dans la partie des spi-

581. — Réversibité des machines magnéto-électriques. — Les machines magnéto-électriques sont *réversibles*, c'est-à-dire que si l'anneau étant immobile, on fait

res intérieure à l'anneau. Pour fixer les idées nous dirons que ce courant est *direct*. Dans le solénoïde inférieur le courant va de *o*, vers *b'* en passant par *n'* et il est ascendant dans la partie des spires extérieure à l'anneau. Nous dirons que ce courant est *inverse*.

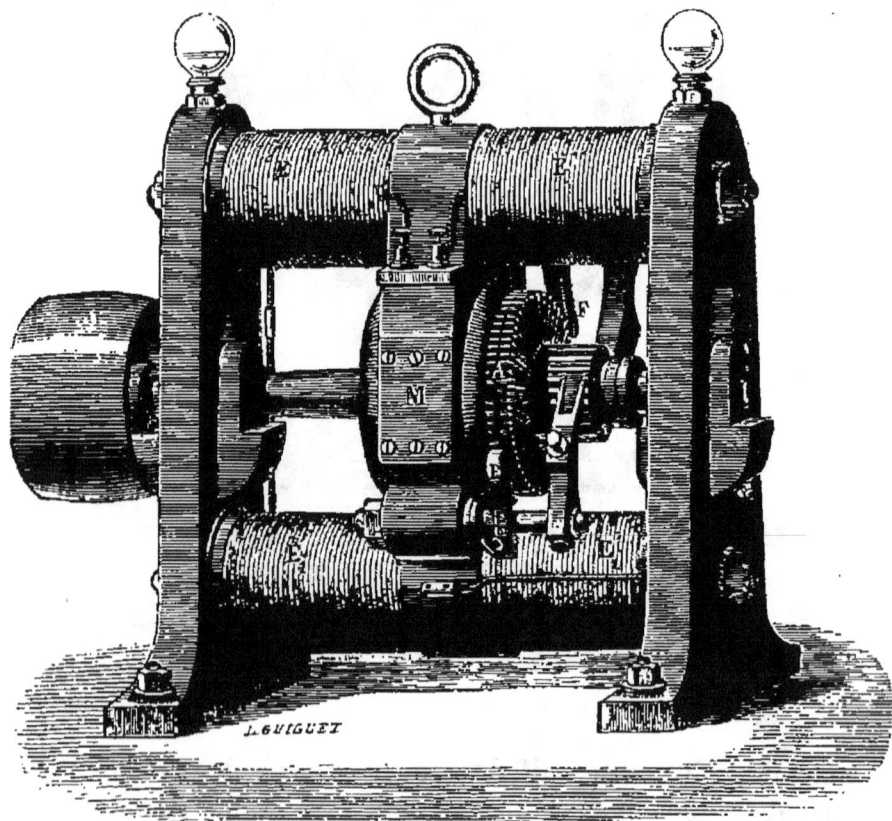

Fig. 415. — Machine de Gramme.

Supposons maintenant que l'on ait enroulé autour de l'anneau et au pôle *a* une spirale ou bobine S.

Faisons glisser cette bobine de *a* vers *b* en passant par *n*. Si l'on réunissait les deux extrémités de cette spirale aux deux extrémités du fil d'un galvanomètre, comme l'a fait M. Gaugain pour étudier les courants de la machine de Gramme, on constaterait les faits suivants : 1° tant que la bobine S est à une distance de *a* inférieure à une certaine distance *d*, elle est traversée par un courant *inverse* ; puis le

passer un courant dans les bobines en réunissant les balais F et F' aux deux pôles d'une pile ou de toute autre

courant cesse ; 2° quand la bobine se trouve à une distance de b inférieure à d, le courant réapparaît, mais il est *direct* ; 3° dans le troisième quadrant le courant reste *direct* et cesse quand la bobine est à une distance de b' supérieure à d ; 4° dans le quatrième quadrant le courant réapparaît quand S est à une distance de a' inférieure à d et il est *inverse*.

Si l'on appliquait au mouvement de cette bobine les raisonnements fondés sur les lois connues de l'induction, on arriverait aux mêmes résultats. Ces raisonnements, pour être faits d'une manière complète exigeraient des détails dans les quels nous n'entrerons pas et nous nous en tiendrons à ces données de l'expérience, qui nous montrent que, lorsque le courant passe, il est *direct* dans la demi-circonférence de droite et *inverse* dans la demi-circonférence de gauche.

Remarquons d'ailleurs que, si la bobine étant fixe sur l'anneau, on faisait tourner l'anneau, les résultats seraient les mêmes, parce que l'état magnétique des différents points de l'anneau variant à chaque instant, on aurait toujours un double pôle austral en aa' et un double pôle boréal en bb'.

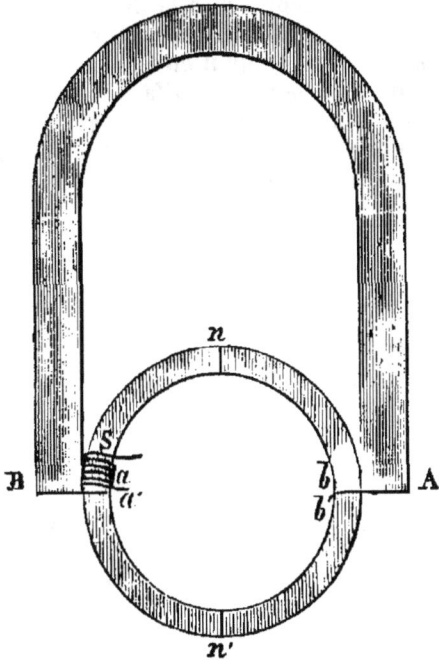

Fig. 416. — Machine de Gramme.

Supposons maintenant qu'au lieu d'une bobine S nous ayons une série de bobines disposées (fig. 417) à la suite l'une de l'autre sur l'anneau et réunies bout à bout, il y en aura *toujours une* ou *plusieurs* qui seront à des distances moindres que d des pôles aa' et bb' et au lieu d'un courant *discontinu* nous aurons un courant *continu*. Ce courant sera direct dans la demi-circonférence de *droite*, allant de n à n' en passant par bb', *inverse* dans la demi-circonférence de *gauche*, allant de n à n' en passant par aa'.

Il est évident d'ailleurs que chaque moitié de l'anneau est assimilable à une pile dont les éléments seraient réunis par leurs pôles de nom contraire, puisque le courant va de n à n', dans chacune de ces moitiés, en traversant toutes ces bobines. La pile P (fig. 417) repré-

source électrique, l'anneau se mettra de lui-même en mouvement. C'est là un fait d'expérience, qu'expliquent d'ailleurs la théorie de tous les phénomènes électriques que nous venons d'étudier.

582. Transport de la force. — Transmission électrique de la force. — On désigne sous le nom de *transmission électrique de la force*, un problème des plus intéressants au point de vue des applications, et qui s'est

sente la demi-circonférence de droite, la pile P' représente la demi-circonférence de gauche. Pour compléter l'assimilation il faut, puisque les deux bobines voisines de *n* sont réunies et qu'il en est de même des deux bobines voisines de *n'*, réunir les pôles négatifs n_1 et n_2 et les pôles positifs n'_1 et n'_2. Cette réunion a été figurée en *n* et *n'*. Alors nous avons deux piles réunies par leurs pôles de même nom : elles sont opposées et leurs courants s'annulent. Mais si nous éta-

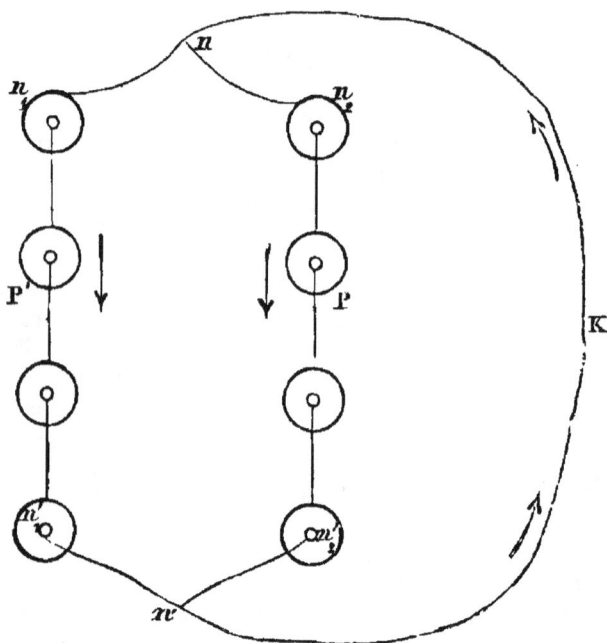

Fig. 417. — Assimilation de la machine de Gramme à deux piles électriques.

blissons un fil conjonctif entre *n* et *n'*, le courant des deux piles va passer dans ce fil en allant de *n'* à *n*. C'est ce qui a été fait dans la machine de Gramme en réunissant aux points *n* et *n'*, par les balais F et F' (fig. 413) les deux extrémités du circuit, où l'on veut faire passer le courant qu'elle produit.

présenté à l'esprit des physiciens et des ingénieurs à la suite des progrès accomplis dans la production de l'électricité à l'aide des machines d'induction. Il repose sur le principe de la réversibilité, que nous venons d'exposer.

Concevons en effet que l'on ait deux machines dynamo-électriques reliées l'une à l'autre par un fil, l'une appelée *génératrice*, placée au lieu où se trouve la force à transmettre, l'autre appelée *réceptrice*, située à l'endroit où la force doit être transmise. Mettons la machine génératrice en mouvement à l'aide d'un moteur quelconque (chute d'eau, machine à vapeur, etc.), un courant va se produire dans cette machine : ce courant parcourra le fil qui réunit les deux dynamos et mettra la réceptrice en mouvement. Si l'on a disposé sur celle-ci une poulie et une courroie reliée aux outils à faire fonctionner, ils se mettront en mouvement sous l'influence de la force originelle transmise sous forme d'électricité. On voit que l'on réalise ici le problème de la transmission du mouvement, problème dont toutes les usines nous donnent de nombreux exemples.

Que fait-on en effet lorsqu'il s'agit de faire fonctionner une machine (machine à raboter, à percer, pompes, métiers de tissage ou de filature, etc.)? On installe une machine motrice d'ordre quelconque. Sur l'arbre de cette machine se trouve une poulie, sur laquelle passe une courroie ou un câble télédynamique ; cette courroie ou ce câble vont passer sur une poulie placée sur l'axe de rotation de la machine outil. Ici les deux poulies sont remplacées par les deux dynamos, et la courroie ou le câble télédynamique par le fil conducteur qui va de l'une à l'autre.

Quels sont les avantages que réalise un pareil système? Ils sont évidents. D'abord on peut utiliser des forces naturelles, qui se produisent dans des lieux où l'on ne pouvait installer d'usines, des chutes d'eau par exemple ; ensuite il n'est pas toujours possible de disposer un moteur là où la force doit être transmise. Enfin une courroie, ou un câble télédynamique, ne peut transporter la force qu'à des distances relativement petites ; l'électricité peut le faire à des distances considérables

La première expérience de ce genre a été faite par

M. Fontaine en 1873 à l'exposition de Vienne. La seconde fut exécutée en 1878 par M. Ernest Cadiat, ingénieur des arts et manufactures, dans les ateliers que la Société du Val-d'Osne possède à Paris. Il avait à commander un outil placé à 150 mètres du moteur, et placé de telle sorte que la disposition du terrain rendait toute transmission mécanique impossible. Il utilisa deux machines Gramme destinées à l'éclairage des magasins et les réunit par deux fils de cuivre de 3 millimètres de diamètre, placés en l'air, sur des isolateurs, comme des fils télégraphiques. Cette expérience réussit parfaitement et fonctionne encore aujourd'hui.

M. Marcel Deprez a repris la question et les remarquables expériences, qu'il a exécutées entre Creil et Paris, l'ont conduit à des résultats très satisfaisants.

Des expériences plus récentes, faites à propos de l'exposition d'électricité de Francfort entre Lauffen et Francfort-sur-le-Mein, ont conduit encore à des résultats meilleurs. On a employé des courants d'une force électromotrice allant jusqu'à 300 volts et on a recueilli à la station d'arrivée 72 0/0 du travail effectué à la station de départ.

583. **Téléphone.** — Le téléphone est un appareil qui transmet la parole à distance. M. Riess, de Friedrichsdorf (près de Hombourg) a le premier réalisé, en 1863, un appareil qui transmettait les sons : mais l'articulation de ces sons ne pouvait être distinguée. M. Graham Bell a plus tard complètement résolu le problème.

Le téléphone se compose de deux parties : le *transmetteur* et le *récepteur*, qui sont d'ailleurs identiques. Il suffira donc de décrire l'un d'eux. Une membrane de fer AA' (fig. 418) reposant par ses bords sur une portée pratiquée dans une enveloppe en bois CDEF qui entoure tout l'appareil, est placée au-dessus d'une bobine BB' ; dans l'axe de cette bobine est disposée la partie supérieure d'un aimant NS. Les extrémités ff', $f_1f'_1$ du fil de la bobine sont réunies à deux poupées P, P' réunies elles-mêmes par le fil de ligne aux poupées P_1, P'_1 du récepteur. L'enveloppe de bois se termine à sa partie supérieure par un cornet O. Si l'on parle dans ce cornet, les vibrations de l'air se transmettent à la plaque AA'. Lorsque dans son mouvement vibratoire la plaque AA', qui est aimantée par l'influence de NS, se rapproche de l'aimant, dans la bobine un courant d'induction qui se transmet par le fil de ligne à la bobine du récepteur. L'aimantation du barreau aimanté du récepteur est augmentée, et la plaque de fer du ré-

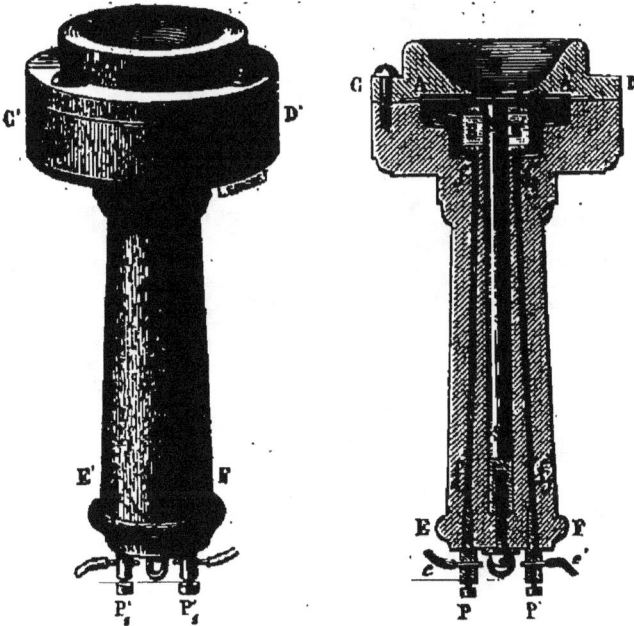

Fig. 418. — Téléphone de M. Bell.

cepteur est attirée. Lorsque, par le mouvement vibratoire, la membrane AA' s'éloigne, des phénomènes semblables, mais inverses, ont lieu et déterminent un mouvement d'éloignement dans laplaque du récepteur. Si donc on approche l'oreille du cornet du récepteur, on entendra les sons émis dans le cornet du transmetteur.

584. Microphone. — M. Hughes a inventé en 1876 un appareil qui permet de donner beaucoup plus de sensibilité au téléphone et qui a reçu le nom de *microphone*. Il est composé d'une baguette de charbon *cc'* (fig. 419), placée verticalement entre deux morceaux de charbon A et B soutenus par un support S. La baguette entre dans deux trous creusés dans des morceaux de charbon, d'où partent les fils *f* et *f″* qui se rendent l'un et l'autre aux deux extrémités du fil d'un téléphone T : sur le fil *f′* est interposée une pile P. Le courant de la pile passe donc dans le téléphone en traversant la baguette CC′. Si l'on vient à établir dans le circuit des augmentations ou des diminutions alternatives

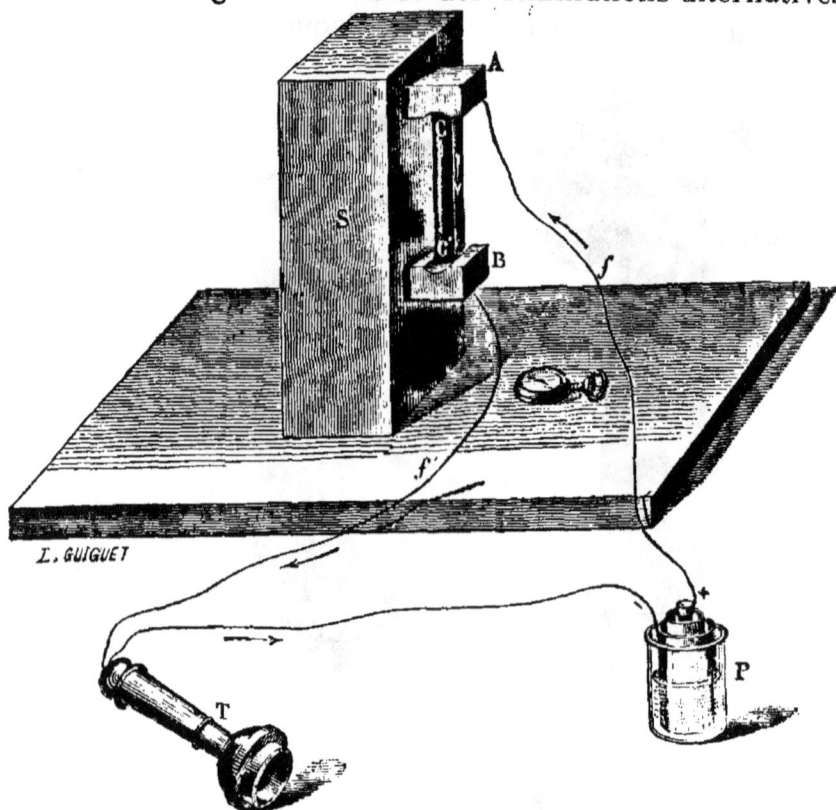

Fig. 419. — Microphone de M. Hughes.

d'intensité du courant, la membrane du téléphone subissant successivement des attractions d'inégale intensité, se mettra en mouvement vibratoire et produira un son. Ces variations d'intensité du courant se produiraient si l'on faisait varier l'intimité du contact entre une baguette CC′ et les morceaux de charbon A et B. Il suffira pour cela de produire un son devant l'appareil : les vibrations de l'air se transmettront à la baguette, et feront varier l'intimité du contact et par suite la résistance du circuit et l'intensité du

courant. Si l'on parle devant le microphone, les paroles
sont immédiatement répétées par le téléphone. Cet appa-

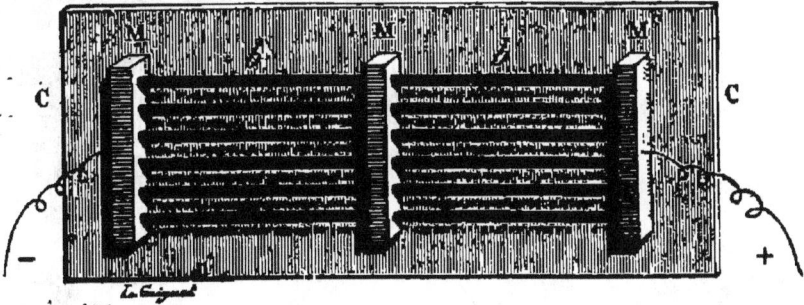

Fig. 420. — Microphone Ader.

reil donne au téléphone une grande sensibilité : le tic tac
d'une montre placée sur l'appareil peut s'entendre dans un
téléphone placé à une grande distance.

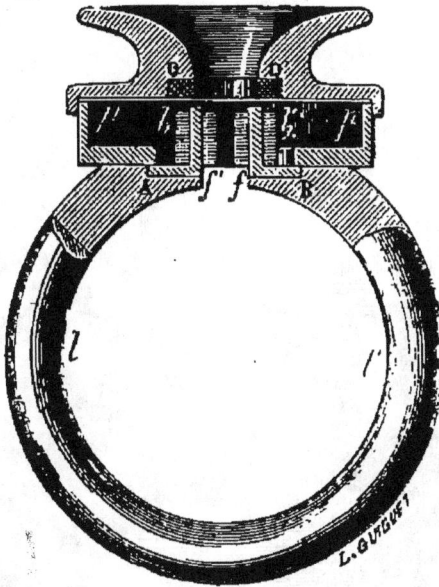

Fig. 421. — Téléphone Ader.

585. **Téléphone Ader**. — L'administration des téléphones emploie un système d'une grande sensibilité et qui correspond au téléphone et au microphone perfectionnés. C'est le système Ader.

Le microphone se compose de tiges de charbon, *b*, *b′* etc., placées horizontalement sur des coussinets en charbon maintenus en place par des tiges de charbon M, M′ (fig. 420). L'ensemble de ces tiges est mis en communication avec une pile Leclanché et se trouve enfermé dans une espèce de pupitre T (fig. 422) dont le couvercle est une planchette de sapin, vis-à-vis de laquelle parle la personne qui veut envoyer une dépêche. Les vibrations de cette plaque se

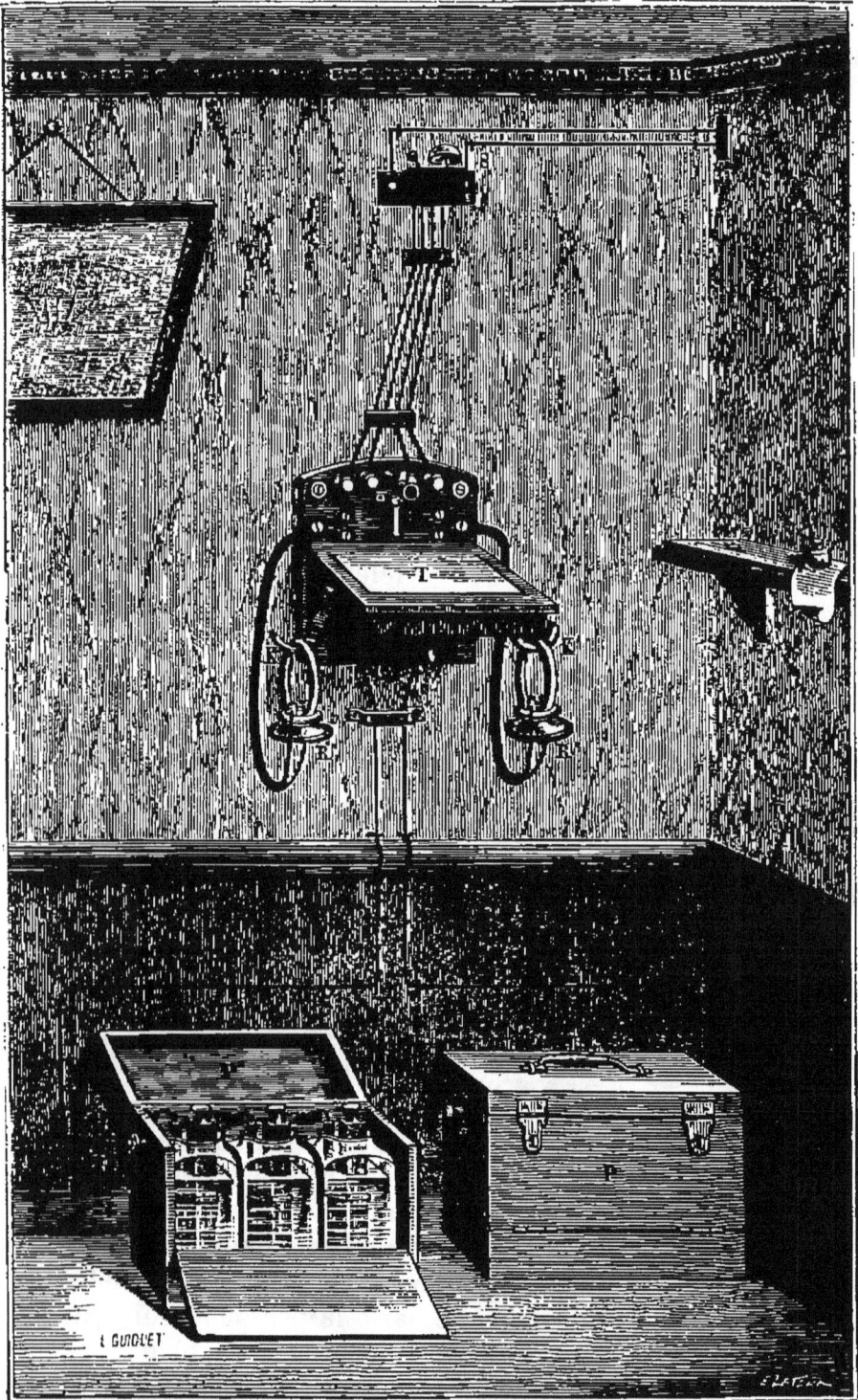

Fig. 422. — Station téléphonique.

transmettent aux baguettes de charbon et font varier l'intensité du courant transmis. La multiplicité des points de contact donne à l'appareil une sensibilité plus grande que celle du microphone Hughes, qui n'a qu'un crayon de charbon. Une masse de plomb et des tampons de caoutchouc isolent le système des vibrations qui pourraient se produire dans le voisinage.

Le téléphone associé à ce microphone est le téléphone Ader. L'aimant se compose d'un morceau d'acier All'B (fig. 422) dont les pôles sont A et B : en regard de ces pôles se trouvent des pièces de fer doux, entourées chacune d'une bobine distincte b, b'. La plaque vibrante pp' du téléphone est placée à une petite distance des pièces de fer doux et de l'autre côté est fixée dans le cornet du récepteur un anneau de fer $\varphi\varphi'$. Cet anneau a pour effet d'augmenter l'action produite sur la lame vibrante par le magnétisme variable des armatures. Les fils, qui réunissent le téléphone au microphone du transmetteur, sont fixés à des bornes latérales.

Lorsqu'un abonné veut envoyer une dépêche, il appuie sur le bouton B (fig. 422) et par une sonnerie avertit le poste central qu'il demande la communication. En même temps que la sonnerie marche, une plaque métallique en tombant apprend à l'employé du poste quel est l'abonné qui l'appelle. A son tour, il répond par une sonnerie située chez l'abonné qui l'attend. L'abonné enlève alors les téléphones R et R' : les crochets K et K', qui les supportent, n'ayant plus à supporter le poids des téléphones se relèvent et établissent la communication téléphonique avec le poste central. L'abonné dit alors, en se mettant près de la planchette, le nom de la personne avec laquelle il veut correspondre. Il place les deux téléphones contre ses oreilles. L'employé appelle alors le second abonné, établit la communication entre les deux abonnés, qui peuvent alors se parler.

Les communications téléphoniques sont actuellement établies entre Paris et un certain nombre de villes de la province et de l'étranger, de même qu'entre les villes de la province.

TABLE DES MATIÈRES

LIVRE PREMIER

PESANTEUR. — HYDROSTATIQUE. — STATIQUE DES GAZ.

CHAPITRE PREMIER

OIS DE LA PESANTEUR. — CENTRE DE GRAVITÉ. — PENDULE. — MESURE DES POIDS. — BALANCES.

CHAPITRE II

HYDROSTATIQUE. — SURFACE LIBRE DES LIQUIDES PESANTS EN ÉQUILIBRE. — TRANSMISSION DES PRESSIONS. — ÉGALITÉ DE PRESSION DANS TOUS LES SENS. — PRESSIONS SUR LES PAROIS DES VASES. — VASES COMMUNICANTS.

LIVRE II

CHALEUR.

CHAPITRE PREMIER

DILATATION DES CORPS PAR LA CHALEUR. — THERMOMÈTRE. — DÉFINITION
DU DEGRÉ.

CHAPITRE II

APPLICATIONS DE LA DILATATION DES CORPS PAR LA CHALEUR. — MAXIMUM DE
DENSITÉ DE L'EAU.

CHAPITRE III

CHALEURS SPÉCIFIQUES. — PRINCIPE DE LA MÉTHODE DES MÉLANGES ET NOTIONS
SUR LA THÉORIE MÉCANIQUE DE LA CHALEUR.

CHAPITRE IV

FUSION. — SOLIDIFICATION.

CHAPITRE IX

MACHINES A VAPEUR ET APPAREILS DE CHAUFFAGE.

LIVRE III

ACOUSTIQUE.

CHAPITRE PREMIER

ATTRACTION MOLÉCULAIRE. — CAPILLARITÉ.

CHAPITRE II

PRODUCTION. — PROPAGATION. — VITESSE DU SON.

CHAPITRE III

QUALITÉS DU SON. — INTERVALLES MUSICAUX. — GAMME. — INSTRUMENTS DE MUSIQUE.

LIVRE IV

OPTIQUE.

CHAPITRE PREMIER

PROPAGATION DE LA LUMIÈRE. — OMBRE ET PÉNOMBRE. — CHAMBRE NOIRE.
— VITESSE DE LA LUMIÈRE.

CHAPITRE II

RÉFLEXION DE LA LUMIÈRE. — MIROIRS PLANS. — MIROIRS SPHÉRIQUES.

CHAPITRE III

RÉFRACTION DE LA LUMIÈRE. — PRISMES.

CHAPITRE IV

LENTILLES SPHÉRIQUES.

CHAPITRE V

DÉCOMPOSITION DE LA LUMIÈRE. — SPECTRE SOLAIRE.

CHAPITRE VI

INSTRUMENTS D'OPTIQUE. — LANTERNE MAGIQUE. — CHAMBRE NOIRE. — OEIL. — MICROSCOPES, LUNETTES. — TÉLESCOPES. — PHARES.

CHAPITRE VII

PHOTOGRAPHIE.

LIVRE V

ÉLECTRICITÉ ET MAGNÉTISME.

CHAPITRE PREMIER

DÉVELOPPEMENT DE L'ÉLECTRICITÉ PAR LE FROTTEMENT. — NOTIONS SUR LE POTENTIEL ÉLECTRIQUE.

CHAPITRE II

ÉLECTRISATION PAR INFLUENCE. — ÉLECTROSCOPE. — ÉLECTROPHORE. —
MACHINE ÉLECTRIQUE.

CHAPITRE III

CONDENSATEUR ÉLECTRIQUE. — BOUTEILLE DE LEYDE. — BATTERIES
ÉLECTRIQUES.

CHAPITRE IV

EFFETS DE L'ÉLECTRICITÉ STATIQUE. — ÉLECTRICITÉ ATMOSPHÉRIQUE. —
PARATONNERRES.

MAGNÉTISME.

CHAPITRE PREMIER

AIMANTS NATURELS ET ARTIFICIELS. — MAGNÉTISME TERRESTRE. — BOUSSOLES
DE DÉCLINAISON ET D'INCLINAISON.

ÉLECTRICITÉ VOLTAÏQUE OU DYNAMIQUE.

CHAPITRE PREMIER

ÉLECTRICITÉ DE CONTACT. — EXPÉRIENCES DE GALVANI ET DE VOLTA. — PILE
DE VOLTA ET SES PRINCIPALES MODIFICATIONS. — PILES THERMO-ÉLEC-
TRIQUES.

CHAPITRE VII

INDUCTION PAR LES COURANTS ET PAR LES AIMANTS. — BOBINE DE RUHMKORFF. — TÉLÉPHONE. — PRINCIPE DES MACHINES DYNAMO-ÉLECTRQUES. — MACHINE GRAMME.

FIN DE LA TABLE DES MATIÈRES.

1279-83. — CORBEIL. Imprimerie ÉD. CRÉTÉ.

www.ingramcontent.com/pod-product-compliance
Lightning Source LLC
Chambersburg PA
CBHW060907220326
41599CB00020B/2875